焊接专项技能培训教程

U0185622

实用氩弧焊技术

主编　刘云龙

参编　艾铭杰　刘高源　杜德志　范绍林
　　　王影建　张建景　范喜原

机 械 工 业 出 版 社

《实用氩弧焊技术》一书是根据现行的《国家职业技能标准（焊工）》的要求编写的，内容主要包括氩弧焊概述、氩弧焊基础知识、钨极惰性气体保护焊（TIG 焊）的工艺方法、手工钨极氩弧焊机、氩弧焊常用的焊接材料、手工钨极氩弧焊焊接工艺、常用金属材料的氩弧焊、常用材料手工钨极氩弧焊的单面焊双面成形技术、熔化极气体保护焊、脉冲氩弧焊、氩弧焊焊接安全生产共十一章。

本书可作为各级培训部门氩弧焊工的培训教材，工人转岗和再就业及农民工培训用书，也可以作为技校、中高职学校焊接专业技能培训用书，还可作为读者自学提升用书。

图书在版编目（CIP）数据

实用氩弧焊技术/刘云龙主编. —北京：机械工业出版社，2022.5
焊接专项技能培训教程
ISBN 978-7-111-70553-6

Ⅰ.①实…　Ⅱ.①刘…　Ⅲ.①气体保护焊-技术培训-教材
Ⅳ.①TG444

中国版本图书馆 CIP 数据核字（2022）第 061151 号

机械工业出版社（北京市百万庄大街 22 号　邮政编码 100037）
策划编辑：何月秋　王春雨　责任编辑：王春雨
责任校对：张晓蓉　贾立萍　封面设计：马精明
责任印制：张　博
北京雁林吉兆印刷有限公司印刷
2022 年 9 月第 1 版第 1 次印刷
184mm×260mm · 23.5 印张 · 579 千字
标准书号：ISBN 978-7-111-70553-6
定价：89.00 元

电话服务　　　　　　　　　网络服务
客服电话：010-88361066　　机　工　官　网：www.cmpbook.com
　　　　　010-88379833　　机　工　官　博：weibo.com/cmp1952
　　　　　010-68326294　　金　书　网：www.golden-book.com
封底无防伪标均为盗版　机工教育服务网：www.cmpedu.com

前　言

近年来我国的焊接技术迅猛发展，焊接技术的数字化、信息化正在各个企业广泛、深入地开展，生产过程中先进的焊接工艺方法不断涌现，焊接自动化水平不断提高。在众多的焊接工艺方法中，氩弧焊技术是不可缺少的一种焊接方法，应用越来越广泛。为了使从事氩弧焊的焊工操作技术水平不断提高，我们按照现行的《国家职业技能标准（焊工）》的要求编写了这本《实用氩弧焊技术》。

本书的特点是理论知识与技能操作达到了有机结合，以符合国家职业技能标准和职业技能培训的要求，采用了现行的国家标准与专业技术名词术语，内容紧密结合生产实际，力求重点突出。在焊接技能培训方面，以特种设备焊工考试为例，深入浅出地讲述了焊接操作步骤，同时还提出了在焊接过程中的注意事项和焊后的检验要求。使焊工在经过本书的培训之后，既能懂得氩弧焊技术的基础知识，又能掌握氩弧焊焊接操作的基本要领和操作技能。

本书第一章，第二章，第三章，第四章第一节，第五章，第六章，第七章，第九章第一节、第二节、第四节、第五节，第十章第一节、第二节，第十一章由刘云龙编写；第八章及第九章第六节到第十二节由范绍林、王影建、张建景、范喜原等编写；第四章第二节、第三节、第四节、第五节由艾铭杰编写；第九章第三节由刘高源编写；第十章第三节由杜德志编写。全书由刘云龙统稿并担任主编。

在本书的编写过程中，承蒙王睿媛同学为本书第 8 章书稿进行了计算机录入和计算机插图工作；山东奥太电气有限公司张斌对第十章第三节文稿进行了审校与补充，在此一并致谢！

限于编者水平，书中难免会有各种疏漏和不足之处，敬请各位读者批评指正。

编　者

目　录

第一章

概　述

第一节　气体保护焊概述

一、气体保护焊的定义

用外加气体作为电弧介质并保护电弧和焊接区的电弧焊称为气体保护电弧焊，简称气体保护焊。

二、气体保护焊的特点

气体保护焊与其他焊接方法相比，具有以下特点：

1）焊接电弧和熔池的可见性好，焊接过程中可根据熔池变化的情况调节焊接参数。

2）焊接过程中熔池几乎没有熔渣，焊后基本上不需要清渣。

3）焊接电弧在保护气流的压缩下热量集中，焊接速度较快，熔池较小，热影响区窄，焊件焊后变形小。

4）在焊接过程中，有利于实现焊接机械化和焊接自动化，特别是实现空间位置的机械化焊接。

5）焊接过程中无焊接飞溅或飞溅很小。

6）可以焊接化学活泼性强和易形成高熔点氧化膜的镁、铝、钛及其合金。

7）适宜薄板焊接。

8）能进行脉冲氩弧焊，以减少焊接热输入。

9）在室外进行焊接作业时，需要有挡风装置，否则气体保护效果不好，甚至很差。

10）焊接电弧光辐射很强。

11）焊接设备比较复杂，比焊条电弧焊设备价格高。

三、气体保护焊的分类

气体保护焊在实际应用中有如下多种分类方法：

1）按保护气体分类有惰性气体保护焊（MIG）和活性气体保护焊（MAG）两种。

2）按焊丝分类有实心焊丝气体保护焊（SGMAW）和药芯焊丝气体保护焊（FGMAW）两种。

3）按焊接电极分类有钨极惰性气体保护焊（GTAW）和熔化极气体保护焊（GMAW）两种。

第二节　氩弧焊概述

一、氩弧焊的定义

气体保护焊中使用氩气作为保护气体的称为氩弧焊。

二、氩弧焊的特点

1. 氩弧焊的优点

氩弧焊与焊条电弧焊相比，主要有以下优点：

1）氩气在高温下不分解，属于惰性气体，在焊接过程中，氩气不会与母材金属发生化学反应，不会溶解于该液态金属，从而能有效地保护熔池金属不被氧化。

2）氩弧焊在焊接时热量集中，从喷嘴喷出的氩气又起到了冷却作用，所以，焊接过程中热影响区窄，焊件的焊接变形小。

3）由于氩弧焊过程中是明弧操作，熔池的可见性好，可以更好地控制焊缝的质量。

4）氩气流产生的压缩效应和冷却作用，使焊接电弧热量集中，温度高，弧柱中心温度可达 10000K 以上，而焊条电弧焊弧柱中心温度仅为 6000～8000K。

5）氩气电离势比氦气低，在同样的弧长下，电弧电压较低。所以，用同样的焊接电流，氩弧焊比氦弧焊产生的热量小，因此，手工钨极氩弧焊最适宜焊接厚 4mm 以下的金属。

6）氩气比空气重，氩气的密度是空气的 1.4 倍，是氦气的 10 倍，因此，在平焊和平角焊时，只需要少量的氩气就能使焊接区得到良好的保护。

7）氩弧焊适宜全位置焊接，能较好地控制仰焊和立焊熔池，所以，往往推荐用于仰焊和立焊。但由于氩气重于空气，所以，在焊接过程中，保护效果比氦气差。自动焊焊接速度大于 635mm/min 时，会产生气孔和咬边。氩气的价格比氦气便宜。

8）用氩气保护进行的焊接，焊缝成形美观，无焊渣，提高了焊接工作效率。

9）氩弧焊除了能焊接黑色金属外，还可以焊接铝、铜等有色金属及其合金。

2. 氩弧焊的缺点

1）氩气的电离势高，引弧困难，钨极氩弧焊通常需要在交流电源中采用高频振荡器引弧和脉冲稳弧器稳弧，在直流电源中需要接入脉冲引弧器引弧。

2）氩弧焊的生产成本高，因此，目前氩弧焊主要用于焊件的打底焊及有色金属焊接。

3）氩弧焊焊接过程产生的紫外线强度是焊条电弧焊的 5～30 倍，同时还会产生有害气体臭氧等，这些对焊工的危害较大。

第二章

氩弧焊基础知识

第一节　氩弧焊的焊接电弧

一、焊接电弧的产生原理

一般情况下，气体是由中性分子或原子组成的，不存在带电粒子，所以，气体是不导电的。而焊接电弧的产生，是由焊接电源供给能量，在具有一定电压的两电极之间或电极与母材之间的气体介质中，产生强烈而持久的放电现象。气体放电的实质是，使原来的中性气体粒子变成了带正电荷的正离子和带负电荷的电子，当两电极之间存在电位差时，电荷按一定的规律做定向移动，从一个电极穿过气体介质到达另一个电极的导电现象。

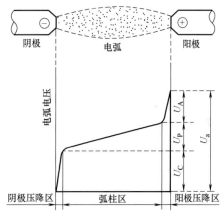

电弧的高温可维持气体的电离，产生的带电粒子用以传导电流，所以，气体能产生电离是气体由绝缘体变成导体的必要条件。

电弧是由三个电场强度不同的区域组成的，阳极附近的区域为阳极区，其电压称为阳极电压降；阴极附近的区域为阴极区，其电压称为阴极电压降；中间部分为弧柱区，其电压称为弧柱电压降。

图 2-1　电弧各区域的电压分布示意图

电弧各区域的电压分布示意图如图 2-1 所示。

阳极区和阴极区在电弧长度发生变化时几乎不发生变化，但电压降值很高。弧柱区的长度几乎等于电弧的总长度，电压降沿弧长方向呈线性变化，其电场强度较低。电弧电压 U_a 是上述各电压降的总和。即：

$$U_a = U_A + U_P + U_C$$

式中　U_a——电弧电压（V）；

　　　U_A——阳极电压降（V）；

　　　U_P——弧柱电压降（V）；

　　　U_C——阴极电压降（V）。

二、焊接电弧的产生过程

焊接电弧的产生，必须在电极与焊件之间提供一个导电的通道才能引燃电弧。引燃电弧的方式有两种。即：接触式引弧（短路引弧）和非接触式引弧。

1. 接触式引弧

接触式引弧也称为短路引弧，将焊丝和焊件分别接通弧焊电源的两极，使焊丝和焊件轻轻接触，焊丝自动爆断。然后，在焊丝端部和焊件之间产生了电弧，这就是接触式引弧。接触式引弧是在一瞬间产生的，但却经历了短路、分离和燃弧三个阶段。

（1）短路阶段　当焊丝和焊件分别接通电源后，二者轻轻接触后，发生了短路。在焊丝的端部和焊件表面不可能是绝对平整和光滑的，它们之间的接触是几个凸点接触，由于接触的凸点面积非常小，电流通过这些凸点的电流密度极大，因此，在这些凸点上就产生了大量的电阻热，使接触点处的温度骤然升高并发生熔化，形成液态金属间层。

（2）分离阶段　熔化极气体保护焊时，由于焊丝的直径很细，短路后的焊丝则发生自动爆断。在焊丝与焊件分离的瞬间，一方面焊丝与焊件之间的电场强度急剧增大，另一方面焊丝与焊件之间能产生大量电离电压较低的金属蒸汽，在强电场的作用下，能发生强烈的场致发射和场致电离，大大增加了带电离子的数量。

（3）燃弧阶段　当焊丝与焊件之间具有足够强的电场和足够多的带电粒子时，两电极间会引燃电弧。电弧引燃后两电极间不仅温度继续升高，产生弧光，而且，正、负粒子分别跑向两极。此时，带电粒子的产生和消失交织在一起，各种能量的释放和消失交织在一起。经过短暂的调整，带电粒子的产生和消失、能量的释放和消耗达到动态平衡时，焊接电弧进入稳定的燃烧阶段。

2. 非接触式引弧

将钨极和焊件分别接通弧焊电源的两极，在钨极和焊件之间存在一定的间隙时，施以高频高电压击穿间隙引燃电弧，这种引弧方法是非接触式引弧。

非接触式引弧目前有两种引弧方式，即：高频高压引弧和高压脉冲引弧。

非接触式引弧过程包含激发和燃弧两个阶段。

（1）激发阶段　在激发阶段引弧时，除了在钨极和焊件之间施加焊接电源的空载电压外，还要施加高频高压引弧电压或高压脉冲引弧电压。由于引弧电压高，在阴极表面产生强烈的场致发射，向电极空间提供了大量的电子，电子在强电场的作用下被加速运动，电极空间中的中性原子被撞击后，产生强烈的场致电离，使带电粒子的数量进一步增加。

（2）燃弧阶段　当两电极间带电粒子的数量增加到一定程度时，电极间气隙被击穿，使焊接电弧引燃，进入燃弧阶段。当燃弧阶段带电粒子的产生和消失，电极空间能量的释放和消耗达到动态平衡时，电弧就进入了稳定燃烧阶段。

三、焊接电弧的温度分布

焊接电弧是具有很强能量的导电体，由焊接电源提供的能量，在焊接电弧燃烧的过程中，将发生由电能向热能、光能、机械能、磁能等的能量转变。其中热能占总能量的绝大部分。它以对流、辐射、传导等形式，传送给周围的气体、阴极材料和阳极材料。

1. 焊接电弧轴向温度分布

电弧各部位的能量密度与电流密度是相对应的,焊接电弧温度、电流密度和能量密度的轴向分布如图 2-2 所示,从图中可以看出:阴极区、阳极区的电流密度和能量密度均高于弧柱区,但是,弧柱区的温度却高于两极的温度,这是因为受到电极材料本身熔点和沸点的限制所致,而弧柱区中的气体和金属蒸气不受熔点和沸点的限制,况且,弧柱区气体介质的导热性能没有金属电极好,热量散失相对较少,所以,弧柱有较高的温度。

实践表明:电弧焊时,焊接电弧的阴极和阳极产生的热量是相接近的,但是,由于阴极在发射电子时消耗的能量比阳极多,所以,阴极的温度比阳极的温度低一些。

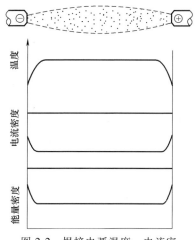

图 2-2　焊接电弧温度、电流密度和能量密度的轴向分布

弧柱区的温度受焊接电流大小、气体介质、电极材料、弧柱的压缩程度等因素影响较大。焊接电流增大,弧柱区的温度就升高。

2. 焊接电弧径向温度分布

焊接过程中,焊接电流越大,电弧中心的温度就越高。在电弧的横断面内,由于电弧外围散热快,所以,焊接电弧温度沿径向分布是不均匀的,电弧中心轴处温度最高,温度离开中心轴处逐渐降低。不同焊接电流时电弧径向温度分布如图 2-3 所示。

焊接过程中,如果忽略了阴极表面产生的化学反应热和来自弧柱区的传导热、辐射热等,阴极区所得到的热能一部分用于加热、熔化焊丝和作为阴极的母材,一部分通过对流、传导、辐射等方式散失于周围的气体中。

焊接过程中,如果忽略了阳极表面产生的化学反应热和来自弧柱区的传导热、辐射热等,阳极区所得到的热能一部分用于加热、熔化焊丝和作为阳极的母材,一部分通过对流、传导、辐射等方式散失于周围的气体中。

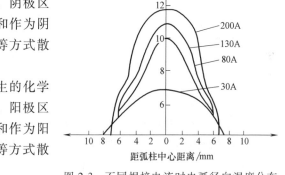

图 2-3　不同焊接电流时电弧径向温度分布

焊接过程中,弧柱区的热能一般情况下是不能直接作用于电极或母材的,主要是通过对流、传导、辐射等方式散失于周围的气体中。但是,在钨极氩弧焊焊接时,可以利用弧柱的热量来加热焊丝和焊件。

四、焊接电弧力及影响因素

1. 焊接电弧力

焊接电弧在燃烧时,不仅能产生热能,而且还能产生焊接电弧力,其中包括:机械作用力、等离子流力、斑点压力等。这些力对熔滴过渡、焊缝成形、熔深尺寸、焊接飞溅大小,以及焊缝外观缺陷都有很大的影响。

(1)电磁收缩力　焊接过程中,焊接电弧可以看成是由许多平行的电流线组成的导体,这些电流线之间将产生相互吸引力，使焊接电弧断面的气体或液体导体产生收缩，如图2-4所示。所以，焊接电弧不是圆柱体，而是截面变化的圆锥体状的气态导体。由于电极直径限制了导电区的扩展，所以电极前端电弧截面直径小，接近焊件端部的电弧截面直径大。这样，导致电弧直径的不同将引起压力差，从而使焊接电弧产生了由电极指向焊件的轴向推力，而且焊接电流越大，形成的推力越大。电弧的轴向推力在焊接电弧的横截面上分布也是不均匀的，轴线处最大，离开轴线中心向外逐渐减小。

电磁收缩力作用在熔池上，不仅形成碗状的焊缝形状（见图2-5a），而且还有如下重要的工艺性能。

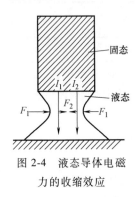

图2-4 液态导体电磁
力的收缩效应

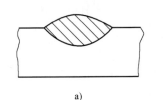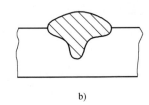

a) b)

图2-5 电弧压力对焊缝形状的影响

a) 主要由电弧静压力决定的碗状熔深 b) 主要由电弧动压力决定的指状熔深

1）在熔池形成过程中，对熔池有搅拌作用，以排除熔池内的气体、夹渣，使焊缝内部质量得到改善，同时，还有利于细化晶粒。

2）电弧轴向推力能促使熔滴过渡，使弧柱能量更为集中，电弧挺直性更好。

（2）等离子流力 由于焊接电弧呈圆锥体状，两电极处的电磁收缩力是不相等的。靠近电极（焊丝）一端的电弧断面积（A点处）比靠近焊件端（B点处）的小（见图2-6），所以电极端电弧的电磁收缩力比焊件端的电磁收缩力大，而靠近焊件处的电磁收缩力则小。因此，在焊接电弧中从A点处到B点处形成了电弧静压力差，从而形成沿焊接电弧弧柱轴线的推力$F_{推}$。在$F_{推}$力的作用下，电弧中靠近电极的高温气体粒子向焊件方向流动。

在高温气体粒子流动时，电弧上方吸入的保护气体，以一定速度的连续气流进入电弧区，经过加热和电离后，在电弧轴向推力的作用下，形成等离子流力冲向熔池，并对熔池产生附加压力，该力是由电磁收缩引起的，又称为电弧动压力。由于等离子流的速度很大（高达几十米到几百米每秒），其中电弧中心线上的速度最大，因此，电弧中心线上的动压力比电弧周边的动压力大。焊接电流越大，电弧中心线上的动压力就越大，而分布区间就越小，这种特性对焊缝的成形有很大的影响。进行钨极氩弧焊时，当钨极的锥角较小而焊接电流较大时，或者当熔化极氩弧焊采用射流过渡工艺时，这种电弧动压力很显著，容易形成指状熔深的焊缝（见图2-5b）。电弧等离子气流的产生与流动如图2-6所示。

焊接电弧等离子流力可以增大电弧的挺直性，熔化极氩弧焊时能促进熔滴轴向过渡，增大焊接熔池熔深，

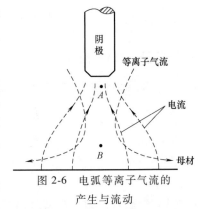

图2-6 电弧等离子气流的
产生与流动

并对熔池有搅拌作用。

（3）斑点力　当电极表面形成斑点时，由于斑点的导电和导热特点，在斑点处受到带电粒子的撞击力，或因电极材料蒸发产生的反作用力，称为斑点压力或斑点力。斑点力由以下几种力构成：

1）正离子和电子对电极有不同的撞击力：阴极斑点承受正离子的撞击，而阳极斑点承受电子的撞击，由于正离子的质量远大于电子的质量，而且阴极压降一般大于阳极压降，所以，阴极斑点承受的撞击远大于阳极斑点。

2）电极材料蒸发产生的反作用力：由于电极斑点上电流密度很高，使斑点上局部温度升高，因而产生强烈的蒸发，金属蒸气便以一定的速度从斑点处发射出来，同时给斑点施加一个反作用力。由于阴极斑点的电流密度比阳极斑点大，发射也更激烈，因此，导致阴极斑点受到的反作用力大于阳极斑点。

3）电磁收缩力：当电极上形成熔滴并出现斑点时，电弧空间和熔滴中的电流线都在斑点处集中，斑点的电磁收缩力如图 2-7 所示。电磁收缩力合成的方向都是由小断面指向大断面，由于阴极斑点尺寸小于阳极斑点尺寸，所以阴极斑点受到的电磁收缩力要大于阳极斑点所受的电磁收缩力。

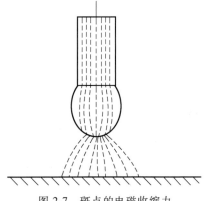

图 2-7　斑点的电磁收缩力

不论阳极斑点力还是阴极斑点力，其方向总是与熔滴过渡的方向相反，是阻碍熔滴过渡的作用力。由于阴极斑点力大于阳极斑点力，所以在直流电弧焊时，可以通过采用反接法来减小这种影响。钨极氩弧焊采用直流反接时，由于阴极斑点在焊件上，正离子的撞击使电弧具有清理焊件表面的作用。熔化极氩弧焊采用直流反接，可以减少熔滴过渡的阻碍作用，同时也减少了焊接飞溅。

2．焊接电弧力的影响因素

（1）焊接电流和电弧电压　焊接过程中，当增大焊接电流时，由于等离子流力和电磁收缩力也都增加，所以电弧力也显著增加（见图 2-8）。当焊接电流不变，电弧电压升高时，表明电弧长度也增加，由于电弧长度的增加，电弧范围扩张，则焊接电弧力将减小（见图 2-9）。

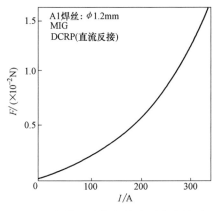

图 2-8　焊接电流与焊接电弧力的关系

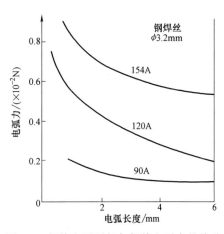

图 2-9　焊接电弧弧长与焊接电弧力的关系

（2）焊接电极极性　不同焊接方法的电极极性对焊接电弧力有不同的影响。对钨极氩弧焊来说，采用直流正接时（焊件接正极，钨极接负极），由于阴极导电区的收缩程度比阳极大，可以形成锥度较大的电弧，故产生的轴向推力大，电弧力较大。熔化极氩弧焊采用直流正接工艺时（焊件接正极，焊丝接负极），电弧中的正离子对熔滴的冲击力较大，有较大的斑点压力作用在熔滴上，不利于熔滴的过渡，使熔滴的过渡受到阻碍，并且熔滴在过渡过程中容易长大，不能形成很强的等离子流力和电磁力，因此焊接电弧力较小。

（3）焊丝直径　焊接过程中，当焊接电流一定时，焊丝直径越细，电流密度越大，焊接电弧电磁收缩力也越大，造成焊接电弧锥形也越明显，则电磁收缩力和等离子流力就越大，从而导致焊接电弧力增大。

（4）气体介质　由于不同种类气体介质的热物理性能不同，所以，对焊接电弧力产生的影响也不同。焊接过程中，当气体介质是导热性强的气体或由多原子组成的气体时，所消耗的热量较多，会引起焊接电弧的收缩，因而导致焊接电弧力的增加。当焊接电弧空间气体压力增加或气体流量增加时，也会使焊接电弧弧柱收缩，从而，不仅增加了焊接电弧力，还增大了斑点压力，斑点压力增大，将使焊丝熔滴过渡困难。这种现象在 CO_2 气体保护焊过程中最为明显。

（5）钨极端部几何形状　采用钨极氩弧焊工艺时，作用在焊接熔池的电弧压力与钨极端部的几何形状有着密切关系，当钨极端部的角度发生变化时，作用在熔池上的电弧压力也发生变化。当钨极端部角度为45°时，具有最大的电弧压力（见图2-10a）。电弧压力的大小影响着焊缝形状。

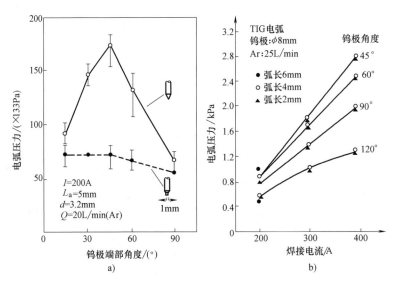

图 2-10　焊接电弧压力与钨极端部角度的关系

（6）焊接电流的变化　当电流以某一规律发生变化时，焊接电弧压力也发生相应的变化。对于工频交流钨极氩弧焊，其电弧压力低于直流正接时的压力，而高于直流反接时的压力。低频脉冲氩弧焊时，电弧压力随电流的变化而变化。焊接过程中，脉冲氩弧焊脉冲频率增加时，焊接电弧压力的变化将逐渐滞后焊接电流的变化，当频率高于几千赫兹时，在相同平均电流值的情况下，随着电流脉冲频率的增加而电弧压力增大（见图 2-11）。

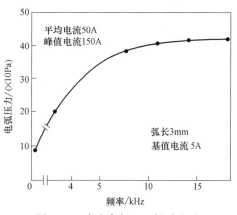

图 2-11　直流高频 TIG 焊时电弧压力与频率的关系

五、焊接电弧的稳定性及影响因素

在焊接过程中，电弧在长时间内连续稳定燃烧的程度称为焊接电弧稳定性。焊接电弧稳定性好时，焊接电弧不会产生断弧、电弧飘移和偏吹。焊接电弧稳定性差时，电弧电压和焊接电流，在焊接过程中会波动很大，常常使焊接过程无法进行，不仅使焊缝成形变差，而且还极大地降低焊缝内部质量。因此，维持焊接电弧的稳定性是非常重要的。影响焊接电弧稳定性的因素很多，除了焊工操作技术水平以外，还与下列因素有关。

1. 焊接电源

（1）焊接电源特性　电弧焊时，焊接电源的电弧静特性必须与外特性相匹配，才能保证电弧稳定的燃烧，否则，电弧的燃烧则不稳定。

（2）焊接电源的种类和极性　焊接电流可分为交流、直流和脉冲直流三种，其中以直流电弧最稳定，脉冲直流次之，交流电弧稳定性最差。采用交流电源焊接时，焊接电弧的极性是按工频（50Hz）周期性变化的，焊接电弧的燃烧与熄灭每秒钟要重复 100 次，电流和电压瞬时都在发生变化。采用直流电源焊接时，因电弧极性不发生周期性变化，电流和电压也不会瞬时发生变化，所以，采用直流电源焊接时，电弧燃烧比交流电源稳定。

直流电弧焊时，焊丝和焊件接不同的电源极性，焊接电弧的稳定性也有所不同。对于钨极氩弧焊来说，钨极在焊接过程中可以通过较大的电流，由于钨极属于热阴极材料，电流越大，越有利于电子的热发射和热电离。因此，直流正接时（焊件接正极，钨极接负极），焊接电弧稳定性比直流反接时好。对于熔化极氩弧焊来说，由于受熔滴过渡稳定性的影响，直流反接时（焊件接负极，焊丝接正极）焊接电弧稳定性比直流正接时好。

（3）焊接电源空载电压　焊接电源空载电压高，电场作用强、场致电离及场致发射强烈，不仅引弧容易，而且焊接电弧燃烧稳定。反之，焊接电源空载电压低，不仅引弧困难，而且在焊接过程中，电弧燃烧不稳定，焊缝成形和焊缝表面质量、内部质量不好。

2. 焊接电流

焊接电流增大，焊接电弧的温度就高，则电弧气氛中的电离程度和热发射作用就加强，能够产生更多的带电粒子，因此，焊接电弧燃烧稳定。如果焊接电流减小，焊接电弧的温度就低，电弧气氛中的电离程度和热发射作用就减弱，能够产生的带电粒子减少，因此，焊接电弧燃烧稳定性差。

3. 磁偏吹

磁偏吹是指在焊接过程中，由于某种原因使焊接电弧周围磁力线均匀分布的状况受到破坏，从而使焊接电弧偏离焊丝的轴线向某一方向偏吹的现象。能够引起磁偏吹的现象有以下几种：

1）地线接线位置。地线接在焊件左侧，焊接过程中，电弧左侧的磁力线由两部分叠加组成：一部分是焊接电弧产生的磁力线；另一部分是地线接在焊件左侧，在有焊接电流通过时产生的磁力线。而电弧右侧的磁力线仅由电流通过电弧本身产生。因为电弧左侧叠加的磁力线大于电弧右侧的磁力线，电弧两侧受力不均衡，所以使电弧向右侧偏吹（见图2-12）。

2）电弧一侧有铁磁物质。焊接过程中，电弧附近放有铁磁物质时（如钢板），由于铁磁物质磁导率大，磁力线大多通过铁磁物质形成回路，使铁磁物质一侧空间中的磁力线数量大大减少，造成电弧两侧磁力线分布不均匀，电弧偏向铁磁物质一侧产生磁偏吹（见图2-13）。

3）平行电弧之间。同一焊接场地出现多个近距离平行焊接电弧焊接时，会出现磁偏吹。例如：两个平行电弧的电流方向相反时，会因异向电流的电弧互相排斥而产生偏弧。当两个平行电弧的电流方向相同时，会因同向电流的电弧互相吸引而产生偏弧（见图2-14）。

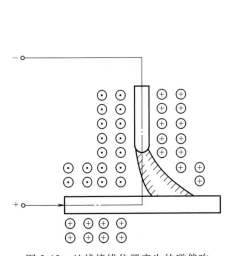

图 2-12　地线接线位置产生的磁偏吹

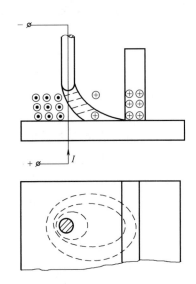

图 2-13　铁磁物体位置产生的磁偏吹

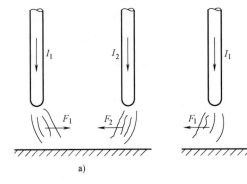

图 2-14　平行电弧间产生的磁偏吹

a）同向电流的电弧互相吸引　b）异向电流的电弧互相排斥

4）减弱磁偏吹的方法，为减弱焊接电弧磁偏吹的影响，在保证焊接质量的前提下，优先选用交流电源；如果焊接工艺需要采用直流电源时，则应在焊件两端同时接地线，以消除导线接线位置不对称而带来的磁偏吹；此外，焊接现场应该避免有铁磁物质在电弧附近出现，采用断弧焊接，焊接过程中使焊丝向电弧偏吹方向倾斜等，也能减弱电弧磁偏吹的影响。

4. 电弧稳定性的其他影响因素

1）电弧长度对电弧的稳定性有较大的影响，因为焊接电弧过长，在焊接过程中电弧会发生激烈的摆动，使焊接飞溅变大，从而破坏了焊接电弧的稳定性。

2）焊接处焊前清理不彻底，有油、污、锈、垢存在，在焊接过程中油、污、锈、垢等分解需要吸热而减少电弧的热能，因此，也会影响电弧燃烧的稳定性。

3）在野外露天焊接时，由于风大、空气流动速度大等因素，也会造成电弧偏吹，影响焊接电弧燃烧的稳定性。

因此，焊前做好焊件坡口表面及附近区域的清理工作对保证焊接电弧稳定性是十分重要的；此外，选择合适的焊接电弧长度、适合焊接操作的场所，也会降低外界对电弧稳定性的影响。

第二节　焊丝的加热与熔化

一、焊丝的加热熔化

钨极气体保护焊时，填充焊丝主要依靠弧柱热源的热量熔化。熔化极气体保护焊时，焊丝主要依靠阴极区（直流正接）或阳极区（直流反接）所产生的热量及自身的电阻热加热熔化，弧柱区产生的热量对焊丝的加热熔化作用较小。

二、焊丝的熔化特性

焊丝的熔化特性是指焊丝的熔化速度 v_m 和焊接电流 I 之间的关系。它主要与焊丝的种类及焊丝直径有关。焊丝的熔化速度 v_m 以单位时间内焊丝的熔化长度（m/h 或 m/min）表示；熔化系数 α_m，是指每安培焊接电流在单位时间内所熔化焊丝的质量，以 g/（A·h）表示。不同种类的焊丝，其物理性能（焊丝的电阻率、焊丝的熔化系数）不同，在其他条件相同的条件下，焊丝的电阻率和熔化系数越大，则熔化速度越快；焊丝的电阻率和熔化系数越小，则熔化速度越慢。

对于一定成分和直径的焊丝，焊丝的伸出长度越大，焊丝的熔化速度越大；焊丝的伸出长度越小，焊丝的熔化速度越小。同一种类焊丝，焊丝直径越小，焊丝的熔化速度越大；反之，焊丝直径越大，其熔化速度越小。

总之，焊丝的熔化速度与焊接条件有关：焊接电流、电弧电压、气体介质、电源极性、电阻热及焊丝表面状况等都会对焊丝熔化速度产生影响。

三、影响焊丝熔化速度的因素

1. 焊接电流的影响

熔化极电弧焊时，用于加热和熔化焊丝的总能量 E_m 为：

$$E_{m} = I(U_{m} + IR_{s})$$

焊丝为阳极时：$U_{m} = U_{w}$

焊丝为阴极时：$U_{m} = U_{k} - U_{w}$

式中　U_{m}——电弧热的等效电压；

　　　U_{w}——逸出电压；

　　　U_{k}——阴极区压降；

　　　R_{s}——焊丝伸出长度的电阻值。

由上式可知：加热和熔化焊丝的热量是单位时间内由电弧热和电阻热提供的。随着焊接电流的增大，焊丝的电阻热和电弧热也增加，因此，焊丝的熔化速度也增快。

2. 电弧电压的影响

1）在导电嘴到焊件表面距离不变的条件下，电弧电压增加，即意味着电弧长度增加。表明焊丝伸出长度缩短了，焊丝伸出长度的电阻值变小，使焊丝的预热程度减弱，焊丝的熔化速度则随之降低。

2）焊接电弧增长时，由于焊丝熔滴的氧化和飞溅的增多，使电弧的热能损失将加大，从而用于熔化焊丝与母材的热量减少，焊丝的熔化速度则随之降低。

3. 气体介质及焊丝极性的影响

保护气体介质不同，对阴极电压降的大小和焊接电弧产生的热量都有直接影响，因此，也影响到焊丝的熔化速度。混合气体保护焊时，焊丝的极性不同、气体混合比不同，都会影响焊丝的熔化速度。当焊丝为阴极时，焊丝的熔化速度会因气体混合比不同而发生变化，并且焊丝的熔化速度总是大于焊丝为阳极时的熔化速度。而当焊丝为阳极时，焊丝的熔化速度则基本不变。

4. 焊丝直径的影响

当焊接电流一定时，焊丝直径越细，电流密度越大，焊丝的电阻热也越大，焊丝的熔化速度将加大。

5. 焊丝伸出长度的影响

其他条件不变时，焊丝伸出长度越长，电阻热越大，通过焊丝传导的热损失减小，焊丝熔化速度也随着焊丝的伸长而加大。

6. 焊丝材料电阻率的影响

焊丝材料不同，其电阻率也不同，在焊接过程中产生的电阻热也就不同，因而对焊丝熔化速度有较大的影响。不锈钢的电阻率较大，会加快焊丝的熔化速度，尤其是伸出长度较长时影响更为明显。

7. 焊接速度的影响

随着焊接速度的增大，电弧散热条件发生改变，焊丝的熔化系数 α_{m} 和熔敷系数 α_{y} 都有所降低，因而焊丝的熔化速度降低。

第三节　焊丝的熔滴过渡

一、气体保护焊熔滴过渡的主要分类

焊丝熔滴过渡的形式主要有自由过渡、接触过渡两种类型。

1. 自由过渡

自由过渡即焊丝端头和熔池之间不发生直接接触，熔滴在电弧空间自由飞行。自由过渡有以下三种形式：

1）滴状过渡，即根据熔滴尺寸大小和熔滴的形态，又分为大滴过渡、细颗粒过渡和排斥过渡三种。

2）喷射过渡，即熔滴呈细小颗粒以喷射状态快速通过电弧空间向熔池过渡的形式。根据熔滴尺寸和过渡形态又可分为：射滴过渡、射流过渡、亚射流过渡和旋转射流过渡。

3）爆炸过渡，即焊丝端部熔滴或正通过电弧空间的熔滴，因其中气体膨胀，熔滴爆裂而形成的一种金属过渡形式，CO_2 气体保护焊、焊条电弧焊经常看到这种形式的过渡。

2. 接触过渡

接触过渡即熔滴通过与熔池表面接触后形成的过渡。接触过渡主要有以下两种形式：

1）短路过渡，即焊丝端部的熔滴与熔池短路接触，并重复引燃电弧，由于强烈的过热和磁收缩作用，使熔滴爆断而直接向熔池过渡的形式。

2）搭桥过渡，TIG 焊时，焊接过程中焊丝与焊件之间不产生引燃电弧，焊丝是作为填充金属，这种过渡是搭桥过渡。

二、滴状过渡

熔化极气体保护电弧焊时，当焊接电流较小和电弧电压较高时，由于焊接电弧较长，弧根面积的直径小于熔滴直径，而熔滴与焊丝之间的电磁力又不易使熔滴形成缩颈，斑点压力又阻碍熔滴过渡，所以，金属熔滴不易与熔池发生短路。随着焊丝的熔化，熔滴长大，最后，熔滴的重力克服熔滴的表面张力作用，使熔滴呈大滴状过渡。焊接过程中使用不同的气体保护介质，滴状过渡的形式又有大滴滴落过渡、大滴排斥过渡、细颗粒过渡三种过渡形式。

1. 大滴滴落过渡

当焊接电流较小而电弧电压较高时，弧长较长，熔滴不与熔池表面短路接触。随着焊丝的熔化，熔滴长大，最后，熔滴的重力克服熔滴的表面张力作用，使熔滴脱离焊丝端部呈大滴状过渡进入熔池。大滴过渡时，熔滴存在时间长、尺寸大、飞溅也大，焊接电弧的稳定性及焊接质量都较差。

2. 大滴排斥过渡

如果保护气体中 CO_2 气体的体积分数达到 30% 以上，甚至达到纯 CO_2 气体保护时，由于 CO_2 气体的压缩作用，使焊接电弧集中，斑点处的电流密度较大，为此，产生较大的排除力，形成排斥过渡。

3. 细颗粒过渡

CO_2 气体保护焊时，随着焊接电流的增加，焊丝熔滴过渡的频率也增加。虽然加大焊接电流使焊丝熔滴细化，但是熔滴的尺寸一般也大于焊丝直径。当焊接电流再增加时，焊接电弧形态与焊丝熔滴过渡形式却没有突然变化，这种熔滴过渡形式称为细颗粒过渡。由于细颗粒过渡焊接飞溅少，焊接电弧稳定，焊缝成形较好，所以在焊接生产中得到了广泛应用。

三、喷射过渡

在纯氩或富氩保护气体中进行直流负极性熔化极电弧焊时，如果采用较高的电弧电压

（即电弧弧长较长），熔滴呈细小颗粒并以喷射状态快速通过电弧空间向熔池过渡的形式即喷射过渡。根据不同的焊接工艺条件，喷射过渡又可以分为射滴、射流、亚射流、旋转射流等四种过渡形式。

1. 射滴过渡

焊丝熔滴过渡时，熔滴直径接近于焊丝直径，脱离焊丝后沿焊丝轴向过渡，其加速度大于重力加速度。射滴过渡时，电弧呈钟罩形，此时的焊丝端部熔滴大部分或全部被弧根所笼罩。钢焊丝脉冲焊时，焊丝熔滴总是一滴一滴地过渡；铝及铝合金熔化极氩弧焊时，焊丝熔滴每次过渡 1~2 滴，熔滴尺寸越来越小，这是一种稳定的过渡形式。

射滴过渡是介于滴状过渡与射流过渡之间的一种过渡形式，射滴过渡的工艺条件与射流过渡基本相同。

从大滴状过渡转变为射滴过渡的电流值称为射滴过渡临界电流。

影响射滴过渡临界电流的因素主要有：

1）熔点低的焊丝或熔滴含热量小的焊丝，射滴过渡临界电流都比较小。如铝及铝合金焊丝比钢焊丝熔点低，所以，铝及铝合金焊丝比钢焊丝射滴过渡临界电流低。

2）随着焊丝直径的增加，射滴过渡临界电流也在增加。

3）焊丝电阻率大，如钢焊丝的电阻比较大，伸长部分将产生很大的电阻热，对焊丝起预热作用，容易形成射流过渡，使射滴过渡临界电流降低。

4）保护气体成分对射滴过渡临界电流也有很大的影响。在 Ar 气中加入 CO_2 气体或 O_2 气时，少量的加入，由于氧是一种表面活性元素，可以降低熔滴的表面张力，因而，使阻碍熔滴过渡的力减少，不仅使熔滴过渡的尺寸细化，也使熔滴射滴过渡临界电流略为降低。另外，焊接保护气体具有轻微的氧化性，可消除因阴极斑点游动所引起的电弧飘移，提高了焊接电弧的稳定性。当然，在 Ar 气中加入 CO_2 气体或 O_2 气时，不可过多，如果 Ar 气中加入的 CO_2 气体超过30%时，已经不能形成射滴过渡，而是具有了 CO_2 气体保护焊细颗粒过渡的特点。

2. 射流过渡

当焊接电流增大到某一临界值时，焊丝熔滴的形成过程和过渡形式将发生突变，熔滴不再是较大的滴状，而是微细的颗粒，沿电弧轴向以很高的速度和过渡频率向熔池喷射，熔滴过渡加速度可以达到重力加速度的几十倍，过渡频率可达每秒几十滴到 200 滴以上。

射流过渡时的电弧功率大，电流密度大，热流集中，等离子流力作用明显，焊件的熔透能力强。射流过渡时，熔滴沿电弧轴线以极高的速度喷向熔池，对熔池液体金属有较强的机械冲击作用，使焊缝中心部位熔深明显增大并呈蘑菇形。射流过渡主要用于平焊位置焊接厚度大于 3mm 的焊件，不适用薄壁件的焊接。

射流过渡的重要条件是：采用氩气或富氩气体保护的熔化极电弧焊。直流负极性，电流大而超过一定的临界值，电弧电压较高，阳极弧根大。

射流过渡的临界电流值，是焊丝熔滴产生射流过渡的重要条件，主要取决于焊丝化学成分与直径、保护气体成分、电流极性和焊丝伸出长度等。

1）焊丝熔点低，则射流过渡临界电流值低。

2）焊丝直径细，则射流过渡临界电流值低。

3）焊丝电阻率和焊丝伸出长度比较大时，焊接过程中产生的电阻热也比较大，会对焊丝起到预热作用，使临界电流值降低，从而容易形成射流过渡。

4）钢焊丝混合气体保护焊时，在 Ar 气中加入 CO_2 气体时，电弧收缩不易扩展，因此，随着混合气体中 CO_2 气体比例的增加，射流过渡临界电流值也增大。当 Ar 气中加入的 CO_2 气体超过 30% 时，已经不能形成射流过渡，而具有 CO_2 气体保护焊细颗粒过渡的特点。

不同材料和不同直径的焊丝，在氩弧焊过程中获得射流过渡的焊接电流范围见表 2-1。

表 2-1　不同材料和不同直径的焊丝，在氩弧焊过程中获得射流过渡的焊接电流范围

（单位：A）

焊丝直径/mm	0.8	1.0	1.2	1.6	2.0	2.5	3.0
碳素结构钢	160～280	185～305	210～330	260～500	320～550	—	—
H08Cr19Ni10Ti	150～200	180～250	200～310	240～450	280～500	320～550	—
铜合金①	—	150～260	170～340	220～330	250～420	270～460	300～500
钛	—	—	210～330	250～450	290～550	360～600	380～650

① 为各种铜合金的平均值。

3. 亚射流过渡

亚射流过渡是在铝及铝合金 MIG 焊时，焊接电流较大而电弧电压较低的情况下所产生的熔滴过渡形式。焊丝熔滴的过渡形式可分为大滴状过渡、射滴过渡、短路过渡及亚射流过渡四种。亚射流过渡是介于短路过渡与射滴过渡之间的熔滴过渡形式，习惯称为亚射流过渡。亚射流过渡时，主要特征是电弧呈半潜状态，电弧可见部分为蝶状电弧，在电弧覆盖下的焊丝端头悬挂着一个与焊丝直径相当的熔滴，该熔滴大部分潜入熔池的凹坑内。焊接时始终伴随着瞬时短路而发出轻轻的"叭叭"声，焊丝熔滴呈滴状过渡，焊接过程十分稳定。

亚射流过渡与正常短路过渡的差别是：正常短路过渡时在熔滴与熔池接触之前，并未形成已达临界状态的缩颈，因此，熔滴与熔池的短路时间较长、短路电流很大。亚射流过渡时，因为熔滴已经形成缩颈，所以短路时间极短，电流上升不大就能使熔滴缩颈破断。广泛应用于铝及铝合金 MIG 焊。

4. 旋转射流过渡

焊接过程中，当焊丝伸出长度较大，焊接电流比临界电流高出很多时，焊丝端头的液体金属柱增长到一定程度，射流过渡的细颗粒高速喷出。此时，对焊丝端部伸长的液态金属柱产生反作用力，一旦反作用力偏离焊丝轴线，则焊丝端部被拉长的液态金属柱发生偏斜，连续不断的反作用力将使被拉长的液态金属柱旋转，这就是旋转射流过渡。此时旋转射流过渡的熔滴往往被横向抛出，成为焊接飞溅。

四、短路过渡

短路过渡是焊丝熔滴在较小电流、较低电压下未长成大滴就与熔池短路，继而由于强烈的过热和磁收缩作用，使熔滴爆断而直接向熔池过渡的形式。短路过渡的主要特点是：采用较低的电压和较小的电流，电弧功率小，对焊件的热输入低、熔池的冷凝速度快、电弧燃烧稳定、焊接飞溅小、熔滴过渡频率高、焊缝成形好，广泛用于薄板焊接和全位置焊接，是 CO_2 气体保护焊的一种典型过渡方式。

细焊丝（$\phi0.8\sim1.6$mm）气体保护焊时，常采用短路过渡形式。短路过渡过程的电弧燃烧是不连续的。短路熔滴过渡焊丝经历电弧燃烧形成熔滴，而后熔滴与熔池短路并熄弧，在表面张力及电磁收缩力的作用下，形成缩颈小桥并迅速断开过渡熔滴，然后电弧再引燃等四个阶段。

为了保持短路过渡焊接过程的稳定进行，不仅要有合适的焊接电源静特性，还要有合适的焊接电源动特性。它主要包括以下三点：

1）短路电流上升速度要合适。对不同直径的焊丝和焊接参数，短路电流上升速度要合适，确保短路小桥柔顺地断开，达到减小焊接飞溅的目的。

2）短路电流峰值 I_m 要适当。短路过渡焊接时，$I_m = (2\sim3)I_a$，其中 I_a 为平均焊接电流。峰值电流值过大，会引起缩颈小桥激烈地爆断而造成飞溅；峰值电流值过小，对引弧不利，甚至影响焊接过程的稳定性。

3）空载电压恢复速度要快。短路过渡后，空载电压恢复速度要快，并能随时引燃电弧，避免在焊接过程中出现熄弧现象。

短路电流上升速度及短路电流峰值，主要通过焊接回路串联电感来调节电源的动特性，电感大时短路电流上升速度慢，电感小时短路电流上升速度快。

短路过渡时，过渡熔滴越细小、短路频率越高、焊缝波纹就越细密，焊接过程也就越稳定。因此，短路频率大小常常作为短路过渡稳定性的标志，在短路过渡的焊接过程中，要选用尽量高的短路频率来保证短路过渡稳定。

第三章

钨极惰性气体保护焊（TIG焊）的工艺方法

第一节　直流钨极惰性气体保护焊（TIG 焊）

通常直流钨极惰性气体保护焊（TIG）有两种接法：直流正极性和直流反极性。

一、直流 TIG 焊正极性（DCSP）

1）焊件接焊接电源输出端正极，焊枪钨极接焊接电源输出端的负极，称为直流 TIG 焊正极性接法（见图 3-1a）。黑色金属材料焊接时采用这种正接法。因为钨极为热阴极材料，焊接过程中接负极时能发射大量电子，钨极在电弧燃烧过程中，虽然处于热电子发射的高温状态，但是，由于发射大量电子时带走了一部分能量，从而使钨极得到较强的冷却，所以，焊接过程中钨极能通过较大的焊接电流。焊件接正极，焊件的受热特点取决于电弧的形态和焊件产生的热量，因为此时钨极为负，焊接电弧呈细锥状，使得焊接电弧对焊件的加热集中，因而得到深而窄的焊缝形状。

2）直流反极性是焊件接电源输出端的负极，焊枪上钨极接电源输出端的正极，黑色金属材料焊接时不宜采用这种接法。因为焊枪的钨极接正极，在焊接过程中焊接电弧中的电子撞击钨极的能量全部转化成热量，使钨极很快过热，甚至熔化。所以，相同直径的钨极只允许通过正极性接法时 1/5～1/3 的焊接电流。在铝及铝合金、镁及镁合金焊接过程中，由于焊件上的阴极斑点总是寻找 Al_2O_3 氧化膜，焊接电弧随着氧化膜的破碎在焊件上游动，使得电弧对

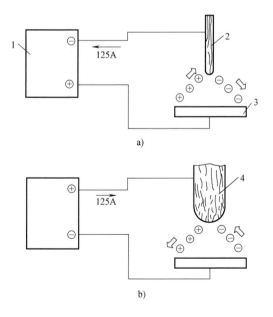

图 3-1　直流 TIG 焊的极性

a）正极性　b）负极性

1—直流焊接电源　2—电极直径 1.6mm

3—焊件　4—电极直径 6.4mm

焊件的加热不集中，因此焊接时将得到浅而宽的焊缝。所以反极性接法适用于铝及铝合金、镁及镁合金的焊接。直流正极性和直流反极性接法的差别见表3-1。

直流TIG焊正极性焊接时，电弧静特性可分为两段，即：$I<50A$时为下降特性；$I>50A$时为平特性（见图3-2）。从图3-2中可见，焊接电弧弧长增加时，电弧电压亦增加。

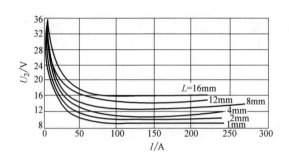

图3-2　直流TIG焊正极性时电弧静特性（L为弧长）

表3-1　直流正极性和直流反极性接法的差别

极　性	直流正极性（钨极接负）	直流反极性（钨极接正）
焊接电弧形态	集中	发散
焊缝熔深特点	深、窄	浅、宽
钨极许用电流	大	小（正极性电流的 1/5～1/3）
阴极清理作用	无	有
焊接电弧稳定性	稳定	不稳
适用材料焊接	低合金钢、不锈钢、镍基合金、钛、银、铜及其合金	一般不采用，如无交流 TIG 焊机时，可以焊接 2.4mm 以下铝和镁及其合金、铝青铜、铍青铜

为了保证焊接过程中电弧稳定燃烧，焊接电源的外特性斜率要小于电弧静特性斜率。当焊接电流较大时，应选用下降外特性或陡降外特性；而当焊接电流较小时，必须选择陡降外特性。因为水平外特性的电源，在焊接过程中发生弧长变化时，会使焊接电流出现很大的波动，影响焊缝质量。钨极氩弧焊（TIG焊）适用的电源外特性如图3-3所示。

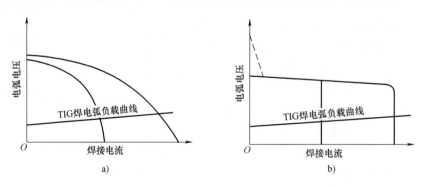

图3-3　钨极氩弧焊（TIG焊）适用的电源外特性
a）下降特性　b）陡降特性

直流 TIG 焊正极性焊接时，有以下特点：

1）钨极因发热量少不易过热，与直流 TIG 焊反极性相比可以采用较大的焊接电流。

2）焊件在正极性接法时发热量多，所以，焊接熔深大，生产率高。

3）钨极热电子发射能力比焊件强，焊接过程中电弧稳定而集中。

二、直流反接 TIG 焊（DCRP）

焊件接焊接电源输出端负极，焊枪钨极接焊接电源输出端的正极，称为直流反接 TIG 焊（见图 3-1b）。由于钨极接正极时，电极的电流容量很小，因此，焊接过程中，钨极不允许长时间接正极，因为，当钨极通过焊接电流较大时，钨极会因过热而烧损；当钨极通过的焊接电流较小时，由于电极斑点在焊接过程中不断地跳动，从而造成焊接电弧不稳定，不能满足焊接要求。直流反接 TIG 焊有以下特点：

1）焊接电弧对焊件表面的氧化膜有阴极清理作用，这种作用被称为"阴极雾化"或"阴极破碎"作用，适用于焊接厚度在 3mm 以下的铝、镁及其合金。

2）直流反接 TIG 焊时，钨极为正极，在接收阴极的发射电子及所携带的大量能量时，使钨极产生过热，甚至发生熔化现象。

3）直流反接 TIG 焊时，钨极接正极，则电极允许的电流容量比直流正接焊时容量小。

三、直流 TIG 焊的引弧技术

钨极惰性气体保护焊（TIG 焊）时引弧比较困难，常用的引弧方式有两种：一种是用于小电流焊接的接触式引弧，焊接引弧过程中容易烧损钨极端头，引起焊缝钨夹渣缺陷。另一种为激发引弧，激发引弧现有两种形式：一种是利用高频振荡器引弧，另一种是利用高压脉冲引弧器引弧。

1. 高频振荡引弧器

这是一种传统的引弧器，目前仍在大量使用，它是一个高频高压发生器，其输出电压一般为 2000～3000V，频率为 150～260kHz。其原理图如图 3-4 所示。T_1 为高漏抗升压变压器，P 为火花放电器，由两小段钨棒组成，两者之间留有可调间隙，大约为 1mm。这个间隙如果过大，火花放电器间隙不易击穿，振荡难以进行；如果间隙过小，振荡幅度过小，振荡器输出电压不高，焊接过程引弧效果

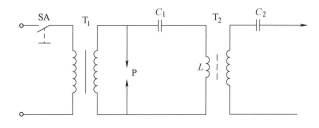

图 3-4　高频振荡器电路原理图

不好，所以，应根据引弧效果适当调节间隙距离。C_1 为高压振荡电容；T_2 为高频升压变压器，L 为振荡电感兼高频输出变压器 T_2 的一次绕组；在使用过程中，火花放电器的钨极表面会经常被弄脏或烧损，所以，需要定期用砂纸清理钨极的下端面。

高频振荡引弧器的工作原理是：接通电源开关 SA 后，变压器 T_1 二次电压可达到 2500～3000V。在升压过程中，电容 C_1 充电，端电压不断升高，当达到 P 的击穿电压时，两钨极间的空气隙因被击穿而产生火花放电，此时，P 处于短路状态，C_1 通过 P 和 L 构成的 L-C

振荡电路放电而使电路发生振荡，产生的高频高压通过 T_2 输出至焊接回路用于引弧。

高频振荡引弧器在工作中，因振荡电路中存在电阻，所以振荡是衰减的。一旦振荡电压低于 P 的击穿电压，振荡过程即停止。但由于变压器 T 不断给 C_1 充电，使之重复前述的振荡过程，因此使振荡不断地进行下去。由此可见，振荡器的振荡过程为：振荡—间歇—振荡。高频振荡波形如图 3-5

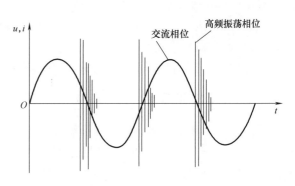

图 3-5　高频振荡波形

所示。电容器 C_2 的存在，起隔离作用，防止焊接电流通过 T_2 二次绕组形成通路，消耗部分能量，因此减弱引弧效果。

高频振荡引弧器与焊接主回路有两种联接方法，即串联接法和并联接法，如图 3-6 所示。应用较多的串联接法的引弧效果较好。

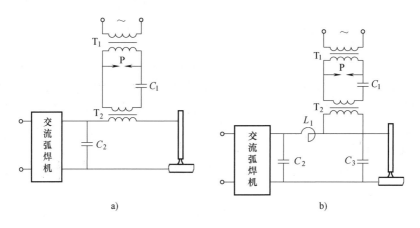

图 3-6　高频振荡器的连接方法

a）与焊接回路串联　b）与焊接回路并联

高频振荡引弧器的引弧效果很好，是目前非接触式引弧的常用装置，但也存在以下缺点和不足：

1）工作过程中，产生的高频电磁波对周围工作的电子仪器设备有电磁干扰作用。

2）高频电磁波窜入焊接电源中或控制电路中，可能会造成电器元件的损坏或电路失控。

3）对长期在高频电磁场中工作的人员身体健康有不良影响。

因此，在高频振荡引弧器的使用过程中，必须采取隔离屏蔽等措施。

2. 高压脉冲引弧器

在钨极惰性气体保护焊（TIG 焊）时，因为焊件材料与钨极的物理性质相差较大，引弧比较困难，特别是使用交流钨极惰性气体保护焊焊接铝、镁及其合金时，在焊件处于负极性时，引燃焊接电弧的困难更为突出。此时，在焊件处于负极性半周的峰值时，叠加高压引弧脉冲效果最好。脉冲引弧电路如图 3-7 所示。

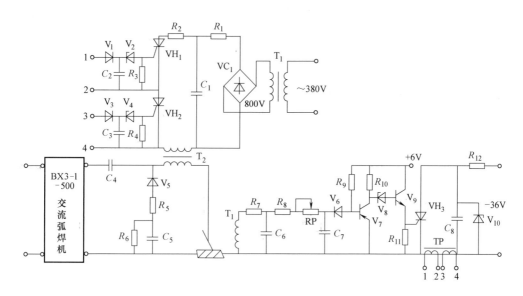

图 3-7　脉冲引弧电路

高压脉冲引弧器工作时，引弧电路中变压器 T_1 的一个二次绕组输出 800V 的交流电压。此电压经过 VC_1 整流后，通过电阻 R_1 向电容 C_1 充电达到最大值。电容 C_1 充电后储存的这部分能量将作为高压脉冲的能源，在焊件为负极性的半周期内，当空载电压瞬时值达到极大值时，晶闸管 VH_1、VH_2 被触发导通，于是，储存在电容 C_1 的能量向 T_2 的一次绕组放电，在 T_2 的二次绕组感应出一个高压脉冲，叠加在钨极与焊件之间，供焊接引弧用。

电容 C_1 放电后，T_2 一次线圈产生出反向脉冲使晶闸管 VH_1、VH_2 断开，电容 C_1 开始又一次充电，经过 1/50s 待下一个触发脉冲到来时，电容 C_1 上的充电电压又将达到最大值。如果第一次电弧没有被引燃，则晶闸管再次触发，提供又一次引弧脉冲，直至电弧被引燃。

第二节　交流钨极惰性气体保护焊（TIG 焊）

一、正弦波交流 TIG 焊

焊接过程中用交流电，焊接电源电压波形是正弦波形，焊接电流也是正弦波形。在交流负极性半周里，焊件金属表面的氧化膜会因"阴极破碎"作用而被清除，因此，采用交流 TIG 焊焊接铝、镁及其合金时，比直流 TIG 焊能获得更满意的焊接质量。

1. 交流钨极氩弧焊（TIG 焊）的特点

1）焊接电弧稳定性。正弦波交流 TIG 焊焊接过程中，焊接电流每秒有 100 次过零点，所以焊接电弧要每秒熄灭 100 次。每个半波中都发生焊接电流从小到大而后又从大逐渐减小为零的变化。每个半波都要重新引燃电弧。每个半波电弧空间温度、电弧空间的电离度也都随之变化，因此，使焊接电弧的稳定性变差。

当钨极为负的半波时，钨极可以得到冷却，从而减少钨极的烧损，此时钨极的阴极斑点容易维持高温，热电子发射能力很强，电弧的导电性能很好，电弧电流很大，而电弧再引燃电压较小。当交流电压由钨极为负变成焊件为负的瞬间，由于焊件的熔点比钨极低得多，同时焊件的热导率高，尺寸大，散热能力强，电弧空间及电极温度的下降，使焊件发射电子的能力很弱，电弧再引燃电压数值需要很高，此时，如不采取特殊的稳弧措施，焊接电弧就要熄灭。为保证交流焊接电弧能稳定燃烧，在交流钨极氩弧焊时，在焊接电流由钨极为负极变为焊件为负极的瞬间，必须加高压重新引燃焊接电弧，只有采取稳弧措施，焊接电弧才能稳定燃烧。

2）焊接回路中有直流分量。交流钨极氩弧焊过程中，两半波电弧电压波形及正、负半波电流波形都有很大的差异。在钨极为负半波时，因钨极发射电子的能力很强，有较大的焊接电流，在负半波的电弧电压较低时，还可以维持电弧的燃烧。在焊件为负半波时，为了维持电弧燃烧，必须采用较高的电压数值，因此，钨极为负半波比焊件为负半波电弧引燃时间长，再加上正半波时电流的幅值高，形成正负半波电流不对称，在焊接回路中有直流分量。焊接回路中的直流分量，其方向是从焊件流向钨极，不仅减弱了阴极清理作用（也称为"阴极破碎"或"阴极雾化"作用），影响熔化金属表面氧化膜的去除，而且还使焊接电弧不稳定。更主要的是：因变压器回路中存在直流分量而形成的直流磁通，在这半波中与交流磁通叠加，励磁电流增加，使变压器的工作条件恶化，严重时会造成变压器因发热而烧毁。所以，交流氩弧焊焊接回路中的直流分量必须加以限制或消除。

2. 消除直流分量的方法

1）在焊接回路中串接二极管和电阻，如图3-8b所示，当二极管的正极与焊件相接，在负极性半周时，焊接电流通过二极管构成回路；当在正极性半周时，由于二极管的截止，使焊接电流只能通过电阻流过，从而减小了正半周焊接电流的幅值，达到削弱或消除直流分量的目的。

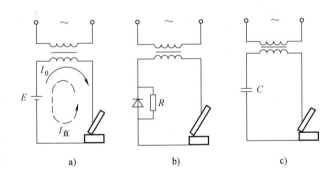

图3-8 消除直流分量方法示意图
a）在焊接回路中串接直流电源 b）在焊接回路中串接二极管和电阻 c）在焊接回路中串接电容

这种消除直流分量的方法装置简单、元件少，体积小，消除直流分量的效果也较好。但是，二极管受高频影响容易损坏、电流经过电阻时要消耗一部分能量，所以，该方法在生产中应用较少。

2）在焊接回路中串联直流电源（蓄电池），如图3-8a所示，将直流焊接电源的负极接焊件，使串联的直流电源提供的电流与焊接直流分量方向相反，从而抵消直流分量的影响。

此方法的优点是蓄电池容易得到。缺点是蓄电池的电势是不能随意调节的，所以，焊接过程中的直流分量就不可能达到完全消除。另外，由于蓄电池需要经常充电，体积又大，很不方便。

3）在焊接回路中串接电容，如图3-8c所示，这种方法是利用电容能通过交流电、阻隔直流电的作用来消除焊接过程中产生的直流分量。

这种方法能有效地消除直流分量，使用和维护都很方便，所以得到了广泛的应用。

二、方波交流 TIG 焊

正弦波交流 TIG 焊比直流 TIG 焊反极性能够提高钨极的电流容量、有加大焊缝熔深和"阴极雾化"作用。当采用正弦波交流 TIG 焊时，利用反极性时的"阴极雾化"作用，可清除焊件表面的难熔氧化物，并使钨极得到冷却；利用正极性时，钨极能够承载大电流而使焊缝得到足够的熔深。但是，这种焊接电源的缺点是：电弧稳定性不好，正负半波通电比例不可调；在进行薄板铝焊件小电流焊接、高强度铝合金焊接、单面焊接双面成形等焊接时，焊接质量难以保证；此外，焊接过程中还存在直流分量等问题。如采用方波交流 TIG 焊焊接电源，则可解决上述问题。

1. 方波交流 TIG 焊焊接特点

正弦波交流 TIG 焊焊接电流进入负极性半波时，正弦波电流过零速度慢，使焊接电弧稳定性不好。所以，必须施加较大的电弧再引燃电压，提高电弧再引燃的可靠性，加快换向的速度时，尽量保持较高的电离度。

方波交流 TIG 焊焊接电源在焊接过程中，电流通过零点时上升与下降的速率高，电源的电子控制电路可以调节正负半波通电比例和电流比例。在焊接铝及铝合金时，焊接工艺有如下特点：

1）焊接电弧稳定，电流过零点时，不必加装稳弧器也能重新引燃焊接电弧。

2）具有电网电压补偿、无级调节和遥控等功能。

3）可调节正负半波通电时间比，在保证"阴极雾化"作用的前提下增大正极性电流，从而获得更佳的焊缝熔深，提高焊接生产率和延长钨极的使用寿命。

4）抗干扰能力强。

5）电源外特性种类多，可为下降特性、恒流特性、缓降特性或恒流加外拖特性等。

6）调节焊接热输入，利用电弧热和电弧力的作用满足焊件焊接质量的特殊要求。

7）焊接过程中不用消除直流分量。

2. 方波交流 TIG 焊的应用

方波交流弧焊电源，主要用于铝及铝合金的交流 TIG 焊，也可以代替普通直流电源，用于碱性焊条电弧焊，焊接时具有电弧稳定，焊接飞溅小，还可用于埋弧焊及交流等离子弧焊等。

三、变极性 TIG 焊

1. 变极性 TIG 焊的焊接特点

正弦波 TIG 焊时，正弦波交流的正、负半波能量难以调节，为了表明交流参数的特征，常用 β 值来表征：

$$\beta = \frac{I_{EN}}{I_{总}} = \frac{I_{EN}}{I_{EN} + I_{EP}}$$

式中　I_{EN}——钨极为负时的平均电流；

I_{EP}——钨极为正时的平均电流；

$I_{总}$——总平均电流。

β 越大，I_{EN} 所占的比例越大，焊接电弧越集中，钨极的烧损越小。

由于电流在负半波"阴极雾化"的作用中能去除氧化膜，在电流正半波中主要是加热焊件的功能。为了提高焊接效率，希望增加正半波的导通时间，虽然能够增加焊接熔深，减少钨极的烧损，但是却减小了"阴极雾化"作用。交流变极性 TIG 焊，就是在保证去除氧化膜能力不变的同时增加焊接熔深，所以，采用加大负半波电流的幅值，并缩短其时间的方法。

为了确保焊接过程中的电弧稳定，在焊接电流过零点时（从 EN 半波向 EP 半波转变），过零点之前，施加电流脉冲保证足够高的电离度；过零点之后，再施加电压脉冲，有利于再引燃焊接电弧。不同的稳弧方法实现再引弧的最小焊接电流见表 3-2。

表 3-2　不同的稳弧方法实现再引弧的最小焊接电流

稳弧措施		最小焊接电流/A
无稳弧措施		120
电流脉冲(300A)		20
电压脉冲(120V)		70
同时施加	电流脉冲(300A)	10
	电压脉冲(120A)	

2. 变极性 TIG 焊焊接的应用

变极性 TIG 焊焊接应用在铝及铝合金焊接方面已取得良好的效果，如：板厚为 6mm 的 2A14 铝-铜合金，可不开坡口一次焊透，并且取得良好的焊缝成形和力学性能，焊接接头强度和塑性分别达到母材的 72% 和 81%。

第三节　脉冲 TIG 焊

一、脉冲 TIG 焊的焊接特点

脉冲 TIG 焊是利用基值电流保持主电弧的电离通道（以较小的基值电流来维持电弧的稳定燃烧），并周期性地加一同极性高峰值脉冲电流产生脉冲电弧，从而实现以熔化金属并控制熔滴过渡的氩弧焊。焊接过程中，当每一次脉冲电流（峰值电流）通过时，焊件上就产生一个点状熔池，在脉冲电流停歇时，点状熔池就冷却结晶。所以，在焊接过程中，只要合理地选择脉冲时间，确保焊点间有一定的重叠量，就可以获得一条连续焊缝。脉冲 TIG 焊焊接电源有交流、直流电源之分，而根据脉冲电流的不同，可分为矩形波、正弦波、三角形波三种基本波形。低频脉冲 TIG 焊焊缝成形示意图如图 3-9 所示，脉冲 TIG 焊焊接电流波形示意图如图 3-10 所示。脉冲 TIG 焊的焊接特点如下：

1）明显改善电弧的稳定性。通常，在一定的范围内，脉冲频率越高，电弧压力越大、电弧

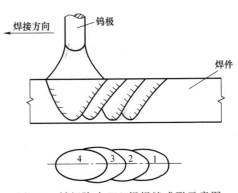

图 3-9　低频脉冲 TIG 焊焊缝成形示意图
1、2、3、4—焊点

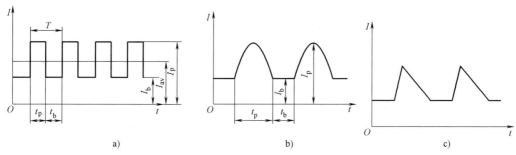

图 3-10　脉冲 TIG 焊焊接电流波形示意图

a）矩形波　b）正弦波　c）三角形波

挺度越好，因此，焊接过程中电弧的稳定性及指向性就越好。焊接较薄的焊件用脉冲 TIG 焊时，电弧稳定，不仅电弧压力大而且电弧的指向性也好。在较低的基值电流期间可维持电弧不熄灭，熔化较薄的焊件母材，并使熔池凝固结晶。在整个焊接过程中，只要合理地选择脉冲时间，大、小焊接电流不断交替变换，使焊件接头相应熔化，既可克服小电流电弧不稳问题，又能避免大电流焊接出现烧穿现象。

2）改善焊缝组织及外观成形，脉冲 TIG 焊时，脉冲电流的变化将造成电弧压力的变化，由此将改善焊缝组织及外观成形。脉冲电流的变化，将使熔池的搅拌作用增强，使焊缝金属组织细密并对消除气孔、焊缝咬边等缺陷有利。

3）能很好地实现全位置焊接和单面焊接双面成形焊接，脉冲 TIG 焊时，通过对脉冲焊接参数（脉冲电流 I_p、基值电流 I_b、脉冲频率 f 等）的调节，可以精确地控制焊接电弧能量的输入和分布，从而控制母材的焊接热输入，获得焊缝根部均匀熔透和焊缝均匀的熔深。

4）可以焊接薄件或超薄件，脉冲 TIG 焊时，采用脉冲电流可减小焊接电流的平均值，获得较低的焊接热输入（焊透同样厚度的焊件所需的平均电流比一般 TIG 焊低 20% 左右），因此，用脉冲 TIG 焊焊接薄板或超薄板（厚度小于 0.1mm 的薄钢板）时，仍可以获得较好的焊接质量。

5）裂纹倾向小，脉冲 TIG 焊时，由于焊接过程中高温停留时间短，熔池金属冷却凝固结晶快，因此，可以减少热敏感材料焊接时产生裂纹的倾向。

目前脉冲 TIG 焊应用很广泛，特别适宜薄壁焊件和超薄焊件的全位置焊接、窄间隙焊接、中厚板开坡口多层焊的第一层打底焊，以及热敏感性强的金属材料焊接。

二、脉冲 TIG 焊的分类

脉冲 TIG 焊有两种分类方法。根据焊接电流种类分类有：脉冲直流 TIG 焊，主要用于焊接不锈钢；交流脉冲 TIG 焊，主要用于焊接铝、镁及其合金。根据脉冲频率范围分类有低频脉冲 TIG 焊和高频脉冲 TIG 焊两种。

1. 低频脉冲 TIG 焊

低频脉冲 TIG 焊，是利用脉冲频率为 0.5~10Hz 的低频电流脉冲来加热焊件进行焊接的方法。在脉冲电流加热期间，焊件被加热熔化形成一个熔池，脉冲电流结束后，焊接电流降为基值电流，在基值电流期间，虽然焊接电弧仍然继续燃烧，但是电弧的能量已经大大减少，此时焊接熔池金属开始冷凝和收缩结晶，在下一个脉冲到来时，将在未完全凝固的熔池上再形成一个新的熔池。如此脉冲电流和基值电流交替工作，在焊接电弧明显的闪烁中，一个个焊点相互连续搭接而成为连续的焊缝。低频脉冲 TIG 焊的工艺特点如下：

1）可以焊接薄板或超薄板，对于同等厚度的焊件，可以用较低的电弧热输入焊接，以减小焊件的焊接变形和烧穿。

2）可以精确地控制焊缝成形。焊接过程中，通过对脉冲参数的调节，可以精确地控制焊接电弧能量及其分布，控制熔池尺寸，使熔化金属在任何位置都不至于因重力作用而流淌。同时，还降低了焊件受热积累的影响，使焊缝的熔深和焊缝的根部获得均匀熔透。能很好地实现单面焊接双面成形及全位置焊接的质量要求。

3）适于焊接按常规焊接工艺难以焊接的金属。由于脉冲电流产生的更高的电弧温度和更大的电弧力，可使难熔金属迅速形成熔池，在脉冲电流的强烈搅拌下，熔池金属凝固速度快，形成的金属组织致密、树枝状晶体不明显，可以减少热敏感材料焊接裂纹的产生。

2. 高频脉冲 TIG 焊

高频脉冲 TIG 焊的脉冲频率为 10kHz 以上。随着脉冲频率的增加，焊接电弧收缩明显，挺度较高，小电流电弧稳定。当电流频率达到 10kHz 时，电弧压力稳定，大约为稳态直流电弧压力的 4 倍。高频脉冲 TIG 焊的工艺特点如下：

1）电磁收缩效应加大。焊接电弧电磁收缩加大，使高频脉冲电弧刚度增大，克服和避免了在高速焊时，因阳极斑点的黏着作用而使焊道出现弯曲或不连续现象。在小电流区域电弧挺度好，电弧快速移动时，指向性依然很强，与直流 TIG 焊相比，焊接速度可提高 1 倍以上。

2）小电流稳定。焊接电流在 10A 以下时仍然很稳定，可以焊接很薄的焊件。

3）细化焊缝金属颗粒。高频脉冲电流产生的电磁力，对熔池金属有较强的搅拌作用，使熔池金属液体流动性增加，这样有利于细化金属晶粒，提高焊缝金属的力学性能。

4）焊接速度高。在较高的焊接速度下，焊道连续、无咬边和焊缝背面成形良好。

5）裂纹倾向小。焊接过程中由于焊接熔池在高温停留时间短，熔池金属冷却快，可以减少热敏感材料焊接时产生裂纹的倾向。

三、脉冲 TIG 焊的应用

由于脉冲 TIG 焊有如上特点，所以，脉冲 TIG 焊特别适于焊接超薄件、热敏感性强的金属材料或薄件、全位置焊、窄间隙焊以及中厚板开坡口多层焊的第一层打底焊。

第四节　钨极惰性气体保护焊（TIG 焊）的其他方法

一、热丝 TIG 焊

热丝 TIG 焊是在普通 TIG 焊的基础上，以与钨极成 40°~60°角，从电弧的后方附加一根焊丝插入熔池，并在焊丝插入熔池之前约 10mm 处开始，由加热电源通过导电块对其通电，依靠电阻热将焊丝加热至预热温度，在焊接电弧的作用下完成整个焊接过程。所以说，热丝 TIG 焊过程，是焊丝被附加电流预先加热，以提高焊丝的熔化速度，增加熔敷金属量，达到高效率焊接目的的焊接方法。热丝 TIG 焊的焊接示意图如图 3-11 所示。

1. 热丝 TIG 焊的焊接特点

1）优点：由于焊丝在熔化前被预热，所以，热丝 TIG 焊焊接时焊丝的熔敷速度比普通 TIG 焊提高近 2 倍，从而使焊接速度增加 3 ~ 5 倍，大大提高了焊接生产率。此外，热丝 TIG 焊还可以减少焊缝中的裂纹。普通 TIG 焊与热丝 TIG 窄间隙焊的生产率比较见表 3-3。

2）缺点：由于流过焊丝的电流所产生的磁场影响，将引发焊接电弧产生磁偏吹，因此，可以采用交流电源加热填充焊丝，以减少磁偏吹；或采用脉冲热丝 TIG 焊。为了减少磁偏吹现象，焊丝的加热电流不应超过焊接电流的 60%，所以，焊丝的最大直径限制为 1.2mm。

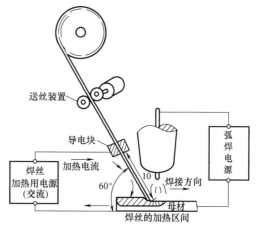

图 3-11 热丝 TIG 焊的焊接示意图

表 3-3 普通 TIG 焊与热丝 TIG 窄间隙焊的生产率比较

	焊层数	1	2	3	4	5	6
冷丝	焊接电流/A	300	350			300	330
	送丝速度/(m/min)	1.5	2				2.7
	焊接速度/(mm/min)	100					
热丝	焊层数	1	2	3	4	5	—
	焊接电流/A	300	350		310		—
	送丝速度/(m/min)	3	4				—
	焊接速度/(mm/min)	200					

2. 热丝 TIG 焊的应用

目前，热丝 TIG 焊已成功应用于碳素结构钢、低合金结构钢、不锈钢、镍及镍合金、钛及钛合金等金属材料的焊接。由于铜及铜合金、铝极铝合金电阻率小，用热丝 TIG 焊方法焊接时，需要很大的加热电流，从而会造成过大的磁偏吹，影响焊接质量，所以铜及铜合金、铝及铝合金不能采用这种方法焊接。

二、A-TIG 焊

普通 TIG 焊虽然焊接过程稳定，保护效果好，焊接质量稳定，但是，由于 TIG 焊是一种非熔化极焊接方法，钨极的载流能力有限，所以焊接速度慢、焊接熔深浅、焊接效率低。在 I 形坡口平板对接焊时，只能焊 3mm 以下的板材，从而使其应用受到限制，在焊接厚度为 6mm 以上的材料时，通常采用多道焊或多层多道焊。

A-TIG 焊接方法的主要特点就是焊前在被焊母材的表面上涂上一层很薄的活性剂（一般为 SiO_2、Cr_2O_3、TiO_2 以及卤化物的混合物），在焊接过程中，这些活性剂在焊接电弧的高温作用下蒸发，造成焊接电弧自动收缩、电弧电压增加、热量集中，用于熔化母材的热量也增多，从而增加了焊缝熔深。

1. A-TIG 焊的主要优点

1）比普通 TIG 焊效率高。在焊接参数不变的情况下，A-TIG 焊与普通 TIG 焊相比，可以提高 1~3 倍以上的熔深（焊接 12mm 厚的不锈钢时，可以开 I 形坡口一次完成焊接），并且实现单面焊双面成形。A-TIG 焊对减少焊道层数和缩短焊接时间有明显的效果。

2）焊接质量高。A-TIG 焊时，通过调整活性剂成分，可以改善焊缝的组织和性能；钛合金活性剂焊接能够消除普通 TIG 焊时出现的氢气孔，并能降低焊缝中的氧含量；与普通 TIG 焊相比，可以有效地减少焊接变形。

3）操作简单、方便，焊接成本低。A-TIG 焊焊接前，将特殊研制的活性剂涂敷到待焊件表面，使用普通的 TIG 焊接设备和焊接参数就能够进行焊接，焊后的焊渣可以简单地用刷洗的方法清除，不会产生污染，焊接生产成本低。

2. A-TIG 焊的应用

目前 A-TIG 焊已在航空、航天、造船、汽车、锅炉等方面的碳素结构钢、不锈钢、铜镍合金、镍及镍合金、钛及钛合金的焊接上得到应用。

三、TIG 点焊

TIG 点焊时，焊枪喷嘴将两块搭接的待焊焊件表面压紧，在压力作用下保证搭接焊件表面紧密贴合，然后，焊接电弧使钨极下方的金属局部熔透并形成搭接焊点。焊接过程多采用直流正接电源，因为直流正接可以比交流电源焊接获得更大的熔深，可以采用较小的焊接电流或较短的焊接时间，从而减少热变形等。TIG 点焊示意图如图 3-12 所示。

焊点尺寸大小主要靠调节焊接电流值和电流持续时间实现，增大焊接电流值和电流持续时间，会增加焊点的熔深和直径；减少焊接电流值和电流持续时间，则会减少焊点的熔深和直径。焊接电弧的弧长，也是一个主要的焊接参数：焊接电弧过长，熔池会过热并可能产生咬边缺陷；焊接电弧过短，焊点处母材受热膨胀导致接触热的钨极易形成夹钨缺陷。

为了使焊点表面形状圆滑平整，熄弧电流必须在自动衰减下熄弧。

1. TIG 点焊的优点

与电阻点焊相比，TIG 点焊的优点如下：

1）焊接过程方便灵活，对于无法从两面进行焊接的焊件，可以在一面完成焊接。

2）特别适宜焊接厚薄相差悬殊的搭接焊件，如图 3-13 所示。

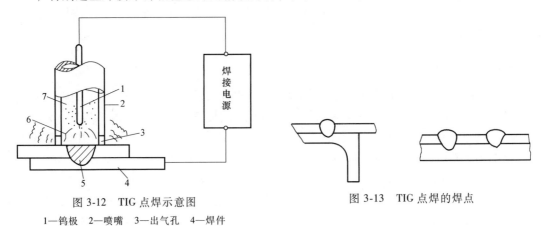

图 3-12　TIG 点焊示意图
1—钨极　2—喷嘴　3—出气孔　4—焊件
5—焊点　6—电弧　7—氩气

图 3-13　TIG 点焊的焊点

3）焊枪端部喷嘴将被焊的搭接焊件压紧，无须在焊机上增加压紧装置。

4）设备耗电量少，费用低。

2. TIG 点焊的缺点

与电阻点焊相比，TIG 点焊的缺点如下：

1）焊接速度不如电阻点焊快。

2）焊接费用（人工费、氩气消耗费等）比电阻点焊工艺高。

3. TIG 点焊的应用

目前 TIG 点焊主要应用于薄板结构的搭接接头焊接、薄板与厚板搭接接头的焊接，所焊的材料主要是低合金结构钢和不锈钢等。

四、双钨极 TIG 焊

双钨极 TIG 焊是在传统的 TIG 焊基础上，采用两根钨极和各自独立的电源系统。两根钨极共同安装在焊枪的喷嘴中，钨极端部加工成尖角，两电极间相互绝缘，并且各自连接独立的电源系统，焊接电流可单独调控。双钨极 TIG 焊接过程中，两个钨极电弧相互作用，形成耦合电弧结合为一体并统一作用于焊件。适用于优质高效的焊接生产场合。双钨极 TIG 焊机原理如图 3-14 所示。

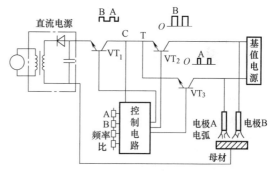

图 3-14　双钨极 TIG 焊机原理

1. 双钨极 TIG 焊的焊接特点

与传统的 TIG 焊相比，双钨极 TIG 焊具有如下优点：

1）熔敷速度高。焊枪独立电源供电，平焊和立焊时熔敷速度可分别达到 50g/min 和 34.8g/min，比传统 TIG 焊提高 20% 左右。

2）焊接过程稳定。比传统的埋弧焊和熔化极氩弧焊具有更加稳定的焊接过程。

3）焊接坡口适应性强。开 X 形坡口时，坡口角度仅需要 40° 左右，比埋弧焊坡口的截面面积减小了 15%，减少了熔敷金属量。

4）焊缝表面成形良好。焊接过程中不需要对焊缝背面清根及焊后打磨等工序，焊缝表面成形良好。

5）改善了焊接生产环境。双钨极 TIG 焊焊接过程中降低了噪声，减少了烟尘。

2. 双钨极 TIG 焊的应用

双钨极 TIG 焊可进行全位置厚板焊接，最大厚度可达 50mm，当焊接 32mm 厚的钢板时，两个钨极各用 350A 电流，通过 5 层 5 道焊缝可完成，最大熔敷率达到 90g/min。

第四章

手工钨极氩弧焊机

第一节　手工钨极氩弧焊机概述

一、手工钨极氩弧焊机的分类及组成

1. 钨极氩弧焊机的分类

常用的钨极氩弧焊机有：交流手工钨极氩弧焊机、直流手工钨极氩弧焊机、交流方波/直流两用手工钨极氩弧焊机、直流脉冲氩弧焊机等。

2. 钨极氩弧焊机的组成

钨极氩弧焊机的基本组成包括：焊接电源、控制系统、引弧装置、稳弧装置、焊枪、气路系统等。

（1）钨极氩弧焊机电源

1）交流手工钨极氩弧焊机。有较好的热效率，能提高钨极的载流能力，适用于焊接厚度较大的铝及合金、镁及镁合金。可以用高压脉冲发生器进行引弧和稳弧，利用电容器组清除直流分量。常用的交流手工钨极氩弧焊机型号及技术数据见表4-1。

表 4-1　常用的交流手工钨极氩弧焊机型号及技术数据

技术数据	型　号		
	WSJ-150	WSJ-400	WSJ-500
电源电压/V	380	220/380	220/380
空载电压/V	80	80~88	80~88
工作电压/V	—	20	30
额定焊接电流/A	150	400	500
电流调节范围/A	30~150	60~400	50~500
额定负载持续率(%)	35	60	60
钨极直径/mm	$\phi1~\phi2.5$	$\phi1~\phi7$	$\phi1~\phi7$
引弧方式	脉冲	脉冲	脉冲
稳弧方式	脉冲	脉冲	脉冲

（续）

技术数据	型　号		
	WSJ-150	WSJ-400	WSJ-500
冷却水流量/（L/min）	—	1	1
氩气流量/（L/min）	—	25	25
用途	焊接 0.3~3mm 的铝及铝合金、镁及镁合金	焊接铝及铝合金、镁及镁合金	焊接铝及铝合金、镁及镁合金
配用焊枪	PQ150	PQ1-150；PQ1-350	PQ1-150；PQ1-350；PQ1-500
配用电源	—	BX3-400-1	BX3-500-2

2）直流手工钨极氩弧焊机。主要采用直流正接法（焊件接焊机正极），用于不锈钢、耐热钢、钛及钛合金、铜及铜合金等金属的焊接。常用的直流手工钨极氩弧焊机系列型号及技术数据见表 4-2。

表 4-2　常用的直流手工钨极氩弧焊机系列型号及技术数据

国标型号	WS-250	WS-315	WS-400
产品型号	PNE10-250	PNE20-315	PNE13-400
输入电压	3 相,380V±（10~20）%,50~60Hz		
额定输入功率/kW	8.8	12.1	17
额定空载电压/V	65±5	75±5	
额定输入电流/A	20	28	34
输出电流调解范围/A	5~250	15~315	15~400
上坡时间/s	10	0~20	0~15
下坡时间/s	0~12	0~15	0~15
提前送气时间/s	0.4		0.5
滞后停气时间/s	20~80		
引弧时间/s	—		0.05、0.2、0.4 可调
额定负载持续率（%）	60	60	60
效率（%）	90		
功率因素	0.93		
冷却方式	风冷		
绝缘等级	F		
外壳防护等级	IP21S		
外形尺寸 A/mm×B/mm×C/mm	460×210×438	660×260×410	7000×340×610
质量/kg	18	28	44
主要特点	1. IGBT 逆变技术 2. 工作电压范围宽 3. 具有多种氩弧焊操作方法 4. 高频引弧,焊接渗透力强 5. 性能稳定,抗干扰能力强 6. 散热设计合理,保护功能完善 7. 数显表显示并精确预设焊接电流 8. 具备普通手工焊功能（200A 以上型号） 9. 允许焊机输出电缆长达 50~100m/50mm²		

3）交流方波/直流两用手工钨极氩弧焊机。主要由 ZXE5 交直流弧焊整流器、WSE5 氩弧焊机控制箱、JSW 系列水冷焊枪和遥控盒等组成。焊机功能性强，可以一机四用（交流方波氩弧焊、直流氩弧焊、交流方波焊条电弧焊、直流焊条电弧焊），可以焊接铝及铝合金、镁及镁合金、钛及钛合金、铜及铜合金、各种不锈钢，以及高、低合金结构钢等。交流方波/直流两用手工钨极氩弧焊机型号及技术数据见表 4-3。该机的主要特点如下：

① 交流方波自稳弧性能好，焊接电弧弹性好，穿透力强。
② 交流焊时，一旦高频引弧后，焊接电弧稳定，不再需要高频稳弧。
③ 交流方波正负半周的宽度可以调节（SP%值），可以获得铝及铝合金的最佳焊接参数。
④ 控制电路设有固定电流上升时间和可调的电流衰减自动装置
⑤ 可对电网电压波动进行自动补偿，以确保焊接质量。
⑥ 可以一机四用（交流方波氩弧焊、直流氩弧焊、交流方波焊条电弧焊、直流焊条电弧焊）

表 4-3　交流方波/直流两用手工钨极氩弧焊机型号及技术数据

国标型号	WSM-160	WSM-250	WSM-315
产品型号	PNE10-160ADP	PNE20-250ADP	PNE20-315ADP
输入电压	3 相,380V(15~20)%,50~60Hz		
额定输入功率/kW	5	8.8	12.1
额定空载电压/V	63±6		67±5
输出电流调节范围/A	10~160	10~250	12~315
直流脉冲频率/Hz	0.5~200		
直流脉冲占空比(%)	10~90		
上坡时间/s	0.1~10		
下坡时间/s	0.1~10		
点焊时间/s	0.1~5		0.2~5
提前送气时间/s	0.1~1.5		
滞后停气时间/s	1~15		
引弧时间范围/(s)	0.01~0.5		
交流频率/Hz	0.5~100		
交流清理强度(%)	10~50		
额定负载持续率(%)	100	60	60
效率 η(%)	90		
功率因素	0.93		
绝缘等级	F		
外壳防护等级	IP21S		
冷却方式	风冷		
外形尺寸 A/mm×B/mm×C/mm	700×340×530	700×360×780	
质量/kg	40	63	
主要特点	1. IGBT 逆变技术 2. 微型计算机控制技术 3. 具有焊接参数自动存储功能 4. 可连接脚踏控制器进行焊接 5. 交流方波 TIG 焊有四种操作方式可供选择 6. 面板参数采用坐标式触摸键选择,单旋钮调节 7. 直流 TIG 焊、直流脉冲 TIG 焊分别有八种操作方式可供选择 8. 集交流方波、直流脉冲、直流氩弧、直流氩弧点焊及直流手工焊等功能于一体 9. 主要用于航空、航天、空分、散热器、自行车、铝合金家具等行业的铝、镁及其合金的焊接		

4）直流脉冲氩弧焊机。脉冲氩弧焊主要的焊接参数是：峰值电流 I_p、峰值时间 t_p、基值电流 I_b 和频率等。在脉冲氩弧焊过程中，决定焊缝宽度的是峰值电流和持续时间；决定焊缝成形中的鱼鳞纹密度的是脉冲电流的频率，而基值电流在正常焊接时一般较低。直流脉冲氩弧焊机有如下优点：

① 脉冲氩弧焊焊接过程是断续加热，熔池金属在高温停留时间短，冷却速度快，可以减少热敏材料产生裂纹的倾向。

② 在焊接过程中，由于峰值电流和基值电流交替产生脉动的电磁力，对焊缝熔池的搅拌作用明显，将熔池中的气体挤出，减少了焊缝产生气孔、未熔合等缺陷的可能性。

③ 脉冲氩弧焊焊接过程中，对焊件的热输入少，电弧挺度高并且能量集中，使焊缝接头热影响区小，焊接变形小，有利于薄板焊接。

④ 脉冲氩弧焊焊接过程中，可以精确地控制焊接热输入和熔池的尺寸，能够得到均匀的熔深，适用于单面焊接双面成形和全位置焊接及打底层焊接。常用的手工钨极脉冲氩弧焊机（时代焊机）型号及技术数据见表4-4。全数字脉冲氩弧焊机型号及技术数据见表4-5。

表4-4 常用的手工钨极脉冲氩弧焊机（时代焊机）型号及技术数据

国标型号	WSM-160	WSM-200	WSM-200
产品型号	PNE10-160P	PNE20-200P	PNE30-200P
输入电压	单相 220V，50～60Hz		3 相，340～440V，AC 50～60Hz
额定数入功率/kW	4.77		
额定空载电压/V	50～70		
输出电流调节范围/A	5～160（TIG）	5～200（TIG）	
脉冲频率/Hz	0.5～15		
额定负载持续率（%）	50	35	
效率（%）	90		
功率因素	0.93		
绝缘等级	F		
外壳防护等级	IP21S		
冷却方式	风冷		
外形尺寸 A/mm×B/mm×C/mm	455×214×340		
质量/kg	11		
主要特点	1. 指针式电流表 2. IGBT 逆变技术 3. 高频引弧 4. 脉冲频率可调 5. 焊机体积小，携带方便 6. 焊接电流可精确预设 7. 电源电压适应范围宽 8. 焊机性能稳定，一致性好 9. 具有多种氩弧焊操作方式 10. 引弧容易，焊接电流稳定 11. TIG 焊时可采用直流或脉冲两种方式 12. 可使用酸性、碱性、不锈钢焊条焊接		

表 4-5　全数字脉冲氩弧焊机型号及技术数据

国标型号	WSM-315	WSM-400	WSM-400
产品型号	PNE20-315P	PNE20-400P	PNE61-400P
输入电压	3 相,266～456V,50～60Hz		
额定输入功率/kW	17	17	14.4
空载电压/V	55～75		50～70
输出电流调节范围/A	1～315	1～400	5～410
脉冲频率/Hz	0.1～500		
推力电流范围/A	1～100A/ms		0～150A/ms
上坡时间/s	0.1～99		0.1～99.9
下坡时间/s	0.1～99		0.1～99.9
点焊时间/s	0.1～13		0.01～9.99
提前送气时间/s	0.1～13		0～13
滞后停气时间/s	0.1～13		0.1～50
脉冲占空比范围(%)	0.1～99		0.1～99.9
额定负载持续率(%)	100		60
效率(%)	0.93		
功率因素(%)	90		
绝缘等级	F		
外壳防护等级	IP21S		1P23S
冷却方式	风冷		
外形尺寸 A/mm×B/mm×C/mm	700×340×610		560×300×530
质量/kg	41		34
本机特点	单旋钮,触摸式面板,氩弧焊最小可在 1A 的电流下焊接,可进行氩弧点焊		DSP 控制全数字焊机,配制 RS-485 通信接口,注塑壳体,人性化设计
系列焊机主要特点	1. IGBT 逆变技术 2. 高频引弧 3. 脉冲频率可调 4. 电源电压适用范围宽 5. 性能稳定,一致性好 6. 具有多种氩弧焊操作方式 7. 引弧容易,焊接电流稳定 8. TIG 焊时,可采用直流或脉冲两种方式 9. 可使用各种酸性、碱性、不锈钢焊条焊接		

（2）手工钨极氩弧焊机控制系统

手工钨极氩弧焊机控制系统主要由电源开关、电磁气阀、继电保护、引弧和稳弧装置、指示仪表等组成,其动作的控制指令由焊工按动装在焊枪上的低压开关按钮执行,然后,通过内部中间继电器、时间继电器、延时线路等,对各系统的工作顺序实现程序控制。焊接程序控制应满足如下要求：

1）焊前提前 1.5~4s 输送保护气体，以驱赶输气管内及焊接区内的空气。

2）焊后延迟 5~15s 停气，以保护尚未冷却的焊缝熔池和钨极。

3）自动接通与切断引弧和稳弧电路。

4）控制焊接电源的接通与切断。

5）焊接过程结束前，焊接电流自动衰减以消除弧坑和防止弧坑开裂，对于环焊缝焊接和热裂纹敏感的材料，焊接电流自动衰减尤为重要。

（3）手工钨极氩弧焊焊枪　手工钨极氩弧焊焊枪是用来夹持钨极、传导焊接电流和输送保护气体的。按冷却方式可分为气冷式和水冷式两种，气冷式焊枪外形较小，焊接电流承载能力较小。水冷式焊枪外形尺寸较大（见图 4-1），可承载 500A 的焊接电流。气冷式焊枪按喷嘴与焊枪手把的相对位置可分为笔直式和倾斜式两种，倾斜式焊枪喷嘴与手把的倾角有60°和 90°两种。国产标准型气冷式钨极惰性气体保护焊焊枪的技术特性见表 4-6，国产标准型水冷式钨极惰性气体保护焊焊枪的技术特性见表 4-7，焊枪应满足下列要求：

1）为获得可靠的保护，由焊枪流出的保护气体，应具有良好的流动状态和一定的挺度。

2）焊枪能够保持充分的冷却，在焊接电弧高温烘烤下能长时间工作。

3）焊枪各部件应紧密配合，保证具有良好的导电性能。

4）钨极与喷嘴之间的绝缘好，保证当喷嘴与焊件接触时不产生短路。

5）结构紧凑、重量轻，使用灵活、装拆维修方便。

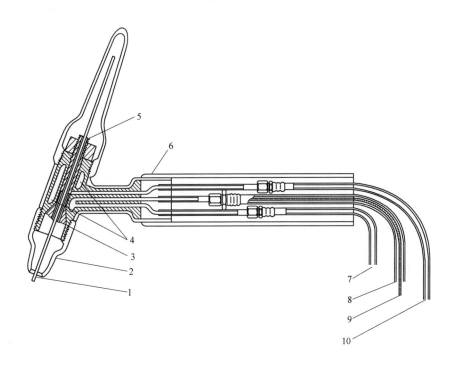

图 4-1　PQ1-150 水冷式焊枪

1—钨极　2—气体喷嘴　3—气体通道　4—水通道　5—钨极夹　6—手柄

7—进水管　8—出水管　9—水冷电缆　10—进气管

表 4-6　国产标准型气冷式钨极惰性气体保护焊焊枪的技术特性

焊枪型号	额定焊接电流/A	钨极尺寸/mm		喷嘴与手把的倾角/(°)	开关形式	质量/kg
		长度	直径			
QQ-0/10	10	100	$\phi1.0,\phi1.6$	180	微动开关	0.08
QQ-65/75	75	40		65		0.09
QQ-85/100	100	160	$\phi1.2,\phi1.6,\phi2.0$	85	船形开关	0.2
QQ-85/150	150	110	$\phi1.6,\phi2.0,\phi3.0$		按钮	0.22
QQ-85/200	200	150			船形开关	0.26

表 4-7　国产标准型水冷式钨极惰性气体保护焊焊枪的技术特性

焊枪型号	额定焊接电流/A	钨极尺寸/mm		喷嘴与手把倾角/(°)	开关形式	质量/kg
		长度	直径			
PQ1-150	150	110	$\phi1.6,\phi2.0,\phi3.0$	65	推键	0.13
PQ1-350	350	150	$\phi3.0,\phi4.0,\phi5.0$	75		0.33
PQ1-500	500	180	$\phi4.0,\phi5.0,\phi6.0$	75		0.45
QS-0/150	150	90	$\phi1.6,\phi2.0,\phi2.5$	180	按钮	0.14
QS-65/200	200			65		0.21
QS-85/250	250	160	$\phi2.0,\phi3.0,\phi4.0$	85	船形开关	0.26
QS-65/300	300		$\phi3.0,\phi4.0,\phi5.0$	65	按钮	0.27
QS-75/400	400	150		75	推键	0.40

（4）手工钨极氩弧焊焊机供气系统　供气系统由高压气瓶、气体减压阀、气体流量计和电磁气阀组成，如图 4-2 所示。

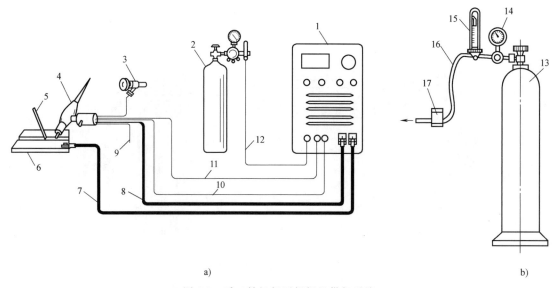

a)
b)

图 4-2　手工钨极氩弧焊焊机供气系统

1—焊接电源及控制系统　2—气瓶　3—供水系统　4—焊枪　5—焊丝　6—工件　7—工件电缆　8—焊枪电缆　9—出水管　10—开关线　11—焊枪气管　12—供气气管　13—高压气瓶　14—气体减压阀　15—气体流量计　16—软管　17—电磁气阀

氩气瓶是储存氩气的高压容器；气体减压阀是将气瓶内的高压气体降至焊接所需的压力（瓶内高压为 15MPa，可降至 0.01~0.85MPa 输出），以便使用。因气体流量不大，也可以用普通的氧气表 QD-3A、QD-2A 代用。流量计是调节和表明输出气体流量的装置，目前有气体流量计和指针式流量计两种形式。氩气瓶减压器的技术特性见表 4-8。

表 4-8 氩气瓶减压器的技术特性

最高输入气压/MPa	15
最低进口压力	不低于工作压力的 2.5 倍
输出工作压力/MPa	0.4~0.5
输出流量调节范围/（L/min）	AT-150：15 AT-300：30
压力表形式	弹簧管式 YO-60
进气接头尺寸	G5/8
出气口孔径/mm	$\phi 3.6$
外形尺寸 $A/\text{mm} \times B/\text{mm} \times C/\text{mm}$	150×68×168
质量/g	810

电磁气阀是以电磁的信号控制保护气流的通气和断气，国内有两种结构形式：分体式（电磁阀和流量计为分开的两个），一体式（电磁阀和流量计做成一体）

（5）手工钨极氩弧焊焊机水冷系统 焊接电流大于 100A 以上时，焊枪采用水冷方式，用水冷却焊枪和钨极。在实际氩弧焊焊接过程中，不要直接利用工业自来水冷却焊枪，因为自来水中含有矿物质，长期使用工业自来水会产生沉淀而堵塞冷却水管路，造成焊枪冷却效果减弱。另外，在寒冷季节，自来水的温度可能会降低到露点以下，从而使焊枪体内表面生成冷凝水，造成焊接起始阶段保护气体中含有大量的水分，焊缝容易形成气孔。在焊接过程中使用循环冷却器，将冷却水循环使用，就可以避免这些不足。在水冷系统中，将焊接电缆装入通水的密封软管，并且串接水压开关，当水流量不足时，保护控制系统就不通电，防止烧毁焊枪。

二、手工钨极氩弧焊机的型号及技术数据

1. 手工钨极氩弧焊机的型号

电焊机是将电能转换为焊接能量的设备，根据 GB/T 10249—2010，钨极氩弧焊焊机型号与代表符号见表 4-9，电焊机型号表示方法如下：

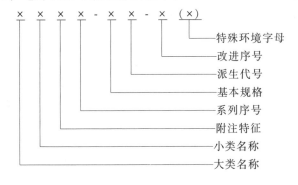

表 4-9　钨极氩弧焊焊机型号与代表符号

序号	第一字位		第二字位		第三字位		第四字位		第五字位	
	代表字母	大类名称	代表字母	小类名称	代表字母	附注特征	代表字母	系列序号	单位	基本规格
5	W	TIG焊机	Z	自动焊	省略	直流	省略	焊车式	A	额定焊接电流
							1	全位置焊车式		
			S	手工焊	J	交流	2	横臂式		
			D	点焊	E	交直流	3	机床式		
							4	旋转焊头式		
							5	台式		
			Q	其他	M	脉冲	6	焊接机器人		
							7	变位式		
							8	真空充气式		

2. 国产手工钨极氩弧焊焊机的型号

氩弧焊焊机型号举例：

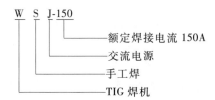

W　S　J-150

- 额定焊接电流 150A
- 交流电源
- 手工焊
- TIG 焊机

第二节　手工钨极氩弧焊机的技术特性

一、直流手工钨极氩弧焊机

下面以奥太手工钨极氩弧焊机为例介绍。

奥太 ZX7 系列包括直流手工钨极氩弧焊功能，该系列逆变式弧焊机的制造符合标准 GB/T 15579.1—2013《弧焊设备　第 1 部分：焊接电源》。包括 ST（手弧/氩弧焊机）和 STG（手弧/氩弧焊机）两种型号，额定焊接电流有 315A、400A、500A、630A、800A、1000A 等多种规格，是一种新型高效节能的弧焊机。该系列弧焊机不仅能用于碳素结构钢和低合金结构钢的焊接，而且也能用于不锈钢、高合金钢、铜、银、钼、钛等金属的焊接。

由于该系列弧焊机具有理想的静外特性和良好的动态特性，同时还具备高频引弧功能，因此有以下特点：

1）逆变技术可以保证焊接电流在电网电压波动及电弧长度变化的情况下高度平稳，电弧自调节能力强，电弧柔和、焊接飞溅小、引弧容易、焊接熔敷率高、焊接变形小、焊缝成形好。

2）氩弧焊时，有两种引弧方式（接触引弧和高频引弧）可供选择；收弧时，具有电流衰减功能，且衰减时间连续可调，焊缝成形美观。

3）具有遥控功能，可以远距离调节焊接参数。

4）重量轻，体积小，便于移动。

5）电流调节范围宽。

6）高效率，高功率因数，是一种高效节能设备。

1. 焊机简介

（1）电源前面板　电源前面板（以 ZX7-400SIG 焊机为例）如图 4-3 所示。

（2）电源前面板元件名称及功能

1）电流/电压显示表：显示转换开关处于"电流"侧，空载时显示电流给定值，焊接时显示实际焊接电流值；显示转换开关处于"电压"侧，显示实际输出电压值。

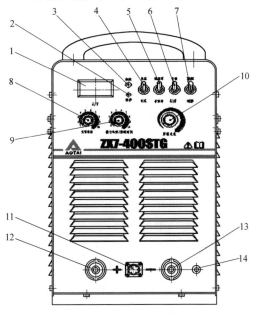

2）保护指示灯：当焊机内温度过高时，焊机停止工作，保护指示灯亮。

3）缺相指示灯：指示三相 380V 电源是否缺相，缺相时灯亮。

4）显示转换开关：显示电流/电压转换开关。

5）手弧焊/氩弧焊转换开关（注：S 系列无此开关）：开关处于"手弧焊"位置时，焊机处于焊条电弧焊工作状态；开关处于"氩弧焊"位置时，焊机处于氩弧焊工作状态。

6）自锁/非自锁转换开关：氩弧焊时使用。自锁为四步工作方式，非自锁为两步工作方式。

7）遥控/近控转换开关：开关处于"近控"位置时，可在面板上调节焊接电流、推力电流、衰减时间的大小；开关处于"遥控"位置时，可在距离弧焊电源较远的地方，通过遥控盒来调节上述参数的大小。

图 4-3　电源前面板示意图

1—电流/电压显示表　2—保护指示灯　3—缺相指示灯
4—显示转换开关　5—手弧焊/氩弧焊转换开关
（注：S 系列无此开关）　6—自锁/非自锁转换开关
7—遥控/近控转换开关　8—引弧电流调节旋钮
9—推力电流/衰减时间调节旋钮　10—焊接电流
调节旋钮　11—遥控/TIG 插座　12—焊接电
缆快速插座（+）　13—焊接电缆快速插座（-）
14—出气嘴（注：S 系列无此气嘴）

8）引弧电流调节旋钮：焊条电弧焊时使用，调节引弧电流的大小。

9）推力电流/衰减时间调节旋钮：近控时使用，焊条电弧焊时，调节推力电流大小；氩弧焊时，调节收弧时间。

10）焊接电流调节旋钮：近控时使用，用于调节焊接电流。

11）遥控/TIG 插座：远距离进行焊接作业时，遥控盒通过遥控电缆与该插座相接，将遥控/近控转换开关置于"遥控"位置，可以从遥控盒上调节焊接电流、推力电流或衰减时间的大小。

近距离进行氩弧焊时，可把氩弧焊枪上的控制电缆直接插在该插座上进行控制；也可同上连接。

12）焊接电缆快速插座（+）：焊条电弧焊时，此插座接焊钳电缆；氩弧焊时，此插座接被焊工件。

13）焊接电缆快速插座（-）：焊条电弧焊时，此插座接被焊工件；氩弧焊时，此插座接氩弧焊枪。

14）出气嘴（注：S系列无此气嘴）：与氩弧焊枪气管相连。

（3）电源后面板　电源后面板如图4-4所示。

（4）电源后面板元件名称及功能

1）铭牌：铭牌上有焊机选用时应注意的明示信息，为方便用户正确选择和使用焊机，在每台焊机的铭牌上会给出有关产品的输入、输出、防护等级等信息，以及相应的工艺、接地等符号或标志。

2）电源输入电缆：四芯电缆，花色线用于接地，其余三根线接三相380V/50Hz电源。

3）空气开关：三相电源通过此开关为焊机供电，其作用主要是在焊机过载或发生故障时自动断电，以保护焊机。一般情况下，此开关向上扳至接通的位置，启停焊机应使用用户配电盘（柜）上的电源开关，不要把本开关当作电源开关使用。

4）风机：对机内发热器件进行冷却。

5）进气嘴（注：S系列无此气嘴）：用气管与氩气流量计相连。

（5）遥控盒　遥控盒示意图如图4-5所示。

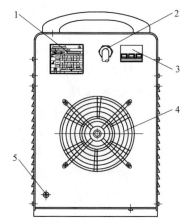

图4-4　电源后面板示意图
1—铭牌　2—电源输入电缆
3—空气开关　4—风机　5—进气嘴（注：S系列无此气嘴）

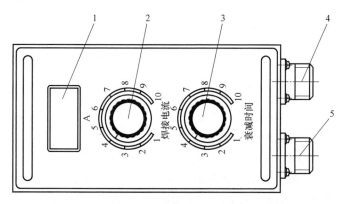

图4-5　遥控盒示意图

1—电流显示表　2—焊接电流调节旋钮　3—推力电流/衰减时间旋钮　4—插座2　5—插座1

（6）遥控盒各元件名称及功能

1）电流显示表：空载时显示焊接电流给定值，焊接时显示实际焊接电流值。

2）焊接电流调节旋钮。

3）推力电流/衰减时间旋钮。

4）插座2：接焊枪控制电缆。控制电缆上应有插头，电缆中的两条控制线分别焊在插头中的1、2号脚上。

5）插座1：接遥控电缆。

2. 直流手工钨极氩弧焊的焊接参数

直流手工钨极氩弧焊的焊接参数见表 4-10。

表 4-10　直流手工钨极氩弧焊的焊接参数（参考）

工件厚度/mm	焊接电流/A	钨极直径/mm	最大氩气流量/(L/min)
1~3	40~50	1~2	4
	50~80		6
3~6	80~120	2~4	7
	120~160		8
	160~200		9
	200~300		10
6~9	300~400	4~6	12

二、交/直流两用手工钨极氩弧焊机

该系列逆变式多功能弧焊机的制造符合标准 GB/T 15579.1—2013《弧焊设备　第 1 部分：焊接电源》。该系列逆变式弧焊机有 315A、500A 和 630A 三种规格，可实现焊条电弧焊、直流恒流氩弧焊、直流脉冲氩弧焊、交流恒流氩弧焊、交流脉冲氩弧焊等，用于碳素钢、铜、钛、铝及铝镁合金等各种材料的焊接。

由于该系列弧焊机具有理想的静外特性和良好的动态特性，同时还可以具备高频引弧功能，因此有以下特点：

1）IGBT 高频软开关变换，效率高，体积小，重量轻。

2）控制调节性能好，一机多用，使用方便。

3）起弧容易、电弧稳定、焊接质量高。

4）可以选择高频引弧或接触引弧，引弧成功率高。

5）氩弧焊状态下具有两步、四步、点焊、反复功能。

6）可选用脚踏开关或遥控盒控制调节焊接电流。

7）在交流氩弧焊状态下可以有多种波形选择：标准方波、非标准方波、正弦波、三角波和混合波等，其中非标准方波具有两种波形可供选择。

8）通过脉冲电流、脉冲频率、脉冲宽度、交流电流、交流频率及清理比例的调节可得到焊缝所需的熔深、熔宽及波纹数，延长钨极寿命。

9）具有两台焊机对弧焊功能。

10）具有计时功能。

1. 焊机简介

以 WSME-500Ⅲ焊机为例：

（1）电源前面板　电源前面板示意图如图 4-6 所示。

（2）电源前面板各元件名称及功能

1）控制面板：对所有功能及参数进行选择及调节。

2）焊机输出快速插座（〜）：交流氩弧焊和交流脉冲氩弧焊时接被焊工件。

3）焊机输出快速插座（+）：直流氩弧焊和直流脉冲氩弧焊时接被焊工件；焊条电弧焊时接焊钳电缆。

4）遥控/氩弧焊枪插座：远距离进行焊接作业时，通过遥控电缆接入遥控盒，可以从遥控盒上调节焊接电流。近距离进行氩弧焊时，可接入氩弧焊枪控制电缆。遥控插座示意图如图4-7所示。

5）焊机输出快速插座（-）：焊条电弧焊时接被焊工件；氩弧焊时接氩弧焊枪。

6）出气嘴：氩弧焊时接氩弧焊枪气管。

7）出水嘴：氩弧焊时接氩弧焊枪水管。

（3）电源后面板　电源后面板示意图如图4-8所示。

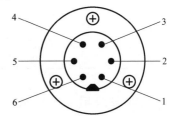

图4-7　遥控插座示意图

1、2—焊枪开关信号　3—电流遥控判定信号，
与6脚短路即可设定为模拟遥控状态
4—10V 电源信号，外接模拟电位器的高电位端
5—遥控电流输入信号　6—遥控电流信号地

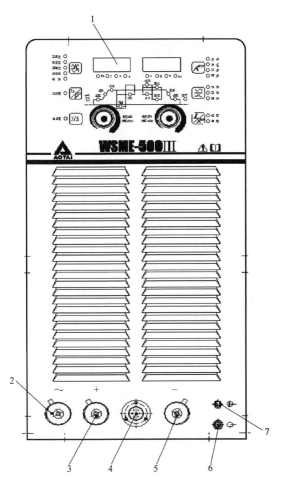

图4-6　电源前面板示意图

1—控制面板　2—焊机输出快速插座（∽）

3—焊机输出快速插座（＋）

4—遥控/氩弧焊枪插座

5—焊机输出快速插座（-）

6—出气嘴　7—出水嘴

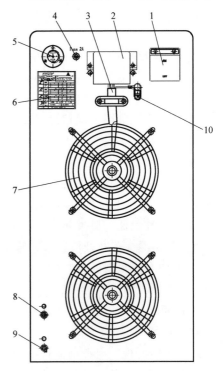

图4-8　电源后面板示意图

1—空气开关　2—输入电源接线盒　3—输入电缆
4—熔丝管（2A）　5—同步接口插座（WSME-315Ⅲ
焊机无）　6—铭牌　7—风机　8—进气嘴
9—进水嘴　10—输入电缆接地标志

（4）电源后面板各元件名称及功能

1）空气开关：三相电源通过此开关为焊机供电，其作用主要是在焊机过载或发生故障时自动断电，以保护焊机。一般情况下，此开关向上扳至接通的位置，启停焊机应使用用户配电盘（柜）上的电源开关，不要把本开关当作电源开关使用。

2）输入电源接线盒。

3）输入电缆：四芯电缆，花色线用于接地，其余三根线接三相 380V/50Hz 电源。

4）熔丝管（2A）。

5）同步接口插座（WSME-315Ⅲ焊机无）：交流氩弧焊状态时，将两台焊机的交流频率和清理比例调到相同值，并用同步控制电缆连接该插座，可以实现同步焊接功能。

6）铭牌。

7）风机：对机内的发热器件进行冷却。

8）进气嘴：用气管接氩气流量计。

9）进水嘴：用水管接水冷机出水口。

10）输入电缆接地标志。

（5）焊机控制面板 焊机控制面板示意图如图 4-9 所示。

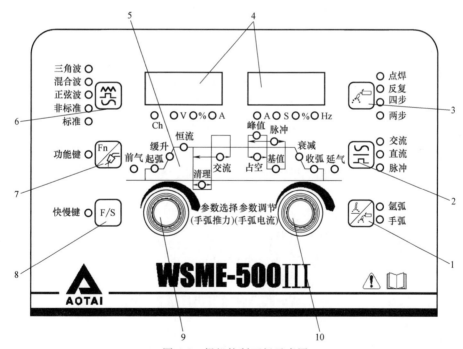

图 4-9 焊机控制面板示意图

1—氩弧/焊条电弧焊选择键 2—氩弧焊功能选择键 3—氩弧焊起弧方式选择键 4—数字显示窗口
5—状态指示灯 6—氩弧焊波形选择键 7—功能键 8—快慢键 9—参数选择旋钮 10—参数调节旋钮

（6）焊机控制面板上各按键的名称及功能

1）氩弧焊、焊条电弧焊状态选择按键。

2）氩弧焊模式下：直流恒流、直流脉冲、交流恒流、交流脉冲状态选择按键。

3）氩弧焊模式下：两步、四步、点焊、反复状态选择按键。

① 两步动作方式指当焊枪开关按下时开始焊接，当焊枪开关松开时停止焊接。

② 四步动作方式指第一次按下焊枪开关时焊机输出起弧电流，松开焊枪开关时电流开始爬升至正常焊接电流。当焊接完成后，再次按下焊枪开关，焊接电流开始下降至收弧电流并保持，松开焊枪开关时，焊机停止输出电流。

③ 点焊动作方式指当焊枪开关按下时开始焊接，当点焊时间到时，焊机停止焊接。

④ 反复动作方式指第一次按下焊枪开关时焊机输出起弧电流，松开焊枪开关时电流开始爬升至正常焊接电流。当焊接完成后，再次按下焊枪开关，焊接电流开始下降至收弧电流并保持，松开焊枪开关时，电流重新开始爬升至正常焊接电流，要焊机停止工作时，需要提起焊枪拉断弧方式断弧（工作程序详见图4-12）。

4）数字显示窗口

当焊机正常工作时，显示电流及各参数值；当焊机异常时，面板数码管会显示相应的故障代码同时自动停机，故障代码说明见表4-11。

表4-11　故障代码说明

保护类型	数码管显示		描　　述
	左边	右边	
热保护	E19	Hot	焊机停止工作,等待降温
过压保护	E1E	O-U	焊机内部过压保护,通知厂家维修
缺水保护	E0A	H2O	可以同时按住参数设定旋钮与参数调节旋钮,进行焊枪气冷、水冷的选择。在水保护状态下,通水后,如继续处在缺水保护状态,检查水箱水管及水流开关
焊枪开关异常保护	E10	N-I	检测焊枪开关是否长时间按下且没有电流输出

5）状态指示灯

- 前气——预送气时间（出厂设置：0.2s）

    调节范围：OFF～10.0s

- 起弧——起弧电流（出厂设置：50A）

    调节范围：WSME-315Ⅲ为4～315A

    WSME-500Ⅲ为8～500A

    WSME-630Ⅲ为8～630A

- 缓升——起弧电流到焊接电流的爬升时间（出厂设置：0.1s）

    调节范围：OFF～10.0s

- 恒流——恒流焊接时的焊接电流（出厂设置：100A）

    调节范围：WSME-315Ⅲ为4～320A

    WSME-500Ⅲ为8～510A

    WSME-630Ⅲ为8～640A

- 清理——交流氩弧焊焊接时清理电流的时间比例（出厂设置：0%）

    调节范围：-50%～40%

通过调节清理比例的范围改变焊缝清理宽度及熔深的大小，以获得最优良的焊接效果，调节说明见表4-12。

表 4-12 清理比例调节说明

参数调节旋钮		
熔深	窄深	宽浅
钨极损耗	少	多
清理宽度	窄	宽

- 交流——交流氩弧焊时的工作频率（出厂设置：60Hz）
    调节范围：40~250Hz
- 峰值——脉冲氩弧焊时的峰值电流（出厂设置：100A）
    调节范围：WSME-315Ⅲ为 4~320A
    WSME-500Ⅲ为 8~510A
    WSME-630Ⅲ为 8~640A
- 占空——脉冲氩弧焊时峰值电流所占的时间比例（出厂设置：40%）
    调节范围：15%~85%
- 脉冲——脉冲氩弧焊时的工作频率（出厂设置：4.0Hz）
    调节范围：0.2~999Hz（直流脉冲氩弧焊）
    0.2~250Hz（交流脉冲氩弧焊）

为保证电弧稳定、控制熔池形状、控制输入容量等，使焊接电流周期性的变化即所谓脉冲。利用脉冲可以在大电流时保持电弧的坚挺、提高电弧的稳定性，大电流与小电流混合时可以控制熔池的形状及输入的热量。

- 基值——脉冲氩弧焊时的维弧电流（出厂设置：20A）
    调节范围：WSME-315Ⅲ为 4~320A
    WSME-500Ⅲ为 8~510A
    WSME-630Ⅲ为 8~640A
- 衰减——焊接电流到收弧电流的下降时间（出厂设置：0.4s）
    调节范围：OFF~15.0s
- 收弧——焊接熄弧前的电流值（出厂设置：50A）
    调节范围：WSME-315Ⅲ为 4~315A
    WSME-500Ⅲ为 8~500A
    WSME-630Ⅲ为 8~630A
- 延气——焊接结束后继续送气时间（出厂设置：15.0s）
    调节范围：OFF~60.0s

6）交流氩弧焊模式下：标准方波、非标准方波、正弦波、混合波、三角波状态选择按键。

① 标准方波：输出正电流与负电流峰值相等的矩形波电流。

特点：可以进行从薄板到厚板更广范围的焊接。

② 非标准方波：输出正电流与负电流峰值不相等的矩形波电流。

特点：可以取得像直流氩弧焊那样的集中电弧。在薄板的角焊缝、窄焊缝焊接时非常有效。

③ 正弦波或三角波：输出正电流与负电流峰值相等的正弦波电流或三角波。

特点：可以取得柔软的电弧，电弧比较安静，焊接薄板及需要宽焊缝时非常有效。

④ 混合波：交互输出交流电流和直流电流。

特点：直流输出时，电弧声音低；交流输出时，电弧声音高。通过频率的调整，在交流输出时填充焊丝，可达到良好的焊接效果，提高焊接效率，同时降低焊接噪声。

7）功能键：按一次功能键后进入第二功能参数中，可按照表 4-13 的说明进行各参数调节，参数设置完成后，再按一次功能键退出。

表 4-13 第二功能说明

	名 称	代码	调节范围		出厂设置
第二功能	氩弧焊	钨极直径/mm	ELd	0.8~6.0		2.0
		非标准波形种类①	nSt	0~1		0
		焊枪种类	H2O	ON（水冷焊枪）		on
				OFF（气冷焊枪）		
		通道选择	CHA	n0~n29		n0
		高频选择	HF	ON（有）		On
				OFF（无）		
		引弧极性②	P-S	PoS（正极性）		PoS
				nEG（负极性）		
		点焊时间③/s	SPt	OFF~10.0		0.1
	焊条电弧焊	引弧电流/A	HCu	WSME-315Ⅲ	5~200	50
				WSME-500Ⅲ	10~200	
				WSME-630Ⅲ	10~200	
		引弧时间/s	Hti	0.1~2.0		0.5
		拐点电压/V	UIn	15~30		15
	计时功能④		T-L	min：0~9999.59		0.00
			T-H			000
	出厂设置		FAC	NO（未恢复）		YES
				YES（已恢复）		

① 功能只在交流氩弧与交流脉冲氩弧的状态下波形选择为非标准时存在（显示 nSt 0 时为非标准第一种波形，显示 nSt 1 时为非标准第二种波形）。

② 功能只在直流氩弧焊状态下存在。

③ 功能只在氩弧焊的点焊状态下存在。

④ 通过调节显示面板参数选择旋钮，面板显示"T-L 0.00"时，小数点前一位代表"小时"的最末位数，小数点后两位代表"分钟"；面板显示"T-H 000"时，代表"小时"的前三位数（如面板显示"T-L 4.56""T-H 123"时，则表示焊机工作时间为 1234 小时 56 分钟）。

在第一功能状态下按下功能键 5s 内松开（灯亮），进入第二功能。

在第二功能状态下按下功能键 5s 内松开（灯灭），退出第二功能。

在第二功能状态下调节参数选择旋钮选择各参数的"代码"，通过参数调节旋钮调节选定状态下各参数值的大小。

第二功能状态下部分功能的具体操作方法见表 4-14。

表 4-14　第二功能状态下部分功能的具体操作方法

通道操作	通道存储	CHA	P i	已存储	按交直流切换键约 3 秒存储	通道调用时 Ch 灯亮，退出调用后灯灭；i 代表 0~29
	通道调用	CHA	P i	已存储	按二步/四步切换键调用参数	
	退出调用	CHA	P i	已存储	按二步/四步切换键退出调用	
	通道清除	CHA	n i	已清除	按手工/T 氩弧切换键约 5 秒清除	
数据保存功能					关机时,焊机可自动保存数据,下次开机时可直接使用	
计时功能		T-L	T-H 和 T-L 的最高位组合为焊接小时,T-L 的低两位为焊接分钟		在第二功能状态下,按手工/氩弧切换键约 5 秒,可清除计时时间	
		T-H				
出厂设置		FAC	NO	未恢复	在第二功能状态下,按手工/氩弧切换键约 5 秒,恢复出厂设置	
			YES	已恢复		

气检功能：按下功能键 5s 后松开，开始送气，30s 后自动停止，在 30s 内再按下功能键，停止送气。

8）快慢键：在只需要改变主要参数的情况下，可以选择快调状态，提高调节速度。

快调状态（粗调节）：按下快调键，指示灯灭。

慢调状态（细调节）：按下快调键，指示灯亮，可以选择各种参数，并调节参数值。

表 4-15 为快调状态操作模式（建议使用快调模式状态）。

表 4-15　快调状态操作模式

电流类型	左旋钮	右旋钮
直流恒流		焊接电流
直流脉冲	占空比例	峰值电流
交流恒流	清理比例	焊接电流
交流脉冲	占空比例	峰值电流
焊条电弧焊	推力电流	焊接电流

9）参数选择旋钮

①氩弧焊时，用于上述各被控量的选定。顺时针旋转依次向右选定，逆时针旋转依次向左选定，选中时相应的指示灯亮。

②焊条电弧焊时，为防止粘焊条，增加的电流值（出厂设置：20A）。

调节范围：10~200

10）参数调节旋钮：调节被选定参数的大小。顺时针旋转数值增加，逆时针旋转数值减小。按下该旋钮左旋或右旋，可实现快速调节。

（7）隐含参数功能介绍，隐含参数说明见表4-16。

表4-16　隐含参数说明

隐含参数	操作方式	出厂默认
水冷、气冷选择	同时按下"参数选择"和"参数调节旋钮"2s,即可去除缺水保护,进行正常焊接。执行同样操作可返回水冷方式	气冷方式
钨极直径选择	同时按下"参数选择"和"交流/直流"按键5s,即可进入钨极直径选择界面,显示P2.0,调节参数调节旋钮可调节大小,范围P0.8-P6.0。执行同样操作可退出钨极直径选择界面并自动保存	P2.0
出厂设置	同时按下"参数选择"和"恒流/脉冲/手弧"按键5s,状态及参数被设置成出厂设定参数	电流显示100

（8）电流可调式脚踏开关　电流可调式脚踏开关示意图如图4-10所示。

（9）脚踏开关各元件名称及功能

1）电流限定旋钮：限定遥控电流的最大值。

2）控制插头：连接焊机前面板的遥控/氩弧焊枪插座。

脚踏开关可用于焊机的引弧控制和电流调节。脚踏开关控制插头接入焊机，焊机自动转入脚踏开关控制。脚踏开关踩下时，焊机高频引弧并开始焊接，电流的大小与脚踏开关踩下的程度成正比，电流的最大值由电流限定旋钮控制。

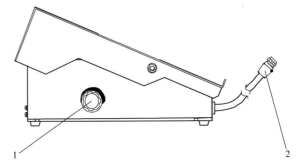

图4-10　电流可调式脚踏开关示意图
1—电流限定旋钮　2—控制插头

（10）遥控盒各元件名称及功能

1）焊接电流调节旋钮。

2）遥控盒控制电缆插座：接遥控电缆。

3）控制电缆遥控插头：接焊机遥控/氩弧焊枪插座。

4）控制电缆焊枪插座：接氩弧焊枪控制电缆。

2. 氩弧焊操作模式

（1）两步焊接方式　两步焊接方式工作程序如图4-11所示。

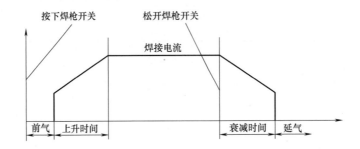

图4-11　两步焊接方式工作程序

两步焊接方式工作过程如图 4-12 所示。

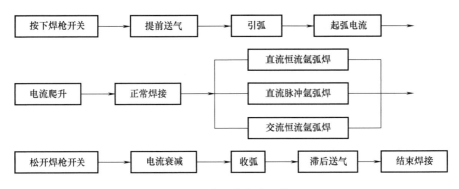

图 4-12 两步焊接方式工作过程

（2）四步焊接方式 四步焊接工作程序如图 4-13 所示。四步焊接方式的工作过程如图 4-14 所示。

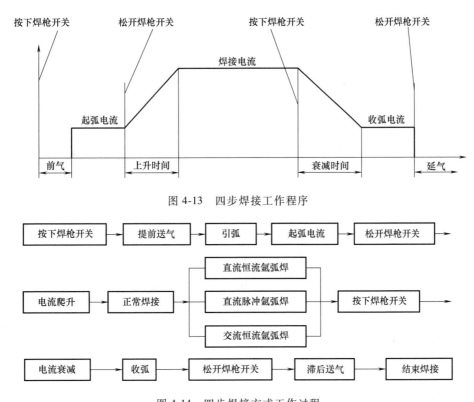

图 4-13 四步焊接工作程序

图 4-14 四步焊接方式工作过程

（3）点焊焊接方式 点焊焊接方式的工作程序如图 4-15 所示。

（4）反复焊接方式 氩弧焊反复焊接时，焊枪反复模式工作程序如图 4-16 所示。

3. 交直流两用手工钨极氩弧焊焊接工艺规范

交直流两用手工钨极氩弧焊焊接参数见表 4-17。

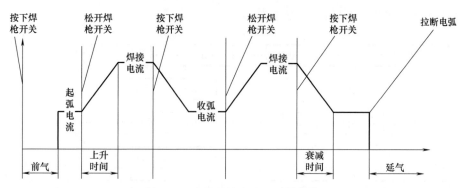

图 4-15　点焊焊接方式的工作程序

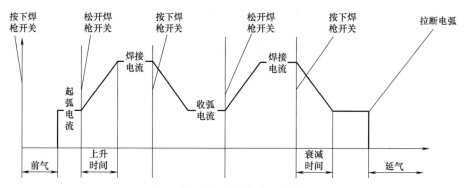

图 4-16　焊枪反复模式工作程序

表 4-17　纯铝、铝镁合金交直流两用手工钨极氩弧焊的焊接参数（仅供参考）

板厚 /mm	钨极直径 /mm	焊接电流 /A	焊丝直径 /mm	氩气流量 /(L/min)	焊接层数 正面/背面	预热温度/℃	备　注
1	2	40~60	1.6	7~9	正 1	—	卷边焊
1.5		50~80	1.6~2.0				卷边焊或单面对接焊
2	2~3	90~120	2~2.5	8~12			对接焊
3	3	150~180	2~3				
4	4	180~200	3	10~15	1~2/1		
5		180~240	3~4				
6	5	240~280	4	14~16	1~2/1		V 形坡口对接焊
8		260~320			2/1	100	
10		280~340	4~5			100~150	
12	5~6	300~360			3~4/1~2	150~200	
14		340~380		16~20		180~200	
16						200~220	
18	6	360~400	5~6		4~5/1~2	200~240	
20				20~22			
16~20		340~380		16~22	2~3/2~3	200~260	
22~25	6~7	360~400		20~22	3~4/3~4		

4. 交直流两用手工钨极氩弧焊的主要技术参数（见表 4-18）

表 4-18　WSME 系列电源的主要技术参数

型号规格		WSME-315	WSME-500	WSME-630
电源电压/频率		三相 380V（1±10%）/50Hz		
额定输入容量/kVA		13	26	35
额定输入电流/A		20	39	53
额定负载持续率（%）		60		
输出电流调节范围/A		5~315	20~500	20~630
输出空载电压/V	手弧	45	45	43
	氩弧	79	77	79
使用焊条直径/mm		2~6	2~6	2~6
使用钨极直径/mm		1~6	1~6	1~6
重量/kg		40	70	89
体积/cm³		66×33×56	67×35×78	69×39×83
最大氩气流量/（L/min）		25		
绝缘等级		H		

注：最大交流电流是在 50Hz 条件下定义的。

第三节　手工钨极氩弧焊机的安装要求

一、焊机的安装与连线

1. 安装环境

1）应放在无阳光直射、防雨、湿度小、灰尘少的室内，周围空气温度范围为 -10~ +40℃。

2）地面倾斜度应不超过 10°。

3）焊接工位不应有风，如有应进行遮挡。

4）焊机距墙壁 20cm 以上，焊机间距离 10cm 以上。

5）采用水冷焊枪时，要注意防冻。

2. 供电电压品质

1）波形应为标准的正弦波，有效值为 380V（1±10%），频率为 50Hz。

2）三相电压的不平衡度 ≤5%。

3）电源输入规范见表 4-19。

表 4-19   ZX7 系列各焊机输入规范

焊机型号	输入电源	电网最小容量/kVA	输入保护电流/A		最小电缆截面/mm²		
			熔丝	断路器	输入侧	输出侧	接地线
ZX7-315	三相 AC380V	18	40	63	≥2.5	35	≥2.5
ZX7-400		23	50	63	≥2.5	50	≥2.5
ZX7-500		33	63	100	≥4	70	≥4
ZX7-630		46	63	100	≥10	95	≥10
ZX7-800		57	80	100	≥16	95	≥16
315		14	20	40	≥4	35	≥4
500		23	40	60	≥6	70	≥6
630		33	60	100	≥10	95	≥10

注：表中熔丝和断路器的容量仅供参考。

3. 设备安装

本焊机为便携式设备，可随操作者移动，不需要固定安装，但应放置在平坦及干燥通风处。

（1）用于焊条电弧焊

1）可靠接入焊接电缆。

2）连接遥控盒（需要时）。

3）根据需要选择、调节前面板各开关及电位器位置。

4）合上弧焊电源上的空气开关。

5）将输入三相电缆接在配电盘上，并可靠地连接地线。

（2）用于氩弧焊

1）可靠接入焊接电缆、氩弧焊枪。

2）可靠接好气管、气源；采用水冷焊枪时，接好水管、水源。

3）连接遥控盒（需要时）。

4）根据需要选择、调节前面板各开关及电位器位置。

5）合上焊机上的空气开关。

6）将输入三相电缆接在配电盘上，并可靠地连接地线。

注意：连接焊接电缆时应先切断焊机输入电源。一定要保证焊接电缆快速插头与焊机快速插座之间接触良好，否则易产生高热烧坏焊接电缆快速插头与插座。

接地电缆与焊钳电缆统称为焊接电缆。

二、安全注意事项

1. 一般安全注意事项

1）请务必遵守焊机说明书规定的注意事项，否则可能发生事故。

2）输入电源的设计施工、安装场地的选择、高压气体的使用等，请按照相关标准和规定进行。

3）无关人员请勿进入焊接作业场所内。

4）请有专业资格的人员对焊机进行安装、检修、保养及使用。

5）不得将本焊机用于焊接以外的用途（如充电、加热、管道解冻等等）。

6）如果地面不平，要注意防止焊机倾倒。

2. 防止触电造成电击或灼伤

1）请勿接触带电部位。

2）请专业电气人员用规定截面的铜导线将焊机接地。

3）请专业电气人员用规定截面的铜导线将焊机接入电源，绝缘护套不得破损。

4）在潮湿、活动受限处作业时，要确保身体与母材之间的绝缘。

5）高空作业时，请使用安全网。

6）不用时，请关闭输入电源。

3. 避免焊接烟尘及气体对人体的危害

1）请使用规定的排风设备，避免发生气体中毒和窒息等事故。

2）在容器底部作业时，保护气体会沉积在周围，造成窒息。应特别注意通风。

4. 避免焊接弧光、飞溅及焊渣对人体的危害

1）请佩戴足够遮光度的保护眼镜。弧光会引起眼部发炎，飞溅及焊渣会烫伤眼睛。

2）请使用焊接用皮质保护手套、长袖衣服、帽子、护脚、围裙等保护用品，以免弧光、飞溅及焊渣灼伤、烫伤皮肤。

5. 防止发生火灾、爆炸、破裂等事故

1）焊接场所不得放置可燃物，飞溅和刚结束焊接的高温焊缝会引发火灾。

2）焊接电缆与母材要连接紧固，否则会发热酿成火灾。

3）请勿在可燃性气体中焊接或在盛有可燃性物质的容器上焊接，否则会引起爆炸。

4）请勿焊接密闭容器，否则会发生爆炸性破裂。

5）应准备灭火器，以防万一。

6. 防止旋转运动部件伤人

1）请勿将手指、头发、衣服等靠近冷却风扇及送丝轮等旋转部件。

2）送进焊丝时，请勿将焊枪端部靠近眼睛、脸及身体，以免焊丝伤人。

7. 防止运动中焊机伤人

1）采用升降叉车或吊车搬运焊机时，人员不得在焊机下方及运动前方，防止焊机落下被砸伤。

2）吊装时绳具应能承受足够的拉力，不得断裂。绳具在吊钩处的夹角不应大于30°。

三、电磁兼容注意事项

1. 概述

焊接会引起电磁干扰。

通过采取适当的安装方式和正确的使用方法，可使弧焊设备的干扰发射减到最小。

焊机说明书描述的产品属于 A 类设备（适用于除由公用低压电力系统供电的居民区之外的所有场合）。

警告：A 类设备不适用于由公用低压供电系统供电的居民住宅。由于传导和辐射骚扰，在这些地方难以保证电磁兼容性。

2. 环境评估建议

在安装弧焊设备前，用户应对周围环境中潜在的电磁骚扰问题进行评估。考虑事项如下：

1）在弧焊设备上下和四周有无其他供电电缆、控制电缆、信号和电话线等。

2）有无广播和电视发射和接收设备。

3）有无计算机及其他控制设备。

4）有无高安全等级设备，如工业防护设备。

5）要考虑周围工作人员的健康，如有无戴助听器的人和用心脏起搏器的人。

6）有无用于校准或检测的设备。

7）要注意周围其他设备的抗扰度。用户应确保周围使用的其他设备是兼容的，这可能需要额外的保护措施。

8）进行焊接或其他活动的时间。

所考虑环境的范围依据建筑物结构和其他可能进行的活动而定。该范围可能会超出建筑物本身的边界。

3. 减少发射的方法

（1）公用供电系统　弧焊设备应按制造商所推荐的方式接入公用供电系统。如果干扰发生，就应该采取额外的预防措施，如在公用供电系统中接入滤波器。对于固定安装的弧焊设备，要考虑其供电电缆的屏蔽问题，可以用金属管或其他等效的方法进行屏蔽。屏蔽要保持电气上的连续性。屏蔽层也要和焊接电源外壳相连接以保证两者间良好的电接触。

（2）弧焊设备的维护　弧焊设备应按制造商推荐的方法进行例行维护。当焊接设备运行时，设备上所有的入口、辅助门及盖板都应该关闭并适当拧紧。弧焊设备不应有任何形式的修改，除非在说明书上允许有相应的变动和调整。尤其要根据制造商的建议来调整和维护引弧和稳弧装置的火花隙。

（3）焊接电缆　焊接电缆应尽量短并互相靠近，紧靠或贴近地面走线。

（4）等电位搭接　一定要注意周边环境中所有金属物体的搭接问题。金属物体与工件搭接在一起会增加工作的危险性，当操作人员同时接触这些金属物体和电极的时候有可能遭到电击。操作人员应该与所有这些金属物体保持绝缘。

（5）工件的接地　出于用电安全或工件位置、尺寸等原因，工件可能不接地，如船体或建筑钢架。工件与地连接有时会降低发射，但并不总是如此。所以一定要防止工件接地导致的用户触电危险增加或其他电气设备损坏。当必要时，应该将工件直接与地相接，但在有些国家则不允许直接接地，只能根据所在国的规定选择适当的电容来实现。

（6）屏蔽　对周围设备和其他电缆有选择地进行屏蔽可以减少电磁干扰。对特殊的应用可以考虑对整个焊接区域进行屏蔽。

四、焊机的使用注意事项

1）应在机壳上盖规定处铆装设备号标牌，否则会损坏内部元件。

2）焊接电缆与焊机连接要紧密可靠。否则，会烧坏接头，并造成焊接过程中的不稳定。

3）要避免焊接电缆和控制电缆破损、断线，防止焊机输出短路。

4）要避免焊机受撞击变形，不要在焊机上堆放重物。

5）要保证通风顺畅。

6）冷却水温度最高不超过30℃，最低以不结冰为限。冷却水必须清洁、无杂质，否则会堵塞冷却水路，烧坏焊枪。

7）高温下长时间大电流工作时，焊机可能会停止工作，热保护指示灯亮。此时让其空载运行几分钟，会自动恢复正常。

8）高温下长时间大电流工作时，后面板上空气开关跳闸。此时应切断配电柜上的电源开关，5min后再开机。开机时先合上焊机上的空气开关，然后再用配电柜上的电源开关开机，开机后让焊机空载运行一段时间后再使用。

9）焊接结束后，应关闭氩气或水，并切断电源。

五、焊机的定期检查及保养

1）每3~6个月由专业维修人员用压缩空气为焊机除尘一次，同时注意检查焊机内有无紧固件松动现象。

2）经常检查控制电缆是否破损，调节旋钮是否松动，面板上的元件是否损坏。

3）应定期检查焊接电缆，如果发现快速插头松动，应及时处理，否则，会烧坏焊接电缆快速插头和焊机快速插座。

4）瓷嘴、钨极应及时清理更换。

第四节　手工钨极氩弧焊机的常见故障及消除方法

一、焊机检修前的检查

1）面板开关及电位器位置是否合适。

2）三相电源的线电压是否在340~420V范围内，有无缺相。

3）电源输入电缆的接线是否正确可靠。

4）焊接电缆连接是否正确，接触是否良好。

5）气路、水路是否畅通、良好。

注意：机内最高电压达600V。为确保安全，严禁随意打开机壳，维修时应做好防止电击等安全防护工作。

在换接焊接电缆及对焊枪或气刨枪进行维修处理时，应关闭电源。

二、常见故障现象、故障原因及排除方法（见表4-20）

表4-20　手工钨极氩弧焊焊机常见故障现象、原因及排除方法

序号	现象	原因	措施
1	开机后，指示灯不亮，焊机不工作	①电源缺相 ②熔断器管（2A）断 ③断线	①检查输入电源 ②检查熔断器管，并更换 ③检查线路

（续）

序号	现象	原因	措施
2	在没有大电流长时间工作时，后面板上自动空气开关跳闸	①下列器件可能损坏：IGBT 模块、三相整流模块等器件 ②线间短路	①检查更换 ②IGBT 损坏时，检查驱动板上的 12Ω、5.1Ω 电阻、SR160 是否损坏
3	焊接电流不稳	①缺相 ②主控板损坏	①检查电源 ②检查更换主控板
4	焊接电流不可调	①机内断线 ②主控板损坏 ③脚踏开关损坏	检查更换
5	显示 E1E（过压保护）	①二次 IGBT 损坏 ②主控板损坏	检查更换二次 IGBT 和主控板
6	显示 E19（过热保护）	①工作电流过大 ②环境温度过高 ③温度继电器损坏	①空载 ②等待冷却 ③更换温度继电器
7	显示 E10（焊枪开关状态异常）	①无电流情况下，长时间按下焊枪开关 ②焊枪开关（脚踏开关）损坏	①松开焊枪开关 ②检修焊枪（脚踏开关）或更换
8	显示 E0A（通水状态异常）	检查水路是否通畅。如：水冷机、水流开关、焊枪	检修水冷机、水流开关及焊枪
9	显示 E40（主控板显示板通信异常）	①通信线束松动或断线 ②主控板故障 ③显示板故障	①检查通信线 ②更换主控板 ③换显示板

第五节　手工钨极氩弧焊机的使用

一、ZX7-400STG 焊机的使用

1）电源按照安装要求将输入线、焊接电缆等安装到位，焊接电缆接电源负极输出快速插座。

2）焊条电弧焊

① 选择标配的焊钳连接在电源正极输出快速插座上。

② 根据制定的工艺卡片确定手弧焊的焊接电流、推力电流，采用确定的焊材进行焊接。

3）氩弧焊

① 选择标配的氩弧焊枪接电源负极输出快速插座。

② 确定起弧方式，起弧方式有高频起弧和划擦起弧方式。

将手弧焊/氩弧焊转换开关拨到"氩弧焊"位置，按下焊枪开关，再松开，弧焊电源空载电压消失，即表示进入高频引弧工作方式；将手弧焊/氩弧焊转换开关拨到"手弧焊"位置后，再将开关拨回到"氩弧焊"位置即可将高频引弧工作方式转换为划擦引弧工作方式。

③ 根据工艺卡片确定焊接参数，通过前面板旋钮调节焊接电流和收弧时间。

④ 设定好焊接参数后即可进行试焊。

二、WSME-500III 焊机的使用

1）将电源按照安装要求将输入线、焊接电缆等安装到位，焊接电缆接电源负极输出快速插座。

2）焊条电弧焊：

① 选择标配的焊钳连接在电源正极输出快速插座上。

② 根据制定的工艺卡片确定焊条电弧焊的焊接电流、推力电流，采用确定的焊接材料进行焊接。

3）氩弧焊：

① 选择标配的氩弧焊枪接电源负极输出快速插座；交流氩弧焊和交流脉冲氩弧焊时焊机输出快速插座（～）接被焊工件；直流氩弧焊和直流脉冲氩弧焊时焊机输出快速插座（+）接被焊工件。

② 根据制订的工艺卡片确定氩弧焊的焊接模式，通过前面板模式选择键选择交流、直流、交流脉冲、直流脉冲；确定各焊接参数，通过前面板参数选择按钮和参数调节按钮给定前气时间（s）、起弧电流（A）、缓升时间（s）、焊接电流（A）、清理比例（%）、交流频率（Hz）、基值电流（A）、峰值电流（A）、占空比（%）、脉冲频率（Hz）、衰减时间（s）、收弧电流（A）、延气时间（s），不同的焊接模式下给定不同的焊接参数。

③ 按功能键 5s 以上直至指示灯亮，进入隐含参数菜单，通过参数选择按钮和参数调节按钮进行隐含参数设置。

④ 设定好焊接参数后即可进行焊接。

第五章

氩弧焊常用的焊接材料

第一节　保护气体

一、氩气

氩气是无色无味的惰性气体，化学性质很不活泼，在常温、高温下，既不与其他元素发生化学反应，也不溶于金属中，所以，在焊接过程中用它作为保护气体，可以避免合金元素的烧损以及由此而产生的其他焊接缺陷，因此，使焊接过程中的冶金反应变得简单而易于控制，确保了焊缝的高质量。

氩气的密度为 $1.784kg/m^3$；在20℃时，热导率为 $0.0168W/(m \cdot K)$，由于是单原子气体，在高温时不分解吸热，所以在氩气保护中的焊接电弧，热量损失较少，焊接电弧燃烧比较稳定；氩气电离势为15.7V；其沸点为-186℃；化学元素符号为Ar。

氩气比空气约重25%，比氦（He）气大约重10倍，在焊接过程中不容易飘浮散失，所以，在平焊和横角焊时，只需要少量的氩气就能使焊接区受到良好的保护。氩气还能较好地控制仰焊和立焊的焊缝熔池，因此，常推荐用于仰焊缝或立焊缝的焊接。但是，在仰焊或立焊焊接过程中，由于氩气重于空气和氦气，所以，焊枪氩气喷嘴向上输送氩气保护熔池的效果比用氦气保护的效果差。此外，在自动氩弧焊时，如果自动焊的速度超过635mm/min时，焊缝中会出现气孔和咬边缺陷。

氩气的电离势比氦气低，在同样的弧长下，电弧电压较低。所以，用同样的焊接电流，氩弧焊比氦弧焊产生的热量少，因此，手工钨极氩弧焊最适宜焊接4mm以下的金属材料。

焊接过程中，用氩气保护的电弧稳定性比氦气保护的电弧稳定性更好。用氩气保护时，引弧容易，这对减少薄板焊接起弧点处，金属组织容易过热会很有好处。钨极氩弧焊电弧在焊接过程中，有自动清除焊件表面氧化膜的作用，所以，最适宜在焊接过程中容易被氧化、氮化、化学性质比较活泼的金属的焊接。

焊接过程中对氩气纯度的要求：①焊接碳素结构钢、铝及铝合金时，氩气纯度≥99.99%（体积分数）；②焊接钛及钛合金时，氩气纯度≥99.999%。

氩弧焊适用于高碳钢、铝及铝合金、铜及铜合金、镁及镁合金、镍及镍合金、钛及钛合金、不锈钢、耐热钢等金属的焊接，也适用于要求单面焊接双面成形的打底层焊缝的焊接。

氩气用气瓶储运，瓶内装有氩气气体，瓶体为银灰色，上面写有深绿色字"氩气"。氩气的价格比氦气价格低。

二、氦气

氦气是无色无味的惰性气体，化学性质很不活泼，在常温、高温下，既不与其他元素发生化学反应，也不溶于金属，是一种单原子气体。所以，在焊接过程中用它作为保护气体，可以避免合金元素的烧损以及由此而产生的其他焊接缺陷。

氦气的密度为 $0.1786kg/m^3$；在 20℃ 时，热导率为 $0.151W/(m·K)$；氦气电离势为 24.5V；其沸点为 -269℃；化学元素符号为 He。

与氩气相比，氦气的电离势较高，所以在相同的电弧长度下电弧电压高，因此焊接电弧的温度高，向母材输入的热量也大，加快了焊接速度，这也是氦气保护焊的优点。在氦气保护中的焊接电弧，由于氦气热导率比氩气的大，所以焊接过程中，焊接电弧燃烧不如氩气保护焊稳定。

氦气的质量只有空气的 14%，在焊接过程中用氦气作保护，更适合仰焊位焊接和爬坡立焊。

氦气保护焊时，由于采用了大的焊接热输入和高的焊接速度，所以，焊件的热影响区比较小，从而，不仅减少了焊接变形，还使焊缝金属也具有了较高的力学性能。

氦气保护自动焊，当焊接速度大于 635mm/min 时，焊缝金属中的气孔和咬边都比较少。

氦气的成本比较高，来源也不足，从而限制了它的使用。

三、二氧化碳气体

纯二氧化碳气体无色无臭，而其水溶液略有酸味，其密度为 $1.977kg/m^3$ 比空气的密度大（空气为 $1.29kg/m^3$），其密度随着温度的不同而变化，当温度低于 -11℃ 时比水重，当温度高于 -11℃ 时，则比水轻；热导率为 $0.0143W/(m·K)$；最小电离势为 14.3V；化学符号为 CO_2。

CO_2 有三种状态：固态、液态和气态。CO_2 液态变为气体的沸点很低（-78℃），所以工业用的 CO_2 都是液态，在常温即可变为气体。在不加压力冷却时，CO_2 即可变为干冰。当温度升高时，干冰又可直接变为气体。因为空气中的水分不可避免地凝结在干冰上，使干冰在气化时产生的 CO_2 气体中，含有大量的水分，所以，固态的 CO_2 不能用在焊接工艺制造上。在 0℃、0.1MPa 压力下，1kg 的液态 CO_2 可以气化成 509L 的气态 CO_2。

焊接时用的 CO_2 气体是用压缩气瓶盛装，气瓶喷成银白色，上面写有黑漆字"二氧化碳"。容量为 40L 的气瓶，可以灌入 25kg 液态 CO_2，约占气瓶容积的 80%，其余 20% 的空间充满了 CO_2 气体。气瓶压力表所显示的压力就是这部分气体的饱和压力，它的数值与温度有关。温度升高时，饱和压力就高；温度降低时，饱和压力就降低。如：0℃ 时，饱和气压为 3.63MPa；升温至 20℃ 时，饱和气压为 5.72MPa；升温至 30℃ 时，饱和气压可为 7.48MPa。所以，应该防止 CO_2 气瓶靠近高温热源或让烈日暴晒，以免发生气瓶爆炸事故。当气瓶内的液态 CO_2 全部挥发成气体后，气瓶上的压力表才逐渐降低，当气瓶的压力降至 1MPa 以下时，CO_2 气体中所含的水分将增加 1 倍以上，如果继续使用时，焊缝中将产生气孔。如果焊接对水比较敏感的金属材料时，压力降至 0.98MPa 就不宜再用于焊接了。

液态 CO_2 中可以溶解质量分数约 0.05% 的水，剩余的水则沉在瓶底，这些水和 CO_2 一起挥发后，将混入 CO_2 气体进入焊接区，使焊缝的缺陷增多。水蒸气的蒸发量与气瓶的气体压力有关，气瓶内压力越低，CO_2 气体含有的水蒸气就越多。焊接用的 CO_2 气体纯度（体积分数）应不低于 99.5%。

CO_2 气体中的主要杂质是水分和氮气，但是，氮气的含量较少，所以危害也较小；水分的危害则较大，随着 CO_2 气体中水分的增加，焊缝金属中的扩散氢含量也增加，因此焊缝金属的塑性变差，容易出现气孔或冷裂纹。

为了保证焊接质量，可以在焊接现场采取有效措施，降低 CO_2 气体中水分的含量：

1) 更换新气瓶时，先放气 2~3min，排除装瓶时混入气瓶中的空气和水分。

2) 必要时，可在气路中设置高压干燥器，用硅胶或脱水硫酸铜作干燥剂，对气路中的 CO_2 气体进行干燥。

3) 在现场将新灌的气瓶倒置 1~2h 后，打开阀门，可以排除沉积在瓶底内的自由状态的水，根据瓶中的含水量不同，每隔 30min 左右放一次水，共需放水 2~3 次后，将气瓶倒 180°方向放正，此时就可以用于焊接了。

四、氮气

氮气具有还原性，能显著增加电弧电压，用氮气作为保护气体，在焊接过程中会产生很大的热量，氮气的热导率比氩气或氦气高得多，故可以提高焊接速度，降低成本，获得较好的经济效益。氮气的化学式为 N_2。

采用氮气保护进行电弧焊焊接时，由于焊接热输入增大，可以减少或取消预热措施。此外，在焊接过程中，还会有烟雾或飞溅产生。

采用氮气作为保护气体，只能焊接铜及铜合金。

五、混合气体

1. 氩-氦混合气体

氩气用于氩弧焊焊接时，氩气在低速流动的保护作用较大，焊接电弧柔软、便于控制；而氦气用于氦弧焊时，在相同的电弧长度下，氦弧比氩弧的弧压高，电弧的温度亦高很多，氦气在高速流动的保护作用最大，并且氦弧焊的熔深较大，适宜厚板材料的焊接。

氩-氦混合气体是惰性气体。以氩气为主，加入一定数量的氦气后，则焊接过程保护气体具有两者所具有的优点。采用 Ar+He 混合气体保护焊接时，混合气体中的 He 可以减少焊缝中的气孔、改善焊缝熔深和提高焊接生产率。提高 He 气在混合气体中的比例，能够提高焊接电弧的温度、增加焊缝的熔深。板材越厚，焊接过程加入的 He 气应该越多，对增加焊缝的熔深作用越大。Ar 气、He 气、Ar+He 混合气三种保护气体的焊缝成形如图 5-1 所示。

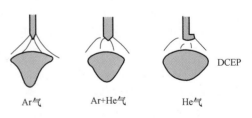

图 5-1 三种保护气体的焊缝成形

当用氦气 $\omega_{He}80\%$+氩气 $\omega_{Ar}20\%$ 的混合气进行保护焊接时，其保护作用具有氩弧焊、氦弧焊两个工艺的优点，广泛用在自动气体保护焊工艺，焊接厚板的铝及铝合金。

2. 氩-氧混合气体

氩-氧混合气体具有氧化性，采用氧化性气体保护焊接，可以细化过渡熔滴，当氩气中加入体积分数为 1% 的 O_2 时，就可以克服电弧阴极斑点飘移现象及焊道边缘咬边等缺陷。另外，在氩气中加入氧气焊接，还有利于金属熔滴的细化，降低射流过渡的临界电流值。氩-氧混合气体成本比纯氩气保护气体的成本低廉，与用纯氩气保护相比，同样的保护气体流量，氩-氧混合气体可以增大焊接热输入，从而提高焊接速度。$Ar+O_2$ 混合气体有两种类型：一种是含 O_2 量较低的混合气体，体积分数为 1%~5%，用于不锈钢等高合金钢及级别较高的高强度钢的焊接。另一类含 O_2 量较高的混合气体，体积分数可达 20% 以上。用于低碳钢及低合金结构钢的焊接。

氩-氧混合气体只能用于熔化极气体保护焊，因为，在钨极气体保护时，氩-氧混合气体将加速钨极的氧化。氩-氧混合气体还有助于焊接电弧的稳定，减少焊接飞溅。当熔滴需要喷射过渡或对焊缝质量要求较高时，可以用氩-氧混合气体作保护进行焊接。氩-氧混合气体保护焊的特点见表 5-1。

表 5-1　氩-氧混合气体保护焊的特点

特　　点	说　　明
克服阴极斑点漂移	氩弧焊过程中，由于氩弧具有阴极清理作用，阴极斑点所在的氧化物很快被清除，于是，阴极斑点又向其他有氧化物的点转移。如此不停地进行"清理""转移"，使阴极斑点在焊接过程中不断地漂移。在氩气中加入少量的氧气，使焊缝熔池表面连续被氧化，阴极斑点处同时进行着"清理氧化物"和"形成氧化物"两个过程，阴极斑点便不再漂移，漂移现象即被克服
用 $Ar+O_2 20\%$ 混合气体保护焊焊接碳素结构钢及低合金结构钢，焊缝抗气孔能力高于 $Ar+CO_2 20\%$ 及纯 CO_2 保护	用 $Ar+O_2 20\%$ 混合气体保护焊焊接碳素结构钢及低合金结构钢，除了具有较高的焊接生产率外，抗气孔的能力也比用 $Ar+CO_2 20\%$ 及纯 CO_2 气体保护都好，同时，焊缝的缺口韧度也有所提高
焊缝抗腐蚀性影响	用 $Ar+O_2$ 混合气体焊接不锈钢，焊缝经抗腐蚀性试验证明：在 Ar 气中加入微量 O_2 气，进行不锈钢对接接头焊接，焊缝抗腐蚀性能无显著影响，当含氧量的体积分数超过 2% 时，焊缝表面氧化明显，焊接接头质量下降
改变焊缝形状	用纯氩气保护焊接时，焊缝的形状是蘑菇形熔深，这种蘑菇形熔深的根部容易产生气孔，这是焊缝质量所不允许的，在 Ar 气中加入体积分数为 20% 的 O_2 时，焊缝的熔深形状可以得到改善
可以减少树枝状晶间裂纹倾向	用 $Ar+O_2 20\%$ 的混合气体保护，进行高强度钢的窄间隙垂直焊接时，因该混合气体有较强的氧化性，应用含 Mn、Si 等脱氧元素较高的焊丝，这样可以减少焊缝金属产生树枝状晶间裂纹的倾向

3. 氩-氧-二氧化碳混合气体

氩-氧-二氧化碳混合气体具有氧化性，这种混合气体提高了焊缝熔池的氧化性，由此降低了焊缝金属的含氢量，用氩-氧-二氧化碳混合气体保护焊接，既增大了焊缝的熔深，又使焊缝成形良好，不易形成气孔或咬边缺陷，但是，焊缝可能会有少量的增碳。常用于不锈钢、高强度钢、碳素结构钢及低合金结构钢的焊接。

4. 氩-氮混合气体

氩-氮混合气体具有还原性，比氮弧焊容易控制和操作电弧，焊接热输入比用纯氩气焊接时大，当用 $\omega_{(Ar)}$ 80%$+\omega_{N_2}$ 20% 的混合气体保护焊接时，焊接过程中会有一定量的飞溅和烟雾产生，主要用于铜及铜合金焊接。这种混合保护气体与 Ar+He 混合气体比较，其优点是 N_2 气比 He 气来源多，价格比较便宜。缺点是焊缝表面较粗糙，焊缝外观不如 Ar+He 混合气焊得好。在焊接奥氏体型不锈钢时，在 Ar 气中加入 N_2（体积分数为 1%~4%）时，

对提高电弧刚度以及改善焊缝成形有一定的效果。

5. 氩-氢混合气体

$Ar+H_2$ 混合气体可以提高焊接电弧温度，在焊接过程中增加母材的热输入。焊接镍及镍合金采用 $Ar+H_2$ 混合气体保护，并且 H_2 的体积分数低于 6% 时，则可以抑制和消除焊缝中的 CO 气孔，否则会导致 H_2 气孔的产生。

第二节 钨   极

一、钨极的种类

气体保护焊用的电极，按化学成分分类，主要有钨极、铈钨极、钍钨极、镧钨极、锆钨极、钇钨极及复合电极等。钨极的种类、化学成分及特点见表 5-2。对钨电极的要求是：电流容量大、施焊损失小、引弧性好、稳弧性好。

表 5-2 钨极的种类、化学成分及特点

	牌号	添加的氧化物		杂质质量分数（%）	钨含量
		种类	质量分数（%）		
铈钨极	WC20	CeO_2	1.8~2.2	<0.20	余量
	特点:铈钨极电子逸出功低，化学稳定性高，而且允许的电流密度大，没有放射性污染，属于绿色环保产品，它仅用很小的电流就可以轻松引弧，而且维弧电流也较小，在直流小电流的条件下，铈钨极倍受欢迎，尤其适宜管道和细小部件的焊接、断续焊接和特定项目的焊接				
	牌号	添加的氧化物		杂质质量分数（%）	钨含量
		种类	质量分数（%）		
钍钨极	WT20	ThO_2	1.7~2.2	<0.20	余量
	特点:钍钨极电子发射能力强，电弧燃烧较稳定，综合性能优良，尤其是能承受过载电流，是目前美国和其他一些国家应用最广泛的钨极。但是，应用钍钨极存在轻微的放射性，所以，在某些方面的应用受到了限制。钍钨极通常用在碳素结构钢、不锈钢、镍及镍合金、钛及钛合金的直流焊接				
	牌号	添加的氧化物		杂质质量分数（%）	钨含量
		种类	质量分数（%）		
锆钨极	WZ3	ZrO_2	0.2~0.4	<0.20	余量
	WZ8	ZrO_2	0.7~0.9	<0.20	余量
	特点:锆钨极在交流条件下表现良好，焊接过程中，电极端部能保持圆球状而且电弧比纯钨极更稳定，尤其是在高负载条件下的优越表现，更是其他电极所不能替代的，对必须防止电极污染基体金属的条件下，可以采用这种电极，锆钨极同时还具有良好的抗腐蚀性，锆钨极适用于镁、铝及其合金的交流焊接				
	牌号	添加的氧化物		杂质质量分数（%）	钨含量
		种类	质量分数（%）		
镧钨极	WL10	La_2O_3	0.8~1.2	<0.2	余量
	WL15	La_2O_3	1.3~1.7		
	WL20	La_2O_3	1.8~2.2		
	特点:镧钨极焊接性能优良，导电性能接近 WT20（钍钨极），焊接过程中没有放射性伤害，焊工不需改变任何焊接操作程序，就能方便快捷地用此电极替代钍钨极，因此，镧钨极在欧洲和日本成为最受欢迎的 WT20 替代品，镧钨极主要用于直流电源焊接，如果用于交流电源焊接时，焊接电弧表现也还可以				

（续）

电极名称	牌号	添加的氧化物		杂质质量分数（%）	钨含量
		种类	质量分数（%）		
纯钨极	WP	—	—		
钇钨极	WY20	Y_2O_3	1.8~2.2	<0.2	余量
复合电极	—		1.5~3.0		
纯钨极	特点:在所有的钨极中价格最便宜,适合用交流电进行铝、镁及其合金的焊接				
钇钨极	焊接电弧细长,压缩程度大,尤其是在中、大焊接电流时焊缝熔深最大,目前主要用于军工和航空航天工业				
复合电极	复合电极是在钨中添加了两种或更多的稀钍氧化物,各添加物互为补充,相得益彰,使焊接效果更好				

二、钨极的适用电流

钨极的电流承载能力与钨极的直径有关，根据焊接电流选择钨极直径，见表5-3。

表5-3　根据焊接电流选择钨极直径

钨极直径/mm	直流 DC/A		交流 AC/A
	钨极接负极（-）	钨极接正极（+）	
1.0	15~80	—	10~80
1.6	60~150	10~18	50~120
2.0	100~200	12~20	70~160
2.4	150~250	15~25	80~200
3.2	220~350	20~35	150~270
4.0	350~500	35~50	220~350
4.8	420~650	45~65	240~420
6.4	600~900	65~100	360~560

三、钨极端头的形状

钨极端头的形状，在焊接过程中对电弧的稳定性有很大的影响，常用的钨极端头形状与电弧稳定性的关系见表5-4。

表5-4　常用的钨极端头形状与电弧稳定性的关系

钨极端头形状	钨极种类	电流极性	适用范围	燃弧情况
90°	铈钨或钍钨	直流正接	大电流	稳定
30°	铈钨或钍钨	直流正接	小电流用于窄间隙及薄板焊接	稳定

（续）

钨极端头形状	钨极种类	电流极性	适用范围	燃弧情况
	纯钨极	交流	铝、镁及其合金的焊接	稳定
	铈钨或钍钨	直流正接	直径小于1mm的细钨丝电极连续焊	良好

第三节　焊　丝

一、焊丝的分类

焊丝的分类方法很多，常用的分类方法如下：

（1）按被焊的材料性质分　可分为非合金钢及细晶粒钢焊丝、热强钢焊丝、不锈钢焊丝、铸铁焊丝和有色金属焊丝。

（2）按不同的制造方法分　可分为实心焊丝和药芯焊丝两大类。其中药芯焊丝又分为气体保护焊丝和自保护焊丝两种。

（3）按使用的焊接工艺方法分　可分为埋弧焊用焊丝、气体保护焊用焊丝、电渣焊用焊丝、堆焊用焊丝和气焊用焊丝等。

二、实心焊丝

实心焊丝是把轧制的线材经过拉拔工艺加工制成的。对于非合金钢和细晶粒钢线材，由于产量大而合金元素含量小，所以常采用转炉加工；对于产量小而合金元素含量多的线材，则多采用电炉冶炼加工，然后再分别经过开坯、轧制拉拔而成。为了防止焊丝表面生锈，除了不锈钢焊丝以外，其他的焊丝都要进行表面处理。即：在焊丝表面进行镀铜（包括电镀、浸铜以及化学镀铜等方法）。由于不同的焊接工艺方法需要不同的电流密度，所以，不同的焊接方法也需要不同的焊丝直径。如：埋弧焊焊接过程中用的焊接电流较大，所以焊丝的直径也较大，焊丝直径为3.2~6.4mm；气体保护焊时，为了得到良好的保护效果，常采用细焊丝，焊丝直径为0.8~1.6mm。

气体保护焊的焊接方法很多，主要有钨极惰性气体保护焊（简称TIG焊）、熔化极惰性气体保护焊（简称MIG焊）、熔化极活性气体保护焊（简称MAG焊），以及自保护焊接，而用于气体保护焊的焊丝主要有：

1）TIG焊用焊丝　由于在焊接过程中用的保护气体是Ar气，所以焊接时无氧化，焊丝熔化后化学成分基本上不变化，母材的稀释率也很低，所以焊丝的化学成分接近于焊缝的化学成分。也有的采用母材作为焊丝，使焊缝的化学成分与母材保持一致。

2）MIG和MAG焊用焊丝　在焊接过程中，气体的成分直接影响到合金元素的烧损，从而影响到焊缝金属的化学成分和力学性能，所以焊丝的化学成分应该与焊接用的保护气体成分相匹配。对于氧化性较强的保护气体应该采用高 Mn、高 Si 焊丝；对于氧化性较弱的保护气体，可以采用低 Mn、低 Si 焊丝。

3）自保护焊用焊丝　为了消除从空气中进入焊接熔池内的氧和氮的不良影响，所以，除了提高焊丝中的 C、Mn、Si 含量外，还要加入强脱氧元素 Ti、Al、Ce、Zr 等，达到利用焊丝中所含有的合金元素在焊接过程中进行脱氧、脱氮。

三、药芯焊丝

1. 按药芯焊丝的横截面形状分类

药芯焊丝的截面形状分为有缝焊丝和无缝焊丝两种，有缝焊丝又分为两类：一类是药芯焊丝的金属外皮没有进入到芯部粉剂材料的管状焊丝，即通常所说的 O 形截面的焊丝。另一类是药芯焊丝的金属外皮进入到芯部粉剂材料中间，并具有复杂的焊丝截面形状。药芯焊丝的截面形状如图 5-2 所示。

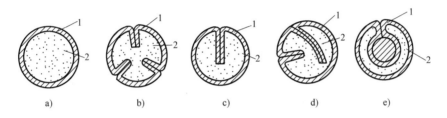

图 5-2　药芯焊丝的截面形状

a）O 形　b）梅花形　c）T 形　d）E 形　e）中间填丝形

具有复杂截面形状的药芯焊丝，由于金属外皮进入到芯部粉剂材料中间，与芯部粉剂材料接触得更好，所以，在焊接过程中，芯部粉剂材料的预热和熔化更为均匀，能使焊缝金属得到更好的保护。另一方面，这类药芯焊丝能够增加电弧起燃点的数量，使金属熔滴向焊缝熔池作轴向过渡。但是，这种焊丝制造工艺很复杂，目前应用得不多，最常用的是图 5-2a、b、e 截面形状的药芯焊丝。

2. 按芯部粉剂填充材料中有无造渣剂分类

药芯焊丝按芯部粉剂填充材料中有无造渣剂，可分为熔渣型（有造渣剂）和金属粉型（无造渣剂）两类。

熔渣型药芯焊丝中加入的粉剂，主要是为了改善焊缝金属的力学性能、抗裂性和焊接工艺性。按照造渣剂的种类及碱度可分为：钛型、钛钙型和钙型等。经过使用表明，钛型渣系药芯焊丝焊道成形美观、全位置焊接工艺性能优良、焊缝的韧性和抗裂性稍差；钙型渣系药芯焊丝焊接的焊缝金属韧性和抗裂性优良，但是，焊道成形和全位置焊接工艺性稍差；钛钙型渣系的药芯焊丝性能介于二者之间。

金属粉型药芯焊丝几乎不含造渣剂，具有熔敷速度高、熔渣少、飞溅小的特点，在抗裂性和熔敷效率方面更优于熔渣型，因为造渣量仅为熔渣型药芯焊丝的 1/3，所以，多层多道焊时，可以在焊接过程中不必清渣而直接进行多层多道焊接，同时，在焊接过程中，其焊接特性类似实心焊丝，但是，焊接电流密度比实心焊丝更大，使焊接生产率进一步提高。

3. 按是否使用外加保护气体分类

用药芯焊丝焊接，按是否使用外加保护气体分类，可分为：自保护（无外加保护气体）和气保护（有外加保护气体）两种。气保护药芯焊丝的工艺性能和熔敷金属冲击性能比自保护的好，但抗风性能不好；自保护药芯焊丝的工艺性能和熔敷金属冲击性能没有气保护的好，但抗风性能好，比较适合室外或高层结构的现场焊接。各类药芯焊丝的特性见表5-5。

表 5-5　各类药芯焊丝的特性

项　　目		钛型	钙型	钛钙型	自保护型	金属粉型
主要粉剂组成		TiO_2、SiO_2、MnO	CaF_2、$CaCO_3$	TiO_2、$CaCO_3$	Al、Mg、BrF_2、CaF_2	Fe、Si、Mn
操作工艺性能	熔滴过渡形式	喷射过渡	颗粒过渡	较小颗粒过渡	颗粒或喷射过渡	喷射过渡[①]
	电弧稳定性	良好	良好	良好	良好	良好
	飞溅量	粒小、极少	粒大、多	粒小、少	粒大、稍多	粒小、极少
	熔渣覆盖性	良好	差	稍差	稍差	渣极少
	脱渣性	良好	较差	稍差	稍差	稍差
	焊道形状	平滑	稍凸	平滑	稍凸	稍凸
	焊道外观	美观	稍差	一般	一般	一般
	烟尘量	一般	多	稍多	多	少
	焊接位置	全位置	平焊或横焊	全位置	全位置[②]	全位置
焊缝金属特性	抗裂性能	一般	很好	良好	良好	很好
	抗气孔性能	稍差	良好	良好	良好	良好
	缺口韧性	一般	很好	良好	一般	良好
	X射线性能	良好	良好	良好	良好	良好
	扩散氢/(mL/100g)[③]	2~14	1~4	2~6	1~4	1~3
	含氧量(%)	$(6~8)×10^{-2}$	$(4~6)×10^{-2}$	$(5~7)×10^{-2}$	约$4×10^{-3}$	$(4~7)×10^{-2}$
	含氮量(%)	$(4~10)×10^{-3}$	$(4~10)×10^{-3}$	$(4~10)×10^{-3}$	$(2~10)×10^{-3}$	$(4~10)×10^{-3}$
	含铝量(%)	0.01	0.01	0.01	0.5~2.0	0.01
熔敷效率(%)		70~85	70~85	70~85	90	90~95

[①] 金属粉型药芯焊丝在低电流时为短路过渡。

[②] 有些自保护药芯焊丝只能用于平焊或横焊。

[③] 扩散氢含量是用甘油法测定的结果。

第四节　实心焊丝的型号与牌号

一、非合金钢及细晶粒钢实心焊丝型号

根据 GB/T 8110—2020 标准，非合金钢及细晶粒钢实心焊丝型号由五部分组成：

第一部分：用字母 G 表示熔化极气体保护电弧焊用实心焊丝；

第二部分：表示在焊态、焊后热处理条件下，熔敷金属的抗拉强度代号，见表5-6；

表 5-6　熔敷金属的抗拉强度代号

抗拉强度代号	抗拉强度 R_m/MPa	屈服强度 R_{el}/MPa	断后伸长率 A(%)
43×	430~600	≥330	≥20
49×	490~670	≥390	≥18
55×	550~740	≥460	≥17
57×	570~770	≥490	≥17

注：1. ×代表 A、P 或者 AP，"A"表示在焊态条件下试验；"P"表示在焊后热处理条件下试验；"AP"表示焊态和焊后热处理条件下试验均可。

2. 当屈服发生不明显时，应测定规定塑性延伸强度 $R_{P0.2}$。

第三部分：表示冲击吸收能量（KV_2）不小于 27J 时的试验温度代号，见表 5-7；

表 5-7　冲击试验温度代号

冲击试验温度代号	冲击吸收能量(KV_2)不小于 27J 时的试验温度/℃
Z	无要求
Y	+20
0	0
2	−20
3	−30
4	−40
4H	−45
5	−50
6	−60
7	−70
7H	−75
8	−80
9	−90
10	−100

第四部分：表示保护气体类型代号，保护气体类型代号按 GB/T 39255 的规定；
第五部分：表示焊丝化学成分分类，见表 5-8；

表 5-8　焊丝化学成分分类

序号	化学成分分类	焊丝成分代号	化学成分(质量分数,%)[1]										
			C	Mn	Si	P	S	Ni	Cr	Mo	V	Cu[2]	Al	Ti+Zr
1	S2	ER50-2	0.07	0.90~1.40	0.40~0.70	0.025	0.025	0.15	0.15	0.15	0.03	0.50	0.05~0.15	Ti:0.05~0.15 Zr:0.02~0.12
2	S3	ER50-3	0.06~0.15	0.90~1.40	0.45~0.75	0.025	0.025	0.15	0.15	0.15	0.03	0.50	—	—
3	S4	ER50-4	0.06~0.15	1.00~1.5	0.65~0.85	0.025	0.025	0.15	0.15	0.15	0.03	0.50	—	—
4	S6	ER50-6	0.06~0.15	1.40~1.85	0.80~1.15	0.025	0.025	0.15	0.15	0.15	0.03	0.50	—	—
5	S7	ER50-7	0.07~0.15	1.50~2.00	0.50~0.80	0.025	0.025	0.15	0.15	0.15	0.03	0.50	—	—

（续）

序号	化学成分分类	焊丝成分代号	化学成分（质量分数,%）①											
			C	Mn	Si	P	S	Ni	Cr	Mo	V	Cu②	Al	Ti+Zr
6	S10	ER19-1	0.11	1.80~2.10	0.65~0.95	0.025	0.025	0.30	0.20	—	—	0.50	—	—
7	S11	—	0.02~0.15	1.40~1.90	0.55~1.10	0.030	0.030	—	—	—	—	0.50	—	0.02~0.30
8	S12	—	0.02~0.15	1.25~1.90	0.55~1.10	0.030	0.030	—	—	—	—	0.50	—	—
9	S13	—	0.02~0.15	1.35~1.90	0.55~1.10	0.030	0.030	—	—	—	—	0.50	0.10~0.50	0.02~0.30
10	S14	—	0.02~0.15	1.30~1.60	1.00~1.35	0.030	0.030	—	—	—	—	0.50	—	—
11	S15	—	0.02~0.15	1.00~1.60	0.40~1.00	0.030	0.030	—	—	—	—	0.50	—	0.02~0.15
12	S16	—	0.02~0.15	0.90~1.60	0.40~1.00	0.030	0.030	—	—	—	—	0.50	—	—
13	S17	—	0.02~0.15	1.50~2.10	0.20~0.55	0.030	0.030	—	—	—	—	0.50	—	0.02~0.30
14	S18	—	0.02~0.15	1.60~2.40	0.50~1.10	0.030	0.030	—	—	—	—	0.50	—	0.02~0.30
15	S1M3	ER49-A1	0.12	1.30	0.30~0.70	0.025	0.025	0.20	—	0.40~0.65	—	0.35	—	—
16	S2M3	—	0.12	0.60~1.40	0.30~0.70	0.025	0.025	—	—	0.40~0.65	—	0.50	—	—
17	S2M31	—	0.12	0.80~1.50	0.30~0.90	0.025	0.025	—	—	0.40~0.65	—	0.50	—	—
18	S3M3T	—	0.12	1.00~1.80	0.40~1.00	0.025	0.025	—	—	0.40~0.65	—	0.50	—	Ti:0.02~0.30
19	S3M1	—	0.05~0.15	1.40~2.10	0.40~1.00	0.025	0.025	—	—	0.10~0.45	—	0.50	—	—
20	S3M1T	—	0.12	1.40~2.10	0.40~1.00	0.025	0.025	—	—	0.10~0.45	—	0.50	—	Ti:0.02~0.30
21	S4M31	ER55-D2	0.07~0.12	1.60~2.10	0.50~0.80	0.025	0.025	0.15	—	0.40~0.60	—	0.50	—	—
22	S4M31T	ER55-D2-Ti	0.12	1.20~1.90	0.40~0.80	0.025	0.025	—	—	0.20~0.50	—	0.50	—	Ti:0.05~0.20
23	S4M3T	—	0.12	1.60~2.20	0.50~0.80	0.025	0.025	—	—	0.40~0.65	—	0.50	—	Ti:0.02~0.30
24	SN1	—	0.12	1.25	0.20~0.50	0.025	0.025	0.60~1.00	—	0.35	—	0.35	—	—
25	SN2	ER55-Ni1	0.12	1.25	0.40~0.80	0.025	0.025	0.80~1.10	0.15	0.35	0.05	0.35	—	—
26	SN3	—	0.12	1.20~1.60	0.30~0.80	0.025	0.025	1.50~1.90	—	0.35	—	0.35	—	—
27	SN5	ER55-Ni2	0.12	1.25	0.40~0.80	0.025	0.025	2.00~2.75	—	0.35	—	0.35	—	—
28	SN7	—	0.12	1.25	0.20~0.50	0.025	0.025	3.00~3.75	—	0.35	—	0.35	—	—
29	SN71	ER55-Ni3	0.12	1.25	0.40~0.80	0.025	0.025	3.00~3.75	—	—	—	0.35	—	—
30	SN9	—	0.10	1.40	0.50	0.025	0.025	4.00~4.75	—	0.35	—	0.35	—	—
31	SNCC	—	0.12	1.00~1.65	0.60~0.90	0.030	0.030	0.10~0.30	0.50~0.80	—	—	0.20~0.60	—	—

（续）

序号	化学成分分类	焊丝成分代号	化学成分（质量分数，%）①											
			C	Mn	Si	P	S	Ni	Cr	Mo	V	Cu②	Al	Ti+Zr
32	SNCC1	ER55-1	0.10	1.20~1.60	0.60	0.025	0.020	0.20~0.60	0.30~0.90	—	—	0.20~0.50	—	—
33	SNCC2	—	0.10	0.60~1.20	0.60	0.025	0.020	0.20~0.60	0.30~0.90	—	—	0.20~0.50	—	—
34	SNCC21	—	0.10	0.90~1.30	0.35~0.65	0.025	0.025	0.40~0.60	0.10	—	—	0.20~0.50	—	—
35	SNCC3	—	0.10	0.90~1.30	0.35~0.65	0.025	0.025	0.20~0.50	0.20~0.50	—	—	0.20~0.50	—	—
36	SNCC31	—	0.10	0.90~1.30	0.35~0.65	0.025	0.025	—	0.20~0.50	—	—	0.20~0.50	—	—
37	SNCCT	—	0.12	1.10~1.65	0.60~0.90	0.030	0.030	0.10~0.30	0.50~0.80	—	—	0.20~0.60	—	Ti:0.02~0.30
38	SNCCT1	—	0.12	1.20~1.80	0.50~0.80	0.030	0.030	0.10~0.40	0.50~0.80	0.02~0.30	—	0.20~0.60	—	Ti:0.02~0.30
39	SNCCT2	—	0.12	1.10~1.70	0.50~0.90	0.030	0.030	0.40~0.80	0.50~0.80	—	—	0.20~0.60	—	Ti:0.02~0.30
40	SN1M2T	—	0.12	1.70~2.30	0.60~1.00	0.025	0.025	0.40~0.80	—	0.20~0.60	—	0.50	—	Ti:0.02~0.30
41	SN2M1T	—	0.12	1.10~1.90	0.30~0.80	0.025	0.025	0.80~1.60	—	0.10~0.45	—	0.50	—	Ti:0.02~0.30
42	SN2M2T	—	0.05~0.15	1.00~1.80	0.30~0.90	0.025	0.025	0.70~1.20	—	0.20~0.60	—	0.50	—	Ti:0.02~0.30
43	SN2M3T	—	0.05~0.15	1.40~2.10	0.30~0.90	0.025	0.025	0.70~1.20	—	0.40~0.65	—	0.50	—	Ti:0.02~0.30
44	SN2M4T	—	0.12	1.70~2.30	0.50~1.00	0.025	0.025	0.80~1.30	—	0.55~0.85	—	0.50	—	Ti:0.02~0.30
45	SN2MC	—	0.10	1.60	0.65	0.020	0.010	1.00~2.00	0.15~0.50	—	—	0.20~0.50	—	—
46	SN3MC	—	0.10	1.60	0.65	0.020	0.010	2.80~3.80	0.05~0.50	—	—	0.20~0.70	—	—
47	Z×③	—	其他协定成分											

注：1. 表中单值均为最大值。

2. 表中列出的"焊丝成分代号"是为便于实际使用对照。

① 化学分析应按表中规定的元素进行分析，如在分析过程中发现其他元素，这些元素的总量（除铁外）不应超过 0.50%。

② Cu 含量包括镀铜层中的含量。

③ 表中未列出的分类可用相类似的分类表示，词头加字母"Z"。化学成分范围不进行规定，两种分类之间不可替换。

除以上强制代号外，可在型号中附加下列可选代号：

1）字母 U 附加在第三部分之后，表示在规定的试验温度下，冲击吸收能量（KV_2）应不小于 47J；

2）无镀铜代号 N，附加在第五部分之后，表示无镀铜焊丝。

焊丝型号示例如下：

示例1：

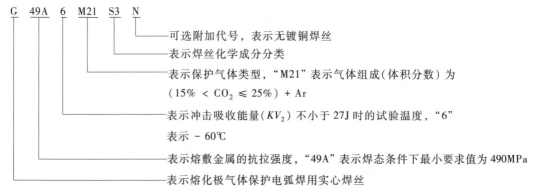

G 49A 6 M21 S3 N

N —— 可选附加代号，表示无镀铜焊丝

表示焊丝化学成分分类

表示保护气体类型，"M21"表示气体组成（体积分数）为

（15% < CO_2 ≤ 25%）+ Ar

表示冲击吸收能量（KV_2）不小于27J时的试验温度，"6"

表示 - 60℃

表示熔敷金属的抗拉强度，"49A"表示焊态条件下最小要求值为490MPa

表示熔化极气体保护电弧焊用实心焊丝

示例2：

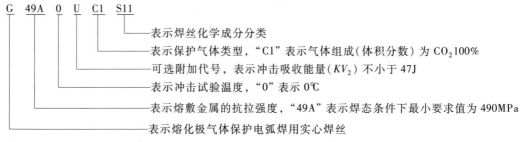

G 49A 0 U C1 S11

表示焊丝化学成分分类

表示保护气体类型，"C1"表示气体组成（体积分数）为 $CO_2$100%

可选附加代号，表示冲击吸收能量（KV_2）不小于47J

表示冲击试验温度，"0"表示0℃

表示熔敷金属的抗拉强度，"49A"表示焊态条件下最小要求值为490MPa

表示熔化极气体保护电弧焊用实心焊丝

示例3：

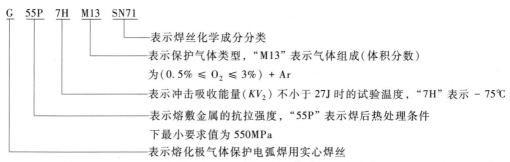

G 55P 7H M13 SN71

表示焊丝化学成分分类

表示保护气体类型，"M13"表示气体组成（体积分数）

为（0.5% ≤ O_2 ≤ 3%）+ Ar

表示冲击吸收能量（KV_2）不小于27J时的试验温度，"7H"表示 - 75℃

表示熔敷金属的抗拉强度，"55P"表示焊后热处理条件

下最小要求值为550MPa

表示熔化极气体保护电弧焊用实心焊丝

熔化极气体保护电弧焊用非合金钢及细晶粒钢试板实心焊丝参考焊接参数见表5-9。

表5-9 熔化极气体保护电弧焊用非合金钢及细晶粒钢试板实心焊丝参考焊接参数

焊丝直径/mm	焊接电流/A	电弧电压/V	焊丝伸出长度/mm	焊接速度/(mm/min)	每层焊道数	层数	保护气体
1.2	290±30	①	20±3	330±60	2 或 3	6 ~ 10	②
1.6	360±30	①				5 ~ 10	②

① 电弧电压由保护气体类型而定。

② 通常情况下，如果采用 GB/T 39255—2020 表2 中规定的 M12、M20、和 M21 时，气体组分中不准许用氦气代替氩气。

熔化极气体保护电弧焊用非合金钢及细晶粒钢实心焊丝焊接设备预热温度和道间温度见表5-10。

表 5-10　熔化极气体保护电弧焊用非合金钢及细晶粒钢实心焊丝焊接设备预热温度和道间温度

化学成分分类	预热温度/℃	道间温度/℃
S2,S3,S4,S6,S7,S10,S11,S12, S13,S14,S15,S16,S17,S18,SN2MC,SN3MC	室温	150±15
S1M3,S2M3,S2M31,S3M3T,S3M1,S3M1T, S4M31,S4M31T,S4M3T	≥100	
SN1,SN2,SN3,SN5,SN7,SN71,SN9		
SNCC,SNCC1,SNCC2,SNCC21,SNCC3,SNCC31, SNCCT,SNCCT1,SNCCT2		
SN1M2T,SN2M1T,SN2M2T,SN2M3T,SN2M4T		
Z×	供需双方协定	

熔化极气体保护电弧焊常用非合金钢及细晶粒钢实心焊丝型号对照见表 5-11。

表 5-11　常用非合金钢及细晶粒钢实心焊丝型号与其他相关标准焊丝型号对照表

序号	本标准	ISO 14341:2010 （B 系列）	ANSI/AWS A5.18M:2017 ANSI/AWS A5.28M:2005(R2015)	GB/T 8110—2008
1	G49A3C1S2	G49A3C1S2	ER49S-2	ER50-2
2	G49A2C1S3	G49A2C1S3	ER49S-3	ER50-3
3	G49AZC1S4	G49AZC1S4	ER49S-4	ER50-4
4	G49A3C1S6	G49A3C1S6	ER49S-6	ER50-6
5	G49A4M21S6	G49A4M21S6		
6	G49A3C1S7	G49A3C1S7	ER49S-7	ER50-7
7	G49AYUC1S10	—	—	ER49-1
8	G×××S11	G×××S11	ER49S-8	—
9	G×××S12	G×××S12	—	—
10	G×××S13	G×××S13	—	—
11	G×××S14	G×××S14	—	—
12	G×××S15	G×××S15	—	—
13	G×××S16	G×××S16	—	—
14	G×××S17	G×××S17	—	—
15	G×××S18	G×××S18	—	—
16	G49PZ×S1M3	G49PZ×S1M3	ER49S-A1	ER49-A1
17	G×××S2M3	G×××S2M3	—	—
18	G×××S2M31	G×××S2M31	—	—
19	G×××S3M3T	G×××S3M3T	—	—
20	G×××S3M1	G×××S3M1	—	—
21	G×××S3M1T	G×××S3M1T	—	—
22	G55A3C1S4M31	G55A3C1S4M31	ER55S-D2	ER55-D2
23	G55A3C1S4M31T	—	—	ER55-D2-Ti
24	G×××S4M3T	G×××S4M3T		

（续）

序号	本标准	ISO 14341:2010（B 系列）	ANSI/AWS A5.18M:2017 ANSI/AWS A5.28M:2005(R2015)	GB/T 8110—2008
25	G×××SN1	G×××SN1	—	—
26	G55A4H×SN2	G55A××SN2	ER55S-Ni1	ER55-Ni1
27	G×××SN3	G×××SN3	—	—
28	G55P6×SN5	G55P6×SN5	ER55S-Ni2	ER55-Ni2
29	G×××SN7	G×××SN7	—	—
30	G55P7H×SN71	G55P××SN71	ER55S-Ni3	ER55-Ni3
31	G×××SN9	G×××SN9	—	—
32	G×××SNCC	G×××SNCC	—	—
33	G55A4UM21SNCC1	—	—	ER55-1
34	G×××SNCC2	—	—	—
35	G×××SNCC21	—	—	—
36	G×××SNCC3	—	—	—
37	G×××SNCC31	—	—	—
38	G×××SNCCT	G×××SNCCT	—	—
39	G×××SNCCT1	G×××SNCCT1	—	—
40	G×××SNCCT2	G×××SNCCT2	—	—
41	G×××SN1M2T	G×××SN1M2T	—	—
42	G×××SN2M1T	G×××SN2M1T	—	—
43	G×××SN2M2T	G×××SN2M2T	—	—
44	G×××SN2M3T	G×××SN2M3T	—	—
45	G×××SN2M4T	G×××SN2M4T	—	—
46	G×××SN2MC	—	—	—
47	G×××SN3MC	—	—	—

二、铝及铝合金焊丝

根据 GB/T 10858—2008，铝及铝合金焊丝型号由三部分组成，第一部分字母 SAl 表示铝及铝合金焊丝；SAl 后面的四位数字为第二部分，表示为焊丝型号；第三部分为可选部分，表示化学成分代号。常用铝及铝合金焊丝型号对照及化学成分代号见表 5-12。

表 5-12 常用铝及铝合金焊丝型号对照及化学成分代号

序号	类别	GB/T 10858—2008		GB/T 10858—1989	AWS A5.10:1999
		焊丝型号	化学成分代号		
1	铝	SAl1070	Al 99.7	SAl-2	—
2		SAl1200	Al 99.0	SAl-1	—
3		SAl1450	Al 99.5Ti	SAl-3	—

（续）

序号	类别	GB/T 10858—2008		GB/T 10858—1989	AWS A5.10:1999
		焊丝型号	化学成分代号		
4	铝铜	SAl2319	AlCu6MnZrTi	SAlCu	ER2319
5	铝锰	SAl3103	AlMn1	SAlMn	—
6	铝硅	SAl4043	AlSi5	SAlSi-1	ER4043
7		SAl4047	AlSi12	SAlSi-2	ER4047
8	铝镁	SAl5554	AlMg2.7Mn	SAlMg-1	ER5554
9		SAl5654	AlMg3.5Ti	SAlMg-2	ER5654
10		SAl5654A	AlMg3.5Ti	SAlMg-2	—
11		SAl5556	AlMg5Mn1Ti	SAlMg-5	ER5556
12		SAl5556C	AlMg5MnTi	SAlMg-5	—
13		SAl5183	AlMg4.5Mn0.7(A)	SAlMg-3	ER5183
14		SAl5183A	AlMg4.5Mn0.7(A)	SAlMg-3	—

1）焊丝型号表示方法

2）焊丝型号举例

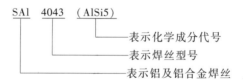

三、镍及镍合金焊丝

根据 GB/T 15620—2008，镍及镍合金焊丝型号由三部分组成，第一部分为字母 SNi，表示镍及镍合金焊丝；第二部分为四位数字，表示焊丝型号；第三部分为可选部分，表示化学成分代号。常用镍及镍合金焊丝型号对照及化学成分代号见表 5-13。

表 5-13 常用镍及镍合金焊丝型号对照及化学成分代号

类别	焊丝型号	化学成分代号	AWS A5.14:2005	GB/T 15620—1995
镍	SNi2061	NiTi3	ERNi-1	ERNi-1
镍铜	SNi4060	NiCu30Mn3Ti	ERNiCu-7	ERNiCu-7
	SNi5504	NiCu25Al3Ti	ERNiCu-8	—
镍铬	SNi6072	NiCr44Ti	ERNiCr-4	—
	SNi6076	NiCr20	ERNiCr-6	—
	SNi6082	NiCr20Mn3Nb	ERNiCr-3	ERNiCr-3

（续）

类别	焊丝型号	化学成分代号	AWS A5.14:2005	GB/T 15620—1995
镍铬铁	SNi6002	NiCr21Fe18Mo9	ERNiCrMo-2	ER ERNiCrMo-2
	SNi6062	NiCr15Fe8Nb	ERNiCrFe-5	ER ERNiCrFe-5
	SNi6975	NiCr25Fe13Mo6	ERNiCrMo-8	ER ERNiCrMo-8
	SNi6985	NiCr22Fe20Mo7Cu2	ERNiCrMo-9	ER ERNiCrMo-9
	SNi7092	NiCr15Ti3Mn	ERNiCrFe-6	ERNiCrFe-6
	SNi7718	NiFe19Cr19Nb5Mo3	ERNiFeCr-2	ERNiFeCr-2
	SNi8065	NiFe30Cr21Mo3	ERNiFeCr-1	ERNiFeCr-1
镍钼	SNi1001	NiMo28Fe	ERNiMo-1	ERNiMo-1
	SNi1003	NiMo17Cr7	ERNiMo-2	ERNiMo-2
	SNi1004	NiMo25Cr5Fe5	ERNiMo-3	ERNiMo-3
	SNi1066	NiMo28	ERNiMo-7	ER ERNiMo-7
	SNi1067	NiMo30Cr	ERNiMo-10	—
镍铬钼	SNi6059	NiCr23Mo16	ERNiCrMo-13	—
	SNi6276	NiCr15Mo16Fe6W4	ERNiCrMo-4	ERNiCrMo-4
	SNi6455	NiCr16Mo16Ti	ERNiCrMo-7	ERNiCrMo-7
	SNi6625	NiCr22Mo9Nb	ERNiCrMo-3	ERNiCrMo-3
镍铬钴	SNi6617	NiCr22Co12Mo9	ERNiCrCoMo-1	—
镍铬钨	SNi6231	NiCr22W14Mo2	ERNiCrWMo-1	—

1）焊丝型号表示方法

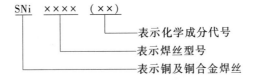

2）焊丝型号举例

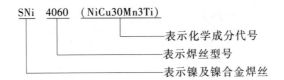

四、铜及铜合金焊丝

根据 GB/T 9460—2008，铜及铜合金焊丝型号由三部分组成，第一部分为字母 SCu，表示铜及铜合金焊丝；第二部分为四位数字，表示焊丝型号；第三部分为可选部分，表示化学成分代号。常用铜及铜合金焊丝型号对照及化学成分代号见表5-14。

表 5-14　常用铜及铜合金焊丝型号对照及化学成分代号

序号	类别	GB/T 9460—2008		GB/T 9460—1988	AWS A5.7—2004
		焊丝型号	化学成分代号		
1	铜	SCu1898	CuSn1	HSCu	ERCu
2	黄铜	SCu4700	CuZn40Sn	HSCuZn-1	—
3		SCu6800	CuZn40Ni	HSCuZn-2	—
4		SCu6810A	CuZn40SnSi	HSCuZn-3	—
5		SCu7730	CuZn40Ni10	HSCuZnNi	—
6	青铜	SCu6560	CuSi3Mn	HSCuSi	ERCuSi-A
7		SCu5210	CuSn8P	HSCuSn	—
8		SCu6100A	CuAl8	HSCuAl	—
9		SCu6325	CuAl8Fe4Mn2Ni2	HSCuAlNi	—
10	白铜	SCu7158	CuNi30Mn1FeTi	HSCuNi	ERCuNi

1）焊丝型号表示方法

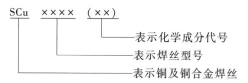

2）焊丝型号举例

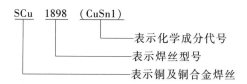

五、不锈钢焊丝和焊带

根据 GB/T 29713—2013，不锈钢焊丝及焊带型号按其化学成分进行划分，由如下两部分组成：

1）第一部分的首尾字母表示产品分类，其中 S 表示焊丝，B 表示焊带。

2）第二部分为字母 S 或字母 B 后面的数字或数字与字母的组合，表示化学成分分类，其中 L 表示含碳量较低，H 表示含碳量较高，如有其他特殊要求的化学成分，该化学成分用元素符号表示放在后面，见表 5-15。我国焊接用不锈钢实心焊丝与国外焊丝型号、牌号对照见表 5-16。

表 5-15　不锈钢焊丝及焊带的化学成分

化学成分分类	化学成分（质量分数，%）										
	C	Si	Mn	P	S	Cr	Ni	Mo	Cu	Nb[1]	其他
209	0.05	0.90	4.0~7.0	0.03	0.03	20.5~24.0	9.5~12.0	1.5~3.0	0.75	—	N:0.10~0.30 V:0.10~0.30
218	0.10	3.5~4.5	7.0~9.0	0.03	0.03	16.0~18.0	8.0~9.0	0.75	0.75	—	N:0.08~0.18

（续）

化学成分分类	化学成分(质量分数,%)										
	C	Si	Mn	P	S	Cr	Ni	Mo	Cu	Nb[①]	其他
219	0.05	1.00	8.0~10.0	0.03	0.03	19.0~21.5	5.5~7.0	0.75	0.75	—	N:0.10~0.30
240	0.05	1.00	10.5~13.5	0.03	0.03	17.0~19.0	4.0~6.0	0.75	0.75	—	N:0.10~0.30
307[②]	0.04~0.14	0.65	3.3~4.8	0.03	0.03	19.5~22.0	8.0~10.7	0.5~1.5	0.75	—	—
307Si[②]	0.04~0.14	0.65~1.00	6.5~8.0	0.03	0.03	18.5~22.0	8.0~10.7	0.75	0.75	—	—
307Mn[②]	0.20	1.2	5.0~8.0	0.03	0.03	17.0~20.0	7.0~10.0	0.5	0.5	—	—
308	0.08	0.65	1.0~2.5	0.03	0.03	19.5~22.0	9.0~11.0	0.75	0.75	—	—
308Si	0.08	0.65~1.00	1.0~2.5	0.03	0.03	19.5~22.0	9.0~11.0	0.75	0.75	—	—
308H	0.04~0.08	0.65	1.0~2.5	0.03	0.03	19.5~22.0	9.0~11.0	0.50	0.75	—	—
308L	0.03	0.65	1.0~2.5	0.03	0.03	19.5~22.0	9.0~11.0	0.75	0.75	—	—
308LSi	0.03	0.65~1.00	1.0~2.5	0.03	0.03	19.5~22.0	9.0~11.0	0.75	0.75	—	—
308Mo	0.08	0.65	1.0~2.5	0.03	0.03	18.0~21.0	9.0~12.0	2.0~3.0	0.75	—	—
308LMo	0.03	0.65	1.0~2.5	0.03	0.03	18.0~21.0	9.0~12.0	2.0~3.0	0.75	—	—
309	0.12	0.65	1.0~2.5	0.03	0.03	23.0~25.0	12.0~14.0	0.75	0.75	—	—
309Si	0.12	0.65~1.00	1.0~2.5	0.03	0.03	23.0~25.0	12.0~14.0	0.75	0.75	—	—
309L	0.03	0.65	1.0~2.5	0.03	0.03	23.0~25.0	12.0~14.0	0.75	0.75	—	—
309LD[③]	0.03	0.65	1.0~2.5	0.03	0.03	21.0~24.0	10.0~12.0	0.75	0.75	—	—
309LSi	0.03	0.65~1.00	1.0~2.5	0.03	0.03	23.0~25.0	12.0~14.0	0.75	0.75	—	—
309LNb	0.03	0.65	1.0~2.5	0.03	0.03	23.0~25.0	12.0~14.0	0.75	0.75	10×C~1.0	—
309LNbD[③]	0.03	0.65	1.0~2.5	0.03	0.03	20.0~23.0	11.0~13.0	0.75	0.75	10×C~1.2	—
309Mo	0.12	0.65	1.0~2.5	0.03	0.03	23.0~25.0	12.0~14.0	2.0~3.0	0.75	—	—
309LMo	0.03	0.65	1.0~2.5	0.03	0.03	23.0~25.0	12.0~14.0	2.0~3.0	0.75	—	—
309LMoD[③]	0.03	0.65	1.0~2.5	0.03	0.03	19.0~22.0	12.0~14.0	2.3~3.3	0.75	—	—
310[②]	0.08~0.15	0.65	1.0~2.5	0.03	0.03	25.0~28.0	20.0~22.5	0.75	0.75	—	—

（续）

化学成分分类	化学成分（质量分数，%）										
	C	Si	Mn	P	S	Cr	Ni	Mo	Cu	Nb[①]	其他
310S[②]	0.08	0.65	1.0～2.5	0.03	0.03	25.0～28.0	20.0～22.5	0.75	0.75	—	—
310L[②]	0.03	0.65	1.0～2.5	0.03	0.03	25.0～28.0	20.0～22.5	0.75	0.75	—	—
312	0.15	0.65	1.0～2.5	0.03	0.03	28.0～32.0	8.0～10.5	0.75	0.75	—	—
316	0.08	0.65	1.0～2.5	0.03	0.03	18.0～20.0	11.0～14.0	2.0～3.0	0.75	—	—
316Si	0.08	0.65～1.00	1.0～2.5	0.03	0.03	18.0～20.0	11.0～14.0	2.0～3.0	0.75	—	—
316H	0.04～0.08	0.65	1.0～2.5	0.03	0.03	18.0～20.0	11.0～14.0	2.0～3.0	0.75	—	—
316L	0.03	0.65	1.0～2.5	0.03	0.03	18.0～20.0	11.0～14.0	2.0～3.0	0.75	—	—
316LSi	0.03	0.65～1.00	1.0～2.5	0.03	0.03	18.0～20.0	11.0～14.0	2.0～3.0	0.75	—	—
316LCu	0.03	0.65	1.0～2.5	0.03	0.03	18.0～20.0	11.0～14.0	2.0～3.0	1.0～2.5	—	—
316LMn[②]	0.03	1.0	5.0～9.0	0.03	0.02	19.0～22.0	15.0～18.0	2.5～4.5	0.5		N：0.10～0.20
317	0.08	0.65	1.0～2.5	0.03	0.03	18.5～20.5	13.0～15.0	3.0～4.0	0.75	—	—
317L	0.03	0.65	1.0～2.5	0.03	0.03	18.5～20.5	13.0～15.0	3.0～4.0	0.75	—	—
318	0.08	0.65	1.0～2.5	0.03	0.03	18.0～20.0	11.0～14.0	2.0～3.0	0.75	8×C～1.0	—
318L	0.03	0.65	1.0～2.5	0.03	0.03	18.0～20.0	11.0～14.0	2.0～3.0	0.75	8×C～1.0	—
320[②]	0.07	0.60	2.5	0.03	0.03	19.0～21.0	32.0～36.0	2.0～3.0	3.0～4.0	8×C～1.0	
320LR[②]	0.025	0.15	1.5～2.0	0.015	0.02	19.0～21.0	32.0～36.0	2.0～3.0	3.0～4.0	8×C～0.40	
321	0.08	0.65	1.0～2.5	0.03	0.03	18.5～20.5	9.0～10.5	0.75	0.75	—	Ti：9×C～1.0
330	0.18～0.25	0.65	1.0～2.5	0.03	0.03	15.0～17.0	34.0～37.0	0.75	0.75	—	—
347	0.08	0.65	1.0～2.5	0.03	0.03	19.0～21.5	9.0～11.0	0.75	0.75	10×C～1.0	—
347Si	0.08	0.65～1.00	1.0～2.5	0.03	0.03	19.0～21.5	9.0～11.0	0.75	0.75	10×C～1.0	—
347L	0.03	0.65	1.0～2.5	0.03	0.03	19.0～21.5	9.0～11.0	0.75	0.75	10×C～1.0	—
383[②]	0.025	0.50	1.0～2.5	0.02	0.03	26.5～28.5	30.0～33.0	3.2～4.2	0.7～1.5		—
385[②]	0.025	0.50	1.0～2.5	0.02	0.03	19.5～21.5	24.0～26.0	4.2～5.2	1.2～2.0	—	—

（续）

化学成分分类	化学成分（质量分数,%）										
	C	Si	Mn	P	S	Cr	Ni	Mo	Cu	Nb①	其他
409	0.08	0.8	0.8	0.03	0.03	10.5~13.5	0.6	0.5	0.75	—	Ti:10×C~1.5
409Nb	0.12	0.5	0.6	0.03	0.03	10.5~13.5	0.6	0.75	0.75	8×C~1.0	—
410	0.12	0.5	0.6	0.03	0.03	11.5~13.5	0.6	0.75	0.75	—	—
410NiMo	0.06	0.5	0.6	0.03	0.03	11.0~12.5	4.0~5.0	0.4~0.7	0.75	—	—
420	0.25~0.4	0.5	0.6	0.03	0.03	12.0~14.0	0.75	0.75	0.75	—	—
430	0.10	0.5	0.6	0.03	0.03	15.5~17.0	0.6	0.75	0.75	—	—
430Nb	0.10	0.5	0.6	0.03	0.03	15.5~17.0	0.6	0.75	0.75	8×C~1.2	—
430LNb	0.03	0.5	0.6	0.03	0.03	15.5~17.0	0.6	0.75	0.75	8×C~1.2	—
439	0.04	0.8	0.6	0.03	0.03	17.0~19.0	0.6	0.5	0.75	—	Ti:10×C~1.1
446LMo	0.015	0.4	0.4	0.02	0.02	25.0~27.5	Ni+Cu:0.5	0.75~1.50	Ni+Cu:0.5	—	N:0.015
630	0.05	0.75	0.25~0.75	0.03	0.03	16.00~16.75	4.5~5.0	0.75	3.25~4.00	0.15~0.30	—
16-8-2	0.10	0.65	1.0~2.5	0.03	0.03	14.5~16.5	7.5~9.5	1.0~2.0	0.75	—	—
19-10H	0.04~0.08	0.65	1.2~2.0	0.03	0.03	18.5~20.0	9.0~11.0	0.25	0.75	0.05	Ti:0.05
2209	0.03	0.90	0.5~2.0	0.03	0.03	21.5~23.5	7.5~9.5	2.5~3.5	0.75	—	N:0.08~0.20
2553	0.04	1.0	1.5	0.04	0.03	24.0~27.0	4.5~6.5	2.9~3.9	1.5~2.5	—	N:0.10~0.25
2594	0.03	1.0	2.5	0.03	0.02	24.0~27.0	8.0~10.5	2.5~4.5	1.5	—	N:0.20~0.30 W:1.0
33-31	0.015	0.50	2.00	0.02	0.01	31.0~35.0	30.0~33.0	0.5~2.0	0.3~1.2	—	N:0.35~0.60
3556	0.05~0.15	0.20~0.80	0.50~2.00	0.04	0.015	21.0~23.0	19.0~22.5	2.5~4.0	—	0.30	④
Z⑤	其他成分										

注：表中单值均为最大值。

① 不超过 Nb 含量总量的 20%，可用 Ta 代替。

② 熔敷金属在多数情况下是纯奥氏体，因此对微裂纹和热裂纹敏感。增加焊缝金属中的 Mn 含量可减少裂纹的发生，经供需双方协商，Mn 的范围可以扩大到一定等级。

③ 这些分类主要用于低稀释率的堆焊，如电渣焊带。

④ N：0.10~0.30，Co：16.0~21.0，W：2.0~3.5，Ta：0.30~1.25，Al：0.10~0.50，Zr：0.001~0.100，La：0.005~0.100，B：0.02。

⑤ 表中未列的焊丝及焊带可用相类似的符号表示，词头加字母"Z"。化学成分范围不进行规定，两种分类之间不可替换。

表5-16　我国焊接用不锈钢实心焊丝与国外焊丝型号、牌号对照

序号	GB/T 29713—2013	YB/T 5092—2005	AWS A5.9—93	JIS
1	S209	H05Cr22Ni11Mn6Mo3VN	ER209	—
2	S218	H10Cr17Ni8Mn8Si4N	ER218	—
3	S219	H05Cr20Ni6Mn9N	ER219	—
4	S240	H05Cr18Ni5Mn12N	ER240	—
5	S307	H09Cr21Ni9Mn4Mo	ER307	—
6	S308Si	H08Cr21Ni10Si	ER308	SUSY308
7	S308H	H08Cr21Ni10	—	SUSY308
8	S308	H06Cr21Ni10	ER308H	—
9	S308L	H03Cr21Ni10Si	ER308L	SUSY308L
10	S308L	H03Cr21Ni10	—	SUSY308L
11	S308Mo	H08Cr20Ni11Mo2	ER308Mo	—
12	S308LMo	H04Cr20Ni11Mo2	ER308LMo	—
13	S308Si	H08Cr21Ni10Si1	ER308Si	—
14	S308LSi	H03Cr21Ni10Si	ER308LSi	—
15	S309	H12Cr24Ni13Si	ER309	SUSY309
16	S309	H12Cr24Ni13	—	SUSY309
17	S309L	H03Cr24Ni13Si	ER309L	SUSY309L
18	S309L	H03Cr24Ni13		SUSY309L
19	S309Mo	H12Cr24Ni13Mo2	ER309Mo	SUSY309Mo
20	S309LMo	H03Cr24Ni13Mo2	ER309LMo	—
21	S309Si	H12Cr24Ni13Si1	ER309Si	—
22	S309LSi	H03Cr24Ni13Si1	ER309LSi	—
23	S310	H12Cr26Ni21Si	ER310	SUSY310
24	S310	H12Cr26Ni21	—	SUSY310
25	S310	H08Cr26Ni21		SUSY310S
26	S316	H08Cr19Ni12Mo2Si	ER316	SUSY316
27	S316	H08Cr19Ni12Mo2	—	SUSY316
28	S316H	H06Cr19Ni12Mo2	ER316H	—
29	S316L	H03Cr19Ni12Mo2Si	ER316L	SUSY316L
30	S316L	H03Cr19Ni12Mo2	—	SUSY316L
31	S316Si	H08Cr19Ni12Mo2Si1	ER316Si	—
32	S316LSi	H03Cr19Ni12Mo2Si1	ER316LSi	—
33	S317	H08Cr19Ni14Mo3	ER317	SUSY317
34	S317L	H03Cr19Ni14Mo3	ER317L	SUSY317L
35	S318	H08Cr19Ni12Mo2Nb	ER318	—
36	S320	H07Cr20Ni34Mo2Cu3Nb	ER320	—

（续）

序号	GB/T 29713—2013	YB/T 5092—2005	AWS A5.9—93	JIS
37	S320LR	H02Cr20Ni34Mo2Cu3Nb	ER320LR	—
38	S321	H08Cr19Ni10Ti	ER321	SUSY321
39	S330	H21Cr16Ni35	ER330	—
40	S347	H08Cr20Ni10Nb	ER347	SUSY347
41	S347Si	H08Cr20Ni10SiNb	ER347Si	—
42	S383L	H02Cr27Ni32Mo3Cu	ER383	—
43	S385L	H02Cr20Ni25Mo4Cu	ER385	—
44	S18-10H	H06Cr19Ni10TiNb	ER19-10H	—
45	S16-8-2	H10Cr16Ni8Mo2	ER16-8-2	—
46	S2209L	H03Cr22Ni8Mo3N	ER2209	—
47	S2553	H04Cr25Ni5Mo3Cu2N	ER2553	—
48	S312	H15Cr30Ni9	ER312	—
49	S410	H12Cr13	ER410	SUSY410
50	S410NiMo	H06Cr12Ni4Mo	ER410NiMo	—
51	S420	H31Cr13	ER420	—
52	S430	H10Cr17	ER430	SUSY430
53	S446LMo	H01Cr26Mo	ER446LMo	—
54	S409	H08Cr11Ti	ER409	—
55	S630	H05Cr17Ni4Cu4Nb	ER630	—

注：序号 1~45 为奥氏体型不锈钢、序号 46~48 为奥氏体-铁素体型不锈钢（双相钢）；序号 49~51 为马氏体型不锈钢；序号为 52~54. 为铁素体型不锈钢；序号 55 为沉淀硬化型不锈钢。

不锈钢焊丝及焊带型号示例如下：

示例 1

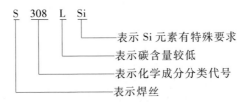

示例 2

六、实心焊丝牌号表示方法

实心焊丝的牌号都是以字母 H 开头，表示焊接用焊丝；H 后面的两位数字表示碳含量，单位是万分之一；接下来的化学符号以及后面的数字表示该元素大致含量的百分数值。合金元素质量分数小于或等于 1% 时，该元素化学符号后面的数字省略。在结构钢焊丝牌号尾部有 A、E 或 C 时，分别表示"优质品"，w_S、$w_P \leqslant 0.030\%$；"高级优质品"，w_S、$w_P \leqslant$

0.020%；"特级优质品"，w_S、$w_P \leqslant 0.015\%$。不锈钢焊丝没有此项要求。常用各类实心钢焊丝牌号见表5-17。

表 5-17　常用各类实心钢焊丝牌号

焊丝种类	焊丝牌号			
碳素钢焊丝	H08A	H08E	H08C	H08Mn
	H08MnA	H15A	H15Mn	—
合金钢焊丝	H10Mn2	H08MnSi	H10MnSiMo	H08MnMoA
	H08Mn2MoA	H08Mn2MoVA	—	—
铬钼钢焊丝	H08CrMoA	H13CrMoA	H08CrMoVA	H1Cr5Mo
不锈钢焊丝	H12Cr13	H10Cr17	H08Cr21Ni10	H03Cr21Ni10
	H08Cr19Ni12Mo2	H03Cr19Ni12Mo2	H08Cr20Ni10Nb	H03Cr19Ni14Mo3

1）焊丝牌号表示方法

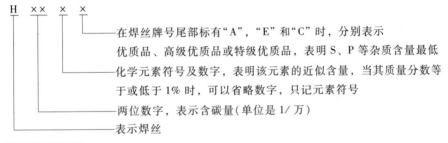

在焊丝牌号尾部标有"A"，"E"和"C"时，分别表示优质品、高级优质品或特级优质品，表明S、P等杂质含量最低

化学元素符号及数字，表明该元素的近似含量，当其质量分数等于或低于1%时，可以省略数字，只记元素符号

两位数字，表示含碳量（单位是1/万）

表示焊丝

2）焊丝牌号举例

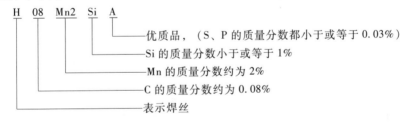

优质品，（S、P 的质量分数都小于或等于0.03%）

Si 的质量分数小于或等于1%

Mn 的质量分数约为2%

C 的质量分数约为0.08%

表示焊丝

第五节　药芯焊丝的型号与牌号

一、非合金钢及细晶粒钢药芯焊丝的型号

根据 GB/T 10045—2018 标准，焊丝型号按力学性能、使用性能、焊接位置、保护气体类型、焊后状态和熔敷金属化学成分等进行划分，仅适用于单道焊的焊丝，其型号划分中不包括焊后状态和熔敷金属化学成分。

1. 非合金钢及细晶粒钢药芯焊丝型号的表示方法

非合金钢及细晶粒钢药芯焊丝的型号由以下八部分组成：

1）第一部分：用字母 T 表示药芯焊丝。

2）第二部分：表示用于多道焊时焊态或焊后热处理条件下，熔敷金属的抗拉强度代号见表 5-18；或者表示用于单道焊时焊态条件下，焊接接头的抗拉强度代号，见表 5-19。

3）第三部分：表示冲击吸收能量（KV_2）不小于27J时的试验温度代号，见表5-20。仅适用于单道焊的焊丝无此代号。

4）第四部分：药芯焊丝表示使用特性代号，见表5-21。药芯焊丝使用特性说明见表5-22。

5）第五部分：表示焊接位置代号，见表5-23。

6）第六部分：表示保护气体类型代号，自保护的代号为 N，保护气体的代号按 ISO 14175 的规定，见表5-24。仅适用于单道焊的焊丝在该代号后添加字母 S。

7）第七部分：表示焊后状态代号，其中 A 表示焊态，P 表示焊后热处理状态，AP 表示焊态和焊后热处理两种状态均可。

8）第八部分：表示熔敷金属化学成分分类，见表5-25。除以上强制代号外，可在其后依次附加可选代号：

① 字母 U 表示在规定的试验温度下，冲击吸收能量（KV_2）应不小于47J。

② 扩散氢代号 HX，其中 X 可为数字 15、10 或 5，分别表示每 100g 熔敷金属中扩散氢含量的最大值（mL），见表5-26；

表 5-18　熔敷金属的抗拉强度代号

抗拉强度代号	抗拉强度 R_m/MPa	屈服强度[①] R_{eL}/MPa	断后伸长率 A（%）
43	430~600	≥330	≥20
49	490~670	≥390	≥18
55	550~740	≥460	≥17
57	570~770	≥490	≥17

① 当屈服发生不明显时，应测定规定塑性延伸强度 $R_{p0.2}$。

表 5-19　焊接接头的抗拉强度代号

抗拉强度代号	抗拉强度 R_m/MPa	抗拉强度代号	抗拉强度 R_m/MPa
43	≥430	55	≥550
49	≥490	57	≥570

表 5-20　冲击试验温度代号

冲击试验温度代号	冲击吸收能量（KV_2）不小于27J时的试验温度/℃
Z	①
Y	+20
0	0
2	-20
3	-30
4	-40
5	-50
6	-60
7	-70
8	-80
9	-90
10	-100

① 不要求冲击试验。

表 5-21　药芯焊丝使用特性代号

使用特性代号	保护气体	电流类型	熔滴过渡形式	药芯类型	焊接[①]位置	特性	焊接类型
T1	要求	直流反接	喷射过渡	金红石	0 或 1	飞溅少,平或微凸焊道,熔敷速度高	单道焊和多道焊
T2	要求	直流反接	喷射过渡	金红石	0	与 T1 相似,高锰和/或高硅提高性能	单道焊
T3	不要求	直流反接	粗滴过渡	不规定	0	焊接速度极高	单道焊
T4	不要求	直流反接	粗滴过渡	碱性	0	熔敷速度极高,优异的抗热裂性能,熔深小	单道焊和多道焊
T5	要求	直流反接或直流正接	粗滴过渡	氧化钙-[②]氟化物	0 或 1	微凸焊道,不能完全覆盖焊道的薄渣,与 T1 相比,冲击韧度好,有较好的抗冷裂和抗热裂性能	单道焊和多道焊
T6	不要求	直流反接	喷射过渡	不规定	0	冲击韧度好,焊缝根部熔透性好,深坡口中仍有优异的脱渣性能	单道焊和多道焊
T7	不要求	直流正接	细熔滴到喷射过渡	不规定	0 或 1	熔敷速度高,优异的抗热裂性	单道焊和多道焊
T8	不要求	直流正接	细熔滴到喷射过渡	不规定	0 或 1	良好的低温冲击韧度	单道焊和多道焊
T10	不要求	直流正接	细熔滴过渡	不规定	0	任何厚度上具有高熔敷速度	单道焊
T11	不要求	直流正接	喷射过渡	不规定	0 或 1	一些焊丝设计仅用于薄板焊接,制造商需要给出板厚限制	单道焊和多道焊
T12	要求	直流反接	喷射过渡	金红石	0 或 1	与 T1 相似,提高冲击韧度和低锰要求	单道焊和多道焊
T13	不要求	直流正接	短路过渡	不规定	0 或 1	用于有根部间隙焊道的焊接	单道焊
T14	不要求	直流正接	喷射过渡	不规定	0 或 1	可在涂层、镀层薄板上进行高速焊接	单道焊
T15	要求	直流反接	微细熔滴喷射过渡	金属粉型	0 或 1	药芯含有合金和铁粉,熔渣覆盖率低	单道焊和多道焊
TG	供需双方协定						

注：药芯焊丝的使用特性说明见表 5-22。

① 见表 5-23。

② 在直流正接下使用，可改善不利位置的焊接性，由制造商推荐电流类型。

表 5-22　药芯焊丝使用特性说明

使用特性代号	使用特性说明
T1	此类焊丝用于单道焊和多道焊,采用直流反接,较大直径焊丝(不小于 2.0mm)用于平焊位置和横焊位置角焊缝的焊接。较小直径焊丝(不大于 1.6mm)通常用于全位置焊接。此类焊丝的特点是喷射过渡,飞溅量少,焊道形状为平滑至微凸,熔渣量适中并可完全覆盖焊道,此类焊丝产生金红石类型熔渣,熔敷速度高
T2	此类焊丝与使用特性代号 T1 类焊丝相似,但含有高锰或高硅或高锰硅。主要用于平焊位置的单道焊和横焊位置的角焊缝焊接。在单道焊时有良好的力学性能。此类焊丝含有较高的脱氧剂,可以用于氧化严重的钢或沸腾钢的单道焊接。由于熔敷金属化学成分不能说明单道焊缝的化学成分,本标准对单道焊用焊丝的熔敷金属化学成分不做要求

（续）

使用特性代号	使用特性说明
T3	此类焊丝是自保护型,采用直流反接,熔滴过渡为粗滴过渡。渣系的设计使此类焊丝具有很高的焊接速度,适用于板材平焊、横焊和向下立焊(最多倾斜 20°)位置的单道焊。因为此类焊丝对母材硬化影响很敏感,通常不推荐用于下列情况: ①母材厚度超过 5mm 的 T 形接头或搭接接头 ②母材厚度超过 6mm 的对接接头、端接接头或角接接头 焊丝制造商应给出明确的推荐
T4	此类焊丝是自保护型,采用直流反接,熔滴过渡为粗滴过渡。碱性渣系的设计使此类焊丝具有很高的熔敷速度,焊缝硫含量非常低,抗热裂性能好。此类焊丝焊缝熔深小,一般用于不同间隙接头的焊接,可以单道焊或多道焊
T5	此类焊丝主要用于平焊位置的单道焊和多道焊,以及横焊位置的角焊缝焊接,由制造商推荐选择直流反接或直流正接。采用直流正接,可以用于全位置焊接。此类焊丝的特点是粗滴过渡,微凸焊道形状,焊接熔渣为不能完全覆盖焊道的薄渣。此类焊丝为氧化钙-氟化物渣系,与金红石渣系的焊丝相比,熔敷金属具有更为优异的冲击韧度、抗热裂性和抗冷裂性能。但焊接工艺性能不如金红石渣系的焊丝
T6	此类焊丝是自保护型,采用直流反接,熔滴过渡为喷射过渡。渣系设计使此类焊丝熔敷金属具有优异的低温冲击韧度,焊道根部良好的熔透性和深坡口中的易脱渣性。此类焊丝可在平焊和横焊位置进行单道焊和多道焊
T7	此类焊丝是自保护型,采用直流正接,熔滴过渡由细熔滴过渡到喷射过渡。渣系的设计可允许大直径焊丝以高熔敷速度用于横焊和平焊位置的焊接,允许小直径焊丝用于全位置焊接。此类焊丝用于单道焊和多道焊,焊缝金属的硫含量非常低,抗热裂性能好
T8	此类焊丝是自保护型,采用直流正接,熔滴过渡由细熔滴过渡到喷射过渡。此类焊丝适用于全位置焊接。用于单道焊和多道焊,熔敷金属具有非常好的低温冲击韧度和抗热裂性能
T9	此类焊丝是自保护型,采用直流正接,熔滴过渡为细熔滴过渡。焊丝用于任何厚度材料的平焊、横焊和立焊(最多倾斜 20°)位置的高速单道焊接
T10	此类焊丝是自保护型,采用直流正接,具有平稳的喷射过渡,一般用于全位置的单道焊和多道焊。一些焊丝设计仅用于薄板焊接,制造商需要给出板厚限制
T11	此类焊丝的熔滴过渡、焊接性能和熔敷速度与 T1 类型相似,降低了熔敷金属的锰含量要求(锰的质量分数不大于 1.60%),抗拉强度和硬度相应降低。因为焊接工艺会影响熔敷金属的性能,要求使用者在任何有最高硬度值要求的应用中进行硬度试验
T12	此类焊丝是自保护型,采用直流正接,通常以短路过渡焊接,渣系的设计使此类焊丝用于管道环形焊缝根部焊道的全位置焊接,可用于各种壁厚的管道,但只推荐用于第一道焊,一般不推荐用于多道焊
T13	此类焊丝是自保护型,采用直流正接,熔滴过渡为平稳的喷射过渡。通常用于单道焊,渣系的设计使此类焊丝适用于全位置焊接,并具有很高的焊接速度,用于厚度不超过 4.8mm 的板材焊接,常用于镀锌、镀铝或其他涂层钢,通常不推荐用于下列情况: ①母材厚度超过 5mm 的 T 形接头或搭接接头 ②母材厚度超过 6mm 的对接接头、端接接头或角接接头 ③焊丝制造商应给出明确的推荐
T14	焊丝的芯部成分包含金属合金和铁粉以及其他的电弧增强剂,使焊丝具有高熔敷速度和良好的抗未熔合性能。其特点是微细熔滴喷射过渡,熔渣覆盖率低。此类焊丝主要用于 Ar/CO_2 混合气体的平焊和平角焊位置焊接。但是,在其他位置的焊接也可能出现短路过渡或脉冲电弧形式的过渡,某些操作更适于采用直流正接
T15	此类焊丝设定为以上确定类型之外的使用特性。使用要求不做规定,由供需双方协商

表 5-23　焊接位置代号

焊接位置代号	焊接位置[①]
0	PA、PB
1	PA、PB、PC、PD、PE、PF 和/或 PG

① 焊接位置见 GB/T 16672，其中 PA—平焊；PB—平角焊；PC—横焊；PD—仰角焊；PE—仰焊；PF—向上立焊；PG—向下立焊。

表 5-24　保护气体类型代号

保护气体[①]类型代号		保护气体组成(体积分数,%)					
主组分	副组分	氧化性		惰　性		还原性	低活性
		CO_2	O_2	Ar	He	H_2	N_2
1	1	—	—	100	—	—	—
	2	—	—	—	100	—	—
	3	—	—	余量	$0.5 \leqslant He \leqslant 95$	—	—
M1	1	$0.5 \leqslant CO_2 \leqslant 5$	—	余量	—	$0.5 \leqslant H_2 \leqslant 5$	—
	2	$0.5 \leqslant CO_2 \leqslant 5$	—	余量	—	—	—
	3	—	$0.5 \leqslant O_2 \leqslant 3$	余量	—	—	—
	4	$0.5 \leqslant CO_2 \leqslant 5$	$0.5 \leqslant O_2 \leqslant 3$	余量	—	—	—
M2	0	$5 < CO_2 \leqslant 15$	—	余量	—	—	—
	1	$15 < CO_2 \leqslant 25$	—	余量	—	—	—
	2	—	$3 < O_2 \leqslant 10$	余量	—	—	—
	3	$0.5 \leqslant CO_2 \leqslant 5$	$3 < O_2 \leqslant 10$	余量	—	—	—
	4	$5 < CO_2 \leqslant 15$	$0.5 \leqslant O_2 \leqslant 3$	余量	—	—	—
	5	$5 < CO_2 \leqslant 15$	$3 < O_2 \leqslant 10$	余量	—	—	—
	6	$15 < CO_2 \leqslant 25$	$0.5 \leqslant O_2 \leqslant 3$	余量	—	—	—
	7	$15 < CO_2 \leqslant 25$	$3 < O_2 \leqslant 10$	余量	—	—	—
M3	1	$25 \leqslant CO_2 \leqslant 50$	—	余量	—	—	—
	2	—	$10 < O_2 \leqslant 15$	余量	—	—	—
	3	$25 < CO_2 \leqslant 50$	$2 < O_2 \leqslant 10$	余量	—	—	—
	4	$5 < CO_2 \leqslant 25$	$10 < O_2 \leqslant 15$	余量	—	—	—
	5	$25 < CO_2 \leqslant 50$	$10 < O_2 \leqslant 15$	余量	—	—	—
C	1	100	—	—	—	—	—
	2	余量	$0.5 \leqslant O_2 \leqslant 30$	—	—	—	—
R	1	—	—	余量	—	$0.5 \leqslant H_2 \leqslant 15$	—
	2	—	—	余量	—	$15 \leqslant H_2 \leqslant 50$	—

（续）

保护气体① 类型代号		保护气体组成（体积分数，%）					
主组分	副组分	氧化性		惰 性		还原性	低活性
		CO_2	O_2	Ar	He	H_2	N_2
N	1	—	—	—	—	—	100
	2	—	—	余量	—	—	$0.5 \leqslant N_2 \leqslant 5$
	3	—	—	余量	—	—	$5 < N_2 \leqslant 50$
	4	—	—	余量	—	$0.5 \leqslant H_2 \leqslant 10$	$0.5 \leqslant N_2 \leqslant 5$
	5	—	—	—	—	$0.5 \leqslant H_2 \leqslant 50$	余量
O	1	—	100	—	—	—	—
Z②	表中未列出的保护气体类型或保护气体组成						

① 以分类为目的，氩气可部分或全部由氦气代替。

② 同为Z的两种保护气体类型代号之间不可替换。

表 5-25　熔敷金属化学成分分类

化学成 分分类	化学成分（质量分数，%）①										
	C	Mn	Si	P	S	Ni	Cr	Mo	V	Cu	Al②
无标记	0.18③	2.00	0.90	0.030	0.030	0.50④	0.20④	0.30④	0.08④	—	2.0
K	0.20	1.60	1.00	0.030	0.030	0.50④	0.20④	0.30④	0.08④	—	—
2M3	0.12	1.50	0.80	0.030	0.030	—	—	0.40~0.65	—	—	1.8
3M2	0.15	1.25~2.00	0.80	0.030	0.030	—	—	0.25~0.55	—	—	1.8
N1	0.12	1.75	0.80	0.030	0.030	0.30~1.00	—	0.35	—	—	1.8
N2	0.12	1.75	0.80	0.030	0.030	0.80~1.20	—	0.35	—	—	1.8
N3	0.12	1.75	0.80	0.030	0.030	1.00~2.00	—	0.35	—	—	1.8
N5	0.12	1.75	0.80	0.030	0.030	1.75~2.75	—	—	—	—	1.8
N7	0.12	1.75	0.80	0.030	0.030	2.75~3.75	—	—	—	—	1.8
CC	0.12	0.60~1.40	0.20~0.80	0.030	0.030	—	0.30~0.60	—	—	0.20~0.50	1.8
NCC	0.12	0.60~1.40	0.20~0.80	0.030	0.030	0.10~0.45	0.45~0.75	—	—	0.30~0.75	1.8

（续）

化学成分分类	化学成分（质量分数,%）①										
	C	Mn	Si	P	S	Ni	Cr	Mo	V	Cu	Al②
NCC1	0.12	0.50~1.30	0.20~0.80	0.030	0.030	0.30~0.80	0.45~0.75	—	—	0.30~0.75	1.8
NCC2	0.12	0.80~1.60	0.20~0.80	0.030	0.030	0.30~0.80	0.10~0.40	—	—	0.20~0.50	1.8
NCC3	0.12	0.80~1.60	0.20~0.80	0.030	0.030	0.30~0.80	0.45~0.75	—	—	0.20~0.50	1.8
N1M2	0.15	2.00	0.80	0.030	0.030	0.40~1.00	0.20	0.20~0.65	0.05	—	1.8
N2M2	0.15	2.00	0.80	0.030	0.030	0.80~1.20	0.20	0.20~0.65	0.05	—	1.8
N3M2	0.15	2.00	0.80	0.030	0.030	1.00~2.00	0.20	0.20~0.65	0.05	—	1.8
GX⑤	其他协定成分										

注：表中单值均为最大值
① 如有意添加 B 元素，应进行分析。
② 只适用于自保护焊丝。
③ 对于自保护焊丝，$w_C \leqslant 0.30\%$。
④ 这些元素如果是有意添加的，应进行分析。
⑤ 表中未列出的分类可用相类似的分类表示，用词头加字母 G，化学成分范围不进行规定，两种分类之间不可替换。

表 5-26　熔敷金属扩散氢含量

扩散氢代号	扩散氢含量 mL/100g
H5	≤5
H10	≤10
H15	≤15

2. 非合金钢及细晶粒钢药芯焊丝型号示例
（1）示例 1

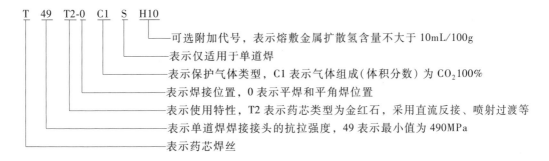

（2）示例 2

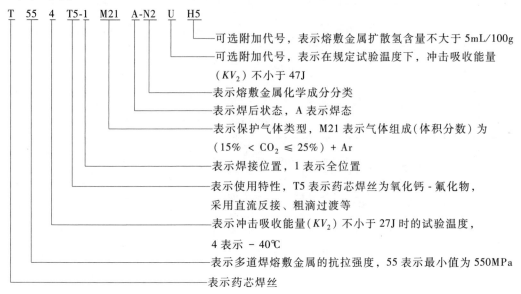

T 55 4 T5-1 M21 A-N2 U H5

可选附加代号，表示熔敷金属扩散氢含量不大于 5mL/100g

可选附加代号，表示在规定试验温度下，冲击吸收能量（KV_2）不小于 47J

表示熔敷金属化学成分分类

表示焊后状态，A 表示焊态

表示保护气体类型，M21 表示气体组成（体积分数）为（15% < CO_2 ≤ 25%）+ Ar

表示焊接位置，1 表示全位置

表示使用特性，T5 表示药芯焊丝为氧化钙 - 氟化物，采用直流反接、粗滴过渡等

表示冲击吸收能量（KV_2）不小于 27J 时的试验温度，4 表示 - 40℃

表示多道焊熔敷金属的抗拉强度，55 表示最小值为 550MPa

表示药芯焊丝

（3）示例 3

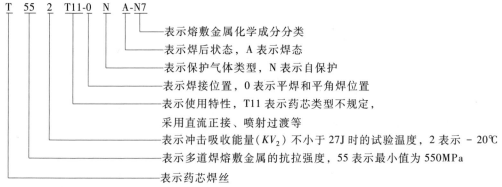

T 55 2 T11-0 N A-N7

表示熔敷金属化学成分分类

表示焊后状态，A 表示焊态

表示保护气体类型，N 表示自保护

表示焊接位置，0 表示平焊和平角焊位置

表示使用特性，T11 表示药芯类型不规定，采用直流正接、喷射过渡等

表示冲击吸收能量（KV_2）不小于 27J 时的试验温度，2 表示 - 20℃

表示多道焊熔敷金属的抗拉强度，55 表示最小值为 550MPa

表示药芯焊丝

3. 非合金钢及细晶粒钢药芯焊丝的型号对照

药芯焊丝型号对照见表 5-27。

表 5-27　药芯焊丝型号对照

序号	GB/T 10045—2018	ISO 17632:2015（B 系列）	ANSI/AWS A5.36/A5.36M:2016	GB/T 10045—2001	GB/T 17493—2008
1	T492T1-XC1A	T492T1-XC1A	E49XT1-C1A2-CS1	E50XT-1	—
2	T492T1-XM21A	T492T1-XM21A	E49XT1-M21A2-CS1	E50XT-1M	—
3	T49T2-XC1S	T49T2-XC1S	E49XT1S-C1	E50XT-2	—
4	T49T2-XM21S	T49T2-XM21S	E49XT1S-M21	E50XT-2M	—
5	T49T3-XNS	T49T3-XNS	E49XT3S	E50XT-3	—
6	T49ZT4-XNA	T49ZT4-XNA	E49XT4-AZ-CS3	E50XT-4	—
7	T493T5-XC1A	T493T5-XC1A	E49XT5-C1A3-CS1	E50XT-5	—
8	T493T5-XM21A	T493T5-XM21A	E49XT5-M21A3-CS1	E50XT-5M	—
9	T493T6-XNA	T493T6-XNA	E49XT6-A3-CS3	E50XT-6	—

（续）

序号	GB/T 10045—2018	ISO 17632:2015 （B 系列）	ANSI/AWS A5.36/ A5.36M:2016	GB/T 10045— 2001	GB/T 17493— 2008
10	T49ZT7-XNA	T49ZT7-XNA	E49XT7-AZ-CS3	E50XT-7	—
11	T493T8-XNA	T493T8-NA	E49XT8-A3-CS3	E50XT-8	—
12	T494T8-XNA	T494T8-XNA	E49XT8-A4-CS3	E50XT-8L	—
13	T493T1-XCLA	T493T1-XC1A	E49XT1-C1A3-CS1	E50XT-9	—
14	T493T1-XM21A	T493T1-XM21A	E49XT1-X21A3-CS1	E50XT-9M	—
15	T49T10-XNS	T49T10-XNS	E49XT10S	E50XT-10	—
16	T49ZT11-XNA	T49ZT11-XNA	E49ZT11-AZ-CS3	E50XT-11	—
17	T493T12-XC1A-K	T493T12-XC1A-K	E49XT1--C1A3-CS2	E50XT-12	—
18	T493T12-XM21A-K	T493T12-XM21A-K	E49XT1-M21A3-CS2	E50XT-12M	—
19	T494T12-XM21A-K	T494T12-XM21A-K	E49XT1-M21A4-CS2	E50XT-12ML	—
20	T43T13-XNS	T43T13-XNS	—	E43XT-13	—
21	T49T13-XNS	T49T13-XNS	—	E50XT-13	—
22	T49T14-XNS	T49T14-XNS	E49XT14S	E50XT-14	—
23	T43ZTG-XNA	T43ZTG-XNA	E43XTG-AZ-CS1	E43XT-G	—
24	T49ZTG-XNA	T49ZTG-XNA	E49XTG-AZ-CS1	E50XT-G	—
25	T43TG-XNS	T43TG-XNS	E43XTG	E43XT-GS	—
26	T49TG-XNS	T49TG-XNS	E50XTG	E50XT-GS	—
27	T493T5-XC1P-2M3	T493T5-XC1P-2M3	E49XT5-C1P3-A1	—	E49XT5-A1C
28	T493T5-XM21P-2M3	T493T5-XM21P-2M3	E49XT5-XM21P3-A1	—	E49XT5-A1M
29	T55ZT1-XC1P-2M3	T55ZT1-XC1P-2M3	E55XT1-C1PZ-A1	—	E55XT1-A1C
30	T55ZT1-XM21P-2M3	T55ZT1-XM21P-2M3	E55XT1-M21PZ-A1	—	E55XT1-A1M
31	T433T1-XC1A-N2	T433T1-XC1A-N2	E43XT1-C1A3-Ni1	—	E43XT1-Ni1C
32	T433T1-XM21A-N2	T433T1-XM21A-N2	E43XT1-M21A3-Ni1	—	E43XT1-Ni1M
33	T493T1- XC1A-N2	T493T1- XC1A-N2	—	—	E49XT1-Ni1C
34	T493T1-XM21A-N2	T493T1-XM21A-N2	—	—	E49XT1-Ni1M
35	T493T6-XNA-N2	T493T6-XNA-N2	E49XT6-A3-Ni1	—	E49XT6-Ni1
36	T493T8-XNA-N2	T493T8-XNA-N2	E49XT8-A3-Ni1	—	E49XT8-Ni1
37	T553T1-XC1A-N2	T553T1-XC1A-N2	E55XT1-C1A3-Ni1	—	E55XT1-Ni1C
38	T553T1-XM21A-N2	T553T1-XM21A-N2	E55XT1-M21A3-Ni1	—	E55XT1-Ni1M
39	T554T1-XM21A-N2	T554T1-XM21A-N2	E55XT1-M21A4-Ni1	—	E55XT1-Ni1M-J
40	T555T5-XC1P-N2	T555T5-XC1P-N2	E55XT5-C1P5-Ni1	—	E55XT5-Ni1C
41	T555T5-XM21P-N2	T555T5-XM21P-N2	E55XT5-M21P5-Ni1	—	E55XT5-Ni1M
42	T493T8-XNA-N5	T493T8-XNA-N5	E49XT8-A3-Ni2	—	E49XT8-Ni2
43	T553T8-XNA-N5	T553T8-XNA-N5	E55XT8-A3-Ni2	—	E55XT8-Ni2
44	T554T1-XC1A-N5	T554T1-XC1A-N5	E55XT1-C1A4-Ni2	—	E55XT1-Ni2C
45	T554T1-XM21A-N5	T554T1-XM21A-N5	E55XT1-M21A4-Ni2	—	E55XT1-Ni2M

（续）

序号	GB/T 10045—2018	ISO 17632:2015（B 系列）	ANSI/AWS A5.36/A5.36M:2016	GB/T 10045—2001	GB/T 17493—2008
46	T556T5-XC1P-N5	T556T5-XC1P-N5	E55XT5-C1P6-Ni2	—	E55XT5-Ni2C
47	T556T5-XM21P-N5	T556T5-XM21P-N5	E55XT5-M21P6-Ni2	—	E55XT5-Ni2M
48	T557T5-XC1P-N7	T557T5-XC1P-N7	E55XT5-C1P7-Ni3	—	E55XT5-Ni3C
49	T557T5-XM21P-N7	T557T5-XM21P-N7	E55XT5-M21P7-Ni3	—	E55XT5-Ni3M
50	T552T11-XNA-N7	T552T11-XNA-N7	E55XT11-A2-Ni3	—	E55XT11-Ni3
51	T554T5-XC1A-N2M2	T554T5-XC1A-N2M2	E55XT5-C1A4-K1	—	E55XT5-K1C
52	T554T5-XM21A-N2M2	T554T5-XM21A-N2M2	E55XT5-M21A4-K1	—	E55XT5-K1M
53	T492T4-XNA-N3	T492T4-XNA-N3	E49XT4-A2-K2	—	E49XT4-K2
54	T493T7-XNA-N3	T493T7-XNA-N3	E49XT7-A3-K2	—	E49XT7-K2
55	T493T8-XNA-N3	T493T8-XNA-N3	E49XT8-A3-K2	—	E49XT8-K2
56	T490T11-XNA-N3	T490T11-XNA-N3	E49XT11-A0-K2	—	E49XT11-K2
57	T553T1-XC1A-N3	T553T1-XC1A-N3	E55XT1-C1A3-K2	—	E55XT1-K2C
58	T553T1-XM21A-N3	T553T1-XM21A-N3	E55XT1-M21A3-K2	—	E55XT1-K2M
59	T553T5-XC1A-N3	T553T5-XC1A-N3	E55XT5-C1A3-K2	—	E55XT5-K2C
60	T553T5-XM21A-N3	T553T5-XM21A-N3	E55XT5-M21A3-K2	—	E55XT5-K2M
61	T553T8-XNA-N3	T553T8-XNA-N3	—	—	E55XT8-K2
62	T496T5-XC1A-N1	T496T5-XC1A-N1	E49XT5-C1A6-K6	—	E49XT5-K6C
63	T496T5-XM21A-N1	T496T5-XM21A-N1	E49XT5-M21A6-K6	—	E49XT5-K6M
64	T433T8-XNA-N1	T433T8-XNA-N1	E43XT8-A3-K6	—	E43XT8-K6
65	T493T8-XNA-N1	T493T8-XNA-N1	E49XT8-A3-K6	—	E49XT8-K6
66	T553T1-XC1A-NCC1	T553T1-XC1A-NCC1	E55XT1-C1A3-W2	—	E55XT1-W2C
67	T553T1-XM21A-NCC1	T553T1-XM21A-NCC1	E55XT1-M21A3-W2	—	E55XT1-W2M
68	T55XT15-XXA-N2	T55XT15-XXA-N2	—	—	E55C-Ni1
69	T496T15-XM13P-N5	T496T15-XM13P-N5	E49XT15-M13P6-Ni2	—	E49C-Ni2
70	T496T15-XM22P-N5	T496T15-XM22P-N5	E49XT15-M22P6-Ni2	—	E49C-Ni2
71	T556T15-XM13P-N5	T556T15-XM13P-N5	E55XT15-M13P6-Ni2	—	E55C-Ni2
72	T556T15-XM22P-N5	T556T15-XM22P-N5	E55XT15-M22P6-Ni2	—	E55C-Ni2
73	T55XT15-XXP-N7	T55XT15-XXP-N7	—	—	E55C-Ni3
74	T553T15-XM20A-NCC1	T553T15-XM20A-NCC1	E55XT15-M20A3-W2	—	E55C-W2
75	TXXXTX-XXX-3M2	TXXXTX-XXX-3M2	—	—	—
76	TXXXTX-XXX-CC	TXXXTX-XXX-CC	—	—	—
77	TXXXTX-XXX-NCC	TXXXTX-XXX-NCC	—	—	—
78	T494T1-XXX-NCC2	—	—	—	—
79	T494T1-XXX-NCC3	—	—	—	—
80	TXXXTX-XXX-N1M2	TXXXTX-XXX-N1M2	—	—	—
81	TXXXTX-XXX-N3M2	TXXXTX-XXX-N3M2	—	—	—

4. 药芯焊丝的使用

非合金钢及细晶粒钢药芯焊丝推荐的焊接热输入、道数和层数见表 5-28；预热温度和道间温度见表 5-29。

表 5-28　药芯焊丝推荐的焊接热输入、道数和层数

焊丝直径 /mm	平均热输入 /(kJ/mm)	每层道数		层　数
		第一层	其他层①	
≤0.8, 0.9	0.8~1.6	1 或 2	2 或 3	6~9
1.0, 1.2	1.0~2.0	1 或 2	2 或 3	6~9
1.4, 1.6	1.0~2.2	1 或 2	2 或 3	5~8
2.0	1.4~2.6	1 或 2	2 或 3	5~8
2.4	1.6~2.6	1 或 2	2 或 3	4~8
2.8	2.0~2.8	1 或 2	2 或 3	4~7
3.2	2.2~3.0	1 或 2	2	4~7
4.0	2.6~3.3	1	2	4~7

① 最后一层可由 4 道完成。

表 5-29　预热温度和道间温度

化学成分分类	预热温度/℃	道间温度/℃
无标记；K	室温	150±15
2M3，3M2，N1，N2，N3，N5，N7，CC，NCC，NCC1，NCC2，NCC3，N1M2，N2M2，N3M2	≥100	
GX	供需双方协定	

二、热强钢药芯焊丝的型号

1. 热强钢药芯焊丝的型号表示方法（根据 GB/T 17493—2018 标准）

焊丝型号按熔敷金属力学性能、使用特性、焊接位置、保护气体类型和熔敷金属化学成分等进行划分，焊丝型号由如下六部分组成：

1）第一部分：用字母 T 表示药芯焊丝。

2）第二部分：表示熔敷金属的抗拉强度代号，见表 5-30。

3）第三部分：表示使用特性代号，见表 5-31；药芯焊丝使用特性说明见表 5-32。

4）第四部分：表示焊接位置代号，见表 5-23。

5）第五部分：表示保护气体类型代号，见表 5-24。

6）第六部分：表示熔敷金属化学成分分类，见表 5-33。

表 5-30　熔敷金属的抗拉强度代号

抗拉强度代号	抗拉强度 R_m/MPa
49	490~660
55	550~690
62	620~760
69	690~830

表 5-31　热强钢药芯焊丝使用特性代号

使用特性代号	保护气体	电流类型	熔滴过渡形式	药芯类型	焊接位置	特性
T1	要求	直流反接	喷射过渡	金红石	0 或 1	飞溅小,平或微凸焊道,熔敷速度高
T5	要求	直流反接或直流正接	粗滴过渡	氧化钙-氟化物	0 或 1	微凸焊道,不能完全覆盖焊道的薄渣,与 T1 相比,冲击韧度好,有较好的抗冷裂和抗热裂性能
T15	要求	直流反接	微细熔滴喷射过渡	金属粉型	0 或 1	药芯含有合金和铁粉,熔渣覆盖率低
TG	供需双方协定					

表 5-32　热强钢药芯焊丝使用特性说明

使用特性代号	使用特性说明
T1	此类焊丝用于单道焊和多道焊,采用直流反接,较大直径(不小于 2.0mm)焊丝用于平焊位置和横焊位置角焊缝的焊接。较小直径(不大于 1.6mm)焊丝通常用于全位置的焊接。此类焊丝的特点是喷射过渡,飞溅量最小,焊道形状为平滑至微凸,熔渣量适中并可完全覆盖焊道。此类焊丝产生金红石类型熔渣,熔敷速度高
T5	此类焊丝主要用于平焊位置的单道焊和多道焊以及横焊位置的角焊缝焊接,由制造商推荐选择直流反接或直流正接。采用直流正接,可用于全位置焊接。此类焊丝的特点是粗滴过渡,微凸焊道形状,焊接熔渣为不能完全覆盖焊道的薄渣,此类焊丝为氧化物-氟化物渣系,与金红石渣系的焊丝相比,熔敷金属具有更为优异的冲击韧度、抗热裂和抗冷裂性能。但焊接工艺性能不如金红石渣系的焊丝
T15	此类焊丝的芯部成分包含金属合金和铁粉以及其他的电弧增强剂,使焊丝具有高熔敷速度和良好的抗未熔合性能。其特点是微细熔滴喷射过渡,熔渣覆盖率低。此类焊丝主要用于 Ar/CO_2 混合保护气体的平焊和平角焊位置焊接。但是,在其他位置的焊接也可能出现短路过渡或脉冲电弧形式的过渡。某些操作更适于采用直流正接
TG	此类焊丝设定为以上确定类型之外的使用特性,使用要求不作规定,由供需双方协商

表 5-33　熔敷金属化学成分分类

化学成分分类	化学成分(质量分数,%)[①]								
	C	Mn	Si	P	S	Ni	Cr	Mo	V
2M3	0.12	1.25	0.80	0.030	0.030	—		0.40~0.65	—
CM	0.05~0.12	1.25	0.80	0.030	0.030	—	0.40~0.65	0.40~0.65	—
CML	0.05	1.25	0.80	0.030	0.030	—	0.40~0.65	0.40~0.65	—
1CM	0.05~0.12	1.25	0.80	0.030	0.030	—	1.00~1.50	0.40~0.65	—
1CML	0.05	1.25	0.80	0.030	0.030	—	1.00~1.50	0.40~0.65	—
1CMH	0.10~0.15	1.25	0.80	0.030	0.030	—	1.00~1.50	0.40~0.65	—
2C1M	0.05~0.12	1.25	0.80	0.030	0.030	—	2.00~2.50	0.90~1.20	—
2C1ML	0.05	1.25	0.80	0.030	0.030	—	2.00~2.50	0.90~1.20	—
2C1MH	0.10~0.15	1.25	0.80	0.030	0.030	—	2.00~2.50	0.90~1.20	—
5CM	0.05~0.12	1.25	1.00	0.025	0.030	0.40	4.00~6.0	0.45~0.65	—
5CML	0.05	1.25	1.00	0.025	0.030	0.40	4.00~6.0	0.45~0.65	—

（续）

化学成分分类	化学成分(质量分数,%)①								
	C	Mn	Si	P	S	Ni	Cr	Mo	V
9C1M②	0.05~0.12	1.25	1.00	0.040	0.030	0.40	8.0~10.5	0.85~1.20	—
9C1ML②	0.05	1.25	1.00	0.040	0.030	0.40	8.0~10.5	0.85~1.20	—
9C1MV③	0.08~0.13	1.20	0.50	0.020	0.015	0.80	8.0~10.5	0.85~1.20	0.15~0.30
9C1MV1④	0.05~0.12	1.25~2.00	0.50	0.020	0.015	1.00	8.0~10.5	0.85~1.20	0.15~0.30
GX⑤	其他协定成分								

注：表中单值均为最大值。

① 化学成分应按表中规定的元素进行分析。如在分析过程中发现其他元素，这些元素的总质量分数（除铁外）不应超过 0.50%。

② $w_{Cu} \leq 0.50\%$。

③ w_{Nb}：0.02%~0.10% w_N：0.02%~0.07%，w_{Cu}：≤0.25%，$w_{Al} \leq 0.04\%$，$w_{(Mn+Ni)} \leq 1.40\%$。

④ w_{Nb}：0.01%~0.08%，w_N：0.02%~0.07%，$w_{Cu} \leq 0.25\%$，$w_{Al} \leq 0.04\%$。

⑤ 表中未列出的分类可用相类似的分类表示，词头加字母 G。化学成分范围不进行规定，两种分类之间不可替代。

熔敷金属扩散氢含量应符合表 5-26 的规定。使用条件对扩散氢的影响：保护气体中 CO_2 含量高于 Ar 含量，一般前者的焊缝金属氢含量更低。随着焊丝伸出长度的增加和/或电弧电压的增加和/或焊丝送进速度（电流）的降低，氢含量减少。需要注意的是，随着焊丝伸出长度和/或电弧电压和/或焊丝送进速度（电流）的调整，不可以超出制造商的推荐范围。

2. 热强钢药芯焊丝型号示例

（1）示例 1

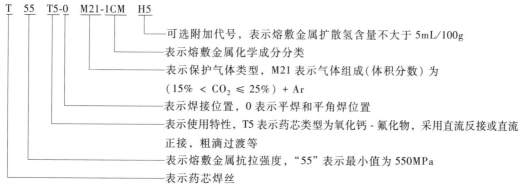

T 55 T5-0 M21-1CM H5

可选附加代号，表示熔敷金属扩散氢含量不大于 5mL/100g
表示熔敷金属化学成分分类
表示保护气体类型，M21 表示气体组成（体积分数）为
（15% < CO_2 ≤ 25%）+ Ar
表示焊接位置，0 表示平焊和平角焊位置
表示使用特性，T5 表示药芯类型为氧化钙 - 氟化物，采用直流反接或直流正接，粗滴过渡等
表示熔敷金属抗拉强度，"55" 表示最小值为 550MPa
表示药芯焊丝

（2）示例 2

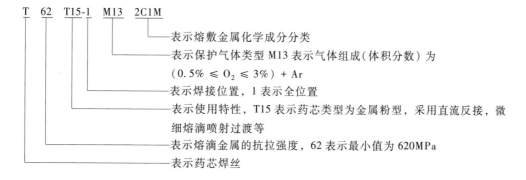

T 62 T15-1 M13 2C1M

表示熔敷金属化学成分分类
表示保护气体类型 M13 表示气体组成（体积分数）为
（0.5% ≤ O_2 ≤ 3%）+ Ar
表示焊接位置，1 表示全位置
表示使用特性，T15 表示药芯类型为金属粉型，采用直流反接，微细熔滴喷射过渡等
表示熔滴金属的抗拉强度，62 表示最小值为 620MPa
表示药芯焊丝

3. 热强钢药芯焊丝型号对照

药芯焊丝型号对照见表5-34。

表 5-34　药芯焊丝型号对照

序号	GB/T 17493—2018	ISO 17634:2015（B 系列）	ANSI/AWS A5.36/A5.36 M:2016	GB/T 17493—2008
1	T49T5-XC1-2M3	T49T5-XC1-2M3	—	E49XT5-A1C
2	T49T5-XM21-2M3	T49T5-XM21-2M3	—	E49XT5-A1M
3	T55T1-XC1-2M3	T55T1-XC1-2M3	E55XT1-C1PZ-A1	E55XT1-A1C
4	T55T1-XM21-2M3	T55T1-XM21-2M3	E55XT1-M21PZ-A1	E55XT1-A1M
5	T55T1-XC1-CM	T55T1-XC1-CM	E55XT1-C1PZ-B1	E55XT1-B1C
6	T55T1-XM21-CM	T55T1-XM21-CM	E55XT1-M21PZ-B1	E55XT1-B1M
7	T55T1-XC1-CML	T55T1-XC1-CML	E55XT1-C1PZ-B1L	E55XT1-B1LC
8	T55T1-XM21-CML	T55T1-XM21-CML	E55XT1-M21PZ-B1L	E55XT1-B1LM
9	T55T1-XC1-1CM	T55T1-XC1-1CM	E55XT1-C1PZ-B2	E55XT1-B2C
10	T55T1-XM21-1CM	T55T1-XM21-1CM	E55XT1-M21PZ-B2	E55XT1-B2M
11	T55T5-XC1-1CM	T55T5-XC1-1CM	E55XT5-C1PZ-B2	E55XT5-B2C
12	T55T5-XM21-1CM	T55T5-XM21-1CM	E55XT5-M21PZ-B2	E55XT5-B2M
13	T55T15-XM13-1CM	T55T15-XM13-1CM	E55XT15-M13PZ-B2	E55C-B2
14	T55T15-XM22-1CM	T55T15-XM22-1CM	E55XT15-M22PZ-B2	E55C-B2
15	T55T1-XC1-1CML	T55T1-XC1-1CML	E55XT1-C1PZ-B2L	E55XT1-B2LC
16	T55T1-XM21-1CML	T55T1-XM21-1CML	E55XT1-M21PZ-B2L	E55XT1-B2LM
17	T55T5-XC1-1CML	T55T5-XC1-1CML	E55XT5-C1PZ-B2L	E55XT5-B2LC
18	T55T5-XM21-1CML	T55T5-XM21-1CML	E55XT5-M21PZ-B2L	E55XT5-B2LM
19	T49T15-XM13-1CML	—	E49XT15-M13PZ-B2L	E49C-B2L
20	T49T15-XM22-1CML	—	E49XT15-M22PZ-B2L	E49C-B2L
21	T55T1-XC1-1CMH	T55T1-XC1-1CMH	E55XT1-C1PZ-B2H	E55XT1-B2HC
22	T55T1-XM21-1CMH	T55T1-XM21-1CMH	E55XT1-M21PZ-B2H	E55XT1-B2HM
23	T62T1-XC1-2C1M	T62T1-XC1-2C1M	E62XT1-C1PZ-B3	E62XT1-B3C
24	T62T1-XM21-2C1M	T62T1-XM21-2C1M	E62XT1-M21PZ-B3	E62XT1-B3M
25	T62T5-XC1-2C1M	T62T5-XC1-2C1M	E62XT5-C1PZ-B3	E62XT5-B3C
26	T62T5-XM21-2C1M	T62T5-XM21-2C1M	E62XT5-M21PZ-B3	E62XT5-B3M
27	T62T15-XM13-2C1M	T62T15-XM13-2C1M	E62XT15-M13PZ-B3	E62C-B3
28	T62T15-XM22-2C1M	T62T15-XM22-2C1M	E62XT15-M22PZ-B3	E62C-B3
29	T69T1-XC1-2C1M	T69T1-XC1-2C1M	E69XT1-C1PZ-B3	E69XT1-B3C
30	T69T1-XM21-2C1M	T69T1-XM21-2C1M	E69XT1-M21PZ-B3	E69XT1-B3M
31	T62T1-XC1-2C1ML	T62T1-XC1-2C1ML	E69XT1-C1PZ-B3L	E62XT1-B3LC
32	T62T1-XM21-2C1ML	T62T1-XM21-2C1ML	E62XT1-M21PZ-B3L	E62XT1-B3LM
33	T55XT15-XM13-2C1ML	—	E55XT15-M13PZ-B3L	E55C-B3L

（续）

序号	GB/T 17493—2018	ISO 17634:2015 （B 系列）	ANSI/AWS A5.36/ A5.36 M:2016	GB/T 17493—2008
34	T55XT15-XM22-2C1ML	—	E55XT15-M22PZ-B3L	E55C-B3L
35	T62T5-XC1-2C1MH	T62T5-XC1-2C1MH	E62XT5-C1PZ-B3H	E62XT5-B3HC
36	T62T5-XM21-2C1MH	T62T5-XM21-2C1MH	E62XT5-M21PZ-B3H	E62XT5-B3HM
37	T55T1-XC1-5CM	T55T1-XC1-5CM	E55XT1-C1PZ-B6	E55XT1-B6C
38	T55T1-XM21-5CM	T55T1-XM21-5CM	E55XT1-M21PZ-B6	E55XT1-B6M
39	T55T5-XC1-5CM	T55T5-XC1-5CM	E55XT5-C1PZ-B6	E55XT5-B6C
40	T55T5-XM21-5CM	T55T5-XM21-5CM	E55XT5-M21PZ-B6	E55XT5-B6M
41	T55T15-XM13-5CM	T55T15-XM13-5CM	E55T15-M13PZ-B6	E55C-B6
42	T55T15-XM22-5CM	T55T15-XM22-5CM	E55T15-M22PZ-B6	E55C-B6
43	T55T1-XC1-5CML	T55T1-XC1-5CML	E55XT1-C1PZ-B6L	E55XT1-B6LC
44	T55T1-XM21-5CML	T55T1-XM21-5CML	E55XT1-M21PZ-B6L	E55XT1-B6LM
45	T55T5-XC1-5CML	T55T5-XC1-5CML	E55XT5-C1PZ-B6L	E55XT5-B6LC
46	T55T5-XM21-5CML	T55T5-XM21-5CML	E55XT5-M21PZ-B6L	E55XT5-B6LM
47	T55T1-XC1-9C1M	T55T1-XC1-9C1M	E55XT1-C1PZ-B8	E55XT1-B8C
48	T55T1-XM21-9C1M	T55T1-XM21-9C1M	E55XT1-M21PZ-B8	E55XT1-B8M
49	T55T5-XC1-9C1M	T55T5-XC1-9C1M	E55XT5-C1PZ-B8	E55XT5-B8C
50	T55T5-XM21-9C1M	T55T5-XM21-9C1M	E55XT5-M21PZ-B8	E55XT5-B8M
51	T55T15-XM13-9C1M	T55T15-XM13-9C1M	E55T15-M13PZ-B8	E55C-B8
52	T55T15-XM22-9C1M	T55T15-XM22-9C1M	E55T15-M22PZ-B8	E55C-B8
53	T55T1-XC1-9C1ML	T55T1-XC1-9C1ML	E55XT1-C1PZ-B8L	E55XT1-B8LC
54	T55T1-XM21-9C1ML	T55T1-XM21-9C1ML	E55XT1-M21PZ-B8L	E55XT1-B8LM
55	T55T5-XC1-9C1ML	T55T5-XC1-9C1ML	E55XT5-C1PZ-B8L	E55XT5-B8LC
56	T55T5-XM21-9C1ML	T55T5-XM21-9C1ML	E55XT5-M21PZ-B8L	E55XT5-B8LM
57	T69T1-XC1-9C1MV	T69T1-XC1-9C1MV	E69XT1-C1PZ-B91	E69XT1-B9C
58	T69T1-XM21-9C1MV	T69T1-XM21-9C1MV	E69XT1-M21PZ-B91	E69XT1-B9M
59	T69TX-XX-9C1MV1	T69TX-XX-9C1MV1	—	—

4. 药芯焊丝的使用

使用热强钢药芯焊丝推荐的焊接热输入、道数和层数见表 5-35。

表 5-35　热强钢药芯焊丝推荐的焊接热输入、道数和层数

焊丝直径 /mm	平均热输入 /（kJ/mm）	每层道数		层　　数
		第一层	其他层[①]	
≤0.8、0.9	0.8~1.4	1 或 2	2 或 3	6~9
1.0、1.2	1.0~2.0	1 或 2	2 或 3	6~9
1.4、1.6	1.0~2.2	1 或 2	2 或 3	5~8
1.8、2.0	1.4~2.6	1 或 2	2 或 3	5~8

(续)

焊丝直径 /mm	平均热输入 /(kJ/mm)	每层道数		层　数
		第一层	其他层①	
2.4	1.6~2.6	1 或 2	2 或 3	4~8
2.8	2.0~2.8	1 或 2	2 或 3	4~7
3.2	2.2~3.0	1 或 2	2	4~7
4.0	2.6~3.3	1	2	4~7

① 最后一层可由 4 道完成。

三、不锈钢药芯焊丝的型号

1. 根据 GB/T 17853—2018 标准，不锈钢药芯焊丝型号的表示方法

不锈钢药芯焊丝型号由以下五部分组成：

1）第一部分：用字母 TS 表示不锈钢药芯焊丝及填充丝。

2）第二部分：表示熔敷金属的化学成分分类。

3）第三部分：表示焊丝类型代号。

F 表示非金属粉型药芯焊丝，药芯焊丝的熔渣可以完全或者基本完全覆盖焊道，药芯包括金属合金和非金属组分。

M 表示金属粉型药芯焊丝。药芯焊丝熔渣量少，不能覆盖焊道，药芯包括金属合金和少量的非金属组分。

R 表示钨极惰性气体保护焊用药芯填充丝。主要用于不能或不希望背部进行惰性气体保护时的不锈钢管接头的根部焊接，此填充丝只用于钨极惰性气体保护焊工艺，需要注意的是应将覆盖焊道的焊渣清除干净后再焊接下一焊层。

4）第四部分：表示保护气体类型代号，自保护的代号为 N。

5）第五部分：表示焊接位置代号。0 表示平焊、平角焊；1 表示全位置焊接，包括平焊、平角焊、横焊、仰角焊、仰焊、向上立焊、向下立焊。

2. 不锈钢药芯焊丝的型号示例

（1）示例 1

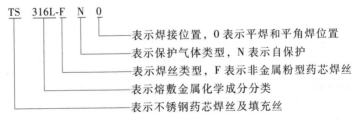

（2）示例 2

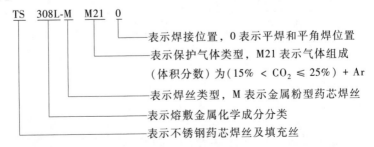

（3）示例3

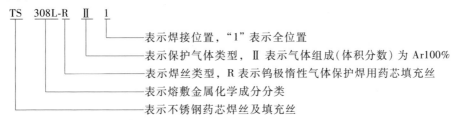

TS 308L-R Ⅱ 1

- 表示焊接位置，"1"表示全位置
- 表示保护气体类型，Ⅱ 表示气体组成（体积分数）为 Ar100%
- 表示焊丝类型，R 表示钨极惰性气体保护焊用药芯填充丝
- 表示熔敷金属化学成分分类
- 表示不锈钢药芯焊丝及填充丝

3. 不锈钢药芯焊丝的型号对照

不锈钢气体保护非金属粉型药芯焊丝型号对照表见表5-36。不锈钢自保护非金属粉型药芯焊丝型号对照表见表5-37。不锈钢气体保护金属粉型药芯焊丝型号对照表见表5-38。不锈钢钨极惰性气体保护焊用药芯填充焊丝型号对照表见表5-39。

表 5-36　不锈钢气体保护非金属粉型药芯焊丝型号对照表

序号	GB/T 17853—2018	ISO 17633:2010（B 系列）	ANSI/AWS A5.22/A5.22M:2012	GB/T 17853—1999
1	TS307-FXX	TS307-FXX	E307TX-X	E307TX-X
2	TS308-FXX	TS308-FXX	E308TX-X	E308TX-X
3	TS308L-FXX	TS308L-FXX	E308LTX-X	E308LTX-X
4	TS308H-FXX	TS308H-FXX	E308HTX-X	E308HTX-X
5	TS308Mo-FXX	TS308Mo-FXX	E308MoTX-X	E308MoTX-X
6	TS308LMo-FXX	TS308LMo-FXX	E308LMoTX-X	E308LMoTX-X
7	TS309-FXX	TS309-FXX	E309TX-X	E309TX-X
8	TS309L-FXX	TS309L-FXX	E309LTX-X	E309LTX-X
9	TS309H-FXX	TS309H-FXX	E309HTX-X	—
10	TS309Mo-FXX	TS309Mo-FXX	E309MoTX-X	E309MoTX-X
11	TS309LMo-FXX	TS309LMo-FXX	E309LMoTX-X	E309LMoTX-X
12	TS309LNb-FXX	TS309LNb-FXX	E309LNbTX-X	E309LNbTX-X
13	TS309LNiMo-FXX	TS309LNiMo-FXX	E309LNiMoTX-X	E309LNiMoTX-X
14	TS310-FXX	TS310-FXX	E310TX-X	E310TX-X
15	TS312-FXX	TS312-FXX	E312TX-X	E312TX-X
16	TS316-FXX	TS316-FXX	E316TX-X	E316TX-X
17	TS316L-FXX	TS316L-FXX	E316LTX-X	E316LTX-X
18	TS316H-FXX	TS316H-FXX	E316HTX-X	—
19	TS316LCu-FXX	TS316LCu-FXX	—	—
20	TS317-FXX	TS317-FXX	—	—
21	TS317L-FXX	TS317L-FXX	E317LTX-X	E317LTX-X
22	TS318-FXX	TS318-FXX	—	—
23	TS347-FXX	TS347-FXX	E347TX-X	E347TX-X
24	TS347L-FXX	TS347L-FXX	—	—
25	TS347H-FXX	TS347H-FXX	E347HTX-X	—

（续）

序号	GB/T 17853—2018	ISO 17633:2010 （B 系列）	ANSI/AWS A5. 22/A5. 22M:2012	GB/T 17853—1999
26	TS409-FXX	TS409-FXX	E409TX-X	E409TX-X
27	TS409Nb-FXX	TS409Nb-FXX	E409NbTX-X	—
28	TS410-FXX	TS410-FXX	E410TX-X	E410TX-X
29	TS410NiMo-FXX	TS410NiMo-FXX	E410NiMoTX-X	E410NiMoTX-X
30	TS410NiTi-FXX	—	—	E410NiTiTX-X
31	TS430-FXX	TS430-FXX	E430TX-X	E430TX-X
32	TS430Nb-FXX	TS430Nb-FXX	E430NbTX-X	—
33	TS16-8-2-FXX	TS16-8-2-FXX	—	—
34	TS2209-FXX	TS2209-FXX	E2209TX-X	E2209TX-X
35	TS2307-FXX	—	E2307TX-X	—
36	TS2553-FXX	TS2553-FXX	E2553TX-X	E2553TX-X
37	TS2594-FXX	TS2594-FXX	E2594TX-X	—

表 5-37　不锈钢自保护非金属粉型药芯焊丝型号对照表

序号	GB/T 17853—2018	ISO 17633:2010 （B 系列）	ANSI/AWS A5. 22/A5. 22M:2012	GB/T 17853—1999
1	TS307-FN0	TS307-FN0	E307T0-3	E307T0-3
2	TS308-FN0	TS308-FN0	E308T0-3	E308T0-3
3	TS308L-FN0	TS308L-FN0	E308LT0-3	E308LT0-3
4	TS308H-FN0	TS308H-FN0	E308HT0-3	E308HT0-3
5	TS308Mo-FN0	TS308Mo-FN0	E308MoT0-3	E308MoT0-3
6	TS308LMo-FN0	TS308LMo-FN0	E308LMoT0-3	E308LMoT0-3
7	TS308HMo-FN0	TS308HMo-FN0	E308HMoT0-3	E308HMoT0-3
8	TS309-FN0	TS309-FN0	E309T0-3	E309T0-3
9	TS309L-FN0	TS309L-FN0	E309LT0-3	E309LT0-3
10	TS309Mo-FN0	TS309Mo-FN0	E309MoT0-3	E309MoT0-3
11	TS309LMo-FN0	TS309LMo-FN0	E309LMoT0-3	E309LMoT0-3
12	TS309LNb-FN0	TS309LNb-FN0	E309LNbT0-3	E309LNbT0-3
13	TS310-FN0	TS310-FN0	E310T0-3	E310T0-3
14	TS312-FN0	TS312-FN0	E312T0-3	E312T0-3
15	TS316-FN0	TS316-FN0	E316T0-3	E316T0-3
16	TS316L-FN0	TS316L-FN0	E316LT0-3	E316LT0-3
17	TS316LK-FN0	—	E316LKT0-3	E316LKT0-3
18	TS316H-FN0	TS316H-FN0	—	—
19	TS316LCu-FN0	TS316LCu-FN0	—	—
20	TS317-FN0	TS317-FN0	—	—
21	TS317L-FN0	TS317L-FN0	E317LT0-3	E317LT0-3

（续）

序号	GB/T 17853—2018	ISO 17633:2010 （B 系列）	ANSI/AWS A5. 22/A5. 22M:2012	GB/T 17853—1999
22	TS318-FN0	TS318-FN0	—	—
23	TS347-FN0	TS347-FN0	E347T0-3	E347T0-3
24	TS347L-FN0	TS347L-FN0	—	—
25	TS409-FN0	TS409-FN0	E409T0-3	E409T0-3
26	TS409Nb-FN0	TS409Nb-FN0	—	—
27	TS410-FN0	TS410-FN0	E410T0-3	E410T0-3
28	TS410NiMo-FN0	TS410NiMo-FN0	E410NiMoT0-3	E410NiMoT0-3
29	TS410NiTi-FN0	—		E410NiTiT0-3
30	TS430-FN0	TS430-FN0	E430T0-3	E430T0-3
31	TS430Nb-FN0	TS430Nb-FN0	—	—
32	TS16-8-2-FN0	TS16-8-2-FN0	—	—
33	TS2209-FN0	TS2209-FN0	E2209T0-3	E2209T0-3
34	TS2307-FN0	—	E2307T0-3	—
35	TS2553-FN0	TS2553-FN0	E2553T0-3	E2553T0-3
36	TS2594-FN0	TS2594-FN0	E2594T0-3	—

表 5-38　不锈钢气体保护金属粉型药芯焊丝型号对照表

序号	GB/T 17853—2018	ISO 17633:2010 （B 系列）	ANSI/AWS A5. 22/A5. 22M:2012	GB/T 17853—1999
1	TS308L-MXX	TS308L-MXX	EC308L	—
2	TS308Mo-MXX	TS308Mo-MXX	EC308Mo	—
3	TS309L-MXX	TS309L-MXX	EC309L	—
4	TS309LMo-MXX	TS309LMo-MXX	EC309LMo	—
5	TS316L-MXX	TS316L-MXX	EC316L	—
6	TS347-MXX	TS347-MXX	EC347	—
7	TS409-MXX	TS409-MXX	EC409	—
8	TS409Nb-MXX	TS409Nb-MXX	EC409Nb	—
9	TS410-MXX	TS410-MXX	EC410	—
10	TS410NiMo-MXX	TS410NiMo-MXX	EC410NiMo	—
11	TS430-MXX	TS430-MXX	EC430	—
12	TS430Nb-MXX	TS430Nb-MXX		—
13	TS430LNb-MXX	—		

表 5-39　不锈钢钨极惰性气体保护焊用药芯填充焊丝型号对照表

序号	GB/T 17853—2018	ISO 17633:2010 （B 系列）	ANSI/AWS A5. 22/A5. 22M:2012	GB/T 17853—1999
1	TS308L-RI11	TS308L-RI11	R308LT1-5	R308LT1-5
2	TS309L-RI11	TS309L-RI11	R309LT1-5	R309LT1-5

（续）

序号	GB/T 17853—2018	ISO 17633:2010（B 系列）	ANSI/AWS A5.22/A5.22M:2012	GB/T 17853—1999
3	TS316L-RI11	TS316L-RI11	R316T1-5	R316T1-5
4	TS347-RI11	TS347-RI11	R347T1-5	R347T1-5

四、药芯焊丝的牌号表示方法

我国的药芯焊丝牌号曾制定了统一牌号，并在《焊接材料产品样本》中予以公布，当前，在市场经济发展的机制下，有的自行编制本厂生产的焊丝牌号、有的在原有的统一牌号前加上自己企业的代号、有的就另行编制。下面介绍的是《焊接材料产品样本》中药芯焊丝牌号的编制方法。

1. 药芯焊丝牌号的表示方法如下：

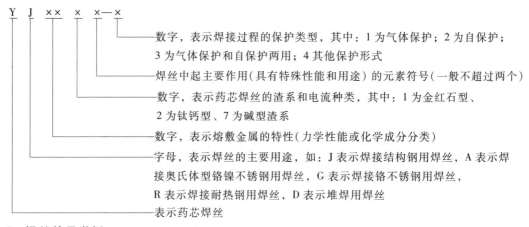

数字，表示焊接过程的保护类型，其中：1 为气体保护；2 为自保护；3 为气体保护和自保护两用；4 其他保护形式

焊丝中起主要作用（具有特殊性能和用途）的元素符号（一般不超过两个）

数字，表示药芯焊丝的渣系和电流种类，其中：1 为金红石型、2 为钛钙型、7 为碱型渣系

数字，表示熔敷金属的特性（力学性能或化学成分分类）

字母，表示焊丝的主要用途，如：J 表示焊接结构钢用焊丝，A 表示焊接奥氏体型铬镍不锈钢用焊丝，G 表示焊接铬不锈钢用焊丝，R 表示焊接耐热钢用焊丝，D 表示堆焊用焊丝

表示药芯焊丝

2. 焊丝牌号举例

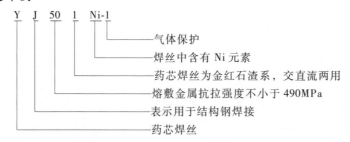

气体保护

焊丝中含有 Ni 元素

药芯焊丝为金红石渣系，交直流两用

熔敷金属抗拉强度不小于 490MPa

表示用于结构钢焊接

药芯焊丝

第六节　常用焊接材料气体保护焊焊丝的选用

一、非合金钢及细晶粒钢实心焊丝的选用

非合金钢及细晶粒钢焊接可用 CO_2 气体、Ar 气与体积分数为 5% 以上的 CO_2 气体混合气或 Ar 气与体积分数为 2% 以上的 O_2 气混合气，作为混合气体保护焊接。焊接非合金钢及细晶粒钢时，选用焊丝首先要满足焊缝金属与母材等强度或弱强匹配的原则，并辅以焊缝的塑性及韧性综合选择焊丝。不建议选用高强匹配（焊缝强度远高于母材强度），更不允许低

强匹配。当然，焊缝低温 KV_2 冲击吸收能量也是一个关键因素，特别是主要受力部件和承受动载的部件。焊缝金属化学成分与母材的一致性则放在次要地位。焊接某些刚度较大的结构时，应该采用低匹配的原则，选用焊缝金属强度低于母材的焊丝进行焊接。焊接中碳调质钢时，因为焊后要进行调质处理，所以选择焊丝时，要力求保证焊缝金属的主要合金成分与母材相近，同时还要严格控制焊缝金属中的 S、P 杂质。

低合金耐大气腐蚀钢焊丝用于焊接常年暴露于大气环境中的焊件。焊丝的成分决定焊缝金属的耐大气腐蚀性及强度。焊丝的选择主要以被焊母材的化学成分为标准。不能用相同级别的低碳钢及低合金高强度钢焊丝代替。

低合金耐热钢用焊丝常用于锅炉、压力容器、化工设备等温度在 400~600℃ 之间部件的焊接。低合金低温钢用焊丝用于焊接工作在 -40~-90℃ 的部件。由于被焊部件工作环境温度的特殊性，对焊丝成分提出了特殊的、较高的要求，应以成分作为选材的主要标准，不能用相同级别的低碳钢及低合金高强度钢焊丝代替。非合金钢及细晶粒钢焊接常用实心焊丝的简要说明和用途见表 5-40。

表 5-40　非合金钢及细晶粒钢焊接常用实心焊丝的简要说明和用途

焊丝型号 （GB/T 8110—2020）	简要说明和用途
G49A3C1S2 （ER50-2）	主要用于镇静钢、半镇静钢和沸腾钢的单道焊，也可用于某些多道焊的场合。由于添加了脱氧剂，这种填充金属能够用来焊接有锈和污垢的钢材，有可能会损害焊缝质量，主要取决于焊缝表面条件。该焊丝主要用 GTAW 方法焊出高质量和高韧性焊缝。这些填充金属适用于单面焊接而反面不需要保护气体保护
G49A2C1S3 （ER50-3）	适用于单道和多道焊缝，广泛用于 GMAW 焊丝，适用的典型母材标准与 G49A3C1S2 类别一样
G49AZC1S4 （ER50-4）	适用于焊接条件要求比 G49A3C1S2 焊丝填充金属能提供更多脱氧能力的钢种，典型的母材标准通常与 G49A3C1S2 类别适用的一样，本类别不要求冲击试验
G49A3C1S6 G49A4M21S6 （ER50-6）	主要用于单道焊，也适用于多道焊，特别适合希望有平滑焊道的金属薄板的焊接和有中等数量的铁锈或热轧氧化皮的型钢和钢板的焊接。在进行 CO_2 气体保护焊或 $Ar+O_2$ 或 $Ar+CO_2$ 混合气体保护焊时，这些焊丝允许较高的焊接电流范围，典型的母材标准通常与 G49A3C1S2 类别适用的一样
G49A3C1S7 （ER50-7）	适用于单道焊和多道焊，与 G49A3C1S2 焊丝填充金属相比，可以在较高的速度下焊接，还可以提供某些较好的润湿作用和焊道成形，在进行 CO_2 气体保护焊或 $Ar+O_2$ 或 $Ar+CO_2$ 混合气体保护焊时，这些焊丝允许采用较高的焊接电流范围，典型的母材标准通常与 G49A3C1S2 类别适用的一样
G49AYUC1S10 （ER49-1）	适用于单道焊和多道焊，具有良好的抗气孔能力，常用于低碳钢和某些低合金钢的焊接
G49PZ×S1M3 （ER49-A1）	该焊丝的填充金属中除了加有质量分数为 0.5% 的 Mo 外，与碳素结构钢焊丝填充金属相似，添加钼提高了焊缝金属的强度，特别是提高了在高温下的强度，使焊缝金属的耐蚀性有所提高，然而却降低了焊缝金属的韧性，常用于焊接 C-Mo 钢
G55A4H×SN2 （ER55-Ni1）	用于焊接在 -45℃ 低温下要求好的韧性的低合金高强度结构钢
G55P6×SN5 （ER55-Ni2）	用于焊接 2.5Ni 钢和在 -60℃ 低温下要求良好韧性的材料
G55P7H×SN71 （ER55-Ni3）	用于焊接在低温下运行的 3.5Ni 钢

（续）

焊丝型号 （GB/T 8110—2020）	简要说明和用途
G55A3C1S4M31 （ER55-D2）	焊丝中含有钼，提高了焊缝强度，当采用 CO_2 作为保护气体焊接时，可提供高效的脱氧剂来控制气孔，在常用的和难焊的碳素结构钢与低合金高强度结构钢中，可提供高质量的焊缝和极好的焊缝成形。采用短路和脉冲弧焊方法时，能显示出极好的多种位置的焊接特性。焊缝致密性与强度的结合使这类填充金属适合于碳素结构钢与低合金高强度结构钢在焊态和焊后热处理状态下的单道和多道焊
G55A4UM21SNCC1 （ER55-1）	是耐大气腐蚀用的焊丝，由于添加了 Cu、Cr、Ni 等合金元素，焊缝具有良好的耐大气腐蚀性能，主要用于铁路货车用的 Q450NQR1 等钢的焊接

注：带括号的焊丝型号为 GB/T 8110—2008 标准的型号。

二、奥氏体型不锈钢实心焊丝的选用

焊丝的化学成分以 Cr-Ni 铁基合金为基础，其中 Cr 的质量分数为 16%～28%，Ni 的质量分数为 4%～37%，根据不同的用途选用不同合金元素的焊丝。例如，通过选用含碳量高的焊丝提高焊缝强度；通过降低焊丝含碳量提高焊缝的耐蚀性；通过在焊丝中加入 Ti、Nb 稳定化元素，提高焊缝耐晶间腐蚀的能力；通过在焊丝中加入适量的 Mo、Cu、Ti 元素，提高焊缝耐还原性介质腐蚀的能力和耐晶间腐蚀的能力；通过增加焊丝 Cr、Ni 元素的含量可提高焊缝耐热性等。奥氏体型不锈钢焊接常用实心焊丝的主要用途及与国外焊丝牌号的对照见表 5-41，括号内为 YB/T 5092—2005 标准。

表 5-41　奥氏体型不锈钢焊接常用实心焊丝的主要用途及与国外焊丝牌号的对照

序号	国产焊丝型号 GB/T 29713—2013	主要用途	AWS	JIS
1	S 209 （H05Cr22Ni11Mn6Mo3VN）	可以焊接不同牌号的不锈钢，也可以进行低碳钢与不锈钢的焊接。可以直接在碳素结构钢上堆焊 H05Cr22Ni11Mn6Mo3VN，形成具有较高韧性和良好抗晶间腐蚀能力的耐腐蚀保护层	ER209	—
2	S308 （H08Cr21Ni10）	用于 18-8、18-12 和 20-10 型奥氏体型不锈钢的焊接，是 08Cr19Ni9（304）型不锈钢最常用的焊接材料	—	SUSY308
3	S308 （H06Cr21Ni10）	焊缝在高温条件下具有较高的抗拉强度和较好的抗蠕变性能，常用于焊接 07Cr19Ni9（304H）	ER308H	—
4	S308L （H03Cr21Ni10Si）	除碳含量较低外，其他成分与 H08Cr21Ni10 相同，不会在晶间产生碳化物析出，抗晶间腐蚀能力与含铌或含钛等稳定化元素的钢相似，但高温强度稍低	ER308L	SUSY308L
5	S310 （H12Cr26Ni21）	具有良好的耐热耐腐蚀性能，常焊接 25-20（310）型不锈钢	—	SUSY310
6	S330 （H21Cr16Ni35）	用于焊接在 980℃ 以上工作的耐热和抗氧化部件，由于镍含量高，不适宜焊接在高硫气氛中工作的部件。常用于焊接成分相近的铸件和锻件，或合金铸件缺陷的补焊	ER330	—

（续）

序号	国产焊丝型号 GB/T 29713—2013	主要用途	AWS	JIS
7	S385L （H02Cr20Ni25Mo4Cu）	为减少焊缝中的热裂纹和刀状腐蚀裂纹,应将焊丝中的碳、硅、磷、硫等杂质控制在规定的较低范围内。主要用于焊接装运硫酸或装运含有氯化物介质的容器,也可用于 03Cr19Ni14Mo3 型不锈钢的焊接	ER385	—
8	S309 （H12Cr24Ni13Si）	可焊接不同种类的金属,如 08Cr19Ni9 不锈钢与碳素结构钢的焊接,或在碳素结构钢壳体内衬不锈钢薄板的焊接。常用于 08Cr19Ni9 复合钢板的复层焊接,也可以焊接成分相近的锻件和铸件	ER309	SUSY309
9	S309Mo （H12Cr24Ni13Mo2）	该焊丝主要用于钢材表面的堆焊,以及作为 H08Cr19Ni12Mo2 或 H08Cr19Ni14Mo3 填充金属多层堆焊的第一层堆焊,还可以进行在碳素结构钢壳体中含钼不锈钢内衬的焊接、含钼不锈钢复合钢板与碳素结构钢或 08Cr19Ni9 不锈钢的连接	ER309Mo	SUSY309Mo
10	S310 （H12Cr26Ni21Si）	具有良好的耐热和耐蚀性,常用于焊接 25-20（310）型不锈钢	ER310	SUSY310
11	S317L （H03Cr19Ni14Mo3）	在不添加钛或铌等稳定化元素的情况下,通过降低含碳量,可提高不锈钢的抗晶间腐蚀能力	ER317L	SUSY317L

三、马氏体型不锈钢实心焊丝的选用

马氏体型不锈钢焊丝有高碳 Cr13 型和低碳 Cr13 型。高碳 Cr13 型焊丝含碳量较高,焊缝具有较高的高温强度及抗高温氧化性能,也具有一定的耐蚀性和耐磨性,但焊接性较差。低碳 Cr13 型焊丝在大幅度降低含碳量的同时,再加入质量分数为 4%~5% 的 Ni 和少量的 Mo、Ti 等元素,成为高强度、高韧性马氏体型不锈钢焊丝,具有良好的耐汽蚀性、耐蚀性和耐磨性能等。常用马氏体型不锈钢焊接实心焊丝的主要用途及与国外焊丝牌号的对照见表 5-42,括号内为 YB/T 5092—2005 标准。

表 5-42　常用马氏体型不锈钢焊接实心焊丝的主要用途及与国外焊丝牌号的对照

序号	国产焊丝型号 GB/T 29713—2013	主要用途	AWS	JIS
1	S410 （H12Cr13）	可以焊接成分相近的合金,也可以用在低碳钢表面堆焊,获得耐腐蚀、抗点蚀的耐磨层。焊前对待焊处要预热,焊后要进行热处理	ER410	SUSY410
2	S410NiMo （H06Cr12Ni4Mo）	主要用于焊接 08Cr13Ni4Mo 铸件和各种规格的 15Cr13、08Cr13、08Cr13Al 等不锈钢,该焊丝通过控铬和加镍来限制焊缝产生铁素体,为防止显微组织中未回火马氏体重新硬化,焊后热处理温度不宜超过 620℃	ER410NiMo	—
3	S420 （H31Cr13）	主要用于质量分数为 12% 的铬钢表面堆焊,其熔敷层硬度更高,耐磨性更好	ER420	—

四、铁素体型不锈钢实心焊丝的选用

铁素体型不锈钢实心焊丝根据 Cr 的含量可分为低 Cr（Cr13 型）、中 Cr（Cr17 型）和高 Cr（Cr25 型）三类。随着含 Cr 量的增加，耐酸性也相应提高。加入 Mo 元素后，可以提高焊缝的耐酸腐蚀性能和耐应力腐蚀的能力。

对铁素体型不锈钢选用焊丝时，应选用含有害元素（C、N、S、P 等）低的焊丝，以便改善焊接性和焊缝韧性。焊缝可以采用同质成分，也可以采用高 Cr、Ni 奥氏体型不锈钢焊丝。选用奥氏体型不锈钢焊丝的原则是：在无裂纹的前提下，保证焊缝金属的耐蚀性及力学性能与母材基本相当或略有提高，尽可能保证其合金成分与母材基本相同或相近。

为了避免焊缝中出现脆性组织，要采用焊前预热和焊后热处理措施。焊前预热温度随着焊件含碳量的提高，预热温度也应该相应提高。如：含碳量低时预热温度范围为 70～150℃，含碳量高时预热温度范围为 150～260℃。退火是常采用的焊后热处理方式，目的是使焊接接头组织均匀化、恢复焊缝金属的耐蚀性能，并改善焊接接头塑性、韧性。常用铁素体型不锈钢焊接实心焊丝的主要用途及与国外焊丝牌号的对照见表 5-43，括号内为 YB/T 5092—2005 标准。

表 5-43　常用铁素体型不锈钢焊接实心焊丝的主要用途及与国外焊丝牌号的对照

序号	国产焊丝型号 GB/T 29713—2013	主要用途	AWS	JIS
1	S430（H10Cr17）	焊接 12Cr17 型不锈钢，焊缝具有良好的抗腐蚀性能，焊后经热处理后能保持足够的韧性，焊前要求焊件进行预热，焊后要进行热处理	ER430	SUSY430
2	S446LMo（H01Cr26Mo）	超纯铁素体焊丝，主要用于超纯铁素体型不锈钢惰性气体保护焊，焊接过程中要充分保持焊件的清洁和保护气体的保护效果，防止焊缝被氧和氮污染	ER446LMo	—
3	S409（H08Cr11Ti）	焊接同类不锈钢或不同种类的低碳钢时，焊缝中含有稳定化元素钛，能改善钢的抗晶间腐蚀性能，抗拉强度也有所提高。目前主要用于汽车尾气排放部件的焊接	ER409	—
4	S409（H08Cr11Nb）	该焊丝以铌代替钛，用途与 H08Cr11Ti 焊丝相同，由于铌在焊接电弧下被氧化烧损很少，可以更有效地控制焊缝成分	ER409Cb	—

五、双相不锈钢实心焊丝的选用

双相不锈钢具有奥氏体+铁素体双相组织结构，并且两个相组织的含量基本相当，具有奥氏体型不锈钢和铁素体型不锈钢的特点。双相不锈钢焊丝的主要耐蚀元素 Cr、Mo 等含量与母材相当，从而保证与母材相当的耐蚀性。为保证焊缝中奥氏体组织的含量，通常是提高焊丝中 Ni、N 的含量，也就是提高 2%～4% 的镍当量。在双相不锈钢母材中，一般都有一定量的 N，所以，在焊接材料中也应该含有一定量的 N，但不宜太高，否则焊缝中会出现气孔。常用双相不锈钢焊接实心焊丝的主要用途及与国外焊丝牌号的对照见表 5-44，括号内为 YB/T 5092—2016 标准。

表 5-44　常用双相不锈钢焊接实心焊丝的主要用途及与国外焊丝牌号的对照

序号	国产焊丝型号 GB/T 29713—2013	主要用途	AWS	JIS
1	S2209L （H03Cr22Ni8Mo3N）	该焊丝用于焊接 03Cr22Ni6Mo3N 等含有质量分数为 22% 的铬双相不锈钢,因为焊缝为奥氏体-铁素体两相组织,所以,具有抗拉强度高,抗应力腐蚀能力强,显著改善抗点蚀性能等优点	ER2209	—
2	S2553 （H04Cr25Ni5Mo3Cu2N）	主要用于焊接 H04Cr25Ni5Mo3Cu2N 型质量分数为 25% 的铬双相不锈钢,焊缝具有奥氏体-铁素体双相不锈钢的全部优点	ER2553	—
3	S312 （H15Cr30Ni9）	用于焊接成分相似的铸造合金,也可以用于碳钢和不锈钢(特别是高镍不锈钢)的焊接。因为焊丝中铁素体形成元素含量高,即使焊缝金属被母材(高镍)稀释,焊丝中仍能保持较高的铁素体含量,焊缝仍具有很强的抗裂能力	ER312	—

六、镍及镍合金实心焊丝的选用

镍及镍合金既具有耐活泼性气体、耐苛性介质、耐还原性酸介质腐蚀的良好性能,又具有强度高、塑性好、可冷热变形、加工成形及可焊接的特点。可解决一般不锈钢和其他金属、非金属材料无法解决的工程腐蚀问题,是一种非常重要的耐腐蚀金属材料。

镍及镍合金可以用 TIG 焊、MIG 焊,TIG 焊应用最广泛,焊接时采用直流正接,可以焊接任何一种镍及镍合金,特别适合焊接薄件及小截面构件,在保证焊透的条件下,应尽量用较小的焊接热输入,多层焊道焊接时,要特别注意控制道间的温度。MIG 焊一般采用直流反接,常采用脉冲喷射过渡电弧焊接,其电弧稳定性很好。

焊丝的选择主要是根据母材的合金类别、化学成分和使用环境等条件决定。一般来说,焊丝的主要成分应和母材的主要成分尽量靠近,以保证焊件焊后的各项性能。为此,焊丝中还应添加一些母材中没有或含量较低的元素,如 Nb、Ti、Mo、Mn 等。当同类焊丝达不到焊接各项性能要求或没有类似成分的焊丝时,可以选择高一档次的焊丝。如焊接铁镍合金时,为保证焊缝的使用性能不低于母材,可以选择镍基焊丝。常用镍及镍合金焊接实心焊丝的简要说明及用途见表 5-45。

表 5-45　常用镍及镍合金焊接实心焊丝的简要说明及用途

焊丝型号 GB/T 15620—2008	化学成分代号	焊丝简要说明及用途
镍焊丝		
SNi2061	NiTi3	SNi2061(SNiTi3)焊丝用于工业纯镍锻件和铸件的焊接,如 UNS N02200 或 UNS N02201,也可以用于焊接镍板复合钢板和钢板的表面堆焊,以及异种金属的焊接
镍-铜焊丝		
SNi4060	NiCu30Mn3Ti	SNi4060(SNiCu30Mn3Ti)、SNi4061(NiCu30Mn3Nb)焊丝用于镍铜合金的焊接,如 UNS N04400,也可以用于复合钢、镍铜复合面的焊接以及钢的表面堆焊
SNi4061	NiCu30Mn3Nb	
SNi5504	NiCu25Al3Ti	SNi5504(NiCu25Al3Ti)焊丝用于时效强化铜镍合金(UNS N05500)的焊接。采用钨极氩弧焊、气体保护焊,焊缝金属采用时效强化处理

（续）

焊丝型号 GB/T 15620—2008	化学成分代号	焊丝简要说明及用途
镍-铬焊丝		
SNi6072	NiCr44Ti	焊丝用于 Cr50Ni50 镍铬合金的熔化极气体保护焊和钨极惰性气体保护焊，在镍铁铬钢管上堆焊镍铬合金以及铸件补焊，焊缝金属具有耐高温腐蚀、耐空气中含硫和矾的烟尘腐蚀的能力
SNi6076	NiCr20	焊丝用于镍铬铁合金的焊接，如 UNS N06600 和 UNS N06075 的焊接、镍铬铁复合钢接头的复合面焊接、钢表面堆焊以及钢和镍基合金的连接。可以采用钨极惰性气体保护焊、金属熔化极气体保护焊
SNi6082	NiCr20Mn3Nb	焊丝用于镍铬合金（如 UNS N06075、N07080）、镍铬铁合金（如 UNS N06600、N06601 和 UNS N08800、N08801）的焊接。也可以用于镀层与异种金属接头的焊接和低温条件下镍钢的焊接
镍-铬-铁焊丝		
SNi6002	NiCr21Fe18Mo9	焊丝用于低碳镍铬钼合金，特别是 UNS N06002 合金的焊接，也可用于复合钢板低碳镍铬钼复合面的焊接、低碳镍铬钼合金与钢材以及其他镍基合金的焊接
SNi6025	NiCr25Fe10AlY	焊丝用于 UNS N06025 与 UNS N06603 成分相似的镍基合金的焊接。焊缝金属具有抗氧化、硫化和防渗碳的性能，使用温度高达 1200℃
SNi6030	NiCr30Fe15Mo5W	焊丝用于镍铬钼合金（如 UNS N06030）与钢以及其他镍基合金的焊接，也用于镍复合镍铬钼钢板的焊接。采用钨极惰性气体保护焊、金属熔化极气体保护焊焊接
SNi6052	NiCr30Fe9	焊丝用于高铬镍基合金（如 UNS N06690）的焊接，也可以用于低合金钢和不锈钢以及异种金属耐腐蚀层的堆焊
SNi6062	NiCr15Fe8Nb	焊丝用于镍铁铬合金（如 UNS N08800）、镍铬铁（UNS N06600）的焊接以及特殊用途的异种金属焊接，工作温度高达 980℃，但温度超过 820℃时，降低焊缝金属的抗氧化能力和温度
SNi6176	NiCr16Fe6	焊丝用于镍铬铁合金（UNS N06600、UNS N06601）的焊接、镍铬铁复合钢板的复合层堆焊和钢板表面堆焊。具有良好的异种金属焊接性能，工作温度高达 980℃，但温度超过 820℃时，可降低焊缝金属的抗氧化能力和强度
SNi6601	NiCr23Fe15Al	焊丝用于镍铬铁铝合金（如 UNS N06601）的焊接以及与其他高温成分合金的焊接，采用钨极惰性气体保护焊，焊缝金属可在超过 1150℃温度条件下工作
SNi6701	NiCr36Fe7Nb	焊丝用于镍铬铁合金与高温合金的焊接，焊缝工作温度高达 1200℃
SNi6704	NiCr25FeAl3YC	焊丝用于相似成分的镍基合金（如 UNS N06025、UNS N06603）的焊接，焊缝金属具有抗氧化性，防渗碳和硫化的性能，焊缝工作温度高达 1200℃
SNi6975	NiCr25Fe13Mo6	焊丝用于镍铬钼合金（如 UNS N06975）、镍铬钼合金与钢材、镍铬钼复合钢以及其他镍基合金的焊接，采用钨极惰性气体保护焊、金属熔化极气体保护焊焊接
SNi6985	NiCr22Fe20Mo7Cu2	焊丝用于镍铬铁复合钢焊接及与镍基合金的焊接，采用钨极惰性气体保护焊、金属熔化极气体保护焊焊接，焊缝金属采用时效强化处理
SNi7069	NiCr15Fe7Nb	焊丝用于镍铬铁（如 UNS N06600）合金的焊接，采用钨极惰性气体保护焊、金属熔化极气体保护焊焊接。由于焊丝中 Nb 含量高，使大截面母材出现较高的应力，从而出现裂纹倾向
SNi7092	NiCr15Ti3Mn	焊丝用于镍铬铁复合钢焊接及与镍基合金的焊接，采用钨极惰性气体保护焊、金属熔化极气体保护焊焊接，焊缝金属采用时效强化处理

（续）

焊丝型号 GB/T 15620—2008	化学成分代号	焊丝简要说明及用途
镍-铬-铁焊丝		
SNi7718	NiFe19Cr19Nb5Mo3	焊丝用于镍铬铌钼（如 UNS N07718）合金的焊接，采用钨极惰性气体保护焊、金属熔化极气体保护焊焊接，焊缝金属采用时效强化处理
SNi8025	NiFe30Cr29Mo	焊丝用于含铬量较高的 Ni8125 或 Ni8065 合金的焊接，也可以用于铬镍钼铜合金（如 UNS N8904）和镍铁铬钼合金（如 UNS N8825）的焊接，也可以用于钢的表面堆焊
SNi8065	NiFe30Cr21Mo3	SNi8065 和 SNi8125 焊丝用于铬镍钼铜合金（如 UNS N08904）、镍铁铬钼合金（如 UNS N08825）的焊接，也可以用于钢材表面堆焊和隔离层堆焊
镍-钼焊丝		
SNi1001	NiMo28Fe	焊丝用于镍钼合金（如 UNS N10001）的焊接
SNi1003	NiMo17Cr7	焊丝用于镍钼合金（如 UNS N10003）、镍钼合金与钢以及其他镍基合金的焊接，采用钨极惰性气体保护焊、金属熔化极气体保护焊焊接
SNi1004	NiMo25Cr5Fe5	焊丝用于镍基、钴基和铁基合金的异种金属焊接
SNi1008	NiMo19WCr	焊丝用于 9%镍钢（如 UNS K81340）的焊接，采用钨极惰性气体保护焊、金属熔化极气体保护焊焊接
SNi1009	NiMo20WCu	
SNi1062	NiMo24Cr8Fe6	焊丝用于镍钼合金，特别是 UNS N10629 合金的焊接，也可用于带有镍钼合金复合面的钢板、镍钼合金与钢和其他镍基合金的焊接
SNi1066	NiMo28	焊丝用于镍钼合金，特别是 UNS N10665 合金的焊接，也用于带有镍钼合金复合面的钢板、镍钼合金与钢和其他镍基合金的焊接
SNi1067	NiMo30Cr	焊丝用于镍钼合金（如 UNS N10675）的焊接，也用于带有镍钼合金复合面的钢板、镍钼合金与钢和其他镍基合金的焊接，采用钨极惰性气体保护焊、金属熔化极气体保护焊焊接
SNi1069	NiMo28Fe4Cr	焊丝用于镍基、钴基和铁基合金异种金属的焊接
镍-铬-钼焊丝		
SNi6012	NiCr22Mo9	焊丝用于 6-Mo 型高合金奥氏体型不锈钢的焊接，焊件在含氯化物的条件下具有良好的抗点蚀和缝蚀性能，Nb 含量较低时，可提高焊接性
SNi6022	NiCr21Mo13Fe4W3	焊丝用于低碳镍铬钼，特别是 UNS N06002 合金的焊接，也可用于铬镍钼奥氏体型不锈钢、低碳镍铬钼合金复合面的焊接，也可用于低碳镍铬钼合金与钢及其他镍基合金的焊接和钢材的表面堆焊
SNi6057	NiCr30Mo11	焊丝名义成分（质量分数）为：Ni60%，Cr30%，Mo10%。用于耐腐蚀面的堆焊，堆焊金属具有良好的耐蚀性，采用钨极惰性气体保护焊、金属熔化极气体保护焊焊接
SNi6058	NiCr25Mo16	焊丝用于低碳镍铬钼，特别是 UNS N06059 合金的焊接，也可用于铬镍钼奥氏体型不锈钢、低碳镍铬钼合金复合面的焊接，还可用于低碳镍铬钼合金与钢及其他镍基合金的焊接
SNi6059	NiCr23Mo16	
SNi6200	NiCr23Mo16Cu2	焊丝用于镍铬钼合金（如 UNS N06200）的焊接，也可用于钢、其他镍基合金和复合钢的焊接
SNi6276	NiCr15Mo16Fe6W4	焊丝用于镍铬钼合金（如 UNS N10276）的焊接，也可用于低碳镍铬钼合金复合钢面、低碳镍铬钼合金与钢及其他镍基合金的焊接
SNi6452	NiCr20Mo15	焊丝用于低碳镍铬钼合金，特别是 UNS N06455 的焊接，也可用于低碳镍铬钼合金复合钢面、低碳镍铬钼合金与钢以及其他镍基合金的焊接
SNi6455	NiCr16Mo16Ti	

（续）

焊丝型号 GB/T 15620—2008	化学成分代号	焊丝简要说明及用途
		镍-铬-钼焊丝
SNi6625	NiCr22Mo9Nb	焊丝用于镍铬钼合金,特别是 UNS N06625 的焊接,也可用于镍铬钼合金与钢的焊接和堆焊镍铬钼合金表面,焊缝金属的耐蚀性能与 N06625 相当
SNi6650	NiCr20Fe14Mo11WN	焊丝用于海洋和化工用的低碳镍铬钼合金和镍铬钼不锈钢的焊接(如 UNS N08926)。也可用于复合钢和异种金属的焊接,如低碳镍铬钼与碳钢或者镍基合金的焊接,也可用于9%Ni 钢的焊接
SNi6660	NiCr22Mo10W3	焊丝用于超级双相不锈钢、超级奥氏体型不锈钢、9%Ni 钢的钨极惰性气体保护焊、金属熔化极气体保护焊焊接,与 Ni6625 相比,焊缝金属具有良好的耐蚀性,不产生热裂纹,具有良好的低温韧性
SNi6686	NiCr21Mo16W4	焊丝用于低碳镍铬钼合金(特别是 UNS N06686)和镍铬钼不锈钢的焊接。也用于低碳镍铬钼复合钢面、低碳镍铬钼与钢以及其他镍基合金的焊接和钢材表面镍铬钼钨层的堆焊
SNi7725	NiCr21Mo8Nb3Ti	焊丝用于高强度耐腐蚀镍合金,特别是 UNS N07725 和 UNS N09925 的焊接,也可用于与钢的焊接和高强度镍铬钼合金的表面堆焊。强度达到最大值时,焊后需要进行沉淀淬火,可进行各种热处理
		镍-铬-钴焊丝
SNi6160	NiCr28Co30Si3	焊丝用于镍钴铬硅合金(UNS N02160)的焊接,采用钨极惰性气体保护焊、金属熔化极气体保护焊焊接。该焊丝对铁敏感性强,焊丝金属在还原和氧化环境下,具有抗硫化、耐氟化物腐蚀的性能,工作温度高达1200℃
SNi6617	NiCr22Co12Mo9	焊丝用于镍钴铬钼合金(UNS N06617)的焊接和钢表面的堆焊。也可用于异种高温合金(1150℃左右时具有高温强度和抗氧化性能)和铸造高镍合金的焊接
SNi7090	NiCr20Co18Ti3	焊丝用于镍铬钴合金(UNS N07090)的焊接,采用钨极惰性气体保护焊焊接,焊缝金属进行时效强化处理
SNi7263	NiCr20Co20Mo6Ti2	焊丝用于镍铬钴钼合金(UNS N07263)以及与其他合金的焊接。采用钨极惰性气体保护焊焊接,焊缝金属进行时效强化处理
		镍-铬-钨焊丝
SNi6231	NiCr22W14Mo2	焊丝用于镍铬钴钼合金(UNS N06617)的焊接。采用钨极惰性气体保护焊和金属熔化极气体保护焊焊接

七、铝及铝合金实心焊丝的选用

铝及铝合金按合金系列可分为：1×××系（工业纯铝）、2×××系（铝-铜）、3×××系（铝-锰）、4×××系（铝-硅）、5×××系（铝-镁）、6×××系（铝-镁-硅）、7×××系（铝-锌-镁-铜）、8×××系（其他）等八类合金。按强化方式可分为热处理不可强化,仅能依靠变形强化的铝及铝合金；以及既可进行热处理强化、又可依靠变形强化的铝及铝合金。

铝及铝合金焊接用焊丝的选择，主要应根据母材的种类、性能、焊接接头的抗裂性、耐腐蚀性以及经过阳极化处理后，焊缝与母材的色彩配合等方面要求作综合考虑。从获得较好的耐腐蚀性考虑，通常是选用与母材相同或相近牌号的焊丝。焊接热处理强化型铝及铝合金时，由于其焊接热裂纹倾向大，选择焊丝则主要从解决抗裂性入手，选用的焊丝化学成分与母材化学成分会有较大的差异，为了降低焊缝热影响区晶间裂纹倾向，应该选用熔点低于母材的焊丝。

选用铝及铝合金焊丝时应注意以下问题：

1）焊接接头的裂纹敏感性。影响裂纹敏感性的直接因素是母材与焊丝的匹配。选用熔化温度低于母材的焊缝金属，可以减小焊缝金属和热影响区的裂纹敏感性。例如：焊接 w_{Si} 为 0.6% 的 6061 合金时，选用同一合金作焊缝，裂纹敏感性很大，但用 w_{Si} 为 5% 的 ER4043 焊丝时，由于其熔化温度比 6061 合金低，所以，在冷却过程中，有较高的塑性，抗裂性良好。此外，在焊缝金属中应避免 Mg 与 Cu 的组合，因为 Ai-Mg-Cu 有很高的裂纹敏感性。

2）焊接接头力学性能。工业纯铝的强度最低，4000 系列铝合金居中，5000 系列铝合金强度较高。铝硅焊丝虽然有较强的抗裂性能，但含硅焊丝塑性较差，所以，焊后需要塑性变形加工的铝合金焊接接头，应避免选用含硅的焊丝。

3）焊接接头使用性能。填充金属的选择除取决于母材成分外，还与焊接接头的几何形状、运行中的抗腐蚀性要求以及对焊件的外观要求有关。例如：为了使容器具有良好的抗腐蚀能力或防止所储存的产品对其污染，储存过氧化氢的焊接容器要求用高纯度的铝合金。在这种情况下，填充金属的纯度至少要相当于母材。常用铝及铝合金焊接实心焊丝的特点及用途见表 5-46，常用铝及铝合金焊接实心焊丝的选用见表 5-47。常用异种铝及铝合金焊接实心焊丝的选用见表 5-48。常用有特殊要求的铝及铝合金焊缝实心填充焊丝型号见表 5-49。

表 5-46　常用铝及铝合金焊接实心焊丝的特点及用途

类　　别	特点及用途
纯铝焊丝 SAl 1100（Al 99.0Cu）	焊丝的熔点为 660℃，焊接性和耐蚀性良好，塑性和韧性优良，但强度较低，焊缝区强度约为 80~110MPa。用于焊接纯铝及对焊接接头性能要求不高的铝及铝合金
铝锰焊丝 SAl 3103（AlMn1）	焊丝熔点为 643~654℃，焊缝金属具有良好的耐蚀性，焊接性及塑性也很好，强度比纯铝高，约为 120~150MPa。焊丝适用于铝锰铝合金的氩弧焊
铝硅焊丝 SAl 4043（AlSi5）	焊丝熔点为 580~610℃，是一种通用性较大的铝硅合金焊丝，熔融金属流动性好，特别是熔池金属凝固时收缩率小。因此抗热裂纹能力优良，焊缝区强度为 170~250MPa。焊缝阳极化处理后，与母材颜色不同。焊丝适用于铝镁合金以外的铝合金及铸铝氩弧焊，特别是对于易产生热裂纹的热处理强化铝合金可以获得较好的效果
铝镁焊丝 SAl 5556（AlMg5Mn1Ti）SAl 5356[AlMg5Cr(A)]SAl 5554(AlMg2.7Mn)	SAl5556 焊丝熔点为 638~660℃，焊丝含有少量的 Ti，Ti 是用来细化焊缝金属的晶粒，具有较好的耐腐蚀性和抗热裂性，焊缝金属力学性能优良，强度高，焊缝区强度约为 280~320MPa。用作铝镁合金焊接及填充材料，也可以用于铝锌镁合金的焊接及铝镁铸件的补焊
	SAl5356 焊丝适用于铝镁、铝镁硅、铝锌镁等合金的焊接，焊接 5083 母材时，焊缝强度达 270~310MPa
	SAl5554 焊丝适用于高温（65~200℃）用焊接结构中所使用的铝镁系合金，为避免应力腐蚀，w_{Mg} 要控制在 3% 以下

表 5-47　常用铝及铝合金焊接实心焊丝的选用

类别	母材牌号	焊丝型号或填充金属型号	类别	母材牌号	焊丝型号或填充金属型号
工业纯铝	1070,1070A	SAl 1070	铝-硅	4043	SAl 4043
	1200	SAl 1200		4047,4047A	SAl 4047A
	1450	SAl 1450	铝-镁	5554	SAl 5554
铝-铜	2219	SAl 2319		5754	SAl 5754
铝-锰	3103,3103A	SAl 3103		5183	SAl 5183

表 5-48　常用异种铝及铝合金焊接实心焊丝的选用

母材型号（或牌号）	焊丝型号
纯铝（1070A、1060、1050A、1035、1200）+铝锰合金（3A21）	SAl 3103、SAl 4043 或与母材同质的焊丝
5A02+3A21	SAl 3103、SAl 5556
5A03+3A21	SAl 5556、SAl 5556C
5A05+3A21	SAl 5556、SAl 5556C
5A06+3A21	SAl 5556、SAl 5556C
工业纯铝（1060、1050A、1100）+防锈铝（5A02、5A03）	SAl 5556、SAl 5556C
工业纯铝（1060、1050A、1100）+LF5	SAl 5556、SAl 5556C
3A21+ZL101	SAl 4043、SAl 5556C、SAl 5556
3A21+ZL104	SAl 4043、SAl 5556C、SAl 5556

表 5-49　常用有特殊要求的铝及铝合金焊缝实心填充焊丝型号

焊缝基体金属	推荐填充焊丝			
	要求必要的强度	要求必要的塑性	要求用阳极化处理后颜色一致性	要求抗海水腐蚀性能
1100	SAl 4043	SAl 100	SAl 1100	SAl 1100
2219	SAl 2319	SAl 2319	SAl 2319	SAl 2319
6063	SAl 5356	SAl 5356	SAl 5356	SAl 4043
3003	SAl 5356	SAl 1100	SAl 1100	SAl 1100
5052	SAl 5356	SAl 5356	SAl 5356	SAl 4043
5086	SAl 5556	SAl 5356	SAl 5356	SAl 5183
5083	SAl 5183	SAl 5356	SAl 5356	SAl 5183
5454	SAl 5356	SAl 5554	SAl 5554	SAl 5554
5456	SAl 5556	SAl 5356	SAl 5556	SAl 5556

八、铜及铜合金实心焊丝的选用

选用铜及铜合金焊丝时，除了应满足对焊丝的一般焊接工艺性能、冶金性能要求外，更重要的是控制其中杂质的含量和提高其脱氧能力，防止焊缝出现热裂纹及气孔等缺陷。

焊丝中加入 Fe 可以提高焊缝的强度、硬度和耐磨性，但塑性有所降低；Sn 加入焊丝中可提高熔池金属的流动性，改善焊丝的工艺性能。在焊丝中加入单个或复合元素 Ti、Zr、B 可以起到脱氧及细化焊缝组织的效果，这在气体保护焊中得到了很好的应用。但是，脱氧剂的加入量不可过多，如 w_{Ti} 应小于 0.3%，否则会出现难熔的氧化物、氮化物薄膜，使熔池液化金属的流动性降低，焊缝容易脆化；铜及铜合金焊接应采用与基体金属成分相近的焊丝，这样焊缝可以避免气孔、裂纹及其他缺陷；焊接有导电性要求的纯铜焊件，不能选用含铜的焊丝，应选用纯度较高的纯铜焊丝，因为过多的磷过渡到焊缝后，将引起焊接接头导电性显著下降。常用铜及铜合金焊接实心焊丝型号与化学成分代号及简要说明见表 5-50。

表 5-50 常用铜及铜合金焊接实心焊丝型号与化学成分代号及简要说明

焊丝型号 GB/T 9460—2008	化学成分代号	简要说明
铜焊丝		
SCu1897	CuAg1	焊丝中 w_{Cu}≥99.5%(含 Ag),纯铜焊接时,可以选择含 Si、Mn、P 和 Sn 的 (SCu1898)焊丝,以避免焊缝产生热裂纹和气孔。磷和硅主要是作为脱氧剂加入的,其他元素是为了有利于焊接或满足焊缝的性能而加入的。Cu1898 焊丝通常用于脱氧铜或电解铜的焊接,但与氢反应和有氧化铜偏析时,可降低焊接接头的性能。Cu1898 焊丝可用来焊接质量要求不高的铜合金在大多数情况下,特别是焊接厚板时,要求焊前预热,合适的预热温度为 205~540℃
SCu1898	CuSn1	
SCu1898A	CuSn1MnSi	对较厚的母材焊接,应先考虑熔化极气体保护电弧焊方法,一般采用常用的焊接接头形式,以利于施焊。当焊接板厚不大于 6.4mm 的母材时,通常不需要预热。当焊接板厚大于 6.4mm 的母材时,要求在 205~540℃ 范围内预热
黄铜焊丝		
SCu4700	CuZn40Sn	焊丝是含有少量锡的黄铜焊丝,熔融金属具有良好的流动性,焊缝金属具有一定的耐蚀性,可用于铜、铜镍合金的熔化极气体保护电弧焊。焊前需要进行 400~500℃ 预热
SCu6800	CuZn40Ni	焊丝是含有铁、硅、锰的锡黄铜焊丝。熔融金属流动性好,由于焊丝含有硅,可以有效地抑制锌的蒸发。这类焊丝可用于铜、钢、铜镍合金、灰铸铁的焊接,以及用于镶嵌硬质合金刀具。焊前需要在 400~500℃ 预热
SCu6810A	CuZn40SnSi	
青铜焊丝		
SCu6560	CuSi3Mn	焊丝是硅青铜焊丝,含有约 3%(质量分数)的硅和少量的锰、锡或锌,用于铜硅、铜锌以及其与钢的焊接。这种焊丝可采用 TIG、MIG 焊接,当 MIG 焊时,最好采用小熔池的施焊方法,层间温度低于 65℃,以减少热裂纹的产生。可进行全位置焊接,但应优先采用平焊位置焊接
SCu5180	CuSnSP	焊丝是 w_{Sn} 约为 5%或 8%和 w_P 不大于 0.4%的磷青铜焊丝,锡能提高焊缝金属的耐磨性能,扩大了液相点和固相点之间的温度范围,从而增加了焊缝金属的凝固时间,增大了热脆倾向。为了减少这些影响,焊接时应以小熔池、快速焊为宜。这类焊丝可以用来焊接青铜和黄铜。如果焊缝中允许含锡,该焊丝也可以焊接纯铜。采用 TIG 焊接时,要求焊前预热,且只能用于平焊位置施焊
SCu5210	CuSnBP	
SCu6100	CuAl7	它是一种无铁铝青铜焊丝,是承受较轻载荷耐磨表面的堆焊材料。是耐盐和微碱水腐蚀的堆焊材料,还是耐各种温度和浓度的常用酸腐蚀的堆焊材料
SCu6180	CuAl10Fe3	它是一种含铁铝青铜焊丝,通常用来焊接类似成分的铝青铜、锰硅青铜以及某些铜镍合金、铁基金属和异种金属。最常用的异种金属焊接是铝青铜与钢、铜与钢的焊接。该焊丝也用于耐磨和耐腐蚀表面的堆焊
SCu6240	CuAl11Fe3	它是一种高强度铝青铜焊丝,用于焊接和补焊类似成分的铝青铜铸件以及熔敷轴承表面和耐磨、耐腐蚀表面
SCu6100A	CuAl8	它是镍铝青铜焊丝,用于焊接和修补镍铝青铜铸造件母材或镍铝青铜的锻造母材
SCu6328	CuAl9Ni5Fe3Mn2	
SCu6338	CuMn13Al8Fe3Ni2	它是锰镍铝青铜焊丝,用于焊接和修补成分类似的锰镍铝青铜铸造件母材或锰镍铝青铜的锻造母材。该焊丝也可用于要求高耐腐蚀、浸蚀或汽蚀处的表面堆焊
白铜焊丝		
SCu7158	CuNi30Mn1FeTi	焊丝中含有镍,强化了焊缝金属并改善了耐蚀能力,特别是耐盐水腐蚀。焊缝金属具有良好的热延展性和冷延展性。白铜焊丝用来焊接绝大多数的铜镍合金。采用 TIG 焊、MIG 焊时,不要求预热。可以进行全位置焊接,为了在焊接过程中获得保护气体的最佳效果和减少气孔产生,应尽可能保持短弧焊接
SCu7061	CuNi10	

九、碳素结构钢药芯焊丝的选用

药芯焊丝气体保护焊在焊接工艺上与实心焊丝没有区别,所不同的是药芯焊丝除了外加保护气体以外,药芯成分在焊接过程中参与焊接熔池的冶金反应,在焊丝熔化时产生的气体与熔渣起到联合保护作用。因此,药芯焊丝焊接能够获得优良的焊接质量和焊接工艺性能。当然,药芯焊丝电弧焊也有一些不足之处:其一是焊接过程中烟尘较大;其二是焊接过程中焊丝有时不均匀,由于药芯焊丝刚性较小,送丝轮挤压时容易造成焊丝变形,形成送丝不均匀,影响了焊接质量;三是有缝焊丝表面不能镀铜,长期存放时容易吸潮,使焊丝表面生锈,影响焊接质量。

近年来,随着药芯焊丝技术的发展,新型的钛型药芯焊丝不仅焊接工艺性好,而且其熔敷金属扩散氢的含量低,冲击韧度优异。而钛钙型药芯焊丝则很少使用。自保护药芯焊丝中含有更多的造气剂、强脱氧剂、脱氮剂等,尽管自保护药芯焊丝采用了多种保护措施,但其保护效果和焊缝质量仍不如外加保护气体的保护方法好。选用药芯焊丝时,除非对焊接接头力学性能有特别的要求,一般很少选择碱性焊丝。只是在焊接强度高于600MPa的钢材或高铬、钼含量的耐热钢焊接时才需要选用碱性药芯焊丝,以防止焊接裂纹,保证韧性。

总之,药芯焊丝的选用,必须根据母材的化学成分、焊接接头的力学性能、结构的拘束程度、焊后是否需要热处理以及耐蚀、耐高温、耐低温等使用条件进行综合考虑,并经过焊接工艺评定试验符合要求后确定。常用碳素结构钢焊接药芯焊丝的特点及应用见表5-51。

表5-51 常用碳素结构钢焊接药芯焊丝的特点及应用

焊丝型号 GB/T 10045—2018	焊丝特点及应用
T492T1-×C1A (E50×T-1) T492T1-×M21A (E50×T-1M)	使用 CO_2 或 $Ar+CO_2$ 保护气体,随着 $Ar+CO_2$ 混合气体中 Ar 气含量的增加,焊缝金属中的锰和硅含量将增加,从而将提高焊缝金属的屈服强度和抗拉强度,并影响冲击性能 该焊丝常用于单道焊和多道焊,采用直流反接(DCEP)操作,直径不小于 2mm 的焊丝用于平焊和横向角焊缝的焊接;直径不大于 1.6mm 的焊丝通常用于全位置焊接 焊丝的特点是喷射过渡、焊接飞溅量小,焊道形状为平滑至微凸。焊渣量适中,并可完全覆盖焊道。焊丝渣系大多数是以氧化钛型为主,具有高熔敷速度
T49T2-×C1S (E50×T-2) T49T2-×M21S (E50×T-2M)	该类焊丝是高锰或高硅或高锰硅的 E×××T-1 和 E×××T-1M 类焊丝,主要用于平焊位置的单道焊和横焊位置角焊缝的单道焊,这类焊丝中含有较高的脱氧剂,可以单道焊接氧化严重的钢或沸腾钢 由于单道焊缝的化学成分不能说明熔敷金属的化学成分,所以,对单道焊焊丝的熔敷金属化学成分不作要求,这类焊丝在单道焊时具有良好的力学性能。多道焊时焊缝金属的锰含量和抗拉强度都较高 此类焊丝熔滴过渡、焊接特性和熔敷速度与 E×××T-1、E×××T-1M 类似
T49T3-×NS (E50×T-3)	此类焊丝是自保护型,采用直流反接(DCEP),熔滴过渡为喷射过渡,其特点是焊接速度非常高,适用于板材平焊、横焊和立焊(最多倾斜20°)位置的单道焊。该类焊丝对母材硬化影响很敏感,一般建议该焊丝不用于下列情况的焊接:①母材厚度超过 4.8mm 的 T 形或搭接接头;②母材厚度超过 6.4mm 的对接、端接或角焊接头
T49ZT4-×NA (E50×T-4)	此类焊丝是自保护型,采用直流反接(DCEP)焊接,熔滴过渡为颗粒过渡,其特点是焊接速度非常高,焊缝硫含量非常低,抗热裂性能好。一般用于非底层的浅熔深焊接。适用于焊接装配不良的接头,可以单道焊或多道焊接

（续）

焊丝型号 GB/T 10045—2018	焊丝特点及应用
T493T5-XC1A （E50XT-5） T493T5-XM21A （E50XT-5M）	此类焊丝用 CO_2 作为保护气体，也可以使用 $Ar+CO_2$ 混合气体，以减少焊接飞溅。该类焊丝使用体积分数为 75%~80% 的 $Ar+CO_2$ 作为保护气体 该类焊丝主要用于平焊位置的单道焊和多道焊、横焊位置角焊缝的焊接。此类焊丝的特点是粗熔滴过渡、微凸焊道形状，焊渣为不能完全覆盖焊道的薄渣。焊丝以氧化钙-氟化物为主要渣系，与氧化钛型渣系的焊丝相比，熔敷金属具有更为优异的冲击韧性、抗热裂和抗冷烈性能。该类焊丝采用直流正接（DCEN），可用于全位置焊接，但这类焊丝的焊接工艺性能不如氧化钛型渣系的焊丝
T493T6-XNA （E50XT-6）	此类焊丝是自保护型，采用直流反接操作，熔滴过渡为喷射过渡，渣系特点是熔敷金属具有良好的低温冲击韧性、良好的焊缝根部熔透性和优异的脱渣性能，甚至在深坡口内脱渣也很好，这类焊丝适用于平焊和横焊位置的单道焊和多道焊
T49ZT7-XNA （E50XT-7）	此类焊丝是自保护型，采用直流正接操作，熔滴过渡为细熔滴过渡或喷射过渡，允许大直径焊丝以高熔敷速度用于平焊和横焊位置的焊接，允许小直径焊丝用于全位置焊接，此类焊丝用于单道焊和多道焊，焊缝金属硫含量非常低，抗裂性好
T493T8-XNA （E50XT-8）	此类焊丝是自保护型，采用直流正接操作，熔滴过渡为细熔滴过渡或喷射过渡，焊丝用于全位置焊接，熔敷金属具有良好的低温冲击韧性和抗裂性，焊丝常用于单道焊和多道焊
T493T1-XC1A （E50XT-9）	该类焊丝使用 CO_2 保护气体，或者以体积分数为 75%~80% 的 $Ar+CO_2$ 作为保护气体，减少 Ar 含量的混合保护气体将导致电弧性能和不适当位置的焊接性能变差。另外，焊缝中锰和硅的含量会减少，这也将对焊缝金属的性能产生某些影响
T49T10-XNS （E50XT-10）	此类焊丝是自保护型，采用直流正接操作，以细熔滴形式过渡，适用于任何厚度材料的平焊、横焊和立焊（最多倾斜 20°）位置的高速单道焊
T49ZT11-XNA （E50XT-11）	此类焊丝是自保护型，采用直流正接操作，具有平稳的喷射过渡。一般用于全位置单道焊和多道焊。该焊丝在没有预热和道间温度控制的情况下，一般不允许用于焊接厚度超过 19mm 的钢材
T493T12-XC1A-K （E50XT-12）	该焊丝是在 E500T-1 和 E500T-1M 类的基础上，改善了熔敷金属的冲击韧性，降低了熔敷金属中的锰含量，降低了 ASME《锅炉和压力容器规程》第Ⅸ章中 A-1 组化学成分的要求，抗拉强度和硬度相应降低，因为焊接工艺会影响熔敷金属性能，所以要求使用者在应用中，以要求的硬度作为检验硬度的条件。该类焊丝的熔滴过渡、焊接性能和熔敷速度与 E500T-1、E500T-1M 相类似
T43T13-XNS （E43XT-13）	此类焊丝是自保护型，采用直流正接操作，通常以短弧焊接，渣系能保证焊丝用于管道环焊缝根部的全位置焊接，可用于各种厚壁的管道焊接，但只推荐用于第一道，一般不推荐用于多道焊
T49T14-XNS （E50XT-14）	此类焊丝是自保护型，采用直流正接操作，具有平稳的喷射过渡。其特点是全位置焊和高速焊接，常用于厚度不超过 4.8mm 焊件的焊接及镀锌、镀铝钢材和其他涂层钢板的焊接，因为这类焊丝对母材硬化的影响敏感，通常不推荐用于下列情况： ①母材厚度超过 4.8mm 的 T 形或搭接接头 ②母材厚度超过 6.4mm 的对接、端接或角焊接接头

注：带括号的型号为 GB/T 10045—2001 标准用型号。

十、热强钢药芯焊丝的选用

热强钢气体保护焊用药芯焊丝与实心焊丝相比，具有熔敷率高、焊接飞溅少、焊接过程稳定、焊缝成形美观和焊接工艺适应性强等优点。近年来，在许多重要焊接结构的焊接上，逐步取代了实心焊丝。

热强钢药芯焊丝类型分为非金属粉型药芯焊丝和金属粉型药芯焊丝。非金属粉型药芯焊丝按化学成分分为钼钢、铬钼钢、镍钢、锰钼钢和其他低合金钢等五类；金属粉型药芯焊丝按化学成分分为铬钼钢、镍钢、锰钼钢和其他低合金钢等四类。

药芯焊丝按气体保护形式可分为气体保护药芯焊丝和自保护药芯焊丝。在自保护药芯焊丝中，填充剂内含有大量的造气剂、脱氧剂和脱氮剂，这些填充剂在电弧中燃烧时，产生大量的气体保护了焊接熔池。自保护药芯焊丝的优点在于无须外加保护气体，简化了焊枪结构，节省了清理焊枪气体喷嘴飞溅物的辅助时间。缺点是焊接过程中烟尘较大，严重甚至恶化了焊接区的可见度。不过，最近也成功开发了低尘低毒的自保护药芯焊丝。

热强钢药芯焊丝用于焊接高碳钢或低合金高强度钢时，熔敷金属或热影响区的氢致裂纹会是个严重问题，但是，焊丝不是焊接过程中扩散氢的唯一来源。下列情况可能影响到实际生产条件下焊缝中扩散氢的含量：

1) 大气条件：空气中的水分进入焊接电弧，从而增加了扩散氢含量。可以通过在保持焊接电弧稳定的条件下，尽量缩短弧长来降低这种影响。检验表明，调整电弧长度在 H15 级别影响最小，而在 H5 级别时影响非常明显。在规定大气条件下满足 H5 要求的焊丝，在高湿度条件下进行焊接，特别是当不能调节电弧长度时，有可能达不到这一扩散氢含量级别。

2) 表面污染：锈、镀层、防飞溅化合物和油脂等都能影响到扩散氢含量。

3) 保护气体：通常焊接用保护气体倾向于其有很低的露点和杂质。但实际上气瓶受污染，通过一些管路渗透的水分和在未用过的气瓶中凝结的水分等，在焊接过程中可能造成扩散氢含量明显增加。

4) 焊丝吸潮：焊丝外包装损坏，环境潮湿或存放时间过长等，都能导致扩散氢含量明显增加。

5) 焊接参数：焊接电流、电弧电压、焊丝伸出长度、保护气体类型、电流种类/极性、单丝焊还是多丝焊等都对扩散氢含量的试验结果有不同程度的影响，并且根据实际情况发生变化。例如，较大的焊丝伸出长度使焊丝受到较多的预热，导致带氢化合物（如水分、油脂等）在其到达电弧之前得到释放，从而减少了扩散氢含量。然而，采用气体保护焊时，假如导电嘴内缩在喷嘴的位置不合适，过长的焊丝伸出长度则会降低保护效果，更多的空气可能进入焊接电弧，增加扩散氢的含量。常用热强钢焊接药芯焊丝的简要说明及应用见表 5-52。

表 5-52　常用热强钢焊接药芯焊丝的简要说明及应用

焊丝型号 GB/T 17493—2018	简要说明及应用
T55T15-XM13-1CM T55T15-XM22-1CM （E55C-B2）	该类焊丝用于焊接在高温和腐蚀情况下使用的 1/2Cr-1/2Mo、1Cr-1/2Mo、1-1/4Cr-1/2Mo 钢；也用于 Cr-Mo 钢与碳素结构钢的异种钢连接，熔滴可呈现喷射、短路或粗滴等过渡形式。控制预热、道间温度和焊后热处理对避免裂纹非常重要
T49T15-XM13-1CML T49T15-XM22-1CML （E49C-B2L）	该类焊丝除了低碳含量（$w_C \leq 0.05\%$）及由此带来较低的强度水平外，其他方面与 E55C-B2 型焊丝一样，同时硬度也有所降低，并在某些条件下改善抗腐蚀性能，且具有较好的抗裂性能
T62T15-XM13-2C1M T62T15-XM22-2C1M （E62C-B3）	该类焊丝用于焊接高温、高压管子和压力容器用 2-1/4Cr-1Mo 钢，也用于连接 Cr-Mo 钢与碳素结构钢。控制预热、道间温度和焊后热处理对避免裂纹非常重要。该类焊丝是在焊后热处理状态下进行分类的，当它们在焊态下使用时，强度较高，应谨慎
T55XT15-XM13-2C1M1 T55XT15-XM13-2C1M1 （E55C-B3L）	该类焊丝除了低碳含量（$w_C \leq 0.05\%$）及强度较低外，其他方面与 E62C-B3 型焊丝一样，且具有较好的抗裂性

（续）

焊丝型号 GB/T 17493—2018	简要说明及应用
T55T15-XM13-5CM T55T15-XM22-5CM （E55C-B6）	该类焊丝含有质量分数为 4.5%～6.0% 的 Cr 和质量分数约为 0.5% 的 Mo，是一种空气淬硬的材料，焊接时要求预热和焊后热处理。用于焊接相似成分的管材
T55T15-XM13-9C1M T55T15-XM22-9C1M （E55C-B8）	该类焊丝含有质量分数为 8.0%～10.5% 的 Cr 和质量分数约为 1.0% 的 Mo，是一种空气淬硬的材料，焊接时要求预热和焊后热处理。用于焊接相似成分的管材

注：括号内型号为 GB/T 17493—2008 标准。

十一、不锈钢药芯焊丝的选用

1. 不锈钢药芯焊丝的特点

1）可进行高效连续焊接，其熔敷速度为焊条电弧焊的 2～3 倍，熔敷效率可达 85% 以上，是一种焊接操作极为方便的气体保护焊焊丝。

2）焊接电弧为气渣联合保护，电弧燃烧非常稳定，飞溅少，脱渣容易，焊道成形美观。

2. 各种不锈钢焊接材料特性比较

各种不锈钢焊接材料特性比较见表 5-53。

表 5-53 各种不锈钢焊接材料特性比较

对比项目	焊条	氩弧焊	实心焊丝	药芯焊丝
熔敷效率	55%	98%	95%	85%
熔敷速度	1.5kg/h	0.5kg/h	3.0kg/h	3.9kg/h
焊道成形	一般	极美观	较差	美观
焊道颜色	金黄色	原色	参考保护气体	原色或金黄色
飞溅率	多	无	多	少
稳定性	稳定	稳定	一般	稳定
脱渣性	一般	无	氧化物	易

3. 不锈钢药芯焊丝的焊接工艺要点

（1）药芯焊丝的保存条件

1）必须存放在较干燥的库房内，建议室内温度为 10℃ 以上，相对湿度（体积分数）≤60%。

2）真空包装，理论上可以无限期保存。但由于一些外在原因可能导致包装破损，从而引起药粉受潮，影响焊接质量，建议药芯焊丝保存期在一年以下。

3）仓库内的药芯焊丝必须存放在货架上，货架底层高于地面 300mm，距离墙壁 300mm 以上。

（2）焊前准备工作

1）打开包装后首先确认真空包装有无破损，如果真空包装有破损，必须进行试焊，如无气孔出现基本上可正常使用。

2）仔细清除待焊处的油、污、锈、垢。

（3）焊丝受潮后的简单处理方法

1）在温度为 50~60℃ 的烘干箱内保温 8h 以上，温度不可过高，否则焊丝盘会软化变形。

2）焊丝伸出长度适当地加长（相当于把焊丝预热和进行烘干），以不影响正常焊接为准。

4. 不锈钢药芯焊丝的选用

常用不锈钢焊接药芯焊丝的简要说明及应用见表 5-54。

表 5-54　常用不锈钢焊接药芯焊丝的简要说明及应用

焊丝型号 GB/T 17853—2018	简要说明及应用
TS307-F×× （E307T×-×）	焊缝强度中等，具有良好的抗裂性。适用于奥氏体型高锰不锈钢与碳钢锻件或铸件等异种不锈钢的焊接
TS308-F×× （E308T×-×）	该焊丝适用于焊接 06Cr19Ni10、06Cr18Ni11Ti、10Cr18Ni12 等同类型的不锈钢
TS308L-F×× （E308LT×-×）	该焊丝与 TS308-F×× 焊丝相比，由于碳含量低，在不含铌、钛等稳定剂时，也能抵抗因碳化物析出而产生的晶间腐蚀。与有铌稳定剂的焊缝相比，其高温强度较低
TS308H-F×× （E308HT×-×）	该焊丝与 TS308-F×× 焊丝的熔敷金属合金元素含量相同，除碳含量限制在上限外，由于碳含量高，在高温下具有较高的抗拉强度和屈服强度
TS308Mo-F×× （E308MoT×-×）	该焊丝与 TS308-F×× 焊丝的熔敷金属合金元素含量相同，通常用于焊接相同类型的不锈钢，也用于焊接 06Cr17Ni12Mo2 型不锈钢锻件，比采用 TS316L-F×× 焊丝焊接得到的铁素体含量要高些
TS308LMo-F×× （E308LMoT×-×）	该焊丝与 TS308-F×× 焊丝的熔敷金属合金元素含量相同，通常用于焊接相同类型的不锈钢，也可以用于焊接 022Cr17Ni12Mo2 型不锈钢铸件，比采用 TS316L-F×× 焊丝焊接得到的铁素体含量要高一些
TS309-F×× （E309T×-×）	该焊丝通常用于焊接相同类型的不锈钢，有时也用于焊接在强腐蚀介质中使用的、要求焊缝合金元素较高的不锈钢。也可用于 06Cr19Ni10 型不锈钢与碳素结构钢的异种钢焊接
TS309L-F×× （E309LT×-×）	该焊丝与 TS309-F×× 焊丝的熔敷金属合金元素含量相同，由于碳含量低，在不含铌、钛等稳定剂时，也能抵抗因碳化物析出而产生的晶间腐蚀，与有铌稳定剂的焊缝相比，其高温强度较低
TS309Mo-F×× （E309MoT×-×）	该焊丝除钼含量较高外，与 TS309-F×× 焊丝的熔敷金属合金元素含量相同，通常用于堆焊工作温度在 320℃ 以下的碳素结构钢和低合金结构钢
TS309LMo-F×× （E309LMoT×-×	该焊丝除钼含量较高外，与 TS309Mo-F×× 焊丝的熔敷金属合金元素含量相同，通常用于堆焊工作温度在 320℃ 以下的碳素结构钢和低合金结构钢
TS309LNiMo-F×× （E309LNiMoT×-×）	该焊丝除铬含量较低和镍含量较高外，与 TS309LMo-F×× 焊丝的熔敷金属合金元素含量相同。与 TS309LMo-F×× 焊丝相比，其熔敷金属铁素体含量较低，氮化铬析出的可能性减少，因而耐蚀性良好
TS309LNb-F×× （E309LNbT×-×）	该焊丝除加入铌外，与 TS309L-F×× 焊丝的熔敷金属合金元素含量相同，通常用于堆焊碳素结构钢和低合金结构钢
TS310-F×× （E310T×-×）	该焊丝通常用于焊接相同类型的不锈钢
TS312-F×× （E312T×-×）	该焊丝通常用于高镍合金与其他金属的焊接，焊缝金属为奥氏体基与分布在其上的大量铁素体构成的双相组织，因此具有较高的抗裂性
TS316-F×× （E316T×-×）	该焊丝通常用于焊接相同类型的不锈钢，由于钼提高了焊缝的抗高温蠕变能力，也可以用于焊接在高温下使用的不锈钢

（续）

焊丝型号 GB/T 17853—2018	简要说明及应用
TS316L-F×× （E316LT×-×）	该焊丝除碳含量较低外，与TS316-F××焊丝的熔敷金属合金元素含量相同，由于碳含量低，在不含铌、钛等稳定剂时，也能抵抗因碳化物的析出而产生的晶间腐蚀，与有铌稳定剂的焊缝相比，其高温强度较低
TS317L-F×× （E317LT×-×）	该焊丝通常用于同类型不锈钢的焊接，可在强腐蚀条件下使用。由于碳含量较低，在不含铌、钛等稳定剂时，也能抵抗因碳化物的析出而产生的晶间腐蚀，与有铌稳定剂的焊缝相比，其高温强度较低
TS347-F×× （E347T×-×）	该焊丝用铌或铌加钽作稳定剂，提高了焊缝的抗晶间腐蚀能力，通常用于焊接以铌或钛作稳定剂、成分相近的铬镍合金钢
TS409-F×× （E409T×-×）	该焊丝用钛作稳定剂，通常用于焊接相同类型的不锈钢
TS410-F×× （E410T×-×）	由于焊接接头属于空气冷淬硬型材料，因此焊接时需要进行预热和后热处理，以获得良好的塑性。通常用于焊接相同类型的不锈钢，也用于在碳素结构钢表面上的堆焊，以提高抗腐蚀、耐磨性能
TS410NiMo-F×× （E410NiMoT×-×）	该焊丝通常用于焊接相同类型的不锈钢。与TS410-F××相比，熔敷金属中铬含量低，镍含量高，从而限制了焊缝组织中的铁素体含量，减少了对力学性能的有害影响。焊后热处理温度不应超过620℃，以防止焊缝组织中未回火马氏体重新淬硬
TS410NiTi-F×× （E410NiTiT×-×）	用钛作稳定剂，通常用于焊接相同类型的不锈钢
TS430-F×× （E430T×-×）	该焊丝熔敷金属中铬含量高，在通常的使用条件下，具有优良的耐蚀性，而在热处理后，又可获得足够的塑性。焊接时，通常需要进行预热和后热处理，焊接接头经过热处理后，才能获得理想的力学性能和抗腐蚀性能
TS2209-F×× （E2209T×-×）	该焊丝通常用于焊接铬质量分数约为22%的双相不锈钢，熔敷金属的显微组织为奥氏体-铁素体基体的双相结构，焊缝金属强度较高，同时又具有良好的抗点蚀性和抗应力腐蚀开裂性能
TS2553-F×× （E2553T×-×）	该焊丝通常用于焊接铬质量分数约为25%的双相不锈钢，熔敷金属的显微组织为奥氏体-铁素体基体的双相结构，焊缝金属强度较高，同时又具有良好的抗点蚀性和抗应力腐蚀开裂性能
TS309L-RⅢ （R309LT1-5）	通常用于碳素结构钢管与奥氏体型不锈钢管对接接头根部焊道的焊接，可不用惰性气体在钢管背部保护，仅用于钨极惰性气体保护焊工艺方法，每道焊缝焊前必须认真清除焊渣，使用时应该遵循制造厂家的产品说明
TS347-RⅢ （R347T1-5）	用铌和钽作稳定剂，通常用于06Gr18Ni11Nb型不锈钢管接头根部焊道的焊接，可不用惰性气体进行背部保护。仅能用于钨极惰性气体保护焊工艺方法，每道焊缝焊前必须清除焊渣，使用时应该遵循制造厂家的产品说明

注：带括号的焊丝为GB/T 17853—1999标准。

第六章

手工钨极氩弧焊焊接工艺

第一节 手工钨极氩弧焊的焊前准备

1. 焊接电源及焊接极性的选择

手工钨极氩弧焊所焊接的板材厚度范围，从生产率考虑，以焊接 3mm 以下为宜，对于某些金属的厚壁结构，需要根部熔透的焊缝全位置焊接或窄间隙焊接时，为了保证焊缝的焊接质量，有时采用手工钨极氩弧焊进行打底焊，然后再用焊条电弧焊盖面。手工钨极氩弧焊电源及焊接极性见表 6-1。

表 6-1 手工钨极氩弧焊电源及焊接极性

电流极性	交流（AC）	直流（DC）	
		正接	反接
示意图	无（正接、反接）		
两极热量 近似分配	焊件：50% 钨极：50%	焊件 70% 钨极：30%	焊件：30% 钨极：70%
钨极许用电流	较大 如：$\phi 3.2mm$ 铈钨极 $I=250A$	最大 如：$\phi 3.2mm$ 铈钨极 $I=330A$	小 如：$\phi 3.2mm$ 铈钨极 $I=35A$
焊缝熔深	中等	深而窄	浅而宽
阴极清理作用	焊件在负半周有	无	有
适用母材材料	铝、铝青铜、镁合金等	氩弧焊： 除铝、铝青铜、镁合金等以外的其余金属 氦弧焊： 几乎所有金属	通常不采用（因为钨极烧损严重）

118

2．焊接场所的准备

焊接场所内与手工钨极氩弧焊焊接施工无关的物件全部清除至焊接区以外，特别是易燃、易爆、易中毒的物品更要存放到安全区内。

室外施工时焊接电弧要有防风措施；焊工焊接时要有防高温措施；氩弧焊在高空作业时要有防止高空坠落措施。

3．焊接现场要有合理、安全的施工空间

室内施工要有通风设施，及时排出焊接过程产生的有害气体。因为在氩弧焊焊接过程中，产生的臭氧是焊条电弧焊的 4.4 倍，产生的氮氧化物是焊条电弧焊的 7 倍。

4．焊前应穿戴好劳动保护用品，选择好护目镜

因为氩弧焊的弧光辐射强度高于焊条电弧焊；紫外线的相对强度，氩弧焊为 1.0 时，而焊条电弧焊则为 0.06。

5．保证气瓶的安全

氩气瓶是压缩气瓶，在运输、使用时要防止剧烈碰撞和接近高温，避免发生气瓶爆炸。

6．焊前仔细阅读焊接工艺文件

检查焊件待焊处的清理、打磨情况；检查焊接材料是否符合工艺文件要求；按工艺规程选择焊接参数；严格按焊接工艺文件的要求施焊，

第二节　手工钨极氩弧焊的焊接参数

一、焊接电源的种类和极性

手工钨极氩弧焊所用的电源有交流电源和直流电源两类。

交流手工钨极氩弧焊焊接过程中，电流的极性呈周期性变化，在交流正极性半周时（焊件为正），因为钨极承载电流能力较大，使焊缝能够得到足够的熔深。在交流反极性半周时（焊件为负），因为氩的正离子流向焊件，在它撞击焊缝熔池金属表面的瞬间，能够将高熔点且又致密的氧化膜击碎，使焊接顺利进行，这就是"阴极破碎"作用，通常用来焊接铝、镁及其合金。焊缝形状介于正接与反接之间，电流种类与焊缝形状如图 6-1 所示。

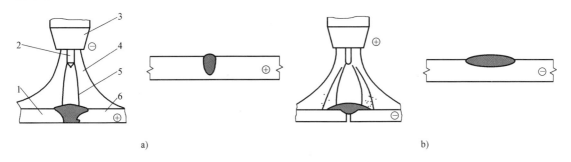

a)　　　　　　　　　　　　　　　　　b)

图 6-1　钨极氩弧焊的电流种类与焊缝形状

a）直流正接　b）直流反接

1—焊件（铝、镁及其合金）　2—钨极　3—喷嘴　4—氩气流　5—电弧　6—氧化膜

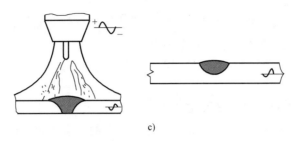

c)

图 6-1　钨极氩弧焊的电流种类与焊缝形状（续）

c）交流

　　直流电源在焊接过程中，焊接电弧产生的热量集中在阳极，当钨极为阳极时（直流反接，焊件为阴极），电极本身被剧烈加热，相同直径的钨极电流承载能力低，约为直流正接的 1/10 左右。但是，直流反接时，焊接电弧具有清除熔池表面氧化膜的作用。直流正接时，钨极电流承载能力高，适用于焊接低碳钢、低合金结构钢、不锈钢、钛及钛合金、铜及铜合金等。钨极氩弧焊的电源极性如图 6-2 所示。

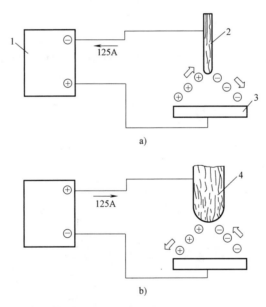

图 6-2　钨极氩弧焊的电源极性

a）直流正接　　b）直流反接

1—直流焊接电源　2—电极（直径 1.6mm）　3—焊件　4—电极（直径 6.4mm）

二、焊接电流

　　焊接电流的大小，应该根据焊件的厚度和钨极的承受能力以及焊接空间位置来选择。钨极氩弧焊焊接电流选择过小，电弧的燃烧就不稳定，甚至发生电弧偏吹现象，使焊缝表面成形及力学性能变差；如果焊接电流选择过大，不仅容易发生焊缝下塌或烧穿、咬边等缺陷，还会加大钨极的烧损量以及由此而产生的焊缝中的钨夹渣，使焊缝力学性能变差。

三、钨极直径和形状

钨极直径的大小，与电流的种类、焊件厚度、电源极性、焊接电流的大小有关。钨极的材料有：纯钨极、钍钨极、铈钨极等，钨极的形状与焊接电流大小有关。当焊接电流较小时，采用较小直径的钨极，为了能够容易引弧并且稳定电弧燃烧，钨极端头常磨成尖角形，尖角为 20°～30°；大电流焊接时，为了防止阴极斑点游动，稳定电弧，使加热集中，应该把电极尖角磨成带有平顶的锥形。常用钨极端头形状与电弧燃弧的关系见表 5-4。

四、钨极伸出长度

钨极伸出长度越小，气体保护效果就越好，但是，喷嘴距焊接熔池太近，影响了焊工的视线，不利于焊接操作，同时，还容易使钨极因为操作不甚而与熔池接触造成短路，产生焊缝夹钨缺陷。通常钨极伸出长度为 5～10mm，喷嘴距焊件的距离为 7～12mm。

五、电弧电压

钨极氩弧焊电弧电压的大小主要由弧长决定，弧长增加，焊缝宽度增加，焊缝深度却减小；焊接电流加大，焊缝熔深增加，焊缝宽度却减小。所以，通过焊接电流和电弧电压的配合，可以控制焊缝形状。但是，当电弧长度太长时，焊缝不仅易产生未焊透缺陷，而且电弧还容易摆动，使空气侵入氩气保护区，造成熔池金属氧化。电弧电压不仅取决于焊接电弧的长度，也与钨极尖端的角度有关。钨极端部越尖，电弧电压就越高，电弧电压过高，气体保护效果就不佳，将影响焊接质量；电弧电压过低，在焊接过程中影响焊工观察焊缝熔池的变化，同样也影响焊接质量。所以，钨极氩弧焊焊接过程中，在保证焊工视线良好的前提下，尽量采用短弧焊接，通常电弧电压为 10～20V。

六、保护气体流量

保护气体流量与喷嘴直径、焊接速度大小有关，在一定的条件下，气体流量与喷嘴直径有一个最佳的范围，对于手工钨极氩弧焊而言，当气体流量为 5～25L/min 时，其对应的喷嘴直径为 5～20mm，此时气体保护效果最佳，有效的保护区也最大。当气体流量过低时，保护气流的挺度差，不能有效地排除电弧周围的空气，使焊接质量降低；当保护气体流量过大时，容易造成紊流，把空气卷入保护气流罩中，降低保护效果。气体流量按以下的经验公式选取：

$$Q = KD$$

式中　　D——喷嘴直径（mm）；

　　　　Q——保护气体流量（L/min）；

　　　　K——系数，$K = 0.8$（大喷嘴），$K = 1.2$（小喷嘴）。

七、喷嘴直径及喷嘴到焊件的距离

1. 喷嘴直径

在保护气体流量一定的条件下，如果喷嘴直径过小，不仅保护气体的保护范围小，还因为气体流速变大，会产生系流现象，把空气卷入保护气流中，降低气体的保护作用。此外，喷嘴直径过小，在焊接过程中，容易烧毁喷嘴；如果喷嘴直径过大，不仅气体流速过低，气流的挺度小，不能排除电弧周围的空气，而且也妨碍焊工观察焊缝熔池的变化，同样也会降低焊缝质量。一般情况下选择喷嘴直径的经验公式如下：

$$D = (2.5 \sim 3.5)d$$

式中　d——钨极直径（mm）；

　　　D——喷嘴直径（mm）。

2. 喷嘴到焊件的距离

喷嘴到焊件的距离体现了钨极伸出长度和焊接电弧的相对长短。在电极伸出长度不变时，改变喷嘴到焊件的距离，既改变了焊接电弧弧长的大小，又改变了气体保护的状态。若喷嘴到焊件的距离拉大，则焊接电弧的锥形底面直径变大，将影响气体保护效果；如果喷嘴到焊件的距离太近，不仅会影响焊工观察焊缝熔池的视线，而且还容易使钨极与熔池接触，产生焊缝夹钨的缺陷。通常喷嘴顶部与焊件的距离为8~14mm。

八、焊接速度

为了获得良好的焊缝，根据焊接电流、焊件厚度、预热温度等条件，综合考虑焊接速度的选择，如果焊接速度过快，不仅使保护气流严重偏后，使钨极端部、电弧弧柱、焊缝熔池的一部分暴露在空气中，还会形成未焊透缺陷，影响焊缝金属的力学性能和保护效果。焊接速度对气体的保护效果如图6-3所示。

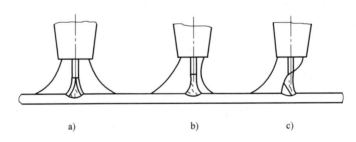

图6-3　焊接速度对气体保护效果的影响

a）静止　b）正常焊接速度　c）焊接速度过快

第三节　手工钨极氩弧焊的操作技术

一、手工钨极氩弧焊的引弧技术

钨极氩弧焊引弧方法主要有：接触短路引弧、高频高压引弧和高压脉冲引弧。

1. 接触短路引弧

焊前用引弧板、铜板或碳块在钨极和焊件之间，短路直接引弧，这是气冷焊枪常采用的引弧方法。其缺点是：在引弧过程中，钨极损耗大，容易使焊缝产生钨夹渣，同时，钨极端部形状容易被破坏，增加了磨制钨极的时间，不仅降低了焊接质量，而且还使氩弧焊的效率下降。

2. 高频高压引弧

在焊接开始时，利用高频振荡器所产生的高频（150~200kHz）、高压（2000~3000V），来击穿钨极与焊件之间的间隙（2~5mm）而引燃电弧。采用高频高压引弧时，会同时产生强度为（60~110）V/m的高频电磁场，是卫生标准所允许的（20V/m）的数倍，如果频繁起弧，会对焊工产生不利的影响。

3. 高压脉冲引弧

利用在钨极和焊件之间所加的高压脉冲（脉冲幅值≥800V），使两极间的气体介质电离而引燃电弧。这是一种较好的引弧方法，在交流钨极氩弧焊时，往往是既用高压脉冲引弧，又用高压脉冲稳弧，引弧和稳弧脉冲由共同的主电路产生，但是，又有各自的触发电路。该电路的设计是：在焊机空载时，只有引弧脉冲，而不产生稳弧脉冲；电弧一旦产生，就只产生稳弧脉冲，而引弧脉冲就自动消失。

手工钨极氩弧焊的引弧方法，通常使用高频高压引弧或高压脉冲引弧。开始引弧时，先使钨极和焊件之间保持一定的距离，然后接通引弧器，在高频电流或高压脉冲电流的作用下，保护气体被电离而引燃电弧，开始正式焊接。

二、手工钨极氩弧焊的定位焊技术

根据焊件的厚度、材料性质以及焊接结构的复杂程度等因素进行定位焊。在保证熔透的情况下，定位焊缝应尽量小而薄。定位焊缝的间距与焊件的刚性有关，对于薄形的焊件和容易变形、容易开裂以及刚性很强的焊件，定位焊缝的间距应该小一些。

三、手工钨极氩弧焊的焊道接头技术

手工钨极氩弧焊的接头技术，在接头处起弧前，应该把接头处做成斜坡形，不能有影响电弧移动的死角，以免影响接头焊接质量。重新引弧的位置，在距焊缝熔孔前10~15mm处的焊缝斜坡上，起弧后，与原焊缝重合10~15mm，重叠处一般不加焊丝或少加焊丝。为了保证接头处焊透，接头处的熔池要采用单面焊接双面成形技术

四、手工钨极氩弧焊的收尾操作技术

手工钨极氩弧焊收弧时，应采用电流自动衰减装置，以免形成弧坑。在没有电流自动衰减装置时，应该利用改变焊枪角度、拉长焊接电弧、加快焊接速度来实现收弧动作。在圆形焊缝或首、尾相连的焊缝收弧时，多采用稍拉长电弧使焊缝重叠20~40mm，重叠的焊缝部分，可以不加焊丝或少加焊丝。焊接电弧收弧后，气路系统应该延时10s左右再停止送气，以防止焊缝金属在高温下继续被氧化和炽热的钨极外伸部分被氧化。

五、手工钨极氩弧焊的填丝操作技术

1. 填丝的基本操作技术

手工钨极氩弧焊填充焊丝时，必须等待母材充分熔融后，再沿与焊件表面成15°的方向，敏捷地从熔池前沿送进焊丝，此时焊枪喷嘴亦可以稍向后平移一下，随后撤回焊丝，如此重复焊丝的填丝操作。焊丝填充有如下几种：

1）连续填丝　连续填丝对保护层的扰动较少，但是，操作技术较难掌握，连续填丝时，用左手的拇指、食指、中指配合送丝，一般焊丝比较平直，无名指和小指夹住焊丝，控制送丝的方向，手工钨极氩弧焊的连续填丝操作如图6-4a所示。连续填丝时的手臂动作不大，待焊丝快用完时才向前移动。连续填丝多用于填充量较大的焊接。

2）断续填丝　断续填丝又叫点滴送丝，焊接时，送丝末端应该始终处在氩气保护区内，将焊丝端部熔滴送入熔池内，是靠手臂和手腕的上、下反复动作，把焊丝端部的熔滴一滴一滴的送入熔池中。为了防止空气侵入熔池，送丝动作要轻，焊丝端部的动作应该始终处在氩气保护层内，不得扰乱氩气保护层，全位置焊接多用此方法填丝，手工钨极氩弧焊的断续填丝操作如图6-4b所示。

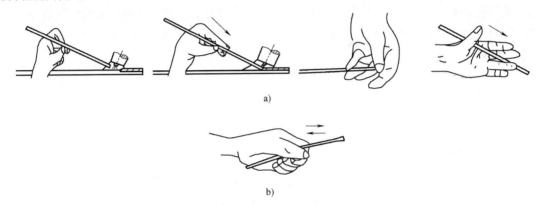

图 6-4　手工钨极氩弧焊的填丝操作

a）连续填丝操作　b）断续填丝操作

3）焊丝紧贴坡口与钝边同时熔化填丝　焊前将焊丝弯成弧形，紧贴坡口间隙，而且焊丝的直径要大于坡口间隙。焊接时，使焊丝和坡口钝边同时熔化形成打底层焊缝。此方法可以避免焊丝妨碍焊工的视线，多用于可焊到性较差地方的焊接。

2. 填丝操作的注意事项

1）填丝时，焊丝与焊件表面成10°~15°夹角，焊丝准确地从熔池前沿送进，熔滴滴入熔池后迅速撤出，焊丝端头始终处在氩气保护区内，如此反复进行。

2）填丝时，应仔细观察坡口两侧，熔化后再行填丝，以免出现熔合不良的缺陷。

3）填丝时，速度要均匀，快慢要适当，过快，焊缝余高大；过慢，焊缝出现下凹和咬边缺陷。焊丝在填丝过程中，不要将焊丝端头撤离气体保护区。

4）坡口间隙大于焊丝直径时，焊丝应与焊接电弧作同步横向摆动，而且送丝速度与焊接速度要同步。不允许将焊丝直接深入熔池中央或在焊缝中作横向来回摆动。

5）填丝时，不应把焊丝直接放在电弧下面，不要让熔滴向熔池"滴渡"。填丝的正确位置如图6-5所示。

6）填丝操作过程中，不要将焊丝抬得过高或与钨极碰撞，因发生焊丝与钨极相碰而产生短路时，会造成焊缝污染和钨夹渣，此时应该立即停止焊接，

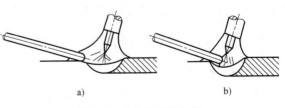

图 6-5　填丝的正确位置

a）正确　b）不正确

将污染的焊缝打磨直至露出金属光泽，同时还要重新磨削钨极端部的形状。

六、焊枪的移动技术

氩弧焊的焊枪一般都是直线移动，只有个别的情况下焊枪作小幅横向摆动。

1. 焊枪的直线移动

焊枪直线移动有三种方式：直线匀速移动、直线断续移动、直线往复移动。

（1）直线匀速移动　适合不锈钢、耐热钢、高温合金薄焊件的焊接。

（2）直线断续移动　焊接过程中，焊枪应停留一段时间，当坡口根部熔透后，再加入焊丝熔滴，然后，再沿着焊缝纵向作断断续续的直线移动。主要用于中等厚度（3~6）mm 材料的焊接。

（3）直线往复移动　焊接电弧在焊件的某一点加热时，焊枪直线移动过来，坡口根部与焊丝都熔化后，焊枪和焊丝再移动过去，在焊缝不断向前伸长的过程中，焊枪和焊丝围绕着熔池不断地作往复移动。主要用于小电流铝及铝合金薄板材料的焊接，可以用往复移动方式来控制热量，防止薄板烧穿，使焊缝成形良好。

2. 焊枪的横向摆动

焊枪的横向摆动有三种形式：圆弧"之"字形摆动、圆弧"之"字形侧移摆动、r 形摆动。

（1）圆弧"之"字形摆动　适合于大的"丁"字形角焊缝、厚板搭接角焊缝、V 形及 X 形坡口的对接焊或特殊要求加宽焊缝的焊接。焊枪的横向摆动如图 6-6 所示。

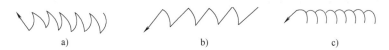

图 6-6　焊枪的横向摆动

a）圆弧"之"字形摆动　b）圆弧"之"字形侧移摆动　c）r 形摆动

（2）圆弧"之"字形侧移摆动　适合于不齐平的角接焊、端接焊。不齐平的角接焊、端接焊的接头形式如图 6-7 所示。焊接时，使焊枪的电弧偏向突出的部分，焊枪做圆弧"之"字形侧移摆动，并且焊接电弧在突出部分停留时间要长些，以熔化这个突出部分，此时，视突出部分熔化情况，再决定填加焊丝或不填加焊丝，沿对接头的端部进行焊接。

图 6-7　不齐平的角接焊、端接焊的接头形式

a）不齐平的角接焊　b）端接焊

（3）r 形摆动　适合厚度相差悬殊的平面对接焊，焊接过程中，使电弧稍微偏向厚板件，让厚板件受热量多一些。

七、焊接操作手法

焊接操作手法有两种：左焊法、右焊法，如图 6-8 所示。

1. 左焊法

左焊法应用比较普遍，焊接过程中，焊枪从右向左移动，焊接电弧指向未焊接部分，焊丝位于电弧的前面，以点滴法加入熔池。

（1）优点　焊接过程中，焊工视野不受阻碍，便于观察和控制熔池的情况；由于焊接电弧指向未焊部位，起到预热的作用，所以，有利于焊接壁厚较薄的焊件，特别适用于打底焊；焊接操作方便简单，对初学者容易掌握。

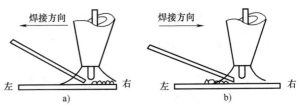

图 6-8　焊接操作手法
a）左焊法　b）右焊法

（2）缺点　焊多层焊、大焊件时，热量利用低，影响提高焊接熔敷效率。

2. 右焊法

（1）优点　右焊法是指使熔池冷却缓慢，有利于改善焊缝组织，减少气孔、夹渣缺陷；同时，由于电弧指向已焊的金属，提高了热利用率，在相同的焊接热输入时，右焊法比左焊法熔深大，所以，特别适宜焊接厚度大、熔点较高的焊件。

（2）缺点　由于焊丝在熔池的后方，焊工观察熔池方向不如左焊法清楚，控制焊缝熔池温度比较困难。此种焊接方法无法在管道上焊接（特别是小直径管）。焊接过程操作比较难掌握，焊工不喜欢使用。

第四节　手工钨极氩弧焊板对接各种焊接位置的操作要点

一、板对接平焊的操作要点

V 形坡口板对接接头在平焊位置焊接时，为了确保板对接接头焊透，需要根据焊件的板厚开各种形式的坡口，根据焊件的大小、焊缝可焊到性、焊接空间大小等，焊工可以选择坐位姿势、蹲位姿势、站位姿势焊接。焊接电弧引燃后，应该在起始点位置先进行预热，当熔池形成并出现熔孔后，再开始填充焊丝，焊接电弧热量应大部分集中在焊丝上，焊丝有规律地从熔池的前半部送进或移出，并且焊丝端部应始终在氩气保护区内，以防氧化。填丝的操作要从焊缝熔池前沿以"点进"的方式填丝，填丝的时候，将焊枪稍向后平移一下，避免填充金属与钨极相接触，造成钨夹渣，随后撤回焊丝，填丝动作要敏捷，重复上述动作直到焊完全部焊缝。"点进"填充焊丝后开始自左向右焊接。整个焊接过程中，焊丝的填充要及时，如焊丝过早地向熔池送入，则容易出现未焊透缺陷；如焊丝给送不及时，容易造成焊瘤等缺陷。焊接过程中填丝时，注意不要把焊丝直接伸到电弧的下面，以免焊丝与钨极接触，造成钨夹渣。送丝的时候，焊丝也不应抬得太高，以免焊丝过早地熔化，产生熔滴后滴到熔池里，易出现未焊透缺陷。

平焊时钨极对准焊件的焊接位置，焊枪角度要适当，要特别注意焊接电弧的稳定性和焊枪移动速度的均匀性，确保整条焊缝的熔深、熔宽均匀一致。手工焊焊接时，宜采用左向焊法，焊枪作均匀的直线运动。为了获得一定的熔宽，允许焊枪作横向摆动，但不允许上下跳动。填丝的焊丝直径一般不超过 3mm。

焊接过程中焊枪要握稳，尽量不要使焊枪上下跳动和横向左右摆动，以免削弱氩气保护效果，增加焊丝和母材的氧化，影响焊缝的质量。焊工应根据焊丝的熔化情况和熔池温度的高低控制焊枪向前移动的速度，焊枪移动速度慢了，焊缝变宽并出现下凹时，说明熔池温度太高，此时焊工应该减小焊枪与焊件的夹角或增加焊接速度；焊枪移动速度快了，焊缝将出现熔池变小，说明此时熔池温度低，应增加焊枪与焊件的夹角和减慢焊接速度，以保证背面焊缝成形良好，避免未焊透等缺陷的产生。平焊位置焊枪与焊丝的倾角如图6-9所示。

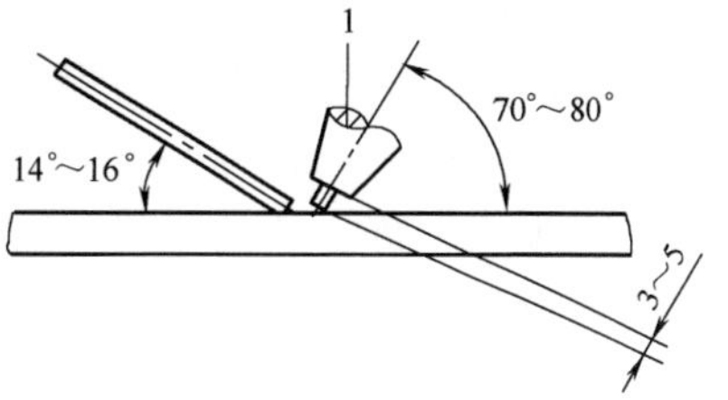

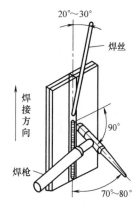

图6-9　平焊位置焊枪与焊丝的倾角

二、板对接立焊的操作要点

立焊时，一般采用由下向上的焊接方式，焊丝在上，焊枪在下。薄板焊件对接立焊时，采用由下向上或由上向下焊接都行，送丝方向以顺手为宜。V形坡口板对接立焊位置的焊接操作比平焊位置焊接操作较难，这主要是高温的熔池金属因重力的原因而下坠，不仅容易形成焊瘤和咬边等焊接缺陷，还使焊缝成形难以控制。因此，焊枪倾斜角度如果选择太大或焊接电弧太长，不仅使焊缝中间过高，而且还容易在焊缝两侧产生咬边缺陷，正确的焊枪操作角度和电弧长度，应该是能方便地观察熔池和送丝。立焊操作时，应该采取较小的焊接电流。焊枪操作应采取向上凸的月牙形摆动，并在坡口两侧稍作停留，以便焊缝两侧能良好地熔合，并随时根据熔池的大小，调整焊枪的角度，控制熔池的温度和凝固，防止熔化金属下淌。立焊过程中还要注意焊枪移动的速度要合适，特别要控制好熔池的形状，保持熔池外沿接近为水平的椭圆形，不要凸出来，否则焊缝形状外凸，成形不好，焊接操作时，尽可能地让已焊好的焊道托住熔池，使焊缝熔池表面像一个水平面匀速上升，保证焊缝外观齐平，鱼鳞纹清晰。立焊时焊枪与焊丝的倾角如图6-10所示。立焊操作时应注意以下几点：

图6-10　立焊时焊枪
与焊丝的倾角

1）焊接热输入不宜过大，焊接电流一般不超过250A，否则，焊缝熔池难以控制。

2）焊枪下垂度角度过小或焊接电弧过长都会产生咬边、焊缝余高凸起等现象，影响焊缝质量。

3）焊丝直径不大于3mm。

三、板对接横焊的操作要点

板对接横焊时，焊缝处于垂直的对接板上，为了防止熔池液态金属受重力作用下淌，形成泪滴形焊缝，在焊接过程中，必须掌握好焊枪及焊丝水平和垂直方向的角度，以及两者间的相对位置，焊接时不要用大于3mm的焊丝。如果在焊接过程中，焊枪的角度不对或焊丝的送进速度跟不上，就极易产生焊缝咬边、焊缝下部成形不良或未焊透等缺陷。V形坡口板对接接头横焊时，坡口的上侧容易形成咬边，坡口的下侧易出现焊道凸出下坠，也就形成了泪滴形焊缝。

因此，焊接时，焊接电弧的热量要偏向坡口的下侧，防止焊缝坡口上侧过热，母材熔化过多，形成泪滴形焊缝。板对接接头封底焊时，通常从板的左端开始焊接，焊接过程中，焊枪作小幅锯齿形摆动，在坡口的两侧稍作停留，以控制熔池的形状。横焊封底焊焊丝的正确填丝位置如图 6-11 所示。

板对接接头横焊填充层的焊接操作，根据坡口的宽度要适当增加焊枪的摆动幅度，使焊道与坡口侧面良好地熔合，焊枪角度、填丝位置等与封底焊相同。横焊时焊枪与焊丝的倾角如图 6-12a 所示。

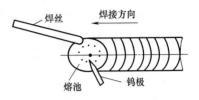

图 6-11　横焊封底焊焊丝的正确填丝位置

板对接盖面焊时，要分为两道焊接。先焊坡口下侧焊道，然后再焊坡口上侧焊道。焊下侧盖面焊道时，焊枪应以填充焊道的下边缘为中心摆动，使熔池的上沿在填充焊道的 1/2～2/3 处，熔池的下沿超出下棱边 0.5～1.5mm。焊接盖面焊上面的焊道时，焊枪应以填充焊道的上边缘为中心摆动，使熔池的上沿超过坡口上棱边 0.5～1.5mm，熔池的下沿应与下侧盖面焊道平滑过渡，焊道表面鱼鳞纹均整。

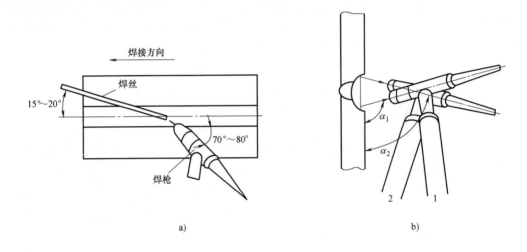

a)　　　　　　　　　　b)

图 6-12　横焊时焊枪与焊丝的倾角
a）填充焊　b）盖面焊（$\alpha_1 = 100° \sim 105°$，$\alpha_2 = 75° \sim 80°$）

四、板对接仰焊的操作要点

V 形坡口板对接接头仰焊时，熔池金属在重力的作用下发生坠落现象比立焊和横焊时要严重，所以，板对接仰焊是最难焊的位置，因为，在仰焊操作时，焊缝熔池没有任何支撑，只能依靠熔池自身的表面张力来维持。为了维持熔池的存在，焊接过程中必须控制好焊接热输入和冷却速度，采用较小的焊接电流，在保证焊透的前提下，尽量采用较大的焊接速度，同时，在不降低气体保护效果下，加大氩气流量，使焊接熔池尽可能地小，并加快熔池凝固。

封底焊时，焊枪在焊件的右端引弧，当出现熔池和熔孔后，开始填充焊丝并向左端焊接。焊接过程中，要用短弧操作，焊枪要作小幅锯齿形摆动，以控制住熔池大小，特别应注意防止熔池金属下坠。

焊接填充层焊道时，应该按坡口的实际宽度加大焊枪的摆动幅度，以保证焊道与坡口两侧熔合良好。控制好焊道的高度，使焊道表面距焊件表面约为 1mm，并且保护好焊件坡口的棱边。

焊接盖面层焊道时，应进一步加大焊枪摆动幅度，使熔池的宽度超过坡口棱边 0.5～1.5mm。焊枪摆动要和前移的速度相配合，使焊缝鱼鳞纹均匀，焊缝宽度均匀美观，没有咬边和焊瘤等缺陷。仰焊时焊枪与焊丝的倾角如图 6-13 所示。

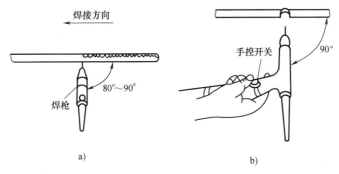

图 6-13　仰焊时焊枪与焊丝倾角

第五节　手工钨极氩弧焊管对接各种焊接位置的操作技术

一、管对接水平转动焊接操作技术

1. 焊接要点

以 ϕ51mm×4mm 的低碳钢管对接水平转动手工钨极氩弧焊为例说明其焊接要点，ϕ51mm×4mm 低碳钢管对接水平转动手工钨极氩弧焊，有两种焊接操作：一种是将焊件放在自动滚轮架上，滚轮的转动速度即是焊接速度，焊枪固定在时钟的 11 点（右向焊）或 1 点（左向焊）位置完成焊接；另一种是焊工用手转动焊件至适当角度停止不动，焊枪由时钟的 2 点（左向焊）或时钟的 10 点（右向焊）进行爬坡焊，焊到 12 点位置时停止焊接，再手工转动焊件至适当的焊接位置。采用爬坡焊的目的是使焊接电弧直对焊缝根部，在焊接过程中，熔滴流入焊缝根部间隙，达到根部熔透。

2. 焊前装配定位

（1）焊前清理　在试件坡口处及坡口边缘各 20mm 范围内，用角磨砂轮打磨直至露出金属光泽，清除油、污、锈、垢，焊丝也要进行同样处理。

（2）焊件装配　将打磨完的焊件进行装配，装配尺寸见表 6-2。

表 6-2　ϕ51mm×4mm 低碳钢管对接水平转动焊的装配尺寸

根部间隙/mm	钝边/mm	错边量/mm
2.5～3.0	0.5～1	≤0.5

（3）定位焊　清理完的焊件，焊前要进行定位焊，定位焊缝有三条，三条定位焊缝各相距 120°，定位焊缝长为 5～8mm，定位焊缝厚度为 3～4mm，定位焊缝质量与正式焊缝的要求相同。手工钨极氩弧焊定位焊焊接参数见表 6-3。

表 6-3　φ51mm×4mm 低碳钢管对接水平转动焊的焊接参数

焊接参数	焊接电流/A	电弧电压/V	氩气流量/(L/min)	钨极直径/mm	喷嘴直径/mm	焊丝直径/mm	钨极伸出长度/mm	喷嘴到焊件的距离/mm
定位焊	80~95	10~12	8~10	2.5	8	2.5	5~7	≤8
打底焊	80~95	10~12	8~10	2.5	8	2.5	5~7	
盖面焊	75~90	10~12	6~8	2.5	8	2.5	5~7	

3. 焊接操作

焊接层次共分为两层：打底层、盖面层。

（1）打底层的焊接　焊接时，焊接电弧热量应较多地集中在坡口的根部，并保持合适的焊枪与焊丝的夹角，避免在焊缝背面形成焊瘤。φ51mm×4mm 低碳钢管对接水平转动焊焊枪与焊丝的角度如图 6-14 所示。

打底层的起弧点是在任一定位焊缝上，起弧后，将定位焊缝预热至有出汗的迹象后，焊枪开始缓慢地向前移动，移至坡口间隙处，让电弧对根部两侧加热 2~3s 后，待坡口根部形成熔池，此时再添加焊丝。焊接过程中，焊枪稍作横向摆动，在熔化钝边的同时，也使焊丝熔化并流向两侧，采用连续送焊丝法，依靠焊丝托住熔池，焊丝端部的熔滴始终与熔池相连，不使熔化的金属产生下坠。打底层焊缝的厚度应控制在 2~3mm。

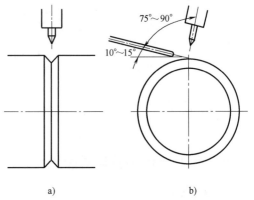

图 6-14　φ51mm×4mm 低碳钢管对接水平转动焊焊枪与焊丝的角度
a）焊枪、焊丝与管子轴线的夹角
b）焊枪、焊丝与管子切线的夹角

焊接时，当遇到定位焊缝时，应该停止送丝或减少送丝，让电弧将定位焊缝及坡口根部充分熔化并和熔池连成一体后，再送进焊丝继续焊接。

（2）盖面层的焊接　盖面层的焊接参数见表 6-3。焊接盖面层时，焊接速度可适当加快，送丝频率也要加快，但是，送丝量要适当减少，以防止熔滴金属下淌和产生咬边。

在焊接过程中要注意的是：无论是打底焊还是盖面焊，焊丝的端部始终要处于氩气的保护范围之内，严禁钨极的端部与焊丝、焊件相接触，防止产生钨夹渣。

二、管对接垂直固定焊接操作技术

1. 焊接要点

以 φ51mm×4mm 低碳钢管对接垂直固定手工钨极氩弧焊为例说明其焊接要点，操作要点和板横焊操作基本相同，所不同的是管对接在垂直位置焊接过程中，焊枪和焊丝都是围绕焊缝作平行移动，焊枪和焊丝的角度在熔池的移动中不改变。应注意在焊接时，防止形成泪滴形焊缝。焊件装配及焊缝层次如图 6-15 所示。

2. 焊前装配定位

（1）焊前清理　在试件坡口处及坡口边缘各 20mm 范围内，用角磨砂轮打磨直至露出金属光泽，清除油、污、锈、垢，焊丝也要进行同样处理。

（2）焊件装配　将打磨完的焊件进行装配，装配尺寸见表6-4。

（3）定位焊　清理完的焊件，焊前要进行定位焊，定位焊缝有三条，三条定位焊缝各相距120°，定位焊缝长为5~8mm，定位焊缝厚度为3~4mm，定位焊缝质量与正式焊缝同样要求。手工钨极氩弧焊定位焊焊接参数见表6-5。

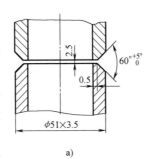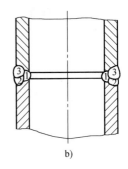

图 6-15　焊件装配及焊缝层次

a）焊件装配　b）焊缝层次

表 6-4　小径管对接垂直固定焊接的装配尺寸

根部间隙/mm	钝边/mm	错边量/mm
2.5~3.0	0.5~1	≤0.5

表 6-5　小径管对接垂直固定焊接的焊接参数

焊接参数	焊接电流/A	电弧电压/V	氩气流量/(L/min)	钨极直径/mm	喷嘴直径/mm	焊丝直径/mm	钨极伸出长度/mm	喷嘴到焊件距离/mm
定位焊	80~95	10~12	8~10	2.5	8	2.5	5~7	≤8
打底焊	80~95	10~12	8~10	2.5	8	2.5	5~7	≤8
盖面焊	75~90	10~12	6~8	2.5	8	2.5	5~7	≤8

3. 焊接操作

焊接层次共分为两层：打底层、盖面层。

（1）打底层焊接　焊接打底层时，为防止上部坡口过热，母材熔化过多而产生下淌，在焊缝的背面形成焊瘤，焊接电弧热量应较多地集中在坡口的下部，并保持合适的焊枪与焊丝夹角，使电弧对熔化金属有一定的向上推力，托住熔化的液态金属不下淌，避免在焊缝背面形成焊瘤。钢管对接垂直固定手工钨极氩弧焊焊枪与焊丝角度见图6-16。

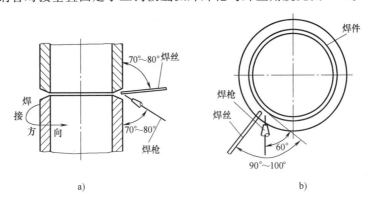

图 6-16　钢管对接垂直固定手工钨极氩弧焊焊枪与焊丝角度

a）焊枪、焊丝与管子轴线夹角　b）焊枪、焊丝与管子切线夹角

打底层的起弧点是在任一定位焊缝上，起弧后，将定位焊缝预热至有出汗的迹象，然后，焊枪开始缓慢向前移动，移至坡口间隙处，让电弧对根部两侧加热 2～3s 后，待坡口根部形成熔池，此时再添加焊丝。焊接过程中，焊枪稍作横向摆动，在熔化钝边的同时，也使焊丝熔化并流向两侧，采用连续送焊丝法，依靠焊丝托住熔池，焊丝端部的熔滴始终与熔池相连，不使熔化的金属产生下坠。打底层焊缝的厚度控制在 2～3mm 为宜。

焊接过程中，当遇到定位焊缝时，应该停止送丝或减少送丝，让电弧将定位焊缝及坡口根部充分熔化并和熔池连成一体后，再送焊丝继续焊接。

（2）盖面层焊接　盖面层的焊接参数见表 6-5。盖面焊时，先焊下面的焊道 2，将焊接电弧对准打底层焊缝的下沿，使熔池下沿超出管子坡口边缘 0.5～1.5mm，熔池上沿覆盖打底层焊道的 1/2～2/3。焊接焊道 3 时，将电弧对准打底层焊道的上沿，使熔池上沿超出管子坡口 0.5～1.5mm，熔池下沿与焊道 2 圆滑过渡，焊接速度可适当加快，送丝频率也要加快，但是，送丝量要适当减少，以防止熔池金属下淌和产生咬边。

在焊接过程中要注意的是：无论是打底焊，还是盖面焊，焊丝的端部始终要处于氩气的保护范围内，严禁钨极的端部与焊丝、焊件相接触，防止产生钨夹渣。

三、管对接水平固定焊接操作技术

1. 焊接要点

以 ϕ51mm×4mm 低碳钢管对接水平固定手工钨极氩弧焊为例说明其焊接要点，管对接接头在水平位置固定，将管焊缝按时钟位置分为两个半圆，焊缝起点在时钟的 6 点处，终点在时钟的 12 点处，分为左半圆和右半圆，焊接过程中，两个半圆焊缝要在起点和终点处搭接 10mm 左右。焊枪和焊丝都围绕焊缝作全位置移动，即：仰焊、仰爬坡焊、立焊、上爬坡焊、平焊。在焊接时注意防止咬边缺陷的出现。焊件装配、焊缝层次及起点、终点位置如图 6-17 所示。

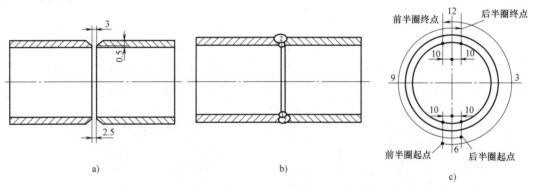

图 6-17　焊件装配、焊缝层次及起点、终点位置
a）焊件装配　b）焊缝层次　c）焊缝起点、终点位置

2. 焊前装配定位

（1）焊前清理　在试件坡口处及坡口边缘各 20mm 范围内，用角磨砂轮打磨直至露出金属光泽，清除油、污、锈、垢，焊丝也要进行同样的处理。

（2）焊件装配　将打磨完的焊件进行装配，装配尺寸见表 6-6。

（3）定位焊　清理完的焊件，焊前要进行定位焊，定位焊缝有三条，三条定位焊缝各

表 6-6　低碳钢管对接水平固定手工钨极氩弧焊的装配尺寸

根部间隙/mm	钝边/mm	错边量/mm
2.5~3.0	0.5~1	≤0.5

相距 120°，定位焊缝长为 5~8mm，定位焊缝厚为 3~4mm，定位焊缝质量应与正式焊缝的要求相同。低碳钢管对接水平固定手工钨极氩弧焊的焊接参数见表 6-7。

表 6-7　低碳钢管对接水平固定手工钨极氩弧焊的焊接参数

焊接参数	焊接电流 /A	电弧电压 /V	氩气流量 /(L/min)	钨极直径 /mm	喷嘴直径 /mm	焊丝直径 /mm	钨极伸出长度/mm	喷嘴到焊件距离/mm
定位焊	80~95	10~12	10~12	2.5	8	2.5	5~7	≤8
打底焊	75~85	10~12	10~12	2.5	8	2.5	5~7	≤8
盖面焊	75~90	10~12	10~12	2.5	8	2.5	5~7	≤8

3. 焊接操作

焊接层次共分为两层：打底层和盖面层。

（1）打底层焊接　先焊前半圆，在时钟 6 点处向 7 点处移动 5~10mm 位置起弧，尽量压低电弧，当根部出现第一个熔孔时，左右两处各填一滴熔滴，使这两滴熔滴熔合在一起，焊丝要紧贴坡口根部，在坡口两侧熔合良好的情况下，逆时针焊接，焊接速度尽量快些，防止仰焊部位焊缝熔池由于温度过高而发生下坠，在焊缝内侧形成内凹。焊接经过时钟 12 点后到 11 点处停弧。前半圈焊接路线：7 点处开始→6 点→5 点→4 点→3 点→2 点→1 点→12 点→11 点处停止焊接。后半圈的焊接路线：时钟 5 点处开始→6 点→7 点→8 点→9 点→10 点→11 点→12 点→1 点处停止焊接。

焊接过程中，焊丝在氩气的保护范围内，采取一进一退的间断送丝法施焊，一滴一滴的向熔池送入熔滴。焊接过程中要时刻注意控制熔池的形状，始终保持熔池尺寸大小一致，电弧穿透均匀，防止焊缝产生焊瘤、内凹或外凹等缺陷。

（2）盖面层焊接　在打底层上起弧，在时钟 6 点处开始焊接，焊枪作月牙形或锯齿形摆动，焊丝亦随焊枪作同步摆动，在坡口两侧稍作停留，各添加一滴熔滴，使熔敷金属与母材融合良好。在仰焊部位填充熔滴金属要少些，以免熔敷金属产生下坠。在立焊部位，要控制焊枪角度，防止熔池金属下坠。在平焊位置，此时焊件温度已高，要保证平焊部位焊缝饱满。焊接过程中，焊枪与焊丝、焊件的位置变化如图 6-18 所示。

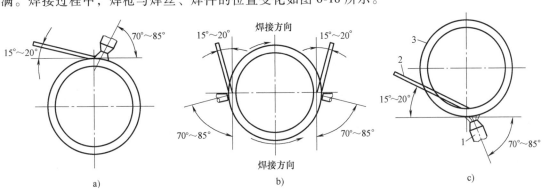

图 6-18　焊枪与焊丝、焊件的位置变化
a）平焊位置　b）立焊位置　c）仰焊位置

在焊接过程中要注意的是：无论是打底焊，还是盖面焊，焊丝的端部始终要处于氩气的保护范围之内，严禁钨极的端部与焊丝、焊件相接触，防止产生钨夹渣。

第六节　低碳钢管板手工钨极氩弧焊操作技术

一、插入式低碳钢管板垂直固定手工钨极氩弧焊操作技术

1. 插入式低碳钢管板垂直固定手工钨极氩弧焊操作要点

插入式低碳钢管板垂直固定手工钨极氩弧焊的操作要点和板对接平焊操作基本相同，所不同的是管插入在垂直固定管板中，焊缝是圆形而不是直线形。焊接过程中，焊枪和焊丝都是围绕焊接接头作平行移动，焊枪和焊丝的角度在熔池的移动中不改变。电弧和焊丝偏向管板，在施焊过程中，应注意电弧在管壁的停留时间要小于电弧在管板的停留时间，以避免管壁过热产生咬边缺陷。焊接过程中，要时刻注意管板接头管子内侧的受热状况，当焊接管板焊缝时，焊缝使管子内表面发红，表明输入的热量正好；焊缝使管子内表面起氧化皮，说明输入的热量过大；焊缝使管子内表面熔化或管壁起皱，说明输入的热量使管壁过烧，这是不允许的。

2. 焊前装配及定位焊

（1）准备焊件　用角向打磨机或钢丝刷，将插入管板孔内的管子距管端 20mm 范围内的油、污、锈、垢清除干净，直至露出金属光泽。修磨管板坡口的钝边，使钝边的尺寸保持在 0.5~1.5mm。用划针在管板坡口正面划与管孔一致的同心圆 $\phi100mm$，并打上样冲眼，作为焊后测量焊缝坡口每侧增宽的基准线。

（2）焊件装配　插入式低碳钢管板垂直固定装配及焊缝层次如图 6-19 所示。

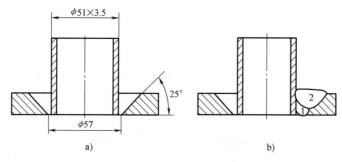

图 6-19　插入式低碳钢管板垂直固定装配及焊缝层次

a）管板焊件装配　b）焊缝层次

（3）定位焊　定位焊采用氩弧焊，定位焊缝为 3 条，每条定位焊缝相距 120°，定位焊缝长度为 10~15mm。插入式低碳钢管板垂直俯位氩弧焊定位及打底焊的焊接参数见表 6-8。

表 6-8　插入式低碳钢管板垂直俯位氩弧焊定位及打底焊的焊接参数

焊接参数	焊接电流 /A	电弧电压 /V	氩气流量 /(L/min)	钨极直径 /mm	焊丝直径 /mm	喷嘴直径 /mm	钨极伸出长度/mm	喷嘴距焊件距离/mm
定位焊	90~100	11~13	6~8	2.5	2.5	8	7~9	≤12
打底层焊	95~105	11~13	6~8	2.5	2.5	8	7~9	≤12
盖面层焊	90~100	11~13	6~8	2.5	2.5	8	7~9	≤12

3. 焊接操作

（1）打底层的焊接 将焊件垂直固定在俯位处，在定位焊缝处引弧，先不加焊丝，让电弧在原位置稍加摆动，待定位焊缝开始熔化并且形成熔池和熔孔后再将焊丝送入电弧下，当焊丝出现熔化后，再将熔滴送到焊接熔池前端的熔池中，用以提高焊缝背面的余高，防止产生未焊透和内凹缺陷。当焊至定位焊缝时，焊枪应在原地摆动加热，使原定位焊缝熔化并和熔池连成一体后，再移动焊枪送焊丝继续向前焊接。

打底层焊接过程中，应注意观察熔孔的大小，若发现熔孔变大时，可以采用适当加大焊枪与孔板间的夹角、增加焊接速度、减小电弧在管子坡口侧的停留时间、减小焊接电流等方法解决。当发现熔孔变小时，则采取与上述相反的措施，使熔孔变大。

焊接完毕收弧时，先停止送焊丝，然后断开控制开关，此时的焊接电流在减小，焊缝熔池也在逐渐缩小。当电弧熄灭，焊丝应抽离熔池但不能脱离氩气保护区，待氩气延时 3～4s 关闭后，才能移开焊枪、焊丝，防止收弧处的高温焊缝金属被氧化。

焊缝进行接头时，应在弧坑的右侧 10～20mm 处引弧，并且立即将电弧移至接头处，使电弧稍作摆动加热，待接头处出现熔化后再添加焊丝。当焊至焊缝首尾相连时，此时稍停送丝，电弧在原地不动继续加热，等到接头处出现熔化时再添加焊丝，以保证接头处熔合良好。插入式低碳钢管板垂直俯位氩弧焊打底焊的焊接参数见表 6-8。插入式低碳钢管板垂直俯位氩弧焊打底焊的焊枪、焊丝角度如图 6-20 所示。

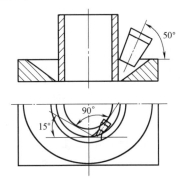

图 6-20 插入式低碳钢管板垂直俯位氩弧焊打底焊的焊枪、焊丝角度

（2）盖面层的焊接 焊前将打底焊缝的凸起部分打磨平整，焊丝紧贴管外壁焊接，用熔化的金属抬高焊缝根部，焊接速度要快，以防止管外壁过烧。在焊接盖面焊缝前，需要认真打磨打底焊缝的表面，使待焊接的焊缝表面平滑，然后焊接盖面焊缝。此时，焊接电弧要直指管板坡口表面，将坡口表面填平。

二、插入式低碳钢管板水平固定手工钨极氩弧焊操作技术

1. 插入式低碳钢管板水平固定手工钨极氩弧焊的操作要点

插入式低碳钢管板水平固定焊接是全位置焊接，要求焊工掌握平焊、立焊和仰焊的操作技术。焊接过程中，共焊两层焊道，先焊打底层焊缝，再焊盖面层焊缝，每层焊缝都由时钟 6 点位置处开始，分为两个半圆进行焊接，如果是先顺时针（6 点→9 点→12 点）焊接前半圈，后半圈则是逆时针（6 点→3 点→12 点）焊接。

2. 焊前装配定位及焊接

（1）准备焊件 用角向打磨机或钢丝刷，将插入管板孔内管子距管端 20mm 范围内的油、污、锈、垢清除干净，直至露出金属光泽。修磨管板坡口的钝边，使钝边的尺寸保持在 0.5～1.5mm。用划针在管板坡口正面划与管孔同心圆 φ100mm，并打上样冲眼，作为焊后测量焊缝坡口每侧增宽的基准线。

（2）焊件装配 焊件装配及焊缝层次如图 6-21 所示。

（3）定位焊 定位焊采用氩弧焊，定位焊缝为 3 条，每条定位焊缝相距 120°，定位焊

缝长度为 10~15mm。插入式低碳钢管板水平固定氩弧焊定位焊及打底焊的焊接参数见表 6-9。

3. 焊接操作

该试件共焊两层焊道，先焊打底层，然后再焊盖面层焊缝，每层焊缝都由时钟位置 6 点处开始，分为两个半圆进行焊接，如果是先顺时针（6 点→9 点→12 点）焊接前半圈，焊丝一定要填加到坡口根部，送丝速度一定要比正常焊接时慢一点。后半圈则是逆时针（6 点→3 点→12 点）焊

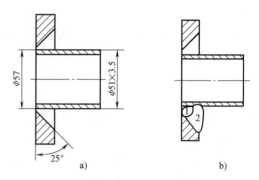

图 6-21 插入式低碳钢管板水平固定装配及焊缝层次
a）管板焊件装配 b）焊缝层次

接，焊丝一定要放到坡口钝边上，送丝速度可以根据熔池熔孔的大小决定。

（1）打底层的焊接 在定位焊缝处引弧，先不添加焊丝，电弧在原位置稍加摆动，待定位焊缝开始熔化并且形成熔池和熔孔后再将焊丝送入电弧下，当焊丝出现熔化后，再将熔滴送到焊缝前端的熔孔中，用以提高焊缝背面的余高，防止产生未焊透和内凹缺陷。当焊至定位焊缝时，焊枪应从时钟 6 点向 3 点（或 6 点向 9 点）处焊接，可以采用内填丝法向熔池送进焊丝熔滴，焊丝熔滴要一滴一滴地送到焊缝熔孔处，在打底层的焊接过程中，应注意观察熔孔的大小，熔孔过大，说明焊接过程中热量过多，容易造成反面烧穿，所以，要降低熔滴送入的速度；熔孔过小，焊件容易焊不透，此时要加大焊丝熔滴的送入速度。当焊枪到达时钟 3 点或 9 点位置时，焊接处的温度已经很高了，焊接操作进入立焊操作阶段，这时应注意控制焊件的熔化，防止熔化的金属液体流淌，在操作上应减慢送丝速度，焊丝熔滴要一滴一滴地送到焊接熔孔中去，以焊缝背面不出现塌漏缺陷为准。在焊接过程中遇见定位焊缝时，要在原地摆动加热，使原定位焊缝熔化并和熔池连成一体后，再送焊丝继续向前焊接。两个半圆焊缝在起弧点时钟 6 点处和收弧点时钟 12 点处应互相重合 10~15mm。

表 6-9 插入式低碳钢管板水平固定氩弧焊定位焊及打底焊的焊接参数

焊接参数	焊接电流 /A	电弧电压 /V	氩气流量 /L/min	钨极直径 /mm	焊丝直径 /mm	喷嘴直径 /mm	钨极伸出 长度 /mm	喷嘴距焊件 距离 /mm
定位焊	90~100	11~13	6~8	2.5	2.5	8	7~9	≤12
打底焊	95~105	11~13	6~8	2.5	2.5	8	7~9	≤12
盖面焊	90~105	11~13	6~8	2.5	2.5	8	7~9	≤12

在打底层的焊接过程中，应注意观察熔孔的大小，若发现熔孔变大时，可以采用适当减小焊枪与孔板间的夹角、增加焊接速度、减小电弧在管子坡口侧的停留时间、减小焊接电流等方法解决。当发现熔孔变小时，则采取与上述相反的措施，使熔孔变大。

（2）盖面层的焊接 焊接盖面层时，为了防止管子产生咬边缺陷，电弧可以稍离开管壁，从熔池前上方添加焊丝，将电弧的热量移向管板。

焊接完毕收弧时，先停止送焊丝，然后断开控制开关，此时焊接电流在减小，焊接熔池也在逐渐缩小。当电弧熄灭时，焊丝应抽离熔池但不能脱离氩气保护区，待氩气延时 3~4s

关闭后，才能移开焊枪、焊丝，防止收弧处的高温焊缝金属被氧化。

　　焊缝进行接头时，应在弧坑的右侧 10~20mm 处引弧，并且立即将电弧移至接头处，电弧稍作摆动加热，待接头处出现熔化后再加焊丝。当焊至焊缝首尾相连时，此时稍停送丝，电弧在原地不动加热，等到接头处出现熔化时再加焊丝，保证接头处熔合良好。插入式低碳钢管板水平固定氩弧焊打底焊的焊接参数见表 6-9。插入式低碳钢管板水平固定氩弧焊打底焊的焊枪、焊丝角度如图 6-22 所示。

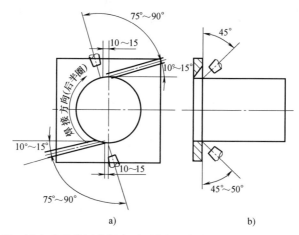

图 6-22　插入式低碳钢管板水平固定氩弧焊打底焊的焊枪、焊丝角度

第七章

常用金属材料的氩弧焊

第一节　碳素结构钢氩弧焊

一、碳素结构钢的分类

1. 按化学成分分类

碳素结构钢按碳含量的多少可分为：低碳钢（$w_C < 0.25\%$）、中碳钢（$w_C = 0.25\% \sim 0.6\%$）、高碳钢（$w_C > 0.6\%$）三类。

2. 按钢中硫、磷等有害杂质的含量分类

按照钢中有害杂质硫和磷的含量，可将碳素结构钢分为：普通碳素结构钢（$w_S \leqslant 0.055\%$，$w_P \leqslant 0.045\%$）、优质碳素结构钢（$w_S \leqslant 0.040\%$，$w_P \leqslant 0.040\%$）、高级优质碳素结构钢（$w_S \leqslant 0.030\%$，$w_P \leqslant 0.035\%$）。

二、碳素结构钢的牌号

1. 普通碳素结构钢牌号的表示方法

碳素结构钢牌号由代表屈服强度的字母、屈服强度数值、质量等级符号、脱氧方法符号四个部分按顺序组成。代表字母表示如下：

Q——钢材屈服强度"屈"字汉语拼音首位字母；

A、B、C、D——分别为质量等级；

F——沸腾钢"沸"字汉语拼音首位字母；

Z——镇静钢"镇"字汉语拼音首位字母；

TZ——特殊镇静钢"特镇"两字汉语拼音首位字母；

例如 Q235AF 钢：表示该碳素结构钢的屈服强度数值为 235MPa，A 级质量，沸腾钢。

碳素结构钢牌号和化学成分见表 7-1。

2. 优质碳素结构钢牌号的表示方法

优质碳素结构钢牌号通常由五部分组成：

第一部分，以两位阿拉伯数字表示平均碳含量（以万分之几计）；

第二部分（必要时），较高含锰量的优质碳素结构钢，加锰元素符号 Mn；

第三部分（必要时），钢材冶金质量，即高级优质钢、特级优质钢分别以 A、E 表示，

表 7-1　碳素结构钢牌号和化学成分

牌号	统一数字代号[①]	等级	厚度/mm	脱氧方法	化学成分(质量分数,%)不大于				
					C	Si	Mn	P	S
Q195	U11952	—	—	F、Z	0.12	0.30	0.50	0.035	0.040
Q215	U12152	A	—	F、Z	0.15	0.35	1.20	0.045	0.050
	U12155	B							0.045
Q235	U12352	A	—	F、Z	0.22	0.35	1.40	0.045	0.050
	U12355	B			0.20[②]				0.045
	U12358	C		Z	0.17			0.040	0.040
	U12359	D		TZ				0.035	0.035
Q275	U12752	A	—	F、Z	0.24	0.35	1.50	0.045	0.050
	U12755	B	≤40	Z	0.21			0.045	0.045
			>40		0.22				
	U12758	C		Z	0.20			0.040	0.040
	U12759	D		TZ				0.035	0.035

① 表中为镇静钢、特殊镇静钢牌号的统一数字,沸腾钢牌号的统一数字代号如下:

Q195F——U11950;

Q215AF——U12150, Q215BF——U12153;

Q235AF——U12350, Q235BF——U12353;

Q275AF——U12750。

② 经需方同意,Q235B 的 w_C 可不大于 0.22%。

优质钢不用字母表示;

第四部分（必要时），脱氧方式符号，即沸腾钢、半镇静钢、镇静钢分别以 F、b、Z 表示，但镇静钢的表示符号通常可以省略;

第五部分（必要时），产品名称、特性或工艺方法表示符号，见表 7-2。

表 7-2　常用优质碳素结构钢的产品名称、特性或工艺方法表示符号

产品名称	采用的汉字及汉语拼音		采用字母	位置
	汉字	汉语拼音		
锅炉和压力容器用钢	容	RONG	R	牌号尾
锅炉用钢(管)	锅	GUO	G	牌号尾
低温压力容器用钢	低容	DI RONG	DR	牌号尾
桥梁用钢	桥	QIAO	Q	牌号尾
耐候钢	耐候	NAI HOU	NH	牌号尾
高耐候钢	高耐候	GAO NAI HOU	GNH	牌号尾
汽车大梁用钢	梁	LIANG	L	牌号尾
高性能建筑结构用钢	高建	GAO JIAN	GJ	牌号尾

优质碳素结构钢的化学成分见表 7-3。

表 7-3　优质碳素结构钢的化学成分

统一数字代号	牌号	化学成分(质量分数,%)					
		C	Si	Mn	Cr	Ni	Cu
					≤		
U20080	08F	0.05~0.11	≤0.03	0.25~0.50	0.10	0.30	0.25
U20100	10F	0.07~0.13	≤0.07	0.25~0.50	0.15	0.30	0.25
U20150	15F	0.12~0.18	≤0.07	0.25~0.50	0.25	0.30	0.25
U20082	08	0.05~0.11	0.17~0.37	0.35~0.65	0.10	0.30	0.25
U20102	10	0.07~0.13	0.17~0.37	0.35~0.65	0.15	0.30	0.25
U20152	15	0.12~0.18	0.17~0.37	0.35~0.65	0.25	0.30	0.25
U20202	20	0.17~0.23	0.17~0.37	0.35~0.65	0.25	0.30	0.25
U20252	25	0.22~0.29	0.17~0.37	0.50~0.80	0.25	0.30	0.25
U20302	30	0.27~0.34	0.17~0.37	0.50~0.80	0.25	0.30	0.25
U20352	35	0.32~0.39	0.17~0.37	0.50~0.80	0.25	0.30	0.25
U20402	40	0.37~0.44	0.17~0.37	0.50~0.80	0.25	0.30	0.25
U20452	45	0.42~0.50	0.17~0.37	0.50~0.80	0.25	0.30	0.25
U20502	50	0.47~0.55	0.17~0.37	0.50~0.80	0.25	0.30	0.25
U20552	55	0.52~0.60	0.17~0.37	0.50~0.80	0.25	0.30	0.25
U20602	60	0.57~0.65	0.17~0.37	0.50~0.80	0.25	0.30	0.25
U20652	65	0.62~0.70	0.17~0.37	0.50~0.80	0.25	0.30	0.25
U20702	70	0.67~0.75	0.17~0.37	0.50~0.80	0.25	0.30	0.25
U20752	75	0.72~0.80	0.17~0.37	0.50~0.80	0.25	0.30	0.25
U20802	80	0.77~0.85	0.17~0.37	0.50~0.80	0.25	0.30	0.25
U20852	85	0.82~0.90	0.17~0.37	0.50~0.80	0.25	0.30	0.25
U21152	15Mn	0.12~0.18	0.17~0.37	0.70~1.00	0.25	0.30	0.25
U21202	20Mn	0.17~0.23	0.17~0.37	0.70~1.00	0.25	0.30	0.25
U21252	25Mn	0.22~0.29	0.17~0.37	0.70~1.00	0.25	0.30	0.25
U21302	30Mn	0.27~0.34	0.17~0.37	0.70~1.00	0.25	0.30	0.25
U21352	35Mn	0.32~0.39	0.17~0.37	0.70~1.00	0.25	0.30	0.25
U21402	40Mn	0.37~0.44	0.17~0.37	0.70~1.00	0.25	0.30	0.25
U21452	45Mn	0.42~0.50	0.17~0.37	0.70~1.00	0.25	0.30	0.25
U21502	50Mn	0.48~0.56	0.17~0.37	0.70~1.00	0.25	0.30	0.25
U21602	60Mn	0.57~0.65	0.17~0.37	0.70~1.00	0.25	0.30	0.25
U21652	65Mn	0.62~0.70	0.17~0.37	0.90~1.20	0.25	0.30	0.25
U21702	70Mn	0.67~0.75	0.17~0.37	0.90~1.20	0.25	0.30	0.25

三、低碳钢氩弧焊

1. 焊前预热

低碳钢焊接性能良好,一般不需要采用焊前预热的特殊工艺措施,只有母材成分不合格(硫、磷含量过高)、焊件的刚度过大、焊接时周围环境温度过低等,才需要采取预热措施。

常用低碳钢典型产品的焊前预热温度见表 7-4。

表 7-4　常用低碳钢典型产品的焊前预热温度

焊接场地环境温度 /℃（小于）	焊件厚度/mm		预热温度/℃
	导管、容器类	柱、桁架、梁类	
0	41~50	51~70	100~150
-10	31~40	31~50	
-20	17~30	—	
-30	16 以下	30 以下	

2. 焊接材料的选择

低碳钢用氩弧焊进行焊接，多是薄板焊接结构和锅炉、压力容器、压力管道等重要结构，为了保证焊缝熔透，常需要用 TIG 焊打底或用熔化极氩弧焊焊接全缝，常用的碳素结构钢焊丝有：ER50-2、ER50-3、ER50-4、ER50-6、ER50-7、ER49-1 等，碳素结构钢部分药芯焊丝的焊接位置、保护类型及适用性要求见表 7-5。低碳钢手工 TIG 焊的焊接参数见表 7-6。低碳钢熔化极氩弧焊短路过渡的焊接参数见表 7-7。

表 7-5　碳素结构钢部分药芯焊丝焊接位置、保护类型及适用性要求

焊丝型号	焊接位置[1]	外加保护气体[2]（体积分数,%）	极性[3]	适用性[4]
E500T-1M	H,F	Ar75%~80%+CO_2	DCEP	M
E501T-1M	H,F,VU,OH			
E500T-2M	H,F			S
E501T-2M	H,F,VU,OH			
E500T-5M	H,F		DCEP 或 DCEN[5]	M
E501T-5M	H,F,VU,OH			
E500T-9M	H,F		DCEP	M
E50IT-9M	H,F,VU,OH			
E500T-12M	H,F			
E501T-12M	H,F,VU,OH			

[1] H 为横焊，F 为平焊，OH 为仰焊，VU 为向上立焊。
[2] 对于使用外加保护气体的焊丝，其金属的性能随保护气体类型不同而变化，用户在未向焊丝制造商咨询前不应使用其他保护气体。
[3] DCEP 为直流电源，焊丝接正极；DCEN 为直流电源，焊丝接负极。
[4] M 为单道和多道焊，S 为单道焊。
[5] E501T-5 和 E501T-5M 型焊丝可在 DCEN 极性使用，以改善不适当位置的焊接性，推荐的极性请咨询制造商。

表 7-6　低碳钢手工 TIG 焊的焊接参数

板厚/mm	焊丝直径/mm	焊接电流/A	焊接速度/（cm/min）
0.9	1.6	100	30~37
1.2	1.6	100~123	30~45
1.5	1.6	100~140	30~45
2.3	2.4	140~170	30~45
3.2	3.2	150~260	25~30

表 7-7　低碳钢熔化极氩弧焊短路过渡时的焊接参数

板厚 /mm	间隙 /mm	焊丝直径 /mm	焊丝伸出长度 /mm	焊接电流 /A	电弧电压 /V	焊接速度 /(cm/min)
0.4	0	0.4	5~8	20	15	40
0.8	0	0.6~0.8	5~8	30~40	15	40~55
1.6	0	0.8~0.9	6~10	100~110	16~17	40~60

第二节　低合金高强度结构钢氩弧焊

在碳素结构钢中加入总质量分数不超过 5% 的各种合金元素，用以提高韧性、强度、耐蚀性、耐热性、耐候性及其他具有特殊性能的钢材，被称为低合金高强度结构钢。目前，低合金高强度结构钢已成为大型焊接结构中最主要的钢材，为了使低合金高强度结构钢具有良好的焊接性，结构钢的 w_C 要限制在 0.2% 以下。

一、低合金高强度结构钢的牌号

1. 低合金高强度结构钢牌号的表示方法（GB/T 1591—2018）

钢的牌号由代表屈服强度"屈"字的汉语拼音首字母 Q、规定的最小上屈服强度数值、交货状态代号、质量等级符号（B、C、D、E、F）四部分组成。

1）交货状态为热轧时，交货状态代号 AR 或 WAR 可省略；交货状态为正火或正火轧制状态时，交货状态代号均用 N 表示。

2）Q+规定的最小上屈服强度数值+交货状态代号，简称为"钢级"。

示例：Q355ND。其中：

Q——钢的屈服强度的"屈"字汉语拼音的首字母；

355——规定的最小上屈服强度数值，单位为兆帕（MPa）；

N——交货状态为正火或正火轧制；

D——质量等级为 D 级；

当需方要求钢板具有厚度方向性能时，则在上述规定的牌号后面加上代表厚度方向（Z向）性能级别的符号，如：Q355NDZ25。

2. 低合金高强度结构钢的化学成分

热轧钢的牌号及化学成分见表 7-8。热机械轧制钢的牌号及化学成分见表 7-9。正火、正火轧制钢的牌号及化学成分见表 7-10。低合金高强度结构钢国内外标准牌号对照见表 7-11。

二、低合金高强度结构钢的焊接性

低合金高强度结构钢含有一定量的合金元素，其焊接性与碳素结构钢不同的是，焊接热影响区达到了组织与性能的变化，对焊接热输入较敏感，热影响区的淬硬倾向增大，对氢致裂纹敏感性较大，含有碳、氮化合物形成元素的低合金高强度结构钢还存在再热裂纹的危险等。只有在掌握了各种低合金高强度结构钢焊接性特点规律的基础上，才能制订正确的焊接工艺，保证低合金高强度结构钢的焊接质量。

表 7-8　热轧钢的牌号及化学成分（GB/T 1591—2018）

钢级	质量等级	C① ≤40② 不大于	C① >40 不大于	Si	Mn	P②	S③	Nb④	V⑤	Ti⑤	Cr	Ni	Cu	Mo	N⑥	B
Q355	B	0.24		0.55	1.60	0.035	0.035	—	—	—	0.30	0.30	0.40	—	0.012	—
	C	0.20	0.22			0.030	0.030									
	D	0.20	0.22			0.025	0.025								—	
Q390	B	0.20		0.55	1.70	0.035	0.035	0.05	0.13	0.05	0.30	0.50	0.40	0.10	0.015	—
	C					0.030	0.030									
	D					0.025	0.025									
Q420⑦	B	0.20		0.55	1.70	0.035	0.035	0.05	0.13	0.05	0.30	0.80	0.40	0.20	0.015	—
	C					0.030	0.030									
Q460⑦	C	0.20		0.55	1.80	0.030	0.030	0.05	0.13	0.05	0.30	0.80	0.40	0.40	0.015	0.004

① 公称厚度大于 100mm 的型钢，碳含量可由供需双方协商确定。
② 公称厚度大于 30mm 的钢材碳的质量分数不大于 0.22%。
③ 对于型钢和棒材，其硫和磷的质量分数上限值可提高 0.005%。
④ Q390、Q420 钢 Nb 的质量分数最高可到 0.07%，Q460 钢 Nb 的质量分数最高可到 0.11%。
⑤ 质量分数最高可到 0.20%。
⑥ 如果钢中酸溶铝 Als 的质量分数不小于 0.015% 或全铝 Alt 的质量分数不小于 0.020%，或添加了其他固氮合金元素，氮元素含量不作限制，固氮元素应在质量证明书中注明。
⑦ 仅适用于型钢和棒材。

表 7-9　热机械轧制钢的牌号及化学成分

钢级	质量等级	C①	Si	Mn	P①	S①	Nb	V	Ti②	Cr	Ni	Cu	Mo	N	B	Als③ 不小于
Q355M	B	0.14④	0.50	1.60	0.035	0.035	0.01 ~ 0.05	0.01 ~ 0.10	0.006 ~ 0.05	0.30	0.50	0.40	0.10	0.015	—	0.015
	C				0.030	0.030										
	D				0.030	0.025										
	E				0.025	0.020										
	F				0.020	0.010										
Q390M	B	0.15④	0.50	1.70	0.035	0.035	0.01 ~ 0.05	0.01 ~ 0.12	0.006 ~ 0.05	0.30	0.50	0.40	0.10	0.015	—	0.015
	C				0.030	0.030										
	D				0.030	0.025										
	E				0.025	0.020										
Q420M	B	0.16④	0.50	1.70	0.035	0.035	0.01 ~ 0.05	0.01 ~ 0.12	0.006 ~ 0.05	0.30	0.80	0.40	0.20	0.015	—	0.015
	C				0.030	0.030										
	D				0.030	0.025									0.025	
	E				0.025	0.020										

(续)

| 牌号 | | 化学成分(质量分数,%) | | | | | | | | | | | | | | |
钢级	质量等级	C	Si	Mn	P①	S①	Nb	V	Ti②	Cr	Ni	Cu	Mo	N	B	Als③ 不小于
Q460M	C	0.16④	0.60	1.70	0.030	0.030	0.01 ~ 0.05	0.01 ~ 0.12	0.006 ~ 0.05	0.30	0.80	0.40	0.20	0.015 ~ 0.025	—	0.015
	D				0.030	0.025										
	E				0.025	0.020										
Q500M	C	0.18	0.60	1.70	0.030	0.030	0.01 ~ 0.11	0.01 ~ 0.12	0.006 ~ 0.05	0.60	0.80	0.55	0.20	0.015 ~ 0.025	0.004	0.015
	D				0.030	0.025										
	E				0.025	0.020										
Q550M	C	0.18	0.60	2.00	0.030	0.030	0.01 ~ 0.11	0.01 ~ 0.12	0.006 ~ 0.05	0.80	0.80	0.80	0.30	0.015 ~ 0.25	0.004	0.015
	D				0.030	0.025										
	E				0.025	0.020										
Q620M	C	0.18	0.60	2.60	0.030	0.030	0.01 ~ 0.11	0.01 ~ 0.12	0.006 ~ 0.05	1.00	0.80	0.80	0.30	0.015 ~ 0.025	0.004	0.015
	D				0.030	0.025										
	E				0.025	0.020										
Q690M	C	0.18	0.60	2.00	0.030	0.030	0.01 ~ 0.11	0.01 ~ 0.12	0.006 ~ 0.05	1.00	0.80	0.80	0.30	0.015 ~ 0.025	0.004	0.015
	D				0.030	0.025										
	E				0.025	0.020										

注：钢中应至少含有铝、铌、钒、钛等细化晶粒元素中的一种，单独或组合加入时，应保证其中至少一种合金元素含量不小于表中规定含量的下限。

① 对于型钢和棒材，磷和硫的质量分数可以提高 0.005%。

② Ti 的质量分数最高可到 0.20%。

③ 可用全 Alt 替代，此时全铝的最小质量分数为 0.020%，当钢中添加了铌、钒、钛等细化晶粒元素且含量不小于表中规定含量的下限值时，铝含量下限值不限。

④ 对于型钢和棒材，Q355M、Q390、Q420 和 Q460M 最大碳的质量分数可提高 0.02%。

表 7-10 正火、正火轧制钢的牌号及化学成分

| 牌号 | | 化学成分(质量分数,%) | | | | | | | | | | | | | |
钢级	质量等级	C 不大于	Si 不大于	Mn	P① 不大于	S① 不大于	Nb②	V②	Ti③	Cr 不大于	Ni	Cu	Mo	N	Als④ 不小于
Q355N	B	0.20	0.50	0.90 ~ 1.65	0.035	0.035	0.01 ~ 0.05	0.01 ~ 0.10	0.006 ~ 0.05	0.30	0.50	0.40	0.10	0.015	0.015
	C	0.20			0.030	0.030									
	D				0.030	0.025									
	E	0.18			0.025	0.020									
	F	0.16			0.020	0.010									
Q390N	B	0.20	0.50	0.90 ~ 1.70	0.035	0.035	0.01 ~ 0.05	0.01 ~ 0.12	0.006 ~ 0.05	0.30	0.50	0.40	0.10	0.015	0.015
	C				0.030	0.030									
	D				0.030	0.025									
	E				0.025	0.020									

（续）

牌号		化学成分（质量分数，%）													
钢级	质量等级	C	Si	Mn	P①	S①	Nb②	V②	Ti③	Cr	Ni	Cu	Mo	N	Als④
		不大于			不大于					不大于					不小于
Q420N	B	0.20	0.60	1.00 ~ 1.70	0.035	0.035	0.01 ~ 0.05	0.01 ~ 0.20	0.006 ~ 0.05	0.30	0.50	0.40	0.10	0.015	0.015
	C				0.030	0.030									
	D				0.030	0.025									
	E				0.025	0.020								0.025	
Q460N②	C	0.20	0.60	1.00 ~ 1.70	0.030	0.030	0.01 ~ 0.05	0.01 ~ 0.20	0.006 ~ 0.05	0.30	0.80	0.40	0.10	0.015	0.015
	D				0.030	0.025									
	E				0.025	0.020								0.025	

注：钢中应至少含有铝、铌、钒、钛等细化晶粒元素中的一种，单独或组合加入时，应保证其中至少一种合金元素的质量分数不小于表中规定含量的下限。

① 对于型钢和棒材，磷和硫的质量分数可以提高 0.005%。

② $w_V + w_{Nb} + w_{Ti} \leqslant 0.22\%$，$w_{Mo} + w_{Cr} \leqslant 0.30\%$。

③ 质量分数最高可到 0.20%。

④ 可用全 Alt 替代，此时全铝的最小质量分数为 0.020%，当钢中添加了铌、钒、钛等细化晶粒元素且含量不小于表中规定含量的下限值时，铝含量下限值不限。

表 7-11　低合金高强度结构钢国内外标准牌号对照

GB/T 1591—2018	GB/T 1591—2008	SIO 630-2：2011	SIO 630-3：2012	EN 10025-2 2004	EN 10025-3 2004	EN 10025-4 2004
Q355B（AR）	Q345B（热轧）	S355B	—	S355JR	—	—
Q355C（AR）	Q345C（热轧）	S355C	—	S355J0	—	—
Q335D（AR）	Q345D（热轧）	S355D	—	S355J2	—	—
Q355NB	Q345B（正火/正火轧制）	—	—	—	—	—
Q355NC	Q345C（正火/正火轧制）	—	—	—	—	—
Q355ND	Q345D（正火/正火轧制）	—	S355ND	—	S355N	—
Q355NE	Q345C（正火/正火轧制）	—	S355NE	—	S355NL	—
Q355NF	—	—	—	—	—	—
Q355MB	Q335B（TMCP）	—	—	—	—	—
Q355MC	Q335C（TMCP）	—	—	—	—	—
Q355MD	Q335D（TMCP）	—	S355MD	—	—	S355M
Q355ME	Q335E（TMCP）	—	S355ME	—	—	S355ML
Q355MF	—	—	—	—	—	—
Q390B（AR）	Q390B（热轧）	—	—	—	—	—
Q390C（AR）	Q390C（热轧）	—	—	—	—	—
Q390D（AR）	Q390D（热轧）	—	—	—	—	—
Q390NB	Q390B（正火/正火轧制）	—	—	—	—	—
Q390NC	Q390C（正火/正火轧制）	—	—	—	—	—
Q390ND	Q390D（正火/正火轧制）	—	—	—	—	—

（续）

GB/T 1591—2018	GB/T 1591—2008	SIO 630-2：2011	SIO 630-3：2012	EN 10025-2 2004	EN 10025-3 2004	EN 10025-4 2004
Q390NE	Q390E（正火/正火轧制）	—	—	—	—	—
Q390MB	Q390MB（TMCP）	—	—	—	—	—
Q390MC	Q390MC（TMCP）	—	—	—	—	—
Q390MD	Q390MD（TMCP）	—	—	—	—	—
Q390ME	Q390ME（TMCP）	—	—	—	—	—
Q420B（AR）	Q420B（热轧）	—	—	—	—	—
Q420C（AR）	Q420C（热轧）	—	—	—	—	—
Q420NB	Q420B（正火/正火轧制）	—	—	—	—	—
Q420NC	Q420C（正火/正火轧制）	—	—	—	—	—
Q420ND	Q420D（正火/正火轧制）	—	S420ND	—	S420N	—
Q420NE	Q420E（正火/正火轧制）	—	S420NE	—	S420NL	—
Q420MB	Q420B（TMCP）	—	—	—	—	—
Q420MC	Q420C（TMCP）	—	—	—	—	—
Q420MD	Q420D（TMCP）	—	S420MD	—	—	S420M
Q420ME	Q420E（TMCP）	—	S420ME	—	—	S420ML
Q460C（AR）	Q460C（热轧）	S450C	—	S450J0	—	—
Q460NC	Q460C（正火/正火轧制）	—	—	—	—	—
Q460ND	Q460D（正火/正火轧制）	—	S460ND	—	S460N	—
Q460NE	Q460E（正火/正火轧制）	—	S460NE	—	S460NL	—
Q460MC	Q460C（TMCP）	—	—	—	—	—
Q460MD	Q460D（TMCP）	—	S460MD	—	—	S460M
Q460ME	Q460E（TMCP）	—	S460ME	—	—	S460ML
Q500MC	Q500C（TMCP）	—	—	—	—	—
Q500MD	Q500D（TMCP）	—	—	—	—	—
Q500ME	Q500E（TMCP）	—	—	—	—	—
Q550MC	Q550C（TMCP）	—	—	—	—	—
Q550MD	Q550D（TMCP）	—	—	—	—	—
Q550ME	Q550E（TMCP）	—	—	—	—	—
Q620MC	Q620C（TMCP）	—	—	—	—	—
Q620MD	Q620D（TMCP）	—	—	—	—	—
Q620ME	Q620E（TMCP）	—	—	—	—	—
Q690MC	Q690C（TMCP）	—	—	—	—	—
Q690MD	Q690D（TMCP）	—	—	—	—	—
Q690ME	Q690E（TMCP）	—	—	—	—	—

1. 焊接热影响区的淬硬倾向

在焊接冷却的过程中，热影响区易出现低塑性的脆硬组织，使硬度明显升高，塑性韧性降低，低塑性的脆硬组织在焊缝氢含量较高和接头焊接应力较大时，易产生裂纹。

决定钢材焊接热影响区淬硬倾向的主要因素一是钢材的碳当量，碳当量越高，则钢材的淬硬程度越高；二是冷却速度，即 $800 \sim 500℃$ 的冷却速度（即 $t_{8/5}$），冷却速度越大，热影响区淬硬程度越高。

焊接接头中热影响区的硬度值最高，一般用热影响区的最高硬度值来衡量钢材淬硬程度的大小。

2. 冷裂纹敏感性

低合金高强度结构钢的焊接裂纹主要是冷裂纹。有关资料表明，低合金高强度结构钢在焊接中产生的裂纹 90%属于冷裂纹。因此，在焊接时应对冷裂纹问题予以足够的重视。随着低合金高强度结构钢强度级别的提高，淬硬倾向会增大，冷裂纹敏感性也增大。

低合金高强度结构钢产生冷裂纹的因素如下：

1）焊缝及热影响区的氢含量。氢对高强度结构钢的焊接产生裂纹的影响很大。当焊缝冷却时，奥氏体向铁素体转变，氢的溶解度急剧减小，氢向热影响区扩散，使热影响区的氢含量达到饱和就容易产生裂纹。焊接低合金高强度结构钢，尤其是焊接调质钢时，应保持低氢状态，焊接坡口及两侧严格清除水、油、锈及其他污物，焊丝应严格脱脂、除锈，尽量减少氢的来源，以防止产生冷裂纹。冷裂纹一般在焊后焊缝冷却的过程中产生，也可能在焊后数分钟或数天发生，具有延迟的特性（也称为延迟裂纹），可以理解为氢从焊缝金属扩散到热影响区的淬硬区，并达到某一极限值的时间。

2）热影响区的淬硬程度。热影响区的淬硬组织马氏体，由于氢的作用而脆化，因而淬硬程度越大，冷裂倾向越大。

3）结构的刚度越大、拘束应力越大，产生焊接冷裂纹的倾向也越大。

4）在定位焊时，由于焊缝冷却速度快，更容易出现冷裂纹。

3. 热裂纹敏感性

某些低合金高强度结构钢焊接时有热裂倾向，这主要是 S 在晶间形成低熔点的硫化物及其共晶体而引起的。

4. 再热裂纹敏感性

当焊接厚壁压力容器等结构件，焊后进行消除应力热处理时。对于含有 Mn、Mo、Nb、V 等合金元素的低合金高强度结构钢，在热处理过程中热影响区会产生晶间裂纹，这不仅发生在热处理过程中，也可能发生在焊后再次高温加热的过程中。

5. 层状撕裂敏感性

焊接低合金高强度结构钢大型厚板结构件时，特别是 T 形接头和角焊缝，由于母材在轧制过程中出现层状偏析、各向异性等缺陷，所以，在热影响区或在远离焊缝的母材中产生与钢板表面成梯形平行的裂纹，即层状撕裂。

三、低合金高强度结构钢的焊接

根据低合金高强度结构钢焊接热影响区的淬硬和冷裂纹、再热裂纹、层状撕裂的敏感性，以及钢板中碳、硅、锰等合金元素的含量较高，并加入了铌、钒、钛等微量元素，所以碳当量较高，甚至大于 0.44%，使得其焊接性较差，因此在焊接工艺的确定上，应从焊接前的准备（包括接头清理、焊前预热、焊接材料的烘干等）、焊接材料的选择、焊接参数的确定、层间温度的控制、接头焊后或焊后热处理等方面入手，确定合理可行的焊接工艺。

1. 焊前准备

为了保证低合金高强度结构钢的焊接质量，必须使焊接处于低氢状态，因此对焊接坡口及其两侧应严格清除油、污、锈、垢、水及其他污物，焊丝应严格脱脂、除锈，尽量减少氢的来源。

加工坡口时，对于强度级别较高的钢材，火焰切割时应注意边缘的软化或硬化。为防止切割裂纹，可采用与焊接预热温度相同的温度预热后进行火焰切割。

组装时，应尽量减小应力。定位焊时，对于强度级别高的钢材，易产生冷裂纹，应采用与焊接时预热温度相同的温度预热后进行定位焊，并保证定位焊焊缝具有足够的长度和焊缝厚度。

对于低碳调质钢，严禁在非焊接部位随意引弧。

2. 焊接材料的选择

焊接材料的选用是决定焊接质量的重要因素，焊接材料的选择应根据母材的力学性能、化学成分、焊接方法和接头的技术要求等确定。对于低合金高强度结构钢的焊接材料选择，应从以下几个方面考虑：

1）对于要求焊缝金属与母材等强度的焊件，应选用与母材同等强度级别的焊接材料，然而，焊缝强度不仅取决于焊接材料的性能，而且与焊件的板厚、接头形式、坡口形式、焊接热输入等有关，对于厚板大坡口焊接用的焊接材料，如果用到薄板小坡口焊缝上，由于焊缝的熔合比增加，焊缝的强度就会显得偏高；对接焊缝用焊接材料如果用到 T 形角焊缝上，由于 T 形角焊缝为三向散热，接头的冷却速度快，焊缝的强度也会显得偏高。

2）对于不要求焊缝金属与母材等强度的焊件，则选择焊接材料的强度等级可以略低，因为强度较低的焊缝一般塑性较好，对防止冷裂纹有利。常用的低合金高强度结构钢 TIG 焊焊接材料见表 7-12。

表 7-12　常用的低合金高强度结构钢 TIG 焊焊接材料

低合金高强度结构钢的牌号[①]	实心焊丝			药芯焊丝	
	焊丝牌号	焊丝型号	保护气体(体积分数)	焊丝型号	保护气体(体积分数)
Q345 （16Mn、16MnR、 14MnNb、16MnCu）	H08Mn2SiA	ER49-1 ER50-2、6 E50-7	Ar50%+$CO_2$50%	E500T-I E501T-1	Ar+CO_2(21~49)%
Q390 （15MnV、15MnTi、 16MnNb）	H08Mn2SiA	ER50-6 E500T4 E500T6	Ar50%+$CO_2$50% Ar+CO_2(21~49)%	E550T-1 E501T-1	Ar+CO_2(21~49)%
Q420 （15MnVN、 14MnVTiRE）	H10MnSiMo	ER49-1 ER50-2 ER55-D2 E550T4	Ar50%+$CO_2$50% Ar+CO_2(21~49)%	E551T1-A1	Ar+CO_2(21~49)%
Q460 （15MnNiMoV、 18MnMoNb、 14MnMoVCu 14MnMoV）	H10Mn2SiMo H08Mn2SiNiMo	ER55-D2 E550T4	Ar50%+$CO_2$50% Ar+CO_2(21~49)%	E601T1-D1 E551T1-Ni	Ar+CO_2(21~49)%

① （　）内为旧牌号

3. 焊接热输入的选择

焊接热输入是焊接电弧的移动热源给予单位长度焊缝的热量,它是与焊接区冶金、力学性能有关的重要参数之一。

$$E = \eta 0.24 \frac{IU}{v}$$

式中　I——焊接电流（A）;

　　　U——电弧电压（V）;

　　　v——焊接速度（cm/s）;

　　　η——代表焊接中热量损失的系数;

　　　E——焊接热输入（J）。

热输入综合考虑了焊接电流、电弧电压和焊接速度三个焊接参数对热循环的影响,热输入增大时,热影响区的宽度增大,加热到1100℃以上温度的区域加宽,在1100℃以上停留时间加长。同时,800℃→500℃冷却时间（即 $t_{8/5}$）延长,在650℃时的冷却速度减慢,适当调节焊接参数,以合理的热输入焊接,可保证焊接接头具有良好的性能。

对于热轧的普通低合金高强度结构钢,碳当量小于0.4%,焊接时一般对热输入不加限制。

对于低淬硬倾向的钢,当碳当量为0.4%~0.6%时,焊接时对热输入要适当加以控制。焊接热输入不可过低,否则在热影响区产生的淬硬组织中易产生冷裂纹;但焊接热输入也不可过高,过高的焊接热输入会造成热影响区晶粒长大;对过热倾向强的钢更要注意焊接热输入的选择,否则热影响区的冲击韧度会下降。

焊接低碳调质钢时要严格控制焊接热输入,由于低碳调质钢本身的特点,与热轧和正火的普通低合金钢不同,如果焊接过程中冷却速度较快,会使热影响区完全由低碳马氏体或下贝氏体组成,这种组织韧性好。如果冷却速度较慢,热影响区除马氏体外还有贝氏体及铁素体存在,形成一种不均匀的混合组织,使冲击韧度降低。但冷却速度过快,也会产生热影响区的淬硬组织及增大冷裂倾向,因此,应根据板厚、预热和层间温度来确定合适的焊接热输入,并应严格加以限制。

随着低合金高强度结构钢强度级别的提高,碳当量的增大,焊接热输入的控制要求更加严格,焊接热输入的大小直接影响到接头的性能,特别是冲击韧度,也影响焊接接头的冷裂倾向。

4. 预热

(1) 预热的目的　预热可以降低焊后接头的冷却速度。焊接低碳调质钢主要是降低马氏体转变时的冷却速度,避免淬硬组织的产生,加速氢的扩散、逸出,减少热影响区的氢含量;另外,预热可减少焊接残余应力。预热主要是防止焊接冷裂纹的产生。

(2) 预热温度的确定　预热温度的高低主要取决于钢材的化学成分、钢板的厚度及结构的刚性和施焊时的环境温度。当 $R_e > 500\text{MPa}$,碳当量 $C_E > 0.45\%$,板厚 $\delta \geq 25\text{mm}$ 时,一般应考虑预热,预热温度在100℃以上。预热温度不可过高,焊接低碳调质钢,一般在200℃以下。对于低碳调质钢,预热温度过高,会使热影响区冲击韧度和塑性降低。

(3) 层间温度的控制　为了保持预热的作用,在多层焊时,层间温度的控制对焊接质量的保证也是必要的。一般,对于Q345、Q370钢的焊接,层间温度可控制在预热温度到

250℃之间；对于 Q390、Q420、Q460 钢的焊接，需要对层间温度更加严格控制，可选择在预热温度到 200℃之间。

（4）后热 后热又叫消氢处理，是焊后立即将焊件的全部（或局部）进行加热并保温，让其缓慢冷却，使扩散氢逸出的工艺措施。后热的目的是使扩散氢逸出焊接接头，防止焊接冷裂纹的产生。后热温度一般在 200~300℃，保温时间一般为 2~6h。

5. 焊后热处理

除了电渣焊接头由于焊件严重过热而需要对接头进行正火热处理外，大量使用的热轧状态的低合金高强度结构钢，多数情况下，焊后不需要进行热处理；低碳调质钢是否进行热处理，根据产品结构的要求决定。板厚较大、焊接残余应力大、低温下工作、承受动载荷、有应力腐蚀要求或对尺寸稳定性有要求的结构，焊后才进行热处理。

（1）低合金高强度结构钢的焊后热处理有以下三种：

1）消除应力退火。

2）正火加回火或正火。

3）淬火加回火（一般用于调质钢的焊接结构）。

（2）焊后热处理应注意的问题：

1）不要超过母材的回火温度，以免影响母材的性能。一般应比母材回火温度低 30~60℃。

2）对于有回火脆性的材料，应避开出现脆性的温度区间，如含 Mo、Nb 的材料应避开 600℃左右保温，以免脆化。

3）含一定量 Cr、Mo、V、Ti 的低合金高强度结构钢消除应力退火时，应注意防止产生再热裂纹。

第三节　低合金耐热钢氩弧焊

一、耐热钢的分类

在高温下具有较高强度和良好的耐蚀性的钢种称为耐热钢。按照钢的特性可分为热强钢和抗氧化钢。按组织可分为：奥氏体型耐热钢、铁素体型耐热钢、马氏体型耐热钢和沉淀硬化型耐热钢。按合金成分的含量可分为低合金（合金元素总的质量分数小于 5%）；中合金（合金元素总的质量分数为 5%~12%）和高合金（合金元素总的质量分数大于 12%）。

二、低合金耐热钢的焊接性

（1）淬硬性 钢的淬硬性取决于钢材的碳含量和合金成分及其含量。低合金耐热钢中的主要合金元素铬和镍等都能显著提高钢的淬硬性。

（2）再热裂纹倾向 低合金耐热钢再热裂纹（消除应力裂纹）倾向，主要取决于钢中碳化物形成元素特性及其含量、焊接参数、焊接接头的拘束应力大小和焊后热处理参数。

（3）回火脆性 把铬钼钢及其焊接接头在 370~565℃温度区间长期运行时，发生渐进的脆变现象，称为回火脆性。为降低 Cr-Mo 钢焊缝金属的回火脆性倾向，最主要的工作是降低焊缝金属的 O、S、P 含量。

三、常用低合金耐热钢的焊接

1. 常用低合金耐热钢的焊前准备

常用低合金耐热钢焊前准备的内容主要有：焊件接头边缘的切割下料、焊件坡口的加工、热切割边缘和坡口面的清理，以及焊接材料的预处理等。

为了防止低合金耐热钢厚板的切割边缘开裂，可采取以下工艺措施加以保证。

1）对于板厚 15mm 以下的 1.25Cr-0.5Mo 钢板和板厚 15mm 以上的 0.5Mo 钢板，在热切割前应先预热 100℃ 以上，热切割后应对切割表面进行机械加工，并用磁粉检测是否存在表面裂纹。

2）对于板厚 15mm 以下的 0.5Mo 钢板，热切割前可不必进行预热处理，但是热切割后的板材边缘最好进行机械加工，以清除热切割加工所造成的热影响区。

3）任何厚度的 2.25Cr-Mo、3Cr-1Mo 和板厚在 15mm 以上的 1.25Cr-0.5Mo 钢板，在切割前，应将待切割处预热至 150℃ 以上，热切割后应对切割表面进行机械加工，并用磁粉检测是否存在表面裂纹。

热切割后如直接进行焊接时，焊前应仔细清理待焊处的油、污、锈、垢、切割熔渣及氧化皮。对焊接质量要求高的焊件，焊前应用丙酮擦净待焊处表面。

常用的低合金耐热钢化学成分见表 7-13。

表 7-13　常用的低合金耐热钢化学成分

钢种类型	钢号	化学成分(质量分数,%)								
		C	Si	Mn	P	S	Mo	Cr	V	其他
1Cr-0.5Mo	12CrMo	0.08 ~ 0.15	0.17 ~ 0.37	0.40 ~ 0.70	≤0.030	≤0.030	0.40 ~ 0.55	0.40 ~ 0.70	—	
	15CrMo	0.12 ~ 0.18	0.17 ~ 0.37	0.40 ~ 0.70	≤0.030	≤0.030		0.80 ~ 1.10		—
1Cr-Mo-V	12Cr1MoV	0.08 ~ 0.15	0.17 ~ 0.37	0.40 ~ 0.70	≤0.030	≤0.030	0.25 ~ 0.35	0.90 ~ 1.20	0.15 ~ 0.30	
2.25Cr-1Mo	12Cr2Mo	0.08 ~ 0.15	≤0.5	0.40 ~ 0.70	≤0.030	≤0.030	0.90 ~ 1.20	2.00 ~ 2.50	—	
2CrMo-W-V-Ti-B	12Cr2MoWVTiB	0.08 ~ 0.15	0.45 ~ 0.75	0.45 ~ 0.65	≤0.030	≤0.030	0.45 ~ 0.65	1.60 ~ 2.10	0.28 ~ 0.42	W:0.30~0.55 Ti:0.08~0.18 B:0.002~0.008
3CrMo-V-Si-Ti-B	12Cr3MoWVTiB	0.09 ~ 0.15	0.60 ~ 0.90	0.50 ~ 0.80	≤0.030	≤0.030	1.00 ~ 1.20	2.50 ~ 3.00	0.25 ~ 0.35	Ti:0.22~0.38 B:0.005~0.011
Mn-Mo-Nb	18MnMoNb	≤0.22	0.15 ~ 0.50	1.20 ~ 1.60	≤0.035	≤0.030	0.45 ~ 0.65	—	—	Nb:0.025~0.050
Mn-Ni-Mo-Nb	13MnNiMoNb	≤0.15	0.15 ~ 0.50	1.20 ~ 1.60	≤0.035	≤0.030	0.20 ~ 0.40	0.20 ~ 0.40	—	Nb:0.005~0.020

2. 常用低合金耐热钢氩弧焊的焊接材料

低合金耐热钢氩弧焊常用的焊丝见表 7-14。

表 7-14　低合金耐热钢氩弧焊常用的焊丝

钢　号	实心焊丝（GMAW）			药芯焊丝（GMAW）	
	焊丝牌号	焊丝型号	保护气体（体积分数，%）	焊丝型号	保护气体（体积分数，%）
12CrMo	H08CrMnSiMo	ER55-B2	CO_2：Ar50+$CO_2$50	E500T1-B2 E551T1-B2	CO_2
15CrMo	H08CrMnSiMo	ER55-B2	CO_2：Ar50+$CO_2$50	E500T1-B2 E551T1-B2	CO_2
12Cr1MoV	H08CrMnSiMoV	ER55-B2-MnV	Ar+CO_2（11~12）	E600T1-G	Ar+CO_2（11~12）
12Cr2Mo	H08Cr3MoMnSi	ER62-B3	Ar+CO_2（11~12）	E600T1-B3	Ar+CO_2（11~12）
12Cr2MoWVTiB	H08Cr2MoWVNbBSi	ER62-G	Ar+CO_2（5~10）	E701T1-G	Ar+CO_2（11~12）
18MnMoNb	H08Mn2SiMoA	ER55-D2	Ar+CO_2（11~12）	E600T1-D3	Ar+CO_2（11~12）
13MnNiMoNb	H08Mn2NiMoSi	ER55Ni1	Ar+CO_2（11~12）	E700T1-K3 E700T5-K3	Ar+CO_2（11~12）

3. 低合金耐热钢的焊前预热

低合金耐热钢的焊前预热，是为了防止焊接接头产生冷裂纹和再热裂纹。预热温度的选择主要应根据低合金耐热钢的碳当量、焊缝金属的氢含量和焊接接头的拘束度决定。常用低合金耐热钢的焊前预热温度见表 7-15。

表 7-15　常用低合金耐热钢的焊前预热温度

钢　号	预热温度/℃	钢　号	预热温度/℃
12CrMo	200~250	20CrMo	250~300
15CrMo	200~250	15CrMoV	300~400
12Cr1MoV	250~350	12Cr2MoWVTiB	250~300
12Cr2Mo	250~350	12Cr3MoVSiTiB	300~350

4. 低合金耐热钢的焊后热处理

低合金耐热钢焊后热处理的目的主要有：消除焊件的焊接残余应力、改善焊接接头金属组织、降低焊缝及热影响区硬度、提高焊接接头的综合力学性能、提高焊接接头的高温蠕变强度和组织稳定性。常用低合金耐热钢的焊后热处理温度见表 7-16。

表 7-16　常用低合金耐热钢的焊后热处理温度

钢　号	焊后热处理温度/℃	钢　号	焊后热处理温度/℃
12CrMo	650~700	20CrMo	650~700
15CrMo	670~700	15CrMoV	710~730
12Cr1MoV	710~750	12Cr2MoWVTiB	760~780
12Cr2Mo	650~700	12Cr3MoVSiTiB	740~760

第四节　低合金低温钢氩弧焊

一、低合金低温钢的分类

低合金低温钢实质上属于屈服点为 350~400MPa 级别的低碳低合金钢，碳含量 $w_C \leqslant 0.2\%$。

1）低合金低温钢按使用温度分类可分为：$-196 \sim -10℃$ 为"低温"，$-273 \sim -196℃$ 为"超低温"；低温钢根据使用温度等级可分为：$-40 \sim -10℃$、$-90 \sim -50℃$、$-120 \sim -100℃$ 和 $-273 \sim -196℃$ 等；按合金含量和组织可分为低合金铁素体低温钢、中合金低温钢和高合金奥氏体低温钢。

2）按有无镍、铬元素和热处理方法可分为非调质低温钢和调质低温钢。

二、低合金低温钢的焊接性

低合金低温钢焊接后最重要的力学指标是确保具有足够的韧性，衡量低温韧性指标是在低温下工作的缺口韧性。影响低合金低温钢韧性的因素很多，主要有：显微组织、晶粒度、化学成分与热处理状态等。低合金低温钢是通过合金元素的固溶强化、晶粒细化，并通过正火或正火加回火处理细化组织晶粒，从而获得良好的低温韧性。

化学成分中的化学元素 C、Mn 与 Ni 对低温韧性影响较大，碳会降低低温韧性。为了保证焊接性与低温韧性，低温钢中的 w_C 应控制在 0.22% 以下，Mn 是提高韧性的元素之一，Ni 是提高低温韧性的重要元素，所以，Mn 和 Ni 是低温钢用得最多的合金元素。

低合金低温钢中 $w_C \leqslant 0.2\%$，合金元素的总质量分数也不超过 5%，碳当量较低，淬硬倾向较小，冷裂敏感性不大，薄板焊接时可不用预热，但应避免在低温环境下施焊。当板厚超过 25mm 或焊接接头拘束度较大时，可采取预热措施，一般预热温度控制在 $100 \sim 150℃$。

1. 铁素体低温钢的焊接特点

铁素体低温钢的 w_C 为 0.06% ~ 0.20%，合金元素的总质量分数 ≤5%，碳当量为 0.27% ~ 0.57%。由于碳当量不高，所以淬硬倾向较小，在室温环境下焊接，不容易出现冷裂纹缺陷。因为钢中的 S、P 杂质元素含量少，焊接过程中也不容易出现热裂纹。通常板厚<25mm 时，焊前不必预热，当板厚>25mm 或焊接接头拘束度较大时，为了防止焊接裂纹的产生，应该考虑预热。预热温度一般在 $100 \sim 150℃$，最高也不要超过 200℃。

铁素体低温钢焊接时应注意以下几点：

1）严格控制焊接热输入和层间温度，使焊接接头不受过热影响，避免焊接热影响区晶粒长大，降低韧性。

2）严格控制焊后热处理温度，避免产生回火脆性。

3）含氮的铁素体低温钢不仅对焊接热循环敏感，而且对焊接应变循环也很敏感，由于焊接接头某些区域会发生热应变脆化，从而使该区域的塑性和韧性下降。热应变量越大，脆化程度也越大。热应变区域的温度范围在 $200 \sim 600℃$。焊接过程中选择小的焊接热输入，可以减小焊接热影响区的热塑性应变量，因而，有利于减轻热应变脆化程度。

2. 低碳马氏体低温钢的焊接特点

9%Ni 钢因为含有较多的镍，所以具有一定的淬硬性，是典型的低碳马氏体低温钢，焊前应进行正火后再高温回火，或 900℃ 水淬后再 570℃ 回火处理，此时，其组织为低碳板条马氏体。这种钢具有较好的低温韧性，板厚<50mm 的焊接结构焊前可以不进行预热，焊后也可以不进行消除应力热处理。但是，焊接这种钢，必须严格控制 S、P 的含量，因为 S 的含量偏高，可以形成低熔点共晶 $Ni\text{-}Ni_3S_2$（644℃），P 含量超标可以形成 $Ni\text{-}Ni_3P_2$ 共晶（880℃），这将导致形成结晶裂纹。

9%Ni 钢焊接时应注意以下几点：

1）正确选择焊接材料。9%Ni钢线胀系数较大，在选择焊接材料时，要考虑其线胀系数应和母材的相近，防止因线胀系数差异太大而引起焊接裂纹。

2）焊接过程中避免发生磁偏吹现象。因为9%Ni钢是强磁性材料，采用直流电源焊接时，容易产生磁偏吹，影响焊缝的质量。因此，应尽量选用交流电源焊接。

3）严格控制焊接热输入和层间温度。这样可以避免焊接接头过热和晶粒长大，保证焊接接头的低温韧性。

3. 奥氏体低温钢的焊接特点

奥氏体低温钢焊接时应注意以下几点：

1）正确选择焊接材料。奥氏体低温钢的热导率小（约为低碳钢的1/3），线胀系数大（比低碳钢大50%），焊接变形量较大，可选择与母材线胀系数相近的焊接材料焊接，防止因线胀系数相差太大而产生热裂纹，特别是产生弧坑裂纹。

2）对于Ni-Cr奥氏体低温钢，要控制焊接热输入和冷却速度，防止因晶粒长大和析出脆性相而使焊接接头的塑性和韧性下降。

3）奥氏体低温钢在加热和冷却过程中不发生相变，过热区组织为奥氏体，但是，由于焊接热输入过大，过热区的奥氏体晶粒长大，冷却后就成为粗大的奥氏体组织，从而使该区的塑性和韧性下降。所以，焊接过程中，应减少焊接热影响区在1100℃以上和850～450℃温度区间的停留时间，使焊接接头保持良好的塑性和韧性及抗晶间腐蚀性能。

三、低合金低温钢的焊接

1. 焊前准备

常用低合金低温钢的化学成分见表7-17。

表7-17 常用低合金低温钢的化学成分

分类	温度等级/℃	钢牌号	化学成分（质量分数,%）									
			C	Mn	Si	V	Nb	Cu	Al	Cr	Ni	其他
无镍低温钢	−40	Q355	≤0.20	1.20~1.60	0.20~0.60	—	—	—	—	—	—	—
	−70	09Mn2VRE	≤0.12	1.40~1.80	0.20~0.50	0.04~0.10	—	—	—	—	—	—
	−70	09MnTiCuRE	≤0.12	1.40~1.70	≤0.40	—	—	0.20~0.40	—	—	—	Ti=0.03~0.08 RE=0.15
	−90	06MnNb	≤0.07	1.20~1.60	0.170~0.37	—	0.02~0.04	—	—	—	—	—
	−100	06MnVTi	≤0.07	1.40~1.80	0.17~0.37	0.04~0.10	—	—	0.04~0.08	—	—	—
	−105	06AlCuNbN	≤0.08	0.80~1.20	≤0.35	—	0.04~0.08	0.03~0.40	0.04~0.15	—	—	N=0.010~0.015
	−196	26Mn23Al	≤0.10~0.25	21.0~26.0	≤050	0.06~0.12	—	0.10~0.20	0.7~1.2	—	—	N=0.03~0.08 B=0.001~0.005
	−253	15Mn26Al4	≤0.13~0.19	24.5~27.0	≤0.50	—	—	—	3.8~4.7	—	—	—

（续）

分类	温度等级/℃	钢牌号	C	Mn	Si	V	Nb	Cu	Al	Cr	Ni	其他
含镍低温钢	-60	0.5NiA	≤0.14	0.70~1.50	0.10~0.30	0.02~0.05	0.15~0.50	≤0.035	0.15~0.50	≤0.25	0.30~0.70	Mo≤0.10
	-60	1.5NiA	≤0.14	0.30~0.70							1.30~1.60	
	-60	1.5NiB	≤0.18	0.50~1.50							1.30~1.70	
	-60	2.5NiA	≤0.14	≤0.80							2.00~2.50	
	-60	2.5NiB	≤0.18	≤0.80							2.00~2.50	
	-100	3.5NiA	≤0.14	≤0.80	0.10~0.30	0.02~0.05	0.15~0.50	≤0.35	0.10~0.50	≤0.25	3.25~3.75	—
		3.5NiB	≤0.18									
	-120~-170	5Ni	≤0.12	≤0.80	0.10~0.30	0.02~0.05	0.15~0.50	≤0.35	0.10~0.50	≤0.25	4.75~5.25	—
	-196	9Ni	≤0.10	≤0.80	0.10~0.30	0.02~0.05	0.15~0.50	≤0.35	0.10~0.50	≤0.25	8.00~10.00	—
	-196~-253	12Cr18Ni9	≤0.08	≤2.00	≤1.00	—	—	—	—	17.00~19.00	9.00~11.00	
		07Cr18Ni11Ti										5(Ti)(C)~0.80
	-269	16Cr25Ni20			≤1.50					24~26	19~22	—

2. 焊接材料的选择

低合金低温钢焊接的关键是保证焊缝金属和粗晶区的低温韧性，为避免焊缝金属及近缝区形成粗晶组织而降低低温韧性，要求焊接时采用小的焊接热输入。焊接电流不宜过大，宜用快速多道焊以减少焊道过热，并通过多层焊的重复加热作用细化晶粒，多层焊时要控制层间温度。因此，掌握低温钢的焊接特点，制订严密的焊接工艺措施，是获得低温钢优质焊缝的关键。常用低合金低温钢的焊接工艺措施见表7-18。

3. 低温钢气体保护焊用焊丝与保护气体

低温钢气体保护焊时，无论是实心焊丝或者药芯焊丝，都应采用与母材含镍量相近的镍合金化低合金钢焊丝，并且尽量降低焊丝中碳、硫、磷及其他杂质的含量。也可以采用含钛、硼微量元素的焊丝，充分利用钛和硼细化焊缝晶粒的效果，在不受后续焊道影响的条件下，保证焊缝晶粒细化，使焊缝具有稳定的高韧性。熔化极气体保护焊的焊接热输入应控制在 2.5kJ/mm 左右，如果要预热，应严格控制预热温度和多层多道焊的道间温度。常用低温钢气体保护焊用焊丝与保护气体见表7-19。

表 7-18　常用低合金低温钢的焊接工艺措施

温度级别 /℃	牌号	环境温度 /℃	板厚 /mm	预热温度 /℃	层间温度 /℃	工艺措施
-40	Q345	-10<	<16	100~150	100~150	1. 仔细清除待焊处油、污、锈、垢 2. 焊件保持在低氢状态 3. 正确选用焊接材料 4. 按钢材的温度级别、使用条件、结构刚度、合理制定焊接工艺 5. 严格控制母材的 P、S、O、N 杂质，尤其是含镍量 w_{Ni}>4% 的低温钢，接头脆性大，要严格控制杂质含量 6. 为细化晶粒，提高韧性，采用小热输入，小电流，快速多层多道焊，层间温度应控制在 200~300℃ 7. 合理设计焊接接头，尽量避免和减小应力集中 8. 避免和消除焊接缺陷，焊接大刚度结构时要添满弧坑 9. 严格执行工艺规程，控制焊接热输入，减小焊接区高温停留时间
		-5<	16~24	100~150	100~150	
		0<	25~40	100~150	100~150	
		任意温度	>40	100~150	100~150	
-70	09Mn2VRE			—	200	
	09MnTiCuRE			—	200	
-90	06MnNb			—	200	
-120	06AlCuNbN	—		—	200	
-196	26Mn23AI			—	200	
	9Ni			100~150	200	
-253	15Mn26AI4			—	200	

表 7-19　常用低温钢气体保护焊用焊丝与保护气体

温度等级/℃	牌号	状态	焊丝牌号	保护气体成分 （体积分数,%）
-40	Q355(16MnR)	热轧	ER55-C1、ER55-C2	CO_2
-70	09Mn2VRE	正火	ER55-C1、ER55-C2 YJ502Ni-1、YJ507Ni-1	CO_2 或 Ar 80+CO_2 20
-70	09MnTiCuRE	正火		
-90	06MnNb	正火	ER55-C3	Ar 98+$O_2$2 或 Ar 95+$O_2$5
-90	3.5Ni	正火或调质		

第五节　不锈钢氩弧焊

一、不锈钢的分类

不锈钢中的主要合金元素是铬，当含铬量 w_{Cr}>12% 时，铬比铁优先与氧化合并在钢的表面形成一层致密的氧化膜，可以提高钢的抗氧化性和耐蚀性。不锈钢只在空气、水及蒸汽中具有不腐蚀、不生锈的性能是普通不锈钢；在不锈钢中加入 Ni、Mn 等元素，使钢材能抵抗某些酸性、碱性及其他化学介质侵蚀的钢是耐腐蚀不锈钢；在不锈钢中加入一定量的 Si、Al 等合金元素，可以提高不锈钢在高温下的抗氧化性和高温强度的钢是耐热不锈钢。

1. 不锈钢的分类

（1）按化学成分分类

1）铬不锈钢　12Cr13、10Cr17 等。

2）铬镍不锈钢　12Cr18Ni9、07Cr19Ni11Ti 等。

（2）按室温金相组织分类

1）奥氏体型不锈钢。在钢中加入 w_{Cr} 为 18%、w_{Ni} 为 8%~10%时，钢中便有了稳定的奥氏体组织，这种钢就是奥氏体不锈钢。该钢无磁性、具有良好的耐蚀性、塑性、高温性能和焊接性，焊接时一般不需要采取特殊的焊接工艺措施，虽然经淬火也不会硬化，但经冷加工后，钢材表面有加工硬化性。属于这类钢的牌号有：12Cr17Ni7、12Cr18Ni9、07Cr19Ni11Ti、06Cr25Ni20 等，现实中应用最多的是 12Cr17Ni7 和 12Cr18Ni9。

2）马氏体型不锈钢。这种钢除了含有较高的铬（w_{Cr} 为 11.5%~18%），还含有较高的碳（w_C 为 0.1%~0.5%），室温下钢的金相组织是马氏体，具有淬硬性，提高了钢的强度和硬度，属于这类钢的牌号有 20Cr13、30Cr13 和 14Cr17Ni2 等，现实中应用最多的是 20Cr13 和 14Cr17Ni2。

3）铁素体型不锈钢。室温下的金相组织为铁素体，w_{Cr} 为 13%~30%，碳含量很低，w_C 在 0.15%以下，经过淬火也不会硬化，具有良好的热加工性和冷加工性，属于这类钢的牌号有 10Cr17、06Cr13Al 和 10Cr17Mo 等，现实中应用最多的是 10Cr17 和 10Cr17Mo。

4）奥氏体+铁素体型不锈钢。室温下的金相组织为奥氏体+铁素体，铁素体的体积分数小于 10%，是在奥氏体钢的基础上发展的钢种，它与含碳量相同的奥氏体型不锈钢相比，具有较小的晶间腐蚀倾向和较高的力学性能，并且韧性比铁素体型不锈钢好。当铁素体的体积分数在 30%~60%时，该类钢具有特殊抗点蚀、抗应力腐蚀的性能，从金相组织上分类，属于典型的双相不锈钢。属于这类钢的牌号有 14Cr18Ni11Si4AlTi 和 12Cr21Ni5Ti 等。

5）沉淀硬化型不锈钢。这种钢有很好的成形性能和良好的焊接性，属于这类钢的牌号有 07Cr17Ni7Al、07Cr15Ni7Mo2Al 和 05Cr17Ni4Cu4Nb 等。

（3）按用途分类

1）不锈钢。包括高铬钢（Cr13 之类）、铬镍钢（12Cr17Ni7 之类）、铬锰氮钢（20Cr15Mn15Ni2N）等。用于有侵蚀性的化学介质（主要是各类酸），要求耐腐蚀，对强度要求不高。

2）热稳定钢。主要用于高温下要求抗氧化或耐气体介质腐蚀的一类钢，也叫抗氧化不起皮钢，对高温强度并无特别要求。常用的钢有铬镍钢（如 Cr25Ni20）和高铬钢（如 Cr17 等）。

3）热强钢。热强钢在高温下既要能抗氧化或耐气体介质腐蚀，又必须具有一定的高温强度。常用的钢有高铬镍钢（如 12Cr18Ni9），以 Cr12 为基的多元合金化的马氏体钢也用作热强钢。

2. 不锈钢的物理性能

1）奥氏体型不锈钢的线膨胀系数比碳素结构钢大 50%，只有马氏体型不锈钢和铁素体型不锈钢的线膨胀系数与碳素结构钢大体相当。

2）不锈钢的电阻率高，奥氏体型不锈钢的电阻率是碳素结构钢的 5 倍。

3）不锈钢的热导率低于碳素结构钢，奥氏体型不锈钢的热导率约为碳素结构钢的 1/3。

4）奥氏体型不锈钢的密度大于碳素结构钢，马氏体型不锈钢和铁素体型不锈钢的密度比碳素结构钢稍小。

5）奥氏体型不锈钢没有磁性，马氏体型不锈钢和铁素体型不锈钢有磁性。

6）奥氏体型不锈钢、马氏体型不锈钢的比热容与碳素结构钢相差不大，只有铁素体型不锈钢的比热容比碳素结构钢要小一些。

二、奥氏体型不锈钢氩弧焊

1. 奥氏体型不锈钢的焊接性

（1）焊接接头热裂纹　奥氏体型不锈钢焊接时，在焊缝及近缝区都可以看到热裂纹，但是，最常见的是焊缝凝固裂纹，有时也以液化裂纹形式出现在近缝区。其中，25-20 类高镍（一般 $w_{Ni}>15\%$）奥氏体耐热钢的焊缝产生凝固裂纹倾向比 18-8 类钢大得多，而且镍含量越高，产生裂纹的倾向也越大，并且越不容易控制。

1）奥氏体型不锈钢焊接时热裂纹产生的原因

① 奥氏体型不锈钢焊接时，容易形成方向性较强的柱状晶焊缝组织，有利于有害杂质的偏析，促使形成晶间液态夹层并产生焊缝凝固裂纹。

② 奥氏体型不锈钢的热导率小而线膨胀系数大，在焊接局部加热和冷却条件下，焊接接头在冷却过程中，可以形成较大的拉应力，焊缝金属在凝固过程中存在较大的拉应力，是产生凝固裂纹的必要条件。

③ 奥氏体型不锈钢及其焊缝的合金较复杂，不仅 P、S、Sn、Sb 之类的杂质可以形成易熔夹层，有些合金元素因溶解度有限，也能形成有害的易熔夹层。

2）防止奥氏体型不锈钢焊接热裂纹的措施

① 严格限制有害杂质。严格限制 P、S 杂质含量对防止 18-8 类钢产生热裂纹很有效；对 25-20 类钢也有一定的效果，但不理想。

② 尽可能避免形成单相奥氏体组织。焊缝组织如果是奥氏体+铁素体的双相组织时，就不容易产生低熔点杂质偏析，由此可减少热裂纹产生。但双相组织中的铁素体体积分数不宜超过 5%，否则，会产生 σ 相而脆化。

③ 适当调整合金成分。在不适宜采用双相组织焊缝时，必须在焊接过程中，进行合理的合金化。适当提高奥氏体化元素 Mn、C、N 的含量，可以明显改善单相奥氏体焊缝的抗裂性。必须注意的是，当 Mn 的质量分数为 4%~6% 时，产生热裂纹的倾向最小，当 Mn 的质量分数大于 7% 时，热裂纹倾向反而有增大的趋势。

④ 尽量减少焊缝的过热。在选择焊接参数时，尽量减少熔池过热，避免焊缝形成粗大的柱状晶，采用小热输入、快速焊、小截面焊道对提高焊缝抗热裂性是有益的。

（2）焊接接头晶间腐蚀　把集中发生在金属显微组织晶界，并向金属材料内部深入的腐蚀称为晶间腐蚀。这类腐蚀发生以后，有时从外观不易发现，但由于晶界区因腐蚀已遭到破坏，晶粒间的结合强度几乎完全丧失。腐蚀深度较大的可以失去金属声，焊件因有效承载面积大减而导致过载断裂。受腐蚀严重的不锈钢甚至形成粉末，从焊件上脱落下来，这种腐蚀危害极大。

1）奥氏体型不锈钢晶间腐蚀的机理。奥氏体型不锈钢在 450~850℃ 温度区间停留一段时间后，则在晶界处会析出碳化铬（Cr23C6），其中铬主要来自晶粒表层，当 $w_{Cr}<12\%$ 时，因内部的铬来不及补充而使晶界晶粒表层的铬含量下降，形成贫铬区，在强腐蚀介质作用下，晶界贫铬区受到腐蚀而形成晶间腐蚀。受到晶间腐蚀的不锈钢在表面上没有明显的变化，但受到外力作用后，会沿晶界断裂，这是不锈钢最危险的一种破坏形式。

2）防止和减小奥氏体型不锈钢晶间腐蚀的措施

① 采用小电流、快速焊、短弧焊、电弧不作横向摆动、减小焊缝在高温停留时间；为了加快焊接接头的冷却速度，减小焊接热影响区，可以给焊缝采取强制冷却措施（如用铜垫板、水冷等）；多层焊时，要控制好层间温度（前一道焊缝冷却到60℃以下再焊第二道焊缝）。

② 选择超低碳（$w_C \leqslant 0.03\%$）焊丝，或用含有 Ti 或 Nb 等稳定元素的不锈钢焊丝。

③ 先焊接不与腐蚀介质接触的非工作面焊缝，最后焊接与腐蚀介质接触的工作面焊缝。

④ 焊后进行固熔处理，把焊件加热至 1050~1150℃后进行淬火处理，使晶界上的 Cr23C6 熔入晶粒内部，形成均匀的奥氏体组织。

⑤ 对于奥氏体型不锈钢焊缝金属，一般希望铁素体 δ 相的体积分数为 4%~12%比较适宜，实践证明，体积分数为 5%的铁素体 δ 相是可以获得比较满意的抗晶间腐蚀性能的。

（3）焊接接头应力腐蚀

1）奥氏体型不锈钢应力腐蚀的机理　奥氏体型不锈钢由于导热性差、线膨胀系数大，焊接过程中在约束焊接变形时，会产生较大的残余应力。众所周知：拉应力的存在是应力腐蚀开裂不可缺少的重要条件，而焊接残余应力所引起的应力腐蚀开裂事例约占全部应力腐蚀开裂事例的 60%以上。

① 应力条件。应力腐蚀对应力有选择性，通常压应力是不会引起应力腐蚀开裂的，只有在拉应力的作用下才会导致应力腐蚀裂纹开裂。

② 材料条件。一般情况下，纯金属不会产生应力腐蚀，应力腐蚀大多发生在合金中（含各种杂质的工业纯金属，也属于合金），在晶界上的合金元素偏析是引起晶间开裂应力腐蚀的重要因素之一。

③ 介质的影响。应力腐蚀的最大特点是腐蚀介质与材料组合上有选择性，在特定组合以外的条件下不会产生应力腐蚀。如：奥氏体型不锈钢在 Cl⁻环境中的应力腐蚀，不仅与溶液中的 Cl⁻离子浓度有关，而且还与溶液中的氧含量有关。当溶液中的 Cl⁻离子浓度很高而氧含量很少，或者 Cl⁻离子浓度较低而氧含量较多时，都不会引起奥氏体型不锈钢的应力腐蚀。

Cr-Ni 奥氏体型不锈钢处在不同的腐蚀介质中，其应力腐蚀开裂形式也不同：可以呈晶间开裂形式，也可以呈穿晶开裂形式或者穿晶与沿晶混合开裂形式。

2）控制应力腐蚀开裂的措施

① 尽量降低焊接残余应力。在焊接施工中，除尽量消除应力集中源和减少焊接应力外，焊后消除应力处理也是非常重要的。

② 合理调整焊缝成分。在奥氏体型不锈钢中增加铁素体含量，使铁素体组织在奥氏体组织中起到阻碍裂纹扩展的作用，从而提高其耐应力腐蚀的能力（铁素体的体积分数不宜超过 60%，否则，将使不锈钢性能下降）。

（4）焊接接头的脆化　奥氏体型不锈钢在高温下持续加热的过程中，就会形成一种以 Fe-Cr 为主、成分不定的金属间化合物，即 σ 相，σ 相性能硬脆而无磁性，并且分布在晶界处，使奥氏体型不锈钢因冲击韧度大大下降而脆化。实践表明，σ 相的析出温度为 650~850℃。常用的 Cr18Ni9 类钢在 700~800℃温度下，Cr25Ni20 类钢在 800~850℃温度下，σ 相析出的敏感性最大。以上两类钢在低于 σ 相的析出温度时，σ 相的析出速度要缓慢得多；

在高于 σ 相析出温度时，σ 相将不再析出。在高温加热过程中，如伴有塑性变形或施加应力，就将大大加速 σ 相的析出。

σ 相对奥氏体型不锈钢性能最明显的影响就是促使缺口冲击韧度急剧下降。此外，σ 相对奥氏体型不锈钢抗高温氧化、蠕变强度也产生一定的有害影响。

为了消除已经生成的 σ 相，恢复焊接接头的冲击韧度，焊后可以把焊接接头加热到 1000～1050℃，然后快速冷却。

（5）焊接变形与收缩 奥氏体型不锈钢的热导率小而线膨胀系数大，在自由状态下焊接时，容易产生较大的焊接变形。

2. 奥氏体型不锈钢氩弧焊

（1）焊接工艺特点

1）焊接热输入要小。奥氏体型不锈钢焊接过程中，为了缩小高温停留时间，加快冷却速度，采用小的热输入，短弧快速焊，不仅能防止晶间腐蚀，而且还能减小焊接变形。

2）焊接操作正确。焊接过程中，电弧不作横向摆动，直线运行，每道焊道不宜过宽，焊道宽度应小于焊丝直径的 4 倍。

3）快速冷却。为了防止晶间腐蚀，奥氏体型不锈钢焊后可采取强制冷却措施，如采用铜垫板、用水冷却等。

4）焊前预热和后热处理。为了防止焊后冷却速度降低，奥氏体型不锈钢焊前不进行预热、焊后不采取后热工艺措施。多层多道焊接时，其层间温度应低于 60℃。

5）焊后热处理。焊后一般不进行热处理，只是在有应力腐蚀开裂倾向时，进行消除应力退火处理，退火温度的选择，可根据设计要求在低于 350℃退火或者在高于 850℃进行退火处理。热处理前，必须将钢材表面的油脂洗净，以免加热时产生渗碳现象。当在 800～900℃以上温度进行加热消除应力处理时，850℃以下升温要缓慢，在 850℃以上的升温速度要快，以免焊缝晶粒受热长大。

（2）焊后表面处理 奥氏体型不锈钢焊后进行表面处理可以增加不锈钢的耐蚀性，主要处理方法有：

1）表面抛光处理。不锈钢光滑的表面能产生一层致密而均匀的氧化膜，保护内部的金属不再受到氧化和腐蚀，所以，焊后应对不锈钢表面的凹痕、刻痕、污点、粗糙点、焊接飞溅等进行表面抛光处理。

2）表面钝化处理。为增加不锈钢焊后的耐蚀性，在其表面应进行钝化处理，使不锈钢焊件表面形成一层起保护作用的氧化膜。钝化处理的工艺流程如下：表面清理和修补—酸洗—水洗和中和—钝化—水洗和吹干。

① 表面清理和修补。用手提砂轮将焊接飞溅、焊瘤磨光，把表面损伤处修好。

② 酸洗。用酸洗液或酸膏去除经热加工和焊接高温所形成的氧化皮。

③ 水洗和中和。经酸洗的焊件，用清水冲洗干净。

④ 钝化。在焊件表面用钝化液擦拭一遍，停留 1h。

⑤ 水洗和吹干。用清水冲洗，再用布仔细擦洗，最后再用热水冲洗干净并吹干。

（3）钨极氩弧焊（TIG 焊） 钨极氩弧焊适用于 8mm 以下的板结构焊接，特别适宜 3mm 以下的薄板焊接，以及 ϕ60mm 以下的管子焊接和大直径管子打底焊。

1）焊接材料的选择

① 钨极：常用的钨极有纯钨极、钍钨极及铈钨极。

纯钨极价格比较便宜，焊接电弧稳定，不足之处是空载电压较高，导电性能差、承载电流能力小、引弧性能差，使用寿命短。

钍钨极比纯钨极降低了空载电压，改善了引弧、稳弧性能，增大了焊接电流承载能力，但有微量的放射性。

铈钨极比钍钨极更容易引弧，电极损耗更小，放射剂量也低得多，目前应用广泛。

② 氩气：奥氏体型不锈钢焊接时，要求氩气的纯度较高，氩气的体积分数≥99.7%。

③ 焊丝：焊接奥氏体型不锈钢用焊丝的选择原则是：在没有裂纹的前提下，保证焊缝金属的耐蚀性达到设计要求、保证焊缝金属的力学性能与母材基本相当或略高，尽量保证焊缝金属的合金成分与母材成分一致或相近。在不影响耐蚀性的前提下，希望焊缝中含有一定数量的铁素体，这样能保证焊缝既有良好的抗裂性能，又有良好的耐蚀性。但在某些特殊介质（尿素）中，奥氏体型不锈钢焊件要限制焊缝金属内的铁素体含量不得超过 5%，以防止在使用过程中铁素体发生脆性转变。奥氏体型不锈钢钨极氩弧焊（TIG 焊）用焊丝的选择见表 7-20。奥氏体型不锈钢钨极氩弧焊的焊接参数见表 7-21。

表 7-20　奥氏体型不锈钢钨极氩弧焊（TIG 焊）用焊丝的选择

序号	统一数字代号	新牌号	旧牌号	焊丝	保护气体成分（体积分数,%）
1	S30403	022Cr19Ni10	00Cr19Ni10	H03Cr21Ni10	Ar 或 Ar+He 或 Ar95+CO_2 5 或（药芯焊丝）CO_2
2	S30409	07Cr19Ni10	—		
3	S30210	12Cr18Ni9	1Cr18Ni9		
4	S32168	06Cr18Ni11Ti	0Cr18Ni10Ti	H06Cr20Ni10Nb H06Cr20Ni10Ti	
5	S31668	06Cr17Ni12Mo2Ti	0Cr18Ni12Mo2Ti	H06Cr18Ni12Mo2Ti H06Cr18Ni12Mo2Nb	
6	S31708	06Cr19Ni13Mo3	0Cr19Ni13Mo3	H06Cr19Ni14Mo3	
7	S31603	022Cr17Ni12Mo2	00Cr17Ni14Mo2	H03Cr19Ni14Mo3	
8	S30908	06Cr23Ni13	0Cr23Ni13	H12Cr24Ni13	
9	S31008	06Cr25Ni20	0Cr25Ni20	H0Cr26Ni21	

表 7-21　奥氏体不锈钢钨极氩弧焊的焊接参数

板厚/mm	接头形式	焊接电流/A	电弧电压/V	送丝速度/(cm/min)	焊接速度/(cm/min)	钨极直径/mm	喷嘴直径/mm	焊丝直径/mm	氩气流量/(L/min)
1.0	I 形	100~110	7.8~8.2	26~28	42~46	3	12	0.8	9~10
1.2		120~140	8~8.4	28~30	38~42	3	12	0.8	9~10
1.5		150~170	8.2~8,5	12~14	34~36	3	16	1.2	10~11
2.0		240~260	8.5~8.7	8.5~9.0	30~32	4	16	1.6	11~12
2.5		290~310	8.6~8.8	9.0~9.5	28~30	4	16	1.6	11~12
3.0		340~360	9.0~9.2	9.5~10.0	26~28	5	16	1.6	11~12

2）焊接操作技术

① 引弧：采用高频引弧法或高频脉冲引弧法引弧，开始引弧时，提前 5～10s 送气，以便吹尽送气管中的空气，保护好焊接过程中熔池中的合金元素不被氧化。在引弧过程中，钨极与焊件要保持 3～5mm 的距离，按下控制开关，此时，在高频高压作用下，击穿间隙、焊接电弧被引燃。

② 注意保持焊接电弧的适宜长度：焊接过程中，如果氩气的挺度稍差一些，弧长就会控制不好，从而降低保护效果。

③ 控制好填丝：焊接过程中，掌握好填丝角度和焊丝填充位置。填丝时，焊丝不要触及钨极以免污染电极。焊丝在焊接过程中的运动，不要离开氩气保护区，避免高温焊丝端头被空气氧化。

3）焊接生产注意事项

① 室外焊接时，在电弧周围要有防风措施，防止风力破坏氩气保护罩，影响奥氏体型不锈钢的焊接质量。

② 不要在焊件上随便起弧，起弧处应在铜垫板上，铜垫板要紧临焊缝起始处。

三、铁素体型不锈钢氩弧焊

在室温下内部显微组织为铁素体，铬的质量分数在 11.5%～32% 之间的钢为铁素体型不锈钢，随着钢中铬含量的提高，铁素体型不锈钢的耐蚀性也会提高。加入钼（Mo）后，可提高耐还原性酸腐蚀性能和抗应力腐蚀能力。铁素体型不锈钢强度不算很高，但塑性、韧性良好。若在焊接过程中，将其加热到高温，这类钢不会出现强度显著下降或淬火硬化问题；由于焊接热膨胀问题远比奥氏体钢轻微，因而铁素体型不锈钢焊后产生热裂纹和冷裂纹的问题也不是很突出。

这类不锈钢牌号主要有 008Cr30Mo2、022Cr12、10Cr17 和 12Cr17Mo 等。按照碳和氮（C+N）的总含量，高铬铁素体不锈钢分为普通纯度和超高纯度两个系列。

1. 普通纯度高铬铁素体型不锈钢

碳的质量分数为 0.1% 左右并含有少量的氮，与奥氏体型不锈钢相比，材质较脆，焊接性较差。特别是当 $w_{Cr} \geq 15.5\%$ 的普通纯度高铬铁素体型不锈钢，在 400～526℃ 温度区间长期加热后，常常会出现强度升高而韧性下降的现象，即"475℃脆性"。因此，限制了它的应用。如：022Cr12Ni、008Cr27Mo 等。

（1）普通纯度高铬铁素体型不锈钢的焊接性

1）焊接接头的晶间腐蚀。普通纯度高铬铁素体型不锈钢焊接接头，在焊接热循环作用下，从 950℃ 以上的温度区域冷却下来后，会在紧挨着焊缝的高温区产生晶间腐蚀。而奥氏体型不锈钢焊接接头产生的晶间腐蚀是在 600～1000℃ 的温度区域，即晶间腐蚀部位稍离开焊缝区域。

2）焊接接头脆化。普通纯度高铬铁素体型不锈钢在焊接过程中，焊接热循环如果在 950℃ 以上温度停留时间过久，便会引起热影响区晶粒急剧长大、碳和氮化合物会沿晶界发生偏聚，从而导致焊接接头的塑性和韧性下降。当焊接结构件的刚度足够大时，在室温条件下就可能出现脆裂。这种粗大组织是不能通过热处理来进行细化的，所以，在焊接过程中，严格控制焊接接头在高温停留的时间，是选择焊接参数的前提。

焊接接头的脆化形式主要有：

① 高温加热引起的脆化。焊接接头从 1100℃ 以上的温度冷却后，焊接热影响区的室温韧性变低，脆化程度与碳和氮的含量有关：碳、氮含量越高，焊接热影响区的脆化程度就越严重。焊接接头冷却速度越快，焊接接头的韧性下降也越多；焊后焊接接头如果采用空冷或缓慢冷却，塑性值将提高。

② σ 相脆化。普通纯度的高铬铁素体型不锈钢中，$w_{Cr} > 21\%$ 时，若在 520~820℃ 之间长时间加热，既可以析出又硬又脆的铁与铬的金属间化合物，称为 σ 相（HV 高达 800~1000）。σ 相是非铁磁性的，主要由铁素体转变而成，σ 相的出现，将提高普通纯度高铬铁素体型不锈钢的强度，而塑性和韧性则明显降低。

③ 475℃ 脆性。普通纯度高铬铁素体型不锈钢中，当 $w_{Cr} \geq 15.5\%$ 时，如果长时间在 400~500℃ 加热，便会出现强度上升、韧性下降的现象，此现象称为 475℃ 脆性。

④ 局部马氏体引起的脆化。大多数铁素体型不锈钢在室温下能形成稳定的铁素体组织，但是，如果钢中或焊缝金属中的含铬量偏于铁素体区的下限或碳和氮的含量在允许范围的上限时可导致晶界在高温时形成一些奥氏体，在冷却后转变为马氏体组织，产生轻度脆化。

（2）普通纯度高铬铁素体型不锈钢的焊接工艺措施　制订普通纯度高铬铁素体型不锈钢的焊接工艺时，应主要考虑如何克服在焊接过程中，因出现晶间腐蚀和焊接接头脆化而引起的裂纹。为此，制订焊接工艺时应采取以下工艺措施。

1）焊前低温预热。普通纯度高铬铁素体型不锈钢在室温下韧性较低，由于焊接时容易在焊接接头出现高温脆化并在一定的条件下产生裂纹。焊前预热后，使被焊钢材处于韧性的状态下焊接，能有效地防止焊接裂纹的产生，预热温度一般为 100~200℃ 左右。随着母材金属铬含量的提高，预热温度也应提高。但是，过高的预热温度，将导致焊接接头因过热而脆硬。

铁素体型不锈钢焊接接头为同质材料焊成时，焊后应进行退火处理。目的是使焊接接头的组织均匀化，从而提高其塑性和耐蚀性。退火后应急冷，以防止 σ 相析出脆化和 475℃ 脆性。焊后退火处理温度为 750~800℃。

2）焊接时采用小的热输入。普通纯铁素体型不锈钢在焊接过程中，应该采用小的热输入进行施焊，焊接热输入不大于 20kJ/cm，多层多道焊时，应严格控制层间温度低于 150℃ 左右，焊接时避免采用摆动焊接方式，应尽量减少焊接接头在高温的停留时间，以避免晶粒粗化，必要时在焊接过程中可以采用强制冷却措施，以减少高温脆化和 475℃ 脆性的影响。

3）合理选择焊接材料。可以进行焊前预热和焊后热处理的焊件，可以选择与母材金属相同化学成分的焊接材料；对于不能进行焊前预热和焊后热处理的焊件，为了保证焊缝具有良好的塑性和韧性，应该选用奥氏体型不锈钢焊接材料，但是会出现母材与焊接材料收缩率的差异和焊缝与母材颜色的差异。

2. 超高纯度铁素体型不锈钢

通过真空或保护气氛精炼技术冶炼出的超低碳和超低氮含量（C、N 总的质量分数 ≤0.25%~0.35%）的超高纯度高铬铁素体型不锈钢，如 019Cr19Mo2NbTi、008Cr27Mo 等。其韧性、耐蚀性、焊接性等方面都优于普通纯度高铬铁素体型不锈钢。

（1）超高纯度高铬铁素体型不锈钢的焊接性　不论普通纯度的高铬铁素体型不锈钢，还是超高纯度的高铬铁素体型不锈钢，凡是在焊接接头出现的晶间腐蚀倾向，都与合金元素的含量有关。所以，选用的焊接材料与母材金属化学成分相同的或者不相同的焊接过程中，要注意严格保护好焊接熔池，防止在焊接过程中空气中的氮气、氧气侵入熔池，增加焊缝金属中 C、O、N 的含量，导致产生晶间腐蚀。同时还要严格控制焊接材料中的 C、N 含量和提高铬元素的含量，用以提高焊接接头的抗腐蚀能力。

（2）超高纯度高铬铁素体型不锈钢的焊接工艺措施 超高纯度高铬铁素体型不锈钢在 GTAW 焊接过程中，对高温脆变的敏感性很低，焊接接头塑性和韧性很高。所以，焊件焊前可不必预热，焊后也不需热处理。为了获得与母材相当的焊缝金属纯度，应遵守下列各项焊接工艺措施。

1）焊前对焊件待焊处应进行仔细清理。对焊件坡口表面及焊缝邻近区域的油、污、锈、垢进行清理直至露出金属光泽。焊丝表面的油、污、锈、垢也要清理干净。施工现场、焊工手套和工作服应保持高度清洁。

2）焊接过程中加强对焊接区域的保护，加大气体喷嘴直径，适当增加保护气体流量，必要时可使用保护气体拖罩，防止在焊接过程中空气中的氮气、氧气侵入熔池，增加焊缝金属中 C、O、N 的含量，导致产生晶间腐蚀。

3）加强焊缝背面的保护。焊接过程中，为了保证焊缝背面焊接接头的表面焊接质量，焊缝的背面也应通氩气保护。

4）降低焊接热输入，控制层间温度。焊接热输入最大不应超过 18kJ/cm，层间温度应控制在小于 150℃。

常用的铁素体型不锈钢牌号与部分国外牌号对照见表 7-22。常用的铁素体型不锈钢焊丝见表 7-23。常用的铁素体型不锈钢钨极氩弧焊焊接参数见表 7-24。

表 7-22　常用的铁素体型不锈钢牌号与部分国外牌号对照

| 序号 | 统一数字代号 | 新牌号 | 旧牌号 | 日本 | 美国 | | 欧盟 |
		GB/T 20878—2007		JIS	ASTM	UNS	BSEN
1	S11348	06Cr13Al	0Cr13Al	SUS405	405	S40500	1.4002
2	S11203	022Cr12	00Cr12	SUS410L	—	—	—
3	S11710	10Cr17	1Cr17	SUS430	430	S43000	1.4016
4	S11790	10Cr17Mo	0Cr17Mo	SUS434	434	S43400	1.4113
5	S11972	019Cr19Mo2NbTi	00Cr18Mo2	SUS444	444	S44400	1.4521
6	S11163	022Cr11Ti		SUS409	409	S40900	
7	S11873	022Cr18NbTi	—	—	—	S43940	1.4509

表 7-23　常用的铁素体型不锈钢焊丝

| 钢种 | 对焊接接头性能的要求 | 实心焊丝 | | 预热及焊后热处理 |
		焊丝牌号	合金类型	
Cr13	—	H0Cr14	06Cr13	—
		H0Cr18Ni9	Cr18Ni9	
Cr17 Cr17Ti	耐硝酸腐蚀、耐热	H0Cr17Ti	Cr17	预热 100~150℃，焊后 750~800℃回火
	耐有机酸、耐热	H0Cr17Mo2Ti	Cr17Mo2	
	提高焊缝塑性	H0Cr18Ni9	Cr18Ni9	不预热，焊后不热处理
		HCr18Ni12Mo2	18-12Mo	

（续）

钢种	对焊接接头性能的要求	实心焊丝		预热及焊后热处理
		焊丝牌号	合金类型	
Cr25Ti	抗氧化	HCr25Ni13	25-13	不预热，焊后 760~780℃ 回火
Cr28 Cr28Ti	提高焊缝塑性	HCr25Ni20	25-20	不预热，焊后不热处理
		—	25-20Mo2	

表 7-24　常用的铁素体型不锈钢钨极氩弧焊焊接参数

板厚/mm	坡口形式	焊接层数	钨极直径/mm	焊丝直径/mm	焊接电流/A	氩气流量/(L/min)	喷嘴尺寸/mm
1.0	I 形对接	1	2.0	1.6	50~80	4~6	10~14
2.0		1			80~120	6~10	
3.2		2			100~150		

四、马氏体型不锈钢氩弧焊

马氏体型不锈钢中铬的质量分数为 11.5%~18.0%，碳的质量分数最高可达 0.6%，钢的显微组织为马氏体。属于淬硬组织钢种，与其他类型不锈钢相比，马氏体型不锈钢有很宽的强度范围，屈服强度从退火状态下的 275MPa 到淬火＋回火状态下的 1900MPa。这类钢具有一定的耐蚀性和较好的热稳定性、热强性。可以作为热强钢在 700℃ 以下长期工作。

马氏体型不锈钢的类型主要有：

① Cr13 型马氏体型不锈钢。大多数马氏体型不锈钢属于这一类钢，这类钢经高温加热后空冷就可淬硬，一般均经过调质处理，常用的钢种有 12Cr13、20Cr13、30Cr13、40Cr13 等。

② 热强性马氏体型不锈钢。是以 Cr12 为基体进行多元合金化的马氏体型不锈钢，常用的钢种有 2Cr12WMoV、21Cr12MoV、2Cr12Ni3MoV 等。高温加热后空冷即可淬硬。因此，热强马氏体型不锈钢的淬硬倾向会更大一些，一般均经过调质处理。

③ 超低碳复相马氏体型不锈钢。这是一种新型马氏体高强度钢，钢的碳含量 w_C 在 0.05% 以下，并添加了镍，w_{Ni} 为 4%~7%，典型的钢种有 0.01C-13Cr-7Ni-3Si、0.03C-12.5Cr-4Ni-0.3Ti、0.03C-12.5Cr5.3Ni0.3Mo 等。这些钢都经过淬火及超微细复相组织回火处理，可获得高强度和高韧性。这种钢可以在淬火状态下使用，因为低碳马氏体组织并无硬脆性。

1. 马氏体型不锈钢的焊接性

（1）焊接接头的冷裂纹　马氏体型不锈钢焊后有硬脆倾向，碳含量越高，硬脆倾向越大。所以，马氏体型不锈钢焊接所遇到的问题是，碳含量较高的马氏体型不锈钢的淬硬性将导致冷裂纹和脆化问题的产生。但是，超低碳复相马氏体型不锈钢无淬硬倾向，并具有较高的塑性和韧性，焊接裂纹倾向不大。

由于马氏体型不锈钢的导热性较碳素结构钢差，故当焊后残余应力较大，焊接接头刚度也较大或焊接过程中含氢量较高等，焊后直接从高温冷至 120~100℃ 以下时，很容易产生冷裂纹。

（2）焊接接头的硬化现象　Cr13型马氏体型不锈钢或Cr12系列的热强钢，都可以在退火状态或淬火状态下进行焊接。当焊后冷却速度较快时，近缝区会出现硬化现象，形成粗大马氏体的硬化区。所以，焊接时对冷却速度的控制是一个关键措施。

超低碳复相马氏体型不锈钢热影响区中无硬化区出现，由于超低碳复相马氏体型不锈钢对焊接热循环不太敏感，所以整个热影响区的硬度基本是均匀的。

2. 马氏体型不锈钢的焊接

（1）焊前预热　马氏体型不锈钢采用同质焊接材料焊接时，为防止焊接接头产生冷裂纹，在焊前应该采取预热措施。预热温度的选择与焊件厚度、填充金属、焊接方法和焊件的拘束度有关。其中与被焊钢材的碳含量关系最大。以Cr13钢为例说明碳含量与预热温度的关系见表7-25。预热温度不要过高，否则，奥氏体晶粒将变粗大，使焊接接头塑性和强度均有所下降。

表7-25　Cr13钢碳含量与预热温度的关系

钢　　种	碳含量（质量分数，%）	备　　　注
Cr13	<0.1	不预热
	0.1~0.2	预热到260℃缓冷
	0.2~0.5	可以预热到260℃，焊后应及时退火

（2）焊后热处理　焊后热处理的目的是降低焊缝和热影响区硬度、改善其塑性和韧性，同时减少焊接残余应力。焊后进行热处理时，要严格控制焊件的温度。焊件焊后不可随意从焊件的焊后温度直接升温进行回火处理，而是在回火前，先使焊件适当地冷却，让焊缝和热影响区的奥氏体组织基本分解为马氏体组织，然后再进行焊后热处理。

（3）焊接材料的选择　最好采用同质填充金属来焊接马氏体型不锈钢，但是，焊后焊缝和热影响区将会硬化变脆，裂纹倾向严重。为此，可以考虑添加少量的Ti、Al、N、Nb等合金化元素，细化晶粒、降低淬硬性；也可以采取提高焊前预热温度、焊后缓冷及热处理等措施来改善焊接接头的性能。

焊接接头不能继续热处理时，可以采用奥氏体型不锈钢焊接材料进行焊接，焊后焊缝金属为奥氏体组织，具有较高的塑性和韧性，降低了焊接接头形成冷裂纹的倾向。采用奥氏体型不锈钢焊接材料时，须考虑母材稀释的影响及焊缝强度不可能与母材相匹配。常用的马氏体型不锈钢牌号及与国外牌号对照见表7-26，常用的马氏体型不锈钢氩弧焊焊丝见表7-27。马氏体型不锈钢手工钨极氩弧焊焊接参数见表7-28。

表7-26　常用的马氏体型不锈钢牌号及与国外牌号对照

中国 GB/T 20878—2007			美　国 ASTM A959-04	日　本 JIS G4303-1998 JIS G4311-1991	国　际 ISO/TS 15510:2003 ISO 4955:2005
统一数字代号	新牌号	旧牌号			
S41010	12Cr13	1Cr13	S41000.410	SUS410	X12Cr13
S42020	20Cr13	2Cr13	S42000.420	SUS420JI	X20Cr13
S43110	14Cr17Ni2	1Cr17Ni2	—	—	—
S46010	1Cr11MoV	—	—	—	—
S47010	15Cr12WMoV	1Cr12WMoV	—	—	—

表 7-27 常用的马氏体型不锈钢氩弧焊焊丝

母材牌号	对焊接性的要求	实心焊丝		预热及层间温度 /℃	焊后热处理
		焊丝	焊缝类型		
12Cr13 20Cr13	抗大气腐蚀	H0Cr14	Cr13	150~300	700~730℃ 回火、空冷
	耐有机酸腐蚀 并耐热	—	Cr13Mo2	150~300	—
	要求焊缝具有 良好的塑性	H0Cr18Ni9 H0Cr18Ni12Mo2 HCr25Ni20 HCr25Ni13	Cr18Ni9 18-12Mo 25-20 25-13	补预热 （厚大件预热200℃）	不进行热处理
14Cr17Ni2	—	HCr25Ni13 HCr25Ni20 HCr18Ni9	25-13 25-20 Cr18Ni9	200~300	700~750℃ 回火、空冷
14Cr11MoV	540℃以下有良好 的热强性	—	Cr10MoNiV	300~400	焊后冷却到100~200℃， 立即在700℃以上 高温回火
15Cr12WMoV	600℃以下有良好 的热强性	—	Cr11WMoNiV	300~400	焊后冷却到100~200℃， 立即在740~760℃以上 高温回火

表 7-28 马氏体型不锈钢手工钨极氩弧焊焊接参数

板厚/mm	接头形式	钨极直径/mm	焊丝直径/mm	焊接电流/A	焊接速度/(cm/min)	氩气流量/(L/min)
1.0	对接	1.0	1.6	22~46	66	5
		1.6	1.6	52~76	55	5
1.5	对接	1.6	1.6	65~105	30	7
	角接	1.6	1.6	78~110	25	7
2.4	对接	1.6	2.4	87~112	30	7
	角接	1.6	2.4	97~125	25	7
3.2	对接	1.6	2.4	98~129	30	7
	角接	1.6	2.4	112~142	25	7
4.8	对接	2.4	3.2	146~218	25	8
	角接	3.2	3.2	170~240	20	9

五、奥氏体-铁素体型不锈钢氩弧焊

奥氏体-铁素体型不锈钢又称为双相不锈钢，它是由体积分数为60%~40%的铁素体加体积分数为40%~60%的奥氏体组成的。双相不锈钢与铁素体型和奥氏体型不锈钢的不同之处是在热处理过程中有相的转变，即改变了两相之间的比例关系。

奥氏体-铁素体型不锈钢，按铬含量的不同可分为Cr18型、Cr21型和Cr25型三类。常用的国内外双相不锈钢牌号和化学成分见表7-29。

表 7-29　常用的国内外双相不锈钢牌号和化学成分

类别	牌　　号	国家	化学成分(质量分数,%)							
			C	Cr	Ni	Mo	Si	Mn	N	其　　他
Cr18	022Cr19Ni5Mo3Si2N	中国	0.030	18.0～19.5	4.50～5.50	2.50～3.00	1.30～2.00	1.00～2.00	0.05～0.10	—
	DP1	日本	0.030	18.0	5.00	2.50	1.50	—	—	
	3RE60	瑞典	0.030	18.50	4.90	2.70	1.70	≤2.0		
Cr21	12Cr21Ni5Ti	中国	0.09～0.14	20.0～22.0	4.80～5.80	—	0.80	0.80	—	Ti5(C 为 0.02～0.08) S=0.03, P=0.035
	Rescoloy262	日本	—	21.0	6.00	2.00	—	—	—	加 Ti
	SAF2205	瑞典	0.030	22.0	5.50	3.00	≤0.80	≤2.00	0.14	
Cr25	06Cr25Ni6Mo2N	中国	0.030	2.40～2.60	5.50～6.50	1.50～2.50	1.00	2.00	—	S=0.030 P=0.030
	SUS309J₁	日本	≤0.08	25.0～28.0	6.00～7.00	1.50～2.00	≤1.00	≤1.50		
	SAF2507	瑞典	0.030	25.0	7.00	4.00	—	—	0.24～0.32	

奥氏体-铁素体型不锈钢具有良好的韧性、强度和焊接性,其中屈服强度是普通不锈钢的两倍,这种钢综合了奥氏体型和铁素体型不锈钢两者的优点,具有良好的抗孔蚀和缝隙腐蚀的能力,其耐中性氯化物应力腐蚀性能远远超过 18-8 型不锈钢。

1. 奥氏体-铁素体型双相不锈钢的焊接性

(1) Cr18 型双相不锈钢的焊接性　该类钢碳含量很低,铬含量也不高,双相组织的比例相对稳定,所以,形成 475℃脆性和 σ 相脆化的可能性都不大。该钢与奥氏体型不锈钢相比,具有较低的焊接热裂纹倾向;与铁素体型不锈钢相比,焊后脆化倾向较低,具有良好的焊接性。但是,在焊接热影响区中,会出现单项铁素体组织,对焊接接头耐应力腐蚀、晶间腐蚀和力学性能都有影响。这类钢不论是薄板,还是中、厚钢板的焊接,焊前都不需要预热,焊后也不需要进行热处理。该类钢列入国家标准牌号的有 14Cr18Ni11Si4AlTi 和 022Cr19Mo3Si2 两种。

为了防止和减少焊缝和热影响区产生单项铁素体组织,以及焊接热影响区中的晶粒粗大倾向,在氩弧焊过程中,应采取下列工艺措施:

1) 尽量选用小的焊接热输入,层间温度小于 100℃,焊接过程中,电弧不作横向摆动。

2) 接触腐蚀介质的焊缝要先焊接,使最后一道焊缝为非接触腐蚀介质的一面。其目的是利用后焊焊缝对先焊的焊缝进行一次热处理,把先焊的焊缝和热影响区的单项铁素体组织通过热处理转变为奥氏体组织。

3) 当要求接触腐蚀介质的焊缝必须最后焊接时,则应该在此焊缝上加一道工艺焊缝,但是,这道工艺焊缝最后必须清除掉,其目的也是给接触腐蚀介质的焊缝进行一次热处理。

(2) Cr21 型双相不锈钢的焊接性　这类钢的国家标准牌号有 12Cr21Ni5Ti 和 022Cr22Ni5Mo3N 等牌号。与 Cr18 型双相不锈钢中的 022Cr19Ni5Mo3Si2 钢相比,提高了 Cr 和 Ti 的含量,降低了 Si 和 Mo 的含量。经过 (950～1050℃快冷) 固溶处理后,钢中含有体积分数为 40%～50%的铁素体和体积分数为 50%～60%的奥氏体组织。在高温下两相组织的比例变化不明显,在低于 950℃固溶处理时,钢中会析出 σ 相,使 Cr21 型双相不锈钢耐应力腐蚀性能变差。这类钢增加了 Ti 的含量，与 022Cr19Ni5Mo3Si2 钢相比，提高了钢的耐晶间腐蚀能力和耐应力腐蚀能力。

这类双相不锈钢氩弧焊时，可以选用 H08Cr19Ni14Mo3 焊丝作为填充金属，此外，还应采取下列工艺措施：

1）尽量选用小的焊接热输入，层间温度小于 100℃，焊接过程中，电弧不作横向摆动。

2）接触腐蚀介质的焊缝要先焊接，使最后一道焊缝为非接触腐蚀介质的一面。其目的是利用后道焊缝对先焊接的焊缝进行一次热处理，把先焊接的焊缝和热影响区的单项铁素体组织通过热处理转变为奥氏体组织。

3）当要求接触腐蚀介质的焊缝必须最后焊接时，则应该在此焊缝上加一道工艺焊缝，但是，这道工艺焊缝最后必须清除掉，其目的也是给接触腐蚀介质的焊缝进行一次热处理。

4）这类钢不论是薄板，还是中、厚钢板的焊接，焊前都不需预热，焊后也不需要进行热处理。

（3）Cr25 型双相不锈钢的焊接性　这类钢中 w_{Mo} 为 1%～3%，可以提高双相不锈钢耐点腐蚀和缝隙腐蚀的能力。但是，由于加入了 Mo 元素，会使双相不锈钢具有明显的 475℃ 脆性，也会发生 σ 相形成的倾向，当进行固溶处理的温度低于 1000℃ 时，有可能出现 σ 相脆化，降低其冲击韧度。这类钢列入国家标准的牌号有 022Cr25Ni7Mo4WCuN 和 022Cr25Ni6Mo2N 等。

该类钢与上述两类钢一样：具有良好的焊接性，焊前不需要预热，焊后也不需要热处理，产生裂纹的倾向较小。用钨极氩弧焊进行焊接时，可以选用与母材金属成分相同的金属填充材料或镍基焊丝进行焊接。焊接过程中热输入要小，为了能稳定两相组织在焊接接头中的比例，使之能在较强的腐蚀介质中工作，所以，焊后要对焊接接头进行（1050～1080℃）固溶处理。

2. 奥氏体-铁素体型双相不锈钢的焊接

（1）采取的焊接工艺措施

1）控制焊接热输入，严格遵守焊接工艺。既要避免焊后由于冷却速度过快而在热影响区中产生过多的铁素体组织，又要避免由于冷却速度过慢而在热影响区形成过多的粗大晶粒和氮化铬沉淀。

在焊接过程中，控制热输入使焊缝和热影响区中不同部位的铁素体含量（体积分数）控制在 70% 以下，则双相不锈钢焊缝的抗裂性会很好。当铁素体含量（体积分数）超过 70% 时，会在焊接应力很大的情况下出现氢致裂纹。

双相不锈钢焊接时，焊缝和热影响区的冷却时间不能太短，应根据材料的厚度，选择合适的冷却速度。焊接厚板时，应该采用较高的热输入，焊接板厚小于 5mm 的薄板时，应该采用较低的焊接热输入。

2）多层多道焊。采用多层多道焊时，后续焊道对前层焊道有热处理作用，焊缝中的铁素体进一步转变成奥氏体，成为奥氏体占优势的两相组织，同时热影响区组织中的奥氏体相也相应增多，从而改善了焊接接头的组织和性能。与单道焊相比，多道焊中的铁素体含量（体积分数）要低 10% 左右。

3）选择合理的焊接顺序。双相不锈钢接触腐蚀介质的焊缝要先焊，不接触腐蚀介质的焊缝最后焊接，其目的是利用后道焊缝对先焊的焊缝进行热处理，使先焊的焊缝及热影响区的单项铁素体组织部分转变为奥氏体组织。

当施工要求接触腐蚀介质的焊缝必须最后焊接时，则焊工在接触腐蚀介质的焊缝焊接完成后，立即在此焊缝的表面再焊一层工艺焊缝，其作用是利用工艺焊缝的热循环对表面焊缝及其邻近的焊接热影响区进行"热处理"。这一层工艺焊缝在冷却至室温后，经机械加工去除。如果附加的工艺焊缝焊接、清除有困难，则制订焊接工艺时，尽可能使最后一层焊缝处于非工作介质面上。

（2）焊接材料和焊接参数的选择　焊接奥氏体-铁素体型双相不锈钢时，采用奥氏体相占比较大的焊接材料，对提高焊缝金属的塑性、韧性和耐蚀性有益。对于含氮的双相不锈钢和超级双相不锈钢的焊接材料，通常采用比母材高的镍含量和与母材相同的氮含量，用于保证焊缝金属有足够的奥氏体量，通过调整焊缝的化学成分，使双相不锈钢能获得满意的焊接性和焊接质量。常用的奥氏体-铁素体型双相不锈钢的焊接材料见表 7-30。奥氏体-铁素体型双相不锈钢对接接头平焊 TIG 手工焊的焊接参数见表 7-31。

表 7-30　常用的奥氏体-铁素体型双相不锈钢的焊接材料

母材牌号	氩弧焊焊丝牌号
022Cr19Ni5Mo3Si2N	H00Cr18Ni14Mo2
	H00Cr20Ni12Mo3Nb
	H00Cr25Ni13Mo3
12Cr21Ni5Ti	H0Cr20Ni10Ti
022Cr22Ni5Mo3N	H00Cr18Ni14Mo2
022Cr25Ni6Mo2N	H0Cr26Ni21
	H00Cr21Ni10 或同母材成分或镍基焊丝

表 7-31　奥氏体-铁素体型双相不锈钢对接接头平焊 TIG 手工焊的焊接参数

板厚/mm	焊接电流/A	焊接速度/(mm/min)	钨极直径/mm	焊丝直径/mm	气体流量/(L/min)
1	50~80	100~120	1.6	1	6~8
2.4	80~120	100~120	1.6	1~2	6~10
3.2	105~150	100~120	2.4	2~3.2	6~10
4	150~200	100~150	2.4	3.2~4	6~10
6	150~200	100~150	2.4	3.2~4	6~10

在不锈钢 TIG 焊焊接过程中，为了使焊缝有良好的保护作用，应根据焊件的材料与厚度选择气体流量和气体喷嘴直径（内孔）。保护气体流量与喷嘴直径的关系见表 7-32。焊缝表面颜色和保护效果的关系见表 7-33。

表 7-32　保护气体流量与喷嘴直径的关系

焊接电流/A	直流正极性焊接		直流反极性焊接	
	喷嘴直径/mm	保护气体流量/(L/min)	喷嘴直径/mm	保护气体流量/(L/min)
10~100	4~9.5	4~5	8~9.5	6~8
100~150		4~7	9.5~11	7~10
150~200	6~13	6~8	11~13	
200~300	8~13	8~9	13~16	8~15
300~500	13~16	9~12	16~19	

表 7-33　焊缝表面颜色和保护效果的关系

保护效果	最好	良好	较好	不良	最坏
颜色	银白、金黄	蓝色	红灰	灰色	黑色

第六节　铜及铜合金氩弧焊

一、铜及铜合金的分类与牌号

铜是面心立方结构，其密度为 $0.89 \times 10^4 kg/m^3$，约是铝的 3 倍；铜的电导率及热导率约是铝的 1.5 倍，略低于银；常温下铜的热导率比铁大 8 倍，在 1000℃ 时铜的热导率比铁大 11 倍。铜的线胀系数比铁大 15%，而收缩率比铁大 1 倍以上。铜在常温下不易氧化，而当温度超过 300℃ 时，氧化能力增长很快，当铜的温度接近熔点时，氧化能力最强。铜具有非常好的压力加工成形性能。

1. 铜及铜合金的分类

常用的铜及铜合金按 GB/T 5231—2012《加工铜及铜合金牌号和化学成分》分类有加工铜、加工高铜合金、加工黄铜、加工青铜、加工白铜五种。

（1）加工铜　加工铜中铜的质量分数不低于 99.5%，因其表面呈紫红色，又俗称为紫铜或红铜。加工铜既有极好的导电性、导热性，又有良好的常温和低温塑性，以及对大气、海水和某些化学药品的耐蚀性。同时加工铜还有很好的加工硬化性能，经冷加工变形的加工铜，其强度可以提高近 1 倍，而塑性则降低好几倍，但是，经过 550~600℃ 退火后，加工硬化的加工铜还可以恢复其塑性。

（2）加工高铜合金　加工高铜合金是以铜为基体金属，在铜中加入一种或几种微量元素以获得某些预定特性的合金，加工高铜合金中铜的质量分数一般为 96%~99.3%，常用于冷、热压力加工。

（3）加工黄铜　加工黄铜是由铜（Cu）和锌（Zn）组成的二元合金，因为其表面呈现淡黄色而得名。加工黄铜的强度、硬度和耐腐蚀能力比加工铜高得多，并且有一定的塑性，能够进行冷、热加工，所以，在工业中得到了广泛的应用。

（4）加工青铜　加工青铜有锡青铜、铬青铜、锰青铜、铝青铜、硅青铜等。加工青铜虽然有一定的塑性，但其强度确比加工铜和大部分加工黄铜高得多。加工青铜的热导性比加工铜和加工黄铜低几倍至几十倍，而且结晶区较窄。

（5）加工白铜　加工白铜（Cu-Ni）是铜和镍的合金，由于镍的加入而使铜的颜色由紫色逐渐变白而得名。加工白铜不仅有综合的力学性能，而且，由于热导性接近钢的热导性，所以，焊前不进行预热也能很容易地进行焊接。加工白铜对磷、硫等杂质很敏感，在焊接过程中容易形成热裂纹，所以，焊接过程中要严格控制这些杂质的含量。

2. 铜及铜合金的牌号

（1）加工铜和加工高铜合金的牌号　加工铜主要分为无氧铜、纯铜、磷脱氧铜、银铜等。根据 GB/T 29091—2012《铜及铜合金牌号和代号表示方法》的规定，加工铜和加工高铜合金牌号命名如下：

1）加工铜以"T+顺序号"或"T+第一主添加元素化学符号+各添加元素含量（质量分数，数字间以"-"隔开）"命名。

示例 1：铜的质量分数（含银）≥99.90% 的二号纯铜牌号为：

```
T    2
     └─顺序号
```

示例 2：银的质量分数为 0.06% ~ 0.12% 的银铜的牌号为：

```
T   Ag   0.1
         └──添加元素（银）的名义百分含量（质量分数，下同）
    └──────添加元素（银）的化学符号
```

示例 3：银的质量分数为 0.08% ~ 0.12%，磷的质量分数为 0.004% ~ 0.012% 的银铜的牌号为：

```
T   Ag   0.1-0.01
            └──第二主添加元素（磷）的名义百分含量
         └─────第一主添加元素（银）的名义百分含量
    └──────────第一主添加元素（银）的化学符号
```

2）无氧铜以"TU+顺序号"或"TU+添加元素的化学符号+各添加元素含量（质量分数）"命名。

示例 1：氧的质量分数 ≤0.002% 的一号无氧铜的牌号为：

```
TU   1
     └─顺序号
```

示例 2：银的质量分数为 0.15% ~ 0.25%，氧的质量分数 ≤0.003% 的无氧银铜的牌号为：

```
TU   Ag   0.2
          └──添加元素（银）的名义百分含量
     └──────添加元素（银）的化学符号
```

3）磷脱氧铜以"TP+顺序号"命名。

示例：磷的质量分数为 0.015% ~ 0.040% 的二号磷脱氧铜的牌号为：

```
TP   2
     └─顺序号
```

4）高铜合金以"T+第一主添加元素化学符号+各添加元素含量（质量分数，数字间以"-"隔开）"命名。

示例：铬的质量分数为 0.50% ~ 1.50%、锆的质量分数为 0.05% ~ 0.25% 的高铜合金的牌号为：

```
T   Cr   1-0.15
            └──第二添加元素（锆）的名义百分含量
         └─────第一添加元素（铬）的名义百分含量
    └──────────第一添加元素（铬）的化学符号
```

常用加工铜的代号、牌号、化学成分（GB/T 5231—2012）及力学性能见表 7-34。

表 7-34　常用加工铜的代号、牌号、化学成分及力学性能

组别	代号	牌号	主要化学成分（质量分数,%）			杂质总和（质量分数,%）
			Cu+Ag（最小值）	P	Ag	
纯铜	T10900	T1	99.95	0.001	—	≤0.0420
	T11050	T2	99.90	—	—	≤0.020
	T11090	T3	99.70	—	—	≤0.012

（续）

组别	代号	牌号	主要化学成分(质量分数,%)			杂质总和 (质量分数,%)
			Cu+Ag (最小值)	P	Ag	
无氧铜	C10100	TU00	99.99	0.0003	0.0025	≤0.0058
	T10130	TU0	99.97	0.002	—	≤0.024
	T10150	TU1	99.97	0.002	—	≤0.025
	T10180	TU2	99.95	0.002	—	≤0.027
	C10200	TU3	99.95	—	—	≤0.001
磷脱氧铜	C12000	TP1	99.90	0.004~0.012	—	—
	C12200	TP2	99.9	0.015~0.040	—	—
	T12210	TP3	99.9	0.010~0.025	—	<0.1
	T12400	TP4	99.90	0.040~0.065	—	<0.1
银铜	T11200	TAg0.1-0.01	99.9	0.004~0.012	0.08~0.12	<0.1
	T11210	TAg0.1	99.5	—	0.06~0.12	<0.5
	T11220	TAg0.15	Cu99.5	—	0.10~0.20	<0.5

材料状态	力学性能		物理性能			
	抗拉强度 /MPa	伸长率 (%)	熔点 /℃	热导率 /[W/(m·K)]	线胀系数 /(10⁻⁶K⁻¹)	电阻率 /(10⁻⁸Ω·m)
软(M)	196~235	50	1083	391	16.8	1.68
硬(Y)	392~490	6				

（2）加工黄铜的牌号　常用的黄铜主要分为加工黄铜和铸造黄铜，其中加工黄铜又分为普通黄铜、镍黄铜、锡黄铜、铅黄铜、铋黄铜、锰黄铜、铝黄铜、铁黄铜、锑黄铜、硅黄铜、镁黄铜、硼砷黄铜等。加工黄铜中锌为第一主添加元素，但牌号中不体现锌的含量。其命名方法如下：

1）普通黄铜以"H+铜含量（质量分数）"命名。

示例：铜的质量分数为63%~68%的普通黄铜的牌号为：

$$H\quad65$$
　　　　　└─铜的名义百分含量

2）复杂黄铜以"H+第二主添加元素化学符号+铜含量（质量分数）+除锌以外的各添加元素含量（质量分数，数字间以"-"隔开）"命名。

示例：铅的质量分数为0.8%~1.9%、铜的质量分数为57%~60%的铅黄铜的牌号为：

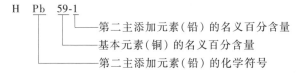

常用加工黄铜（GB/T 5231—2012）的化学成分及力学性能见表7-35。

（3）加工青铜的牌号　常用的青铜主要分为加工青铜和铸造青铜。加工青铜又分为锡青铜、铬青铜、锰青铜、铝青铜、硅青铜等。加工青铜以"Q+第一主添加元素化学符号+各添加元素含量（质量分数，数字间以"-"隔开）"命名。

表 7-35　常用加工黄铜（GB/T 5231—2012）的化学成分及力学性能

组别	代号	牌号	主要化学成分（质量分数，%）（余量为 Zn）		杂质总和（质量分数,%）	材料状态	力学性能		
			Cu	其他合金元素			抗拉强度/MPa	伸长率（%）	硬度 HBW
普通黄铜	T26300	H68	67.0~70.0	Fe:0.10 Pb:0.03	<0.3	软态	313.6	55	—
						硬态	646.8	3	150
	T27600	H62	60.5~63.5	Fe:0.15 Pb:0.08	<0.5	软态	323.4	49	56
						硬态	588	3	164

示例 1：铝的质量分数为 4.0%~6.0% 的铝青铜的牌号为：

Q　Al　5
　　　└──添加元素（铝）的名义百分含量
　　└────添加元素（铝）的化学符号

示例 2：锡的质量分数为 6.0%~7.0%、磷的质量分数为 0.10%~0.25% 的锡青铜的牌号为：

Q　Sn　6.5-0.1
　　　　└──第二主添加元素（磷）的名义百分含量
　　　└────第一主添加元素（锡）的名义百分含量
　　└──────第一主添加元素（锡）的化学符号

常用加工青铜（GB/T 5231—2012）的代号、牌号及力学性能见表 7-36。

表 7-36　常用加工青铜（GB/T 5231—2012）的代号、牌号及力学性能

代号	牌号	材料状态	抗拉强度/MPa	伸长率（%）
T51520	QSn6.5-0.4	软态	343~441	60~70
		硬态	686~784	7.5~12
T61700	QAl9-2	软态	441	20~40
		硬态	588~764	4~5
T64730	QSi3-1	软态	343~392	50~60
		硬态	637~735	1~5

（4）加工白铜的牌号　常用的白铜主要分为普通白铜、铁白铜、锰白铜、铝白铜和锌白铜等。加工白铜命名的方法如下：

1）普通白铜以 "B+铜含量（质量分数）" 命名。

示例：镍的质量分数（含钴）为 29%~33% 的普通白铜的牌号为：

B　30
　　└──镍的名义百分含量

2）复杂白铜包括铜为余量的复杂白铜和锌为余量的复杂白铜。

① 铜为余量的复杂白铜，以 "B+第二主添加元素化学符号+镍含量（质量分数）+各添加元素含量（质量分数，数字间以 "-" 隔开）" 命名。

示例：镍的质量分数为 9.0%~11%、铁的质量分数为 1.0%~1.5%、锰的质量分数为 0.5%~1.0% 的铁白铜牌号为：

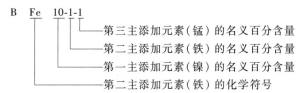

② 锌为余量的锌白铜，以"B+Zn 元素化学符号+第一主添加元素（镍）含量（质量分数）+第二主添加元素（锌）含量（质量分数）+第三主添加元素含量（质量分数，数字间以"-"隔开）"命名。

常用加工白铜的代号、牌号及力学性能（GB/T 2040—2008）见表 7-37。

表 7-37　常用加工白铜的代号、牌号及力学性能（GB/T 2040—2008）

代　号	牌　号	材料状态	抗拉强度/MPa	断后伸长率（%）
T70380	B5	软态	≥215	≥20
		硬态	≥370	≥10
T71050	B19	软态	≥295	≥20
		硬态	≥390	≥3

二、铜及铜合金的焊接性

铜及铜合金的焊接性较差，很难获得优质的焊接接头，主要困难有以下几个方面。

（1）填充金属与焊件母材不易很好地熔合，容易产生未焊透和未熔合缺陷　铜及铜合金热导性强，其热导率比碳素钢大 7~11 倍，焊接时有大量的热被传导损失，由于母材获得的焊接热输入不足，填充金属和母材之间，难以很好地熔合，容易出现未焊透和未熔合缺陷。另外，铜很容易被氧化，焊接过程中如果保护不好，铜的氧化物覆盖在熔池表面，会阻碍填充金属与母材熔液的熔合。因此，焊接纯铜时，必须采用大功率、能量集中的强热源焊接，焊件厚度大于 4mm 时，还要采取预热措施，母材厚度越大，焊接时散热越严重，焊缝也越难达到熔化温度。另外，铜在熔化时，表面张力比铁小 1/3。由于铜液的流动性比铁液大 1~1.5 倍，当采用大电流强规范焊接时，铜液的流动使焊缝成形难以控制，焊缝表面成形较差，因此容易产生未焊透和未熔合缺陷。

（2）焊接接头的热裂倾向大　铜及铜合金焊接时，铜的线胀系数和收缩率比较大，约比铁大 1 倍以上，焊接时的大功率热源会使焊接热影响区加宽，如果焊件的刚度不大，又无防止变形的措施，必然会产生较大的焊接变形；如果焊件的刚度很大时，由于焊件变形受阻，必然会产生较大的焊接应力。这就增大了焊接接头的热裂倾向。

（3）气孔　铜及铜合金熔焊时，生成气孔的倾向比低碳钢严重得多，气孔主要是由氢气和水蒸气所引起的，此外，熔池中的氧化亚铜（Cu_2O），在焊接熔池凝固时因不溶于铜而析出，与氢气（H_2）或一氧化碳（CO）反应生成水蒸气和二氧化碳气体（CO_2），这些气体在熔池凝固前来不及析出时也会形成气孔。铜与氧化亚铜和氢气（H_2）或一氧化碳（CO）反应生成水蒸气和二氧化碳（CO_2）的化学反应如下：

$$Cu_2O+H_2 \longrightarrow 2Cu+H_2O \uparrow$$
$$Cu_2O+CO \longrightarrow 2Cu+CO_2 \uparrow$$

所生成的气孔分布在焊缝的各个部分。

（4）焊接接头性能发生变化　铜及铜合金焊接时，由于焊缝晶粒受热严重长大、合金元素的蒸发和氧化、焊接过程的杂质及合金元素的渗入等，使焊接接头的性能发生了很大的变化。

1）导电性下降。纯铜焊后，由于焊缝受杂质的污染、合金元素的渗入、焊缝不致密等因素的影响，其导电性低于基本金属，杂质和合金元素越多，导电性就越差。

2）力学性能下降。由于焊缝与热影响区的晶粒长大，各种低熔点共晶在晶界上出现，使焊接接头的力学性能有所下降，尤其是塑性和韧性的降低更为明显。

3）耐蚀性下降。由于焊接过程中合金元素的蒸发和氧化，焊接接头存在的各种焊接缺陷、晶界上存在的脆性共晶体等，都会不同程度地降低焊接接头的耐蚀性。

（5）焊接过程中，合金元素的蒸发对人体健康有害　铜及铜合金焊接过程中，金属元素的蒸发对人体健康有害。特别是在焊接黄铜时，熔点为420℃、燃点为906℃的锌元素在焊接过程中被蒸发，在焊接区内形成白色的烟雾，对人体的健康非常有害，所以在焊接过程中必须加强通风等安全防护措施。黄铜的热导率比纯铜小，焊接热输入损失比纯铜小，因此，焊接时的预热温度比纯铜低。

（6）青铜焊接的主要困难　青铜焊接主要用来补焊铸件的缺陷及修补损坏的机件。

1）焊接铝青铜时，铝的氧化将阻碍填充焊丝熔滴与焊接熔池的结合，严重时会在焊缝中产生夹渣。

2）青铜受热收缩率比钢大50%左右，所以焊接收缩应力大，在刚度较大的焊件上焊接时，焊后容易产生开裂。

3）由于青铜熔液凝固温度范围大，使低熔点的锡在凝固过程中产生偏析，从而削弱了焊缝的晶间结合力，严重时会引起焊缝产生裂纹。

三、铜及铜合金的焊接

1. 焊前清理

焊前应仔细清除焊丝表面和焊件坡口两侧各 20～30mm 范围内的油、污、锈、垢及氧化皮等，清理方法有机械清理和化学清理两种。

（1）机械清理法　用风动、电动钢丝轮或钢丝刷或砂布等打磨焊丝和焊件表面，直至露出铜的金属光泽。

（2）化学清理法　化学清理有如下两种方法：

1）用四氯化碳或丙酮等溶剂擦拭焊丝和焊件表面。

2）铜及铜合金焊丝及焊件的焊前化学清理见表 7-38。

2. 焊接接头形式及其选择

由于铜及铜合金具有热导率高、液态流动性好的特性，所以焊接接头形式与钢材焊接相比有如下特殊要求：一般铜及铜合金的焊接接头形式以对接接头和端接接头为宜，因为，这

表 7-38　铜及铜合金焊丝及焊件的焊前化学清理

清理对象		清理内容
焊丝	脱脂处理	放在质量分数为 10% 的氢氧化钠水溶液中脱脂,溶液温度为 30~40℃,然后用清水冲净、干燥
	酸洗中和	放在含硝酸 35%~40%(质量分数)或含硫酸 10%~15%(质量分数)的水溶液中浸蚀 2~3min,然后再用清水冲净、干燥
焊件	脱脂处理	放在质量分数为 10% 的氢氧化钠水溶液中脱脂,溶液温度为 30~40℃,然后再用清水冲净、干燥

两种接头相对于热源是对称的，接头两侧具备相同的传热条件，可以获得均匀的焊缝成形。尽量不采用搭接接头、T形接头、内角接的接头形式。因为在焊接过程中，这些接头形式的热源散热不均匀，会使得焊接质量有所降低。铜及铜合金的熔焊接头形式如图 7-1 所示。

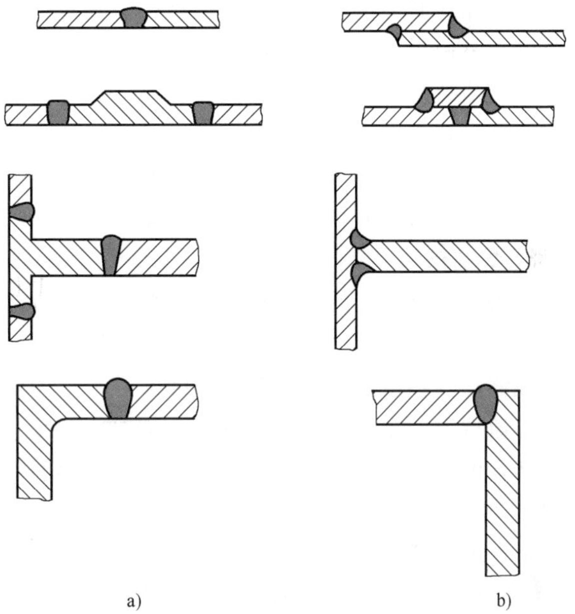

3. 焊接位置的选择

由于液态铜及铜合金的流动性好，所以焊接时应尽量选用平焊位置施焊，不采用立焊、仰焊及对接横焊位置施焊。用钨极氩弧焊或熔化极气体保护焊焊接时，可在全位置上焊接铝青铜、硅青铜等，为了能较好地控制熔化金属流动，保证焊缝成形和焊接质量，焊接时可以采用小直径电极、小直径焊丝和小的焊接电流，用较低的焊接热输入焊接。

图 7-1　铜及铜合金的熔焊接头形式
a）合理的　b）不合理的

4. 焊接衬垫的选择

焊接熔池中的铜及铜合金熔液流动性很好，为了防止铜液从坡口背面流失，保证单面焊双面成形的焊接质量，在焊接接头的根部需要采用衬垫，衬垫的形式有两种：可拆衬垫和永久衬垫。

可拆衬垫在焊接过程中，不与焊缝粘在一起，也不会因为与焊接熔池中的铜液发生反应并污染焊缝而降低焊缝质量。常用的可拆衬垫有以下类型：

1）不锈钢衬垫。不易生锈，衬垫的熔点高，焊接过程中不容易熔化。

2）纯铜衬垫。能够承受一定的压力，受热变形后也容易校正再用。不足之处是散热快，成本高，如果操作不当，衬垫可能与焊件焊在一起。

3）石棉垫。优点是散热慢，不会与焊缝焊在一起；缺点是石棉容易吸潮，焊接过程中，容易在焊缝产生气孔，所以，焊前石棉垫必须进行烘干。

4）炭精垫或石墨垫。优点是熔点极高，不足之处是质脆，容易发生断裂。焊接过程中，由于碳的燃烧而生成一氧化碳有毒气体，既对焊缝不利，也不利于焊工的身体健康。

5）粘接软垫。粘接软垫使用简便，成本低，只要求被焊接的铜及铜合金焊件待焊处表面用钢丝刷打磨，去掉表面的油、污、锈、垢即可进行粘接。粘接时，用手的力量即可将软垫压紧贴牢，不需要任何卡紧装置。焊接过程中，软垫可以随着焊件受热变形，从而保证软垫与焊件紧密贴紧，保证了焊缝成形的稳定。粘接软垫主要有陶质粘接软垫和玻璃纤维软垫两种。

5. 保护气体

在气体保护焊过程中，不同保护气体的电弧特性有明显的不同，例如：在相同的焊接电流下氦气和氮气的功率分别为氩气的 1.5 倍和 3 倍。氮弧的穿透能力比氩弧增加 3~5 倍。从提高电弧的热效应角度来看，应该采用氮弧焊或氦弧焊来焊接铜合金。但是，铜在氮气保护下进行焊接时，由于熔池中的液态金属流动性降低，容易在焊缝中出现气孔缺陷。如果采用氦气作为保护气体焊接时，由于氦气的密度较小，为了获得良好的保护效果要增加 1~2 倍的氦气消耗量，这样使生产成本增高。所以，为了保证焊接质量和降低生产成本，多数情况下，黄铜焊接、青铜焊接选用氩气保护。在一些特殊的情况下，焊接纯铜或高热导率铜合金焊件，不允许预热或要求获得较大的熔深时，可采用体积分数为 70% 的氩气与体积分数为 30% 的氦气或氮气的混合气体焊接。

6. 焊前预热

由于铜及铜合金的导热性很强，为了保证焊接质量，焊前都需要对待焊件进行预热，预热温度的高低，视焊件的具体形状、尺寸的大小、焊接方法和所用的焊接参数而定。

纯铜的预热温度一般为 300~700℃。

普通黄铜的导热性比加工铜差，但是，为了抑制锌的蒸发，也必须预热至 200~400℃。

硅青铜的导热性低，在 300~400℃ 又有热脆性，所以，硅青铜的预热温度和层间温度不应超过 200℃。

铝青铜的热导率高，所以，焊前的预热温度应在 600~650℃。

加工白铜的热导率与钢相近，预热的目的是减少焊接应力、防止热裂纹，预热温度应偏低些。总之，采用合理的预热温度，且在焊接过程中始终保持这个温度不变，是保证铜及铜合金焊接质量的关键措施之一。

焊件的预热热源有气体火焰、电弧、红外线加热器或加热炉等，铜及铜合金焊件在预热时，不要在高温停留时间过长，以防止焊件在高温下表面过度氧化和晶粒严重长大。为了防止预热热量的散失，预热时，铜及铜合金焊件应采取隔离措施。在焊接过程中，如果焊件的温度低于预热温度，就很难保证焊接质量，所以，焊件必须重新预热，但是，同一焊件的重复预热次数不应超过 3 次，否则，可能在焊缝熔合区和焊缝中出现裂纹，非常显著地降低焊接接头的力学性能。

7. 焊后处理

铜及铜合金焊后，为了减小焊接应力，改善焊接接头的性能，可以对焊接接头进行热态和冷态的锤击，锤击的效果如下：

纯铜焊缝锤击后，强度由 205MPa 提高至 240MPa，而塑性则有所下降，冷弯角由 180° 降至 150℃。

加工青铜焊后进行热态锤击时，可以明显地细化晶粒。

对有热脆性的铜合金多层焊时，甚至可以采取每层焊后都进行锤击，以减小焊接热应力，防止出现焊接裂纹。

对要求较高的铜合金焊接接头，焊后应采用高温热处理，消除焊接应力和改善焊后接头韧性。例如，锡青铜焊后加热至500℃，然后快速冷却，可以获得最大的韧性；铅的质量分数为7%的铝青铜厚板焊接，焊后要经过600℃退火处理，并且用风冷消除焊接内应力。

8. 焊丝的选择

常用的铜及铜合金氩弧焊用焊丝的选择见表7-39。

表7-39　常用的铜及铜合金氩弧焊用焊丝的选择

焊丝		焊丝型号	说　明
纯铜		SCu1897、SCu1898	焊丝含铜的质量分数≥99.5%，SCu1898可以避免焊缝产生热裂纹和气孔。通常用于脱氧铜或电解铜的焊接，也可以焊接质量要求不高的铜合金。当焊件板厚≥6.4mm时焊前要预热，预热温度为205~540℃，当板厚<6.4mm焊接时，焊前可以不预热
黄铜		SCu4700、SCu6800、SCu6810A	SCu4700(CuZn40Sn)是含有少量锡的黄铜焊丝，熔融金属具有良好的流动性，焊缝金属具有一定的强度和耐蚀性。焊前需经400~500℃预热 SCu6800(CuZn40Ni)、SCu6810A(CuZn40SnSi)是含少量铁、硅、锰的锡黄铜焊丝，熔融金属流动性好，由于含有硅，可有效地抑制锌的蒸发。可用于铜、钢、铜镍合金、灰铸铁的熔化极气体保护焊、惰性气体保护焊。焊前需经400~500℃预热
白铜		SCu7158、SCu7061	SCu7158(CuNi30Mn1FeTi)、SCu7061(CuNi10)焊丝分别含有质量分数为30%、10%的镍，强化了焊缝金属并改善了抗腐蚀能力，特别是抗盐水腐蚀。焊缝金属具有良好的热延展性和冷延展性，可用来焊接绝大多数铜镍合金。焊前不要求预热，可以全位置焊接，焊接过程中，尽可能保持短弧施焊，以减少焊缝中出现气孔的可能
青铜	硅青铜	SCu6560	SCu6560(CuSi3Mn)是含有质量分数为3%的硅和少量锰、锡或锌的硅青铜焊丝，焊接铜硅和铜锌母材以及它们与钢的焊接 最好采用小熔池施焊方法，层间温度低于65℃，以减少热裂纹产生。焊接操作采用窄焊道可减少收缩应力。焊接过程中提高冷却速度越过热脆性温度范围 当用SCu6560焊丝进行熔化极和钨极气体保护焊时，采用小熔池的施焊方法，即使不预热也可以得到最佳的效果，可进行全位置焊接，但优先采用平焊位置
	磷青铜	SCu5180 SCu5210	SCu5180(CuSn5P)、SCu5210(CuSn8P)是含锡质量分数约为5%、8%和含磷质量分数不大于0.4%的磷青铜焊丝，锡提高焊缝金属的耐磨性能，并扩大了液相和固相点之间的温度范围，从而增加了焊缝金属的凝固时间，也增大了热脆倾向。为了减少这些影响，应该以小熔池、快速焊为宜。该焊丝可以焊接青铜和黄铜，如果焊缝中允许含锡，也可以焊接纯铜 当该焊丝用来进行钨极气体保护焊时，要求预热，并且仅用于平焊位置施焊
	铝青铜	SCu6100	SCu6100(CuAl7)是一种无铁铝青铜焊丝，它是能承受较轻载荷的耐磨表面的堆焊材料，是耐腐蚀介质，如盐或微碱水的堆焊材料，以及抗各种温度和浓度的常用耐酸腐蚀的堆焊材料
		SCu6180	SCu6180(CuAl10Fe)是一种含铁铝青铜焊丝，通常用来焊接类似成分的铝青铜、硅青铜、某些铜镍合金、铁基金属和异种金属。最通常的异种金属是铝青铜与钢、铜与钢的焊接。该焊丝也用于耐磨和耐腐蚀表面的堆焊
		SCu6240	SCu6240(CuAl11Fe3)是一种高强度铝青铜焊丝，用于焊接和补焊类似成分的铝青铜铸件，以及熔敷轴承表面和耐磨、耐蚀表面
		SCu6100A SCu6328	SCu6100A(CuAl8)、SCu6328(CuAl9Ni5Fe3Mn2)是镍铝青铜焊丝，用于焊接和修补铸造的或锻造的镍铝青铜母材
		SCu6338	SCu6338(CuMn13Al8Fe3Ni2)是锰镍铝青铜焊丝，用于焊接和修补铸造的或锻造的母材。该焊丝也可用于要求高抗腐蚀、浸蚀或气蚀处的表面堆焊
			由于在熔融的熔池中会形成氧化铝，故这些焊丝不推荐用于氧燃气焊接方法 由于铜铝焊缝金属具有较高的抗拉强度、屈服强度和硬度的特点，是否焊前预热取决于母材的厚度和化学成分。铝青铜的焊接最好采用平焊位置。在有脉冲电弧焊设备和焊工操作技术良好的情况下，也可以进行其他位置的焊接

9. 焊接参数的选择

铜及铜合金采用钨极氩弧焊时，绝大多数采用直流正极性，此时焊件可以获得较高的热量和较大的熔深。但对铝青铜和铍青铜焊接，采用交流电源比直流电源更有利于清除焊件表面的氧化膜，使焊接过程更稳定。由于硅青铜溶液流动性较差，所以，手工钨极氩弧焊可以在立焊位置和仰焊位置焊接硅青铜合金。纯铜的 TIG 焊焊接参数见表 7-40，铝青铜的 TIG 焊焊接参数见表 7-41，锡青铜的 TIG 焊焊接参数见表 7-42，硅青铜的 TIG 焊焊接参数见表 7-43，白铜的 TIG 焊焊接参数见表 7-44。

表 7-40　纯铜的 TIG 焊焊接参数

板厚/mm	钨极直径/mm	焊丝直径/mm	焊接电流/A	氩气流量/(L/min)	预热温度/℃	备　注
0.3~0.5	1	—	30~60	8~10	不预热	卷边接头
1	2	1.6~2.0	120~160	10~12	不预热	—
1.5	2~3	1.6~2.0	140~180	10~12	不预热	—
2	2~3	2	160~200	14~16	不预热	—
3	3~4	2	200~240	14~16	不预热	单面焊双面成形
5	4	3~4	240~320	16~20	350~400	双面焊

表 7-41　铝青铜的 TIG 焊焊接参数

板厚/mm	钨极直径/mm	焊丝直径/mm	焊接电流/A	氩气流量/(L/min)	预热温度/℃	备　注
≤1.5	1.5	1.5	25~80	10~16	不预热	I 形接头
1.5~3.0	2.5	3	100~130	10~16	不预热	I 形接头
3.0	4	4	130~160	16	不预热	I 形接头
5.0	4	4	150~225	16	150	V 形接头
6.0	4~5	4~5	150~260	16	150	V 形接头

表 7-42　锡青铜的 TIG 焊焊接参数

板厚/mm	钨极直径/mm	焊丝直径/mm	焊接电流/A	氩气流量/(L/min)	备　注
0.3~1.5	3.0	—	90~150	12~16	卷边接头
1.5~3	3.0	1.5~2.5	100~140	12~16	I 形接头
5	4	4	160~200	14~16	V 形接头
7	4	4	210~250	16~20	V 形接头

表 7-43　硅青铜的 TIG 焊焊接参数

板厚/mm	钨极直径/mm	焊丝直径/mm	焊接电流/A	氩气流量/(L/min)	备　注
1.5	3.0	2	100~130	8~10	I 形接头
3	3.0	2~3	120~150	12~16	I 形接头
4.5	3~4	2~3	150~200	14~16	V 形接头
6	4	3	180~220	16~20	V 形接头

表 7-44　白铜的 TIG 焊焊接参数

板厚 /mm	钨极直径 /mm	焊丝直径 /mm	焊接电流 /A	氩气流量 /(L/min)	焊接速度 /(mm/min)	备　注
3.0	4~5	1.5	310~320	12~16	350~450	自动焊 I 形接头
<3.0		3	300~310		130	
3.0~9.0		3~4	300~310		150	自动焊 V 形接头

四、铜及铜合金氩弧焊示例

1. 纯铜熔化极氩弧焊

（1）纯铜熔化极氩弧焊的特点　纯铜熔化极氩弧焊（MIG 焊），比 TIG 焊具有较强的穿透力，开 I 形坡口焊接时焊件的极限厚度比钨极氩弧焊大，钝边的尺寸也比钨极氩弧焊大，坡口的角度比钨极氩弧焊小些，焊接过程中一般不留间隙，厚度大于 20mm 的焊件应开 U 形坡口，钝边为 5~7mm，焊接时采用较大的焊接电流和较高的电弧电压，焊件的背面垫上焊剂垫。半自动熔化极氩弧焊焊接操作采取左向焊法，电源采用直流反接，短路接触引弧。

（2）焊前准备

1）焊机：NB-350 半自动 MIG 焊机 1 台，直流反接。

2）焊丝：SCu1898（HSCu），ϕ1.6mm。

3）焊件：T1，300mm×150mm×6mm（长×宽×厚），开 V 形坡口，坡口角度为 75°~85°，钝边为 2mm，不留间隙，试件及装配尺寸如图 7-2 所示。

4）氩气：氩气纯度不低于 99.99%（体积分数）。

5）辅助工具和量具：角向打磨机、不锈钢钢丝刷、锤子。

6）试件清理：视试件的具体情况对坡口两侧各 30mm 范围内进行机械打磨或化学清理，直至露出金属光泽。

7）焊前预热：将待焊件用氧乙炔火焰加热到 200℃ 左右，并且在焊接过程中保持此温度直至焊完全部焊缝。

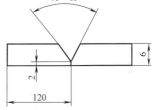

图 7-2　试件及装配尺寸

8）定位焊：在试件的背面距端头 25mm 处进行定位焊，定位焊缝长度为 50mm。在试件两端安装引弧板和引出板。为了抵消焊接变形，可适当对试件进行反变形。在试件背面安装不锈钢垫板。

（3）焊接　在刚开始焊接时，焊接速度要稍放慢些，使焊件待焊处的温度升高，保证起始焊缝熔合良好，然后再逐渐加快焊接速度。在熔化极气体保护焊工艺方法中，最重要的焊接参数是电流密度，因为它决定焊丝熔滴的过渡形式。而熔滴的过渡形式，又是焊接电弧稳定、焊缝成形好坏的决定因素。在用氩气保护时，随着焊接电流密度的增加，熔滴的过渡形式将由短路过渡转变为喷射过渡。只有达到喷射过渡，才会获得稳定的电弧和优良的焊缝成形，纯铜板熔化极氩弧焊焊接参数见表 7-45。

（4）焊缝清理　焊缝焊完后，用不锈钢钢丝刷将焊接过程中的飞溅清除干净，在交专职焊接检验前，不得对各种焊接缺陷进行修补，保持焊缝处于原始状态。

表 7-45　纯铜板熔化极氩弧焊焊接参数

板厚/mm	坡口形式及尺寸				焊层数	预热温度/℃	焊丝直径/mm	焊接电流/A	电弧电压/V	送丝速度/(cm/min)	焊接速度/(cm/min)	氩气流量/(L/h)
	坡口形式	根部间隙/mm	钝边/mm	角度/(°)								
6	V	0	3	75~85	2	90~95	1.6	250~325	32~34	37.5~52.5	2.4~4.5	16~20

（5）焊缝质量检验　按 TSG Z6002—2010 特种设备安全技术规范《特种设备焊接操作人员考核细则》评定：

1）焊缝外形尺寸：焊缝余高为 0~3mm，焊缝余高差≤2mm，焊缝宽度比坡口每侧增宽 0.5~2.5mm，宽度差≤3mm。

2）焊缝表面缺陷：咬边深度≤0.5mm，焊缝两侧咬边总长度不得超过 30mm。背面凹坑深度≤2mm，总长度＜30mm。焊缝表面不得有裂纹、未熔合、夹渣、气孔、焊瘤、未焊透。

3）焊缝内部质量：焊缝经 JB/T 4730.2—2005《特种设备无损检测　第 2 部分　射线检测》标准检测，射线透照质量不低于 AB 级，焊缝缺陷等级不低于 Ⅱ 级为合格。

2. 黄铜熔化极氩弧焊

（1）黄铜熔化极氩弧焊的特点　黄铜的导热性和熔点比纯铜低，由于 SCu4701、SCu6810、SCu6810A 等焊丝的含锌量较高，所以，在焊接过程中烟雾很大，不仅影响焊工的身体健康，而且还妨碍焊接操作的顺利进行。因此，一般多采用不含锌的硅青铜焊丝 SCu6560。

（2）焊前准备

1）焊机：NB-350 半自动 MIG 焊机 1 台，直流正接。

2）焊丝：SCu6560（CuSi3Mn），ϕ1.6mm。

3）焊件：H68，300mm×150mm×3mm（长×宽×厚），Ⅰ 形坡口。不留间隙，试件及装配尺寸如图 7-3 所示。

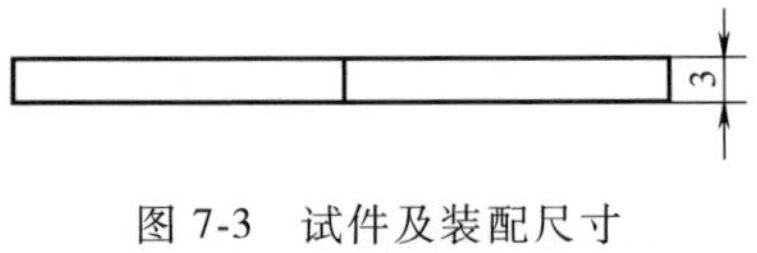

4）氩气：氩气纯度不低于 99.99%（体积分数）。

5）辅助工具和量具：角向打磨机、不锈钢钢丝刷、锤子。

图 7-3　试件及装配尺寸

6）试件清理：视试件的具体情况对坡口两侧各 30mm 范围内进行机械打磨或化学清理，直至露出金属光泽。

7）定位焊：在试件的背面距端头 25mm 处进行定位焊，定位焊缝长度为 50mm。在试件两端安装引弧板和引出板。为了抵消焊接变形，可适当对试件进行反变形。在试件背面安装不锈钢垫板。

（3）焊接　在刚开始焊接时，焊接速度要稍放慢些，使焊件待焊处的温度升高，保证起始焊缝熔合良好，然后再逐渐加快焊接速度。黄铜的焊接易产生锌的蒸发，降低焊缝的力学性能，为解决焊缝锌蒸发的问题，常在焊接过程中选择无锌的铜焊丝和较大的焊枪喷嘴直径及氩气流量。黄铜板熔化极氩弧焊的焊接参数见表 7-46。

（4）焊缝清理　焊缝焊完后，用不锈钢钢丝刷将焊接过程中的飞溅清除干净，在交专职焊接检验前，不得对各种焊接缺陷进行修补，保持焊缝处于原始状态。

表 7-46　黄铜板熔化极氩弧焊的焊接参数

板厚/mm	接头形式	焊丝直径/mm	焊接电流/A	电弧电压/V	氩气流量/（L/min）
3	I 形	1.6	275～285	25～28	12～13

（5）焊缝质量检验　按 TSG Z6002—2010 特种设备安全技术规范《特种设备焊接操作人员考核细则》评定：

1）焊缝外形尺寸　焊缝余高为 0～3mm，焊缝余高差≤2mm，焊缝宽度比坡口每侧增宽 0.5～2.5mm，宽度差≤3mm。

2）焊缝表面缺陷　咬边深度≤0.5mm，焊缝两侧咬边总长度不得超过 30mm。背面凹坑深度≤2mm，总长度＜30mm。焊缝表面不得有裂纹、未熔合、夹渣、气孔、焊瘤、未焊透。

3）焊缝内部质量　焊缝经 JB/T 4730.2—2005《特种设备无损检测　第 2 部分　射线检测》标准检测，射线透照质量不低于 AB 级，焊缝缺陷等级不低于 Ⅱ 级为合格。

第七节　铝及铝合金氩弧焊

一、铝及铝合金的分类

铝及铝合金的分类如图 7-4 所示。

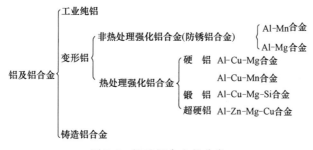

图 7-4　铝及铝合金的分类

部分铝及铝合金的牌号及化学成分见表 7-47。部分铸造铝合金的牌号及化学成分（GB/T 1173—2013）见表 7-48。

表 7-47　部分铝及铝合金的牌号及化学成分（质量分数,%）

类别	牌号 旧标准	牌号 新标准	Cu	Mg	Mn	Fe	Si	Zn	Ni	Cr	Ti	Be	Al	备注
工业纯铝	L1	1070A	0.03	0.03	0.03	0.25	0.20	0.07	—	—	0.03	—	≥99.35	焊接性良好
	L2	1060	0.05	0.03	0.03	0.35	0.25	0.05	—	—	0.03	—	≥99.60	
	L3	1050A	0.05	0.05	0.05	0.40	0.25	0.07	—	—	0.05	—	≥99.50	
	L4	1035	0.10	0.05	0.05	0.60	0.35	0.10	—	—	0.03	—	≥99.35	

（续）

类别	牌号		Cu	Mg	Mn	Fe	Si	Zn	Ni	Cr	Ti	Be	Al	备注
	旧标准	新标准												
防锈铝合金	LF2	5A02	0.10	2.0~2.8	0.15~0.40	0.40	0.40	—	—	—	0.15	—	余量	除3A21外,焊接性都较好
	LF3	5A03	0.10	3.2~3.8	0.30~0.60	0.50	0.50~0.80	0.20	—	—	0.15	—	余量	
	LF5	5A05	0.10	4.8~5.5	0.03~0.60	0.50	0.50	0.20	—	—	—	—	余量	
	LF6	5A06	0.10	5.8~6.8	0.50~0.80	0.40	0.40	0.20	—	—	0.02~0.10	0.0001~0.005	余量	
	LF10	5B05	0.20	4.7~5.5	0.20~0.60	0.40	0.40	—	—	—	0.15	—	余量	
	LF21	3A21	0.20	0.05	1.0~1.60	0.70	0.60	0.10	—	—	0.15	—	余量	
硬铝合金	LY1	2A01	2.2~3.0	0.20~0.50	0.20	0.50	0.50	—	—	—	0.15	—	余量	—
	LY16	2A16	6.0~7.0	0.05	0.40~0.80	0.30	0.30	0.10	—	—	0.10~0.20	Zr/0.20	余量	
锻铝合金	LD2	6A02	0.20~0.60	0.45~0.90	0.15~0.35	0.50	0.5~1.20	0.20	—	—	0.15	—	余量	—
	LD10	2A14	3.90~4.80	0.40~0.80	0.40~1.00	0.70	0.60~1.20	0.30	0.10	—	0.15	—	余量	
超硬铝合金	LC3	7A03	1.80~2.40	1.20~1.60	0.10	0.20	0.20	6.0~6.70	—	0.05	0.02~0.08	—	余量	—
	LC9	7A09	1.20~2.0	2.0~3.0	0.15	0.50	0.50	5.10~6.10	—	1.60~0.30	—	—	余量	
特殊铝合金	LT1	4A01	0.20	—	—	0.60	4.5~6.0	Zn+Sn0.10	—	—	0.15	—	余量	—

表 7-48　部分铸造铝合金的牌号及化学成分

序号	合金牌号	合金代号	主要元素（质量分数,%）							Al
			Si	Mg	Mn	Ti	Cu	Zn	其他	
1	ZAlSi7Mg	ZL101	6.50~7.50	0.25~0.45	—	—	—	—	—	余量
2	ZAlSi7MgA	ZL101A				0.08~0.20				
3	ZAlSi12	ZL102	10~13	—		—				
4	ZAlSi9Mg	ZL104	8.0~10.50	0.17~0.35	0.20~0.50					
5	ZAlSi5Cu1Mg	ZL105	4.50~5.50	0.40~0.60	—	—	1.0~1.50			
6	ZAlSi5Cu1MgA	ZL105A		0.40~0.55						

（续）

序号	合金牌号	合金代号	主要元素（质量分数，%）							Al
			Si	Mg	Mn	Ti	Cu	Zn	其他	
7	ZAlSi8Cu1Mg	ZL106	7.50~8.50	0.30~0.50	0.30~0.50	0.10~0.25	1.0~1.50		—	余量
8	ZAlSi7Cu4	ZL107	6.50~7.50	—	—	—	3.50~4.50			
9	ZAlSi12Cu2Mg1	ZL108	11~13	0.40~1.00	0.30~0.90		1.00~2.00			
10	ZAlSi12Cu1Mg1Ni1	ZL109		0.80~1.30			0.5~1.5		Ni:0.80~1.50	
11	ZAlSi9Cu2Mg	ZL111	8~10	0.40~0.60	0.10~0.35	0.10~0.35	1.30~1.80		—	
12	ZAlSi7Mg1A	ZL114A	6.50~7.50	0.45~0.60		0.10~0.20			Be:0.04~0.07	
13	ZAlSi5Zn1Mg	ZL115	4.80~6.20	0.40~0.65				1.20~1.80	Sh:0.10~0.25	
14	ZAlSi8MgBe	ZL116	6.50~8.50	0.35~0.55		0.10~0.30			Be:0.15~0.40	
15	ZAlCu5Mn	ZL201			0.60~1.00	0.15~0.35	4.5~5.3			
16	ZAlCu5MnA	ZL201A			0.60~1.00	0.15~0.35	4.8~5.3			
17	ZAlCu4	ZL203	—				4.00~5.00		—	
18	ZAlCu5MnCdA	ZL204A			0.60~0.90	0.15~0.35	4.60~5.30			
19	ZAlMg10	ZL301		9.50~11	—					
20	ZAlMg5Si1	ZL303	0.80~1.30	4.50~5.50	0.10~0.40		—			
21	ZAlMg8Zn1	ZL305	—	7.50~9.00		0.10~0.20		1.00~1.50	Be:0.03~0.10	
22	ZAlZn11Si7	ZL401	6~8	0.10~0.30	—	—	—	9.00~13	—	

二、铝及铝合金的焊接性

铝（Al）的密度为 $2.7g/cm^3$，比铜轻 2/3，铝为银白色的轻金属，熔点为 658℃，电导率仅次于金、银、铜而位居第四位。纯铝具有面心立方点阵结构，没有同素异构转变，塑性好，无低温脆性转变，但强度低。

铝及铝合金在焊接生产中的焊接性问题主要有以下几个：

1. 铝的比热和热导率比钢大

铝的比热和热导率比钢大，所以，焊接过程中的热输入因向母材迅速传导而流失，因此，用熔焊方法焊接时，需要采用高度集中的热源焊接，为了获得高质量的焊接接头，有时需要采用预热的工艺措施才能实现熔焊过程；用电阻焊方法焊接时，需要采用特大功率的电源焊接。

2. 线胀系数较大

铝及铝合金的线胀系数较大，约为钢的两倍，凝固时的体积收缩率达 6.5% 左右，因此，焊件容易产生焊接变形。

3. 铝和氧的亲和力大

铝和氧的亲和力大，极容易氧化。铝及铝合金在焊接过程中，极易在焊缝表面氧化生成高密度（$3.85g/cm^3$）的氧化膜（Al_2O_3）熔点高达 2050℃，该氧化膜在焊接过程中，阻碍熔化金属的良好结合，容易造成夹渣。

4. 容易产生气孔

铝及铝合金在焊接过程中最容易产生的缺陷是氢气孔，这是由于在焊接电弧弧柱的空间中，总是或多或少地存在一定数量的水分，尤其是在潮湿的季节或湿度大的地区焊接时，由弧柱气氛中的水分分解而来的氢，溶入过热的熔池金属中，在低温凝固时，氢的溶解度会发生很大的变化，急剧下降，如果这些氢在焊接熔池凝固前不能析出，留在焊缝中就形成氢气孔。

其次，焊丝和焊件氧化膜中所吸附的水分，也是产生气孔的重要原因。Al-Mg 合金的氧化膜不致密、吸水性很强。所以，Al-Mg 合金要比氧化膜致密的纯铝具有更大的气孔倾向。

5. 铝及铝合金熔化时无色泽变化

铝及铝合金在焊接过程中由固态变为液态时，没有明显的颜色变化，因此，焊工很难控制加热温度，同时，还由于铝及铝合金在高温时强度很低（铝在 370℃时强度仅为 10MPa），容易使焊接熔池塌陷或熔池金属下漏。所以，焊接时焊接接头背面要加垫板。

6. 焊接热裂纹

焊接铝及铝合金时，在焊缝金属和近缝区内出现的热裂纹主要是金属凝固裂纹。也可以在近缝区见到液化裂纹。易熔共晶体的存在，是铝及铝合金焊缝产生凝固裂纹的重要原因。铝及铝合金的线胀系数是钢的两倍，在拘束条件下焊接时，所产生的较大焊接应力，也是铝及铝合金具有较大裂纹倾向的原因之一。

7. 焊接接头的等强性

能时效强化的铝合金，除了 Al-Zn-Mg 合金外，无论是在退火状态下，还是在时效状态下焊接，焊后如不经热处理，其焊缝强度均低于母材。

非时效强化的铝合金，如 Al-Mg 合金，在退火状态下焊接时，焊接接头与母材是等强的；在冷作硬化状态下焊接时，焊接接头强度低于母材。

铝及铝合金焊接时的不等强表现，说明焊接接头发生了某种程度的软化或存在某一性能上的薄弱环节。这种接头性能上的薄弱环节，可以存在于焊缝、熔合区或热影响区中的任何一个区域内。

1）焊缝区。由于是铸造组织，与母材的强度差别可能不大，但是，焊缝的塑性一般不如母材。同时，焊接热输入越大，焊缝的性能下降趋势也越大。

2）熔合区。非时效强化的铝合金，熔合区的主要问题是因晶粒粗化而降低了塑性；时效强化的铝合金焊接时，不仅晶粒粗化，而且还可能因晶界液化而产生裂纹。所以，焊缝熔合区的主要问题是塑性发生恶化。

3）热影响区。非时效强化的铝合金和能时效强化的铝合金焊后的表现，主要是焊缝金属软化。

8. 焊接接头的耐蚀性

铝及铝合金焊后，焊接接头的耐蚀性一般都低于母材。影响焊接接头耐蚀性的主要原因有：

1）由于焊接接头组织的不均匀性，使焊接接头各部位的电极电位产生不均匀性。因此，焊前焊后的热处理情况，就会对焊接接头的耐蚀性产生影响。

2）杂质较多、晶粒粗大以及脆性相的析出等，都会使耐蚀性明显下降。所以，焊缝金属的纯度和致密性是影响焊接接头耐蚀性的原因之一。

3）焊接应力的大小也是影响焊接接头耐蚀性的原因之一。

三、铝及铝合金的焊接

1. 焊接材料的选用

（1）铝及铝合金氩弧焊焊接用焊丝分类及型号　在铝及铝合金焊接中，合理选择焊丝是十分重要的。因为，焊丝的化学成分决定着焊缝的力学性能和耐腐蚀性能等。钨极氩弧焊用的焊丝直径，一般为 1.6~7mm，熔化极氩弧焊使用的焊丝直径一般为 0.8~2.5mm。在焊接操作允许的情况下，尽量采用较粗一点的焊丝，因为焊丝直径越小，焊丝的表面积与体积的比值就越大，焊丝在加工过程中，粘附在焊丝表面的杂质也越多，引起气孔、裂纹的可能性就越大。铝及铝合金焊接时，最好使用新拆装的焊丝，焊接过程中焊丝如未用完，应立即将剩余的焊丝放回原包装盒内，避免焊丝遭到氧化和污染。焊丝存储室要保持干燥，超过保存时间的焊丝或已被污染的焊丝，需经过严格的化学清理后，再经过工艺鉴定合格后方可使用。

（2）铝及铝合金焊丝类别及型号对照　铝及铝合金焊丝类别及型号对照见表 7-49。

表 7-49　铝及铝合金焊丝类别及型号对照

序号	类别	焊丝型号	化学成分代号	GB/T 10858—1989	AWS AS. 10;1999
1	铝	SAl 1070	Al 99.7	SAl-2	—
2		SAl 1080A	Al 99.8(A)	—	—
3		SAl 1188	Al 99.88	—	ER1188
4		SAl 1100	Al 99.0Cu	—	ER1100
5		SAl 1200	Al 99.0	SAl-1	—
6		SAl 1450	Al 99.5Ti	SAl-3	—
7	铝铜	SAl 2319	AlCu6MnZrTi	SAlCu	ER2319
8	铝锰	SAl 3103	AlMn1	SAlMn	—
9	铝硅	SAl 4009	AlSi5Cu1Mg		ER4009
10		SAl 4010	AlSi7Mg		ER4010
11		SAl 4011	AlSi7Mg0.5Ti		ER4011
12		SAl 4018	AlSi7Mg		—
13		SAl 4043	AlSi5	SAlSi-1	ER4043
14		SAl 4043A	AlSi5(A)	—	—
15		SAl 4046	AlSi10Mg	—	—
16		SAl 4047	AlSi12	SAlSi-2	ER4047
17		SAl 4047A	AlSi12(A)	—	—
18		SAl 4145	AlSi10Cu4	—	ER4145
19		SAl 4643	AlSi4Mg	—	ER4643

（续）

序号	类别	焊丝型号	化学成分代号	GB/T 10858—1989	AWS AS.10;1999
20		SAl 5249	AlMg2Mn0.8Zr	—	—
21		SAl 5554	AlMg2.7Mn	SAlMg-1	ER5554
22		SAl 5654	AlMg3.5Ti	SAlMg-2	ER5654
23		SAl 5654A	AlMg3.5Ti	SAlMg-2	—
24		SAl 5754	AlMg3	—	—
25		SAl 5356	AlMg5Gr(A)	—	ER5356
26		SAl 5356A	AlMg5Cr(A)	—	—
27	铝镁	SAl 5556	AlMg5Mn1Ti	SAlMg-5	ER5556
28		SAl 5556C	AlMg5Mn1Ti	SAlMg-5	—
29		SAl 5556A	AlMg5Mn	—	—
30		SAl 5556B	AlMg5Mn	—	—
31		SAl 5183	AlMg4.5Mn0.7(A)	SAlMg-3	ER5183
32		SAl 5183A	AlMg4.5Mn0.7(A)	SAlMg-3	—
33		SAl 5087	AlMg4.5MnZr	—	—
34		SAl 5187	AlMg4.5MnZr	—	—

（3）铝焊丝的选用　铝及铝合金焊接时，焊丝的选用原则见表7-50。

表7-50　铝及铝合金焊丝的选用原则

母材类别		焊丝选用原则
纯铝		焊丝的纯度不应低于母材的纯度。对于要求有一定的耐腐蚀能力的纯铝焊接接头，铝焊丝的纯度要比母材纯度高一级。为了防止焊缝产生热裂纹，纯铝焊丝中的铁与硅之比要大于1 焊接纯铝，没有必要使用合金焊丝
非热处理强化铝合金	铝-锰合金	可选用铝镁或铝硅焊丝焊接
	铝-镁合金	为补偿在焊接过程中镁的烧损，常采用比母材含镁质量分数高1%~2%的铝镁焊丝。一般采用成分与母材相近的或稍高于母材的标准型号铝镁焊丝 焊丝中加入一些微量元素，如钛、钒、锆等，可以作为变质剂，细化焊缝晶粒，如用SAlMg5Ti焊丝焊接铝镁合金，焊缝金属具有较高的强度和韧性 焊接铝镁合金时，不能采用铝硅焊丝。因为使用了铝硅焊丝后，在焊缝晶粒之间出现了脆性化合物，会使焊接接头的塑性和抗腐蚀性有所降低
热处理强化铝合金		焊接强度较高的热处理强化铝合金时，要选用与母材成分相近的焊丝，或选用虽然与母材成分不相近，但是与母材有较好的相溶性的焊丝。这样选择，焊缝不仅具有较好的抗裂性，还具有较高的接头性能 焊接高强度铜-铝合金时，常选用铝-硅焊丝，这样焊接的焊缝具有一定的抗热裂性能。应该说明的是：焊接接头的强度只有母材强度的50%~60%

2. 铝及铝合金的焊前清理和焊后清理

（1）焊前清理　铝及铝合金在空气中极易氧化，氧化后在表面形成致密的三氧化二铝（Al_2O_3）薄膜，氧化膜的熔点高达2050℃，比铝的熔点658℃高出近1400℃，从而，在焊接加热过程中，往往表面的Al_2O_3氧化膜还没到温度，而氧化膜下面的纯铝已经熔化，使焊工难以控制焊接热输入，无法保证焊接质量。另外，氧化膜还极易吸收水分，它不仅妨碍焊缝的良好熔合，还是形成气孔的根源之一。为了保证焊接质量，焊前必须仔细清理焊件待焊处、焊丝表面的氧化膜及油污。焊前清理主要有两种方法：机械清理和化学清理。

1）机械清理。清理前先用有机溶剂（汽油或丙酮）擦拭待焊处表面，紧随其后用细铜丝刷或不锈钢钢丝刷（金属丝直径<0.15mm）、各种刮刀，将待焊处的表面刷净（刮净），要刷（刮）到露出金属光泽为止。由于铝及铝合金表面较软，所以，清理焊件表面时，不允许用各种砂纸、砂布或砂轮进行打磨，以免在打磨时脱落的砂粒被压入铝及铝合金表面，影响焊接质量。

机械清理时，不仅清理得焊件表面，还要认真清理坡口钝边和接口面，否则，容易在焊接过程中产生气孔、夹渣等焊接缺陷。

机械清理方法主要适用于：去除铝及铝合金表面的氧化膜、各种锈蚀在铝及铝合金表面的污染，以及在轧制生产过程中产生的氧化皮等。常用于清理大尺寸的焊件表面、焊接生产周期较长的焊件、多层焊接的焊件，以及经过化学清理后又被污染的焊件。

2）化学清洗。用化学清洗的方法不仅可以去除氧化膜，还可以起到去除油污的作用。清洗过程中用酸和碱等溶液清洗焊件，不仅效率高，而且清洗质量稳定，适用于清洗尺寸不大、成批量生产的焊件。

在用碱溶液或酸溶液进行清洗时，溶液的体积分数及清洗时间，是随着溶液的温度高低而不同的。如果溶液的温度高，则可以降低溶液的体积分数或缩短清洗时间；清洗后的铝及铝合金表面是无光泽的银白色。常用的铝及铝合金表面焊前化学清洗方法见表7-51。

（2）焊后清理　焊后的铝及铝合金焊接接头及其附近区域，会残存焊接熔剂和焊渣，应该尽快清理掉，因为残存的焊接熔剂和焊渣，在空气中的水分作用下，会加快腐蚀铝及铝合金表面的氧化膜，从而使铝及铝合金焊缝受到腐蚀性破坏。因此，焊后应该立即清除焊件上的熔剂和焊渣。常用的铝及铝合金焊后清理方法见表7-52。

表7-51　常用的铝及铝合金表面焊前化学清洗方法

被清洗材料（母材或焊丝）	脱脂处理	碱洗			冷水冲洗时间/min	中和清洗			冷水冲洗时间/min	烘干温度/℃
		NaOH溶液（体积分数，%）	温度/℃	时间/min		HNO₃溶液（体积分数，%）	温度/℃	时间/min		
纯铝	用汽油、丙酮等有机溶剂擦拭	6~10	50~70	8~16	2~3	30	室温	2~3	2~3	风干或100~150
铝合金		6~10	50~70	5~7	2~3	30	室温	2~3	2~3	风干或100~150

表7-52　常用的铝及铝合金焊后清理方法

清洗方案	清洗内容及工艺过程
一般结构	在60~80℃热水中→用硬毛刷将焊缝正面背面仔细刷洗，直至焊接熔剂和焊渣全部清洗掉
重要焊接结构	在60~80℃热水中刷洗→硝酸50%（体积分数）、重铬酸2%（体积分数）的混合液→清洗2min→热水冲洗→干燥

3. 铝及铝合金的焊接

（1）焊接垫板　铝及铝合金在高温时强度很低，在焊接过程中焊缝容易下塌，为了既保证焊缝焊透，又不至于发生焊缝下塌缺陷，在焊接过程中，常在焊缝的背面用垫板来托住熔化、软化的铝及铝合金焊缝，垫板的材料有不锈钢、石墨和碳素钢等，为了使焊缝背面成形良好，可以在垫板的表面开一个弧形圆槽，确保焊缝背面的成形。当然，专门焊接铝及铝合金的熟练焊工，焊接时也可以不加背面的垫板。

（2）焊前预热　铝及铝合金的热导率比较大，焊接热输入要损失一部分，在焊接厚度超过 5mm 以上的焊件时，为了确保焊接接头达到所需要的温度，保证焊接质量，焊接前应将待焊处预热。预热温度为 100~300℃，厚度再大的铝焊件预热温度为 400℃，预热的方法有氧乙炔火焰、电炉或喷灯等。

由于铝及铝合金在高温时不变颜色，无法判定焊件在预热时是否达到预热温度值，所以，推荐以下几种鉴别温度的方法：

1）用 TEMPILSTIK 温度测试蜡笔，该系列的蜡笔共有 87 个温度级别，由 40℃ 开始，在 400℃ 以下，每增加 5℃ 为一个级别，在 400℃ 以上时，每增加 10℃ 或 25℃ 为一个级别。焊前用该蜡笔在预热处画一直线，当预热的温度达到所选定的温度时，该颜色的蜡笔会改变颜色，此时，可以停止预热。

2）用氧乙炔火焰的强碳化焰喷焊件的待焊处，预热前先用强碳化火焰，喷到铝及铝合金表面待焊处，使焊件的表面呈灰黑色，然后，将火焰调成中性火焰，在焊件的表面来回反复地进行加热，当预热的焊件表面炭黑被烧掉时，即表明该焊件已达到预热温度，此时，可以停止预热。

（3）铝及铝合金钨极氩弧焊　钨极氩弧焊电源应该选择交流电源，因为交流电源既可以采用较高的电流密度进行焊接，又可以对焊接熔池表面的铝氧化膜产生"阴极破碎"作用。

开始焊接前首先要检查钨极的装卡情况，钨极伸出长度（通常为 5mm 左右），钨极在焊嘴的中心，不准偏斜，钨极端部形状等。

焊接引弧采用高频引弧装置，在石墨板或废铝件表面引燃电弧，当焊接电弧能稳定地燃烧并在钨极被加热到一定的温度时，再将燃烧的电弧移到焊接区进行焊接。

焊接过程中钨极不可直接接触熔池，以免形成夹钨缺陷。焊丝不要进入弧柱区，因为焊丝容易与钨极碰撞使高温钨极磨损，在熔池中产生夹钨缺陷。

铝板平焊装配时，应注意预制反变形（4°~6°）。铝板平焊时，要采用一次焊成焊缝，焊接操作采用"左向焊法"。

焊丝经过化学清洗后应在 150~200℃ 烘箱内烘焙 30min，然后保存在 100℃ 烘箱内随用随取。清洗过的待焊件应立即进行装配、焊接，一般不要超过 24h，重要的焊件超过 24h 没进行装配、焊接，则焊前还要根据氧化情况重新进行化学清洗。

用于氩弧焊用的氩气，其技术要求应满足：氩 > 99.9%（体积分数，下同），氧 <0.005%，氢<0.005%，水分<0.02mg/L，氮<0.015%。氩气中氧、氮增多时，阴极雾化的作用减弱；氩气中氧超过 0.1% 时，焊缝表面无光泽或发黑，氩气中的氧>0.3% 时，在焊接过程中钨极烧损严重。

（4）焊接参数的选择　选择焊接参数要依据焊件的材料性质、厚度、焊接方法、焊接接头的形式、坡口尺寸、焊接位置、焊工的焊接经验和操作技能等。

焊接电流的选择，焊接电流是起主导作用的参数，因为，焊接电流主要影响焊缝熔深，如果焊接电流过小，可能出现未焊透缺陷。如果焊接电流过大，则会出现焊件被烧穿或焊缝塌陷。

电弧电压的选择主要取决于焊接弧长，而弧长主要影响焊缝熔宽，如果弧长太长，不仅保护气体保护的效果变差，而且还容易引起咬边缺陷。如果电弧过短，电弧电压变低，焊接过程中可能发生焊丝触及钨极，引起短路，加大钨极烧损，产生焊缝夹钨，降低焊缝力学性能。弧长近似等于钨极直径为好。

焊接速度的选择取决于操作人员的经验。焊接过程中，操作者根据熔池的大小、形状及熔池两侧熔合的情况进行实时调节。

喷嘴孔径及保护气体流量的选择，喷嘴孔径越大，气体保护区范围也越大，保护气体的流量也需要相应增大。当喷嘴孔径一定时，如果气体流量过小，则气流的挺度变差，排除周围空气的能力就弱，焊接保护效果变差。如果保护气体流量过大，保护气体变成紊流，把空气卷入焊接区，也会降低气体保护的效果。当气体流量一定时，如果喷嘴孔径过小，则气体保护的范围变小，容易在保护区形成紊流，保护效果变差。如果喷嘴孔径过大，既浪费了保护气体，又妨碍操作者的视线，焊接效果也会变差。气体流量与喷嘴孔径必须匹配好，喷嘴孔径与气体流量的选择见表7-53。

表 7-53　喷嘴孔径与气体流量的选择

焊接电流/A	直流正接		交　流	
	喷嘴孔径/mm	气体流量/(L/min)	喷嘴孔径/mm	气体流量/(L/min)
10~100	4~9.5	4~5	8~9.5	6~8
101~150		4~7	9.5~11	7~10
151~200	6~13	6~8	11~13	
201~300	8~13	8~9	13~16	8~15
301~500	13~16	9~12	16~19	

喷嘴距焊件距离的选择，为防止焊接电弧热烧坏喷嘴，不影响焊接操作者观察电弧燃烧及焊丝熔滴过渡的视线，钨极端部应突出喷嘴以外。焊接过程中，喷嘴距焊件的距离较小时，气体保护效果较好，但也不能过小，过小的距离会影响焊接操作者的视线，可能导致钨极与焊丝或熔池接触，污染钨极或使焊缝产生夹钨。但喷嘴距焊件的距离也不能太大，这样会使气体保护效果变差。通常喷嘴距焊件的距离为8~14mm，钨极伸出喷嘴的长度，对接焊时，钨极伸出长度为5~6mm，角接焊时，钨极伸出长度为7~8mm。

交流手工钨极氩弧焊的焊接参数见表7-54。交流自动钨极氩弧焊的焊接参数见表7-55。

表 7-54　交流手工钨极氩弧焊的焊接参数

焊件厚度/mm	焊丝直径/mm	钨极直径/mm	焊接电流/A	氩气流量/(L/min)	喷嘴孔径/mm	预热温度/℃	焊件层数/(正面/反面)	备　注
1	1.6	2	45~60	7~9	8	—	正1	卷边焊
1.5	1.6~2.0		50~80					卷边或单面对接焊
2	2~2.5	2~3	90~120	8~12	8~12			对接焊
3	2~3	3	150~180					V形坡口对接焊
4	3	4	180~200	10~15			1~2/1	
5	3~4		180~240		10~12			
6	4		240~280					
8		5	260~310	16~20	16~20	100	2/1	
10	4~5		280~340			100~150	3~4/1~2	
12		5~6	300~350	18~22	18~22	150~200		

表 7-55 交流自动钨极氩弧焊的焊接参数

焊件厚度 /mm	焊接层数	钨极直径 /mm	焊丝直径 /mm	喷嘴孔径 /mm	氩气流量 /(L/min)	焊接电流 /A	送丝速度 /(m/h)
1	1	1.5~2	1.6	8~10	5~7	120~140	35~45
2		3	1.6~2		12~14	180~220	65~70
3	1~2	4	2	10~14	14~18	220~240	
4		5	2~3			240~280	70~75
5	2			12~16	16~20	280~320	
6~8	2~3	5~6	3	14~18	18~24		75~80
10~12		6	3~4			300~340	80~85

注：交流自动钨极氩弧焊时，钨极尖端与焊件之间的距离应保持在 0.8~2.0mm。

四、铝及铝合金氩弧焊示例

1. 5A02（LF2）铝合金板对接平焊的手工钨极氩弧焊

（1）焊前准备

1）焊机：选用 WSE5-315 手工交直流钨极氩弧焊机，采用交流电。

2）焊丝：选用焊丝为 HS331，ϕ3.0mm。

3）焊件：5A02（LF2）铝合金板，300mm×100mm×3mm（长×宽×厚）共两块，用剪床下料，开Ⅰ形坡口。

4）钨极：WCe-20，ϕ3mm。

5）垫板：不锈钢垫板，340mm×40mm×6mm（长×宽×厚）。

6）辅助工具和量具：钢丝刷、焊缝万能量规、锤子、钢直尺、划针、样冲、三角刮刀，不锈钢钢丝轮。

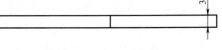

图 7-5 铝合金板的装配

（2）焊前装配定位 装配定位的目的是把两个试件装配成合乎焊接技术要求的Ⅰ形试件。5A02 铝合金板的装配如图 7-5 所示。

1）准备试件：采用不锈钢钢丝轮打磨或用三角刮刀刮削，清除待焊件坡口面及两侧周围各 15mm 内的氧化膜，或用化学溶液进行清理，用丙酮擦拭焊丝表面的油、污、垢等。

2）试件装配：把打磨好的试件装配成Ⅰ形坡口的对接接头，根部间隙为 2mm。

（3）焊接操作 5A02 铝合金手工钨极氩弧焊的焊接参数见表 7-56。

表 7-56 5A02 铝合金手工钨极氩弧焊的焊接参数

焊层	钨极型号及规格/mm	钨丝伸出长度/mm	喷嘴直径/mm	气体流量/(L/min)	氩气纯度（体积分数）	焊丝直径/mm	焊接电流/A	电弧电压/V
1	WCe-20 ϕ3.0	4~6	10	8~12	99.99%	3.0	90~110	12~14

采用蹲位焊接，把待焊件固定在适当的高度，调整好角度后，在焊缝的起点处，为了避免在开始焊接的 20~30mm 长的焊缝中出现始焊端裂纹，焊接速度要适当地放慢些，使始焊端得到充分的热量，确保焊缝焊透和获得均匀的焊缝；然后，稍加停顿再继续进行焊接。焊

接电弧控制在 3~4mm，当被加热的待焊件表面熔化后，应该向熔池添加 1~2 滴焊丝熔滴，然后，在电弧停留 8~10s 后，再添加焊丝，熔池的直径应控制在 7~9mm。引燃焊接电弧后，焊枪沿着焊缝作平稳的直线匀速向上移动焊接。

焊接过程中，应注意控制焊接速度，焊接速度过慢，容易造成背面下塌，焊接速度过快，容易造成焊缝边缘熔合不良。

焊接时保持，弧长为 4~7mm，焊枪在移动的过程中可作间断停留，当达到一定的熔深后开始添加焊丝，在填丝动作中，焊丝与焊件间的夹角为 10°~15°，不要使焊丝接触热钨极，以免造成焊缝钨夹渣。添加焊丝时应与焊枪的运动配合好，在焊接坡口表面尚未达到熔化温度前，焊丝应处在电弧区外的氩气保护层内，待焊接熔池温度使熔化的金属具备良好的流动性时，立即从熔池边缘送入焊丝。

快焊接到焊缝终点时，利用焊机的衰减装置，逐渐减小焊接电流收弧，此时应控制熔池的温度，防止焊缝因温度过高而烧穿或背面焊缝产生下塌。断弧后不能立即关闭氩气，为了防止钨极氧化和保证收弧质量，需要等到钨极呈暗红色后（一般为 5~10s）再关闭氩气。

（4）焊缝清理　焊后用不锈钢钢丝轮打磨焊缝，清理氧化膜和焊接飞溅。

（5）焊缝质量检验

1）焊缝不允许有夹渣、裂纹、未熔合、未焊透。

2）焊缝余高：正面≤3.0mm，背面≤3.0mm。

3）表面凹陷：≤0.15mm。

4）咬边：正面≤0.5mm，背面≤0.5mm。

5）错边量：≤1.0mm。

2. 5A06（LF6）铝合金薄板对接平焊钨极脉冲氩弧焊

（1）焊前准备

1）焊机：选用 WSM-250 钨极脉冲氩弧焊机。

2）焊丝：选用焊丝为 SAl1100（HS301），ϕ2mm。

3）焊件：5A06（LF6）铝合金板，300mm×100mm×2mm（长×宽×厚）共两块，用剪床下料，开Ⅰ形坡口。

4）垫板：不锈钢垫板，340mm×40mm×6mm（长×宽×厚）。

5）辅助工具和量具：钢丝刷、焊缝万能量规、锤子、钢直尺、划针、样冲、三角刮刀，不锈钢钢丝轮。

（2）焊前装配定位　装配定位的目的是把两个试件装配成合乎焊接技术要求的Ⅰ形试件。铝合金板的装配如图 7-6 所示。

1）准备试件：采用不锈钢钢丝轮打磨或用三角刮刀刮削，清除待焊件坡口面及两侧周围各 15mm 内的氧化膜，或用化学溶液进行清理，用丙酮擦拭焊丝表面的油、污、垢等。

图 7-6　5A06（LF6）铝合金板的装配

2）试件装配：把打磨好的试件装配成Ⅰ形坡口的对接接头，根部间隙为 2mm。按图 7-6 所示装配焊件，在坡口背面的两端进行定位焊，定位焊缝长度为 25~35mm。定位焊的焊接参数和正式焊接相同。

（3）焊接操作　5A06（LF6）铝合金手工钨极脉冲氩弧焊的焊接参数见表 7-57。

表 7-57 5A06（LF6）铝合金手工钨极脉冲氩弧焊的焊接参数

板厚 /mm	焊丝直径 /mm	基值电流 /A	脉冲电流 /A	频率 /Hz	电弧电压 /V	脉宽比 （%）	氩气流量 /（L/min）
2	2	44	83	2.5	10~11	33	5

采用蹲位焊接，电弧长度控制在 5~8mm。焊接过程中，焊枪采用锯齿形小幅度摆动，并在坡口两侧稍加停留，以便焊缝背面焊透，因为焊缝背面有垫板。

（4）焊缝清理 焊后用不锈钢钢丝轮打磨焊缝，清理氧化膜和焊接飞溅。

（5）焊缝质量检验

1）焊缝不允许有夹渣、裂纹、未熔合、未焊透。

2）焊缝余高：正面≤3.0mm，背面≤3.0mm。

3）表面凹陷：≤0.15mm。

4）咬边：正面≤0.5mm，背面≤0.5mm。

5）错边量：≤1.0mm。

第八节 钛及钛合金氩弧焊

一、钛及钛合金的分类与牌号

1. 钛及钛合金的分类

钛及钛合金的分类方法很多，按照生产工艺特性可分为变形、铸造和粉末冶金三大类钛及钛合金；按照钛的同素异构体或退火组织可分为 α（用 TA 代表牌号类型）、β（用 TB 代表牌号类型）、α+β（用 TC 代表牌号类型）三类钛及钛合金，其后的阿拉伯数字代表合金号数。

2. 钛及钛合金的牌号

第一类为 α 稳定元素，主要有 Al、O、N、C 等，Al 属于稳定元素又有实际应用价值。

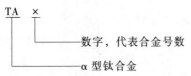

第二类为 β 稳定元素，主要有 V、Cr、Co、Cu、Fe、Mn、Ni、W 等。

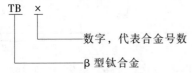

第三类为 α+β 中性元素，主要有 Sn、Zr、Hf 等。

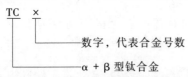

钛及钛合金的主要牌号及室温力学性能见表 7-58。

表 7-58　钛及钛合金的主要牌号及室温力学性能

合金牌号	名义成分	热处理状态	抗拉强度/MPa	伸长率(%)	冷弯角度/(°)
TA1			340～490	30	130
TA2	工业纯钛		440～590	25	90
TA3			540～690	20	80
TA6	Ti5-Al		690	12	40
TA7	Ti-5Al-2.5Sn		740～930		
TB2	Ti-3Al-5Mo-5V-8Cr	退火	980	20	—
TC1	Ti-2Al-1.5Mn		590～730		60
TC2	Ti-4Al-1.5Mn		690	12	50
TC3	Ti-5Al-4V		880	10	30
TC4	TI-6Al-4V		900		
TC10	TI-6Al-6V-2Sn-0.5Cu-0.5Fe		1060	8	25

二、钛及钛合金的焊接性

钛及钛合金的密度较小，为 4.51g/cm³，约为钢的 1/2，但强度却高于一般的结构钢，在 300～550℃高温下，钛及钛合金仍具有足够的强度。钛及钛合金在氧化性、中性及有氯离子介质中，其耐腐蚀性优于不锈钢，有时甚至超过 12Cr18Ni9Ti 不锈钢的 10 倍。钛及钛合金具有较高的塑性和韧性，其比强度更是明显优于结构钢，而且无明显的塑性和韧性转变温度，即在低温下同样具有高的韧性。此外，钛及钛合金的高温力学性能也很优良。总之，钛及钛合金在低温、室温和高温下都具有优良的综合性能。钛及钛合金在稀硫酸、稀盐酸等还原介质中耐腐蚀性较差，但经氮化处理后其耐腐蚀性可提高约 100 倍。此外，氮对提高工业纯钛焊缝的抗拉强度及硬度，降低焊缝的塑性性能方面比氧更为显著，随着焊缝含氧量的增加，焊缝的抗拉强度及硬度明显增加。钛及钛合金的焊接性如下。

1. 化学活泼性极强

在 400℃以上的高温下，钛及钛合金极易和空气中的氧、氢、氮及碳等元素发生化学反应，而且反应速度较快：钛在 300℃以上快速吸收氢；600℃以上快速吸收氧；700℃以上快速吸收氮。所以，在空气中钛很容易被氧化，也很容易被水分、油脂、氧化物所污染，因此，焊接钛及钛合金时对熔池、焊缝及温度超过 400℃的热影响区，都要用保护气体妥善保护。

2. 钛的熔点高、热容量大、电阻率大

钛及钛合金的热导率比铁、铝等金属低得多，因此，焊接时熔池的尺寸比较大。由于钛及钛合金的热容量大，使热影响区金属在高温停留的时间较长，焊缝晶粒因此变得粗大，容易引起焊接接头产生过热倾向，使焊接接头塑性明显降低。尤其是 β 型钛合金，焊接接头塑性下降最明显。

（1）α 合金　在所有钛及钛合金中焊接性最好，只是随着焊缝含氧量的增加，焊缝抗拉强度及硬度明显增加，而焊接接头塑性稍差。碳在 α 钛中的溶解度，随着温度下降而下降，并同时析出 TiC。此外，焊接接头快速冷却时，还容易生成针状 α 组织，使焊接接头变

脆。所以，α合金焊接时，冷却速度以 10~200℃/s 为好，过快时，针状 α 组织太多，过慢时，焊接接头过热严重，塑性降低更多。

（2）（α+β）合金　这类合金主要有 TC1、TC4、TC10 等三种。

1）TC1 合金在退火状态下 β 相含量较少，焊接性良好，焊接时冷却速度以 12~150℃/s 为宜。

2）TC4 合金以 α 相为主，β 相较少。多为退火状态使用，焊接接头塑性、断面收缩率较低，断裂韧度较高，焊接时冷却速度以 2~40℃/s 为宜。合金化程度高，晶粒长大倾向小，过大的冷却速度会使钛过饱和针状马氏体 α′更细、更多。所以，TC4 合金焊接时，可以采用较大的热输入，而不宜采用太小的热输入。

3）TC10 合金由于合金元素含量较高，焊接性较差，是一种高强度、高淬透性合金，焊接厚度为 12mm 的 TC10 合金，会出现热影响区裂纹，而在焊前预热 250℃ 后，可预防裂纹并能提高接头塑性。

（3）β合金　这类合金又可以分为亚稳 β 合金和稳定 β 合金两种。

1）亚稳 β 合金：TB2 的平衡组织为 β+极少量的 α 相，焊后热处理时析出 α 相，容易引起热脆性。

2）稳定 β 合金：Ti-33Mo 合金组织为稳定 β 相，该合金焊接时无相变，焊接性良好，是一种耐腐蚀钛合金。

3. 焊接裂纹

钛及钛合金含 C、S、P 等杂质较少，有效结晶温度区间窄，低熔点共晶很难在晶界上出现，同时，又由于焊缝凝固时收缩量小，所以，很少出现焊接热裂纹。但是：

1）当母材及焊丝质量不合格时，有可能出现热裂纹。

2）当焊接保护不良，或 α+β 合金中含 β 稳定元素较多时，会出现热应力裂纹和冷裂纹。

3）焊接过程中，由于熔池和低温区母材中的氢向热影响区扩散，使热影响区中氢含量增加，如果此处的应力较大，则热影响区可能出现延迟裂纹。

4）焊接正常含氢量的钛及钛合金时，不会出现氢化钛。薄壁（α+β）钛合金焊接时，用工业纯钛作填充焊丝焊接，也不会出现氢化钛。但是，厚板（α+β）钛合金多层焊时，若用工业纯钛作填充焊丝焊接，可能出现氢化钛并引起氢脆。

4. 气孔

气孔的存在，主要是降低焊接接头的疲劳强度，使钛及钛合金疲劳强度降低 1/2 到 3/4。

钛及钛合金焊接时，最常见的缺陷是气孔，原则上气孔可分为两类，即：焊缝中部气孔和熔合线气孔。

在焊接热输入较大时，气孔一般位于熔合线附近。

在焊接热输入较小时，气孔则位于焊缝中部。

5. 钛的弹性模量小

钛的弹性模量约比钢小一半，不仅焊接变形大，而且矫形很困难。

三、钛及钛合金的焊接

1. 钛及钛合金的焊前准备

钛及钛合金焊接前，待焊处及其周围必须仔细进行清理，去除油、污、锈、垢，并保持干燥。

1）除氧化皮　钛及钛合金的氧化皮可以用不锈钢钢丝刷或锉刀进行清理，也可以用蒸汽喷砂或喷丸进行清理，还可以用碳化硅砂轮进行磨削加工。表面氧化皮清理完后，应该立即进行酸洗，以确保无氧化和油脂污染。

2）脱脂　钛及钛合金表面有氧化皮时，先清除氧化皮后再脱脂，无氧化皮时，仅需脱脂即可。对表面有油污等污染物时可采取适当的溶剂进行清洗。常用的清洗溶剂是氢氟酸3%+硝酸水溶液35%（体积分数），在室温的清洗溶剂中浸泡10min左右，然后用清水清洗残液后进行烘干。对含有应力腐蚀的焊件，酸洗后不能用自来水冲洗，而是用不含氯离子的清水冲洗，以免加大应力腐蚀。在脱脂的过程中，操作者如果戴橡胶手套作业，手套中的橡胶增塑剂可能会残留在焊件上，因此会在焊缝中引起气孔。刚剪切过的板边，也要采取上述的酸洗工艺，因为，剪切板的板边存在着在剪切过程产生的金属碎片和小裂纹等，容易在焊接过程中产生气孔。

清理完的焊件应该立即进行焊接，如需要存放一定的时间再焊接时，可将零件放在有干燥剂的容器或放在有可控制湿度的存储室中，否则的话，应该在焊前再进行一次轻微的酸洗。

2. 焊接用保护气体

（1）Ar气或He气　钛及钛合金焊接多采用氩气作为保护气体，纯度为$\varphi(Ar)=99.99\%$，露点在-40℃以下，杂质总质量分数<0.02%，相对湿度<5%，水分<0.001mL/L。只有在深熔焊和进行仰焊位置焊接时，为了增加熔深和改善保护效果，才选择氦气作为保护气体。因为氦气的热导率大，是氩气的8.8倍，传递给焊件的热量也较多，同时，由于氦气的冷却效果好，使焊接电弧的能量密度大，弧柱细而集中，焊件有较大的熔透深度。但是，氦气的密度小，只是空气的0.14倍，氩气的0.1倍，要想有效地保护焊接区域，氦气的流量要比氩气大得多，由于氦气在我国地壳内的含量极为稀少，价格很高，所以很少应用。

（2）Ar+He混合气体　Ar+He两种气体的比例为：Ar+He（50%~70%）（体积分数），混合气体的特点是，焊接电弧燃烧非常稳定，焊接电弧的温度较高，焊缝熔透深度、焊接速度大约是氩弧焊的两倍。

3. 钛及钛合金氩弧焊用焊丝

焊丝原则上选用与基本金属相同的钛丝，常用的焊丝牌号有TA1、TA2、TA3、TA4、TA5、TA6及TC3等。这些焊丝均以真空退火状态供应，如果没有标准牌号的焊丝，则可从焊件上剪下窄条作为焊丝代用，其宽度与板厚相同。为提高焊缝金属的塑性，可选择强度比基体金属稍低的焊丝。

4. 焊接方法的选择

钛及钛合金焊接时，由于400℃以上的焊接区域极容易氧化，所以，在焊接过程中，400℃以上的区域都需要进行惰性气体保护。因此，氧乙炔气焊、焊条电弧焊、埋弧焊、电渣焊等焊接工艺不适合钛及钛合金的焊接。

（1）钨极氩弧焊　按自动化程度分类有手工焊和自动焊两类。按焊接环境分类有以下两种：

1）敞开式焊接，即普通焊接：它由大直径焊枪喷嘴、焊枪拖罩和焊缝背面通气保护装置组成。焊接时，拖罩和焊缝背面充气保护装置，将400℃以上的焊缝，用氩气或氩-氦混合气保护，使之不被氧化。

2）箱内焊接，结构比较复杂的焊件，由于难以实现对400℃以上焊接区域的良好保护，所以，将焊件放在箱内，箱体结构分为刚性和柔性两种。

① 刚性箱焊前将箱内抽成真空到1.3~13Pa，然后向箱体内充氩气或氩-氦混合气，即可进行焊接，焊枪结构比较简单，不需要保护罩，焊接时也不必再通气体保护。

② 柔性焊接箱可以采用焊前抽成真空，也可以采用多次折叠充氩气的方法排除箱内的空气。由于柔性焊接箱内保护气体的纯度比较低，所以在柔性焊接箱内焊接时，焊枪仍用普通的焊枪，而且在焊接过程中要进行通气保护。

（2）熔化极氩弧焊 常用于中厚产品的焊接，焊接过程中熔滴过渡有两种形式：短路过渡适用于薄壁焊件的焊接，喷射过渡则适用于中厚壁焊件的焊接。

熔化极氩弧焊与钨极氩弧焊相比：有较大的热输入，由于熔化极氩弧焊焊接时填丝较多，故焊接坡口角度较大，厚度为15~25mm的焊件，通常开90°单面V形坡口或开I形坡口（留1~2mm间隙，两面各焊一道焊缝）。熔化极氩弧焊多用于中厚板的焊接，其优点是：减少焊接层数、减少气孔、降低生产成本。在焊接过程中，同样需要用焊枪拖罩，只是由于温度超过400℃的焊缝，比钨极氩弧焊焊接的焊缝长，所以拖罩也要比钨极氩弧焊拖罩长一些，并且要用水冷却。熔化极氩弧焊工艺方法的主要缺点是，焊接飞溅比钨极氩弧焊大。

5. 坡口的选择

钛及钛合金焊件常用V形坡口，坡口角度为60°~65°之间（熔化极氩弧焊坡口角度要大些）。坡口的钝边宜小，在单面焊时，甚至可以不留钝边。V形坡口不仅加工简单，而且还可以简化焊缝背部的保护。钛及钛合金手工钨极氩弧焊焊缝的坡口形式及尺寸见表7-59。

表7-59 钛及钛合金手工钨极氩弧焊焊缝的坡口形式及尺寸

坡口形式	接头形式	板厚 /mm	坡口尺寸		
			角度 /(°)	间隙 /mm	钝边 /mm
I	开I形坡口对接	0.5~2.5	—	0~0.5	—
V	V形坡口	3~15	60~65	0~1.0	1.5~1.5
×	对称双V形坡口	10~30	60~65	1.0~1.5	1.5~2.0

6. 氩气保护装置

钛及钛合金熔焊时，由于400℃以上的焊接热影响区极易氧化，所以，在焊接过程中，对400℃以上的区域（包括焊件的正面和背面），都需要进行惰性气体保护，使400℃以上的焊接热影响区与空气隔绝。钛及钛合金焊接过程中，保护效果的好坏（除与氩气的纯度、氩气流量、焊枪喷嘴与焊件之间距离、焊件接头形式、焊接现场风力等有关外，还将取决于焊枪、喷嘴的结构形式和尺寸），这将直接影响钛及钛合金的焊接质量。

钛及钛合金熔焊时，由于钛及钛合金的热导率低，焊接熔池不仅尺寸增大，而且焊缝在高温时间也稍长，为了提高保护效果、扩大保护区面积，焊枪喷嘴的孔径应该增大。

钛及钛合金板对接熔焊时，常用的氩气保护装置是焊枪喷嘴及拖罩：拖罩的宽度为30~40mm，高度为35~45mm。随着焊件板厚的增加和焊接参数的不同，拖罩的长度可在100~

180mm 之间选择。当焊接电流大于 200A 时，为了防止拖罩过热，还要在拖罩的帽沿处设置冷却水管，给拖罩降温。常用的钛及钛合金板对接焊用焊枪及拖罩如图 7-7 所示。此外，钛及钛合金焊接时，焊缝含氢量的变化，对焊缝抗拉强度的提高及塑性的降低作用不太明显。

管子对接焊时，管子正面后端焊缝及热影响区的保护，也是由焊枪喷嘴和拖罩完成，所不同的是，拖罩外形是根据管子外径（曲率）来设计的专用环形拖罩。管子内部表面保护，可用衬环来完成。衬环的氩气流量不宜过大，否则，管子正面焊缝焊接时，管子内表面根部焊缝会产生内凹缺陷。钛及钛合金管子对接环缝焊接用焊枪及拖罩如图 7-8 所示。钛及钛合金管子对接内表面保护用衬环如图 7-9 所示。

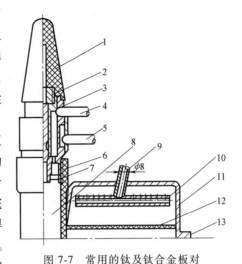

图 7-7 常用的钛及钛合金板对接焊用焊枪及拖罩

1—绝缘帽 2—压紧螺母 3—钨极夹头
4—进气管 5—进水管 6—喷嘴
7—气体透镜 8—钨极 9—进气管
10—气体分布管 11—拖罩外壳
12—铜丝网 13—帽沿

7. 焊接参数的选择

（1）焊接参数选择对焊接接头质量的影响

1）焊接接头晶粒粗化。焊接接头晶粒粗化（长大），是所有钛及钛合金焊接时最容易出现的问题，特别是 β 钛合金焊接时最为显著。由于晶粒长大后很难用热处理的方法加以调整，而且对焊接接头的力学性能影响很大，所以，合理地选择焊接参数，以较小的焊接热输入进行焊接，对于防止焊接接头晶粒粗化有一定的作用。

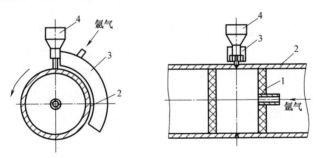

图 7-8 钛及钛合金管子对接环缝焊用焊枪及拖罩
1—金属或纸挡板 2—管子 3—环形拖罩 4—焊枪

2）形成氢气孔。钛及钛合金焊接时，氢气孔是最常见的焊接缺陷，主要分为两类：即焊缝中部气孔和熔合线气孔。如果焊接热输入较大时，气孔通常位于熔合线附近。形成氢气孔的原因很多，主要原因是：在焊缝金属的冷却过程中，氢的溶解度发生了变化，当焊接区周围气氛中氢的分压较高时，焊缝金属中的氢气就不易扩散逸出，在焊缝中集聚在一起就形成了氢气孔。

图 7-9 钛及钛合金管子对接内表面保护用的衬环

3）焊接接头性能。钛及钛合金焊接过程中，在焊接电弧的高温作用下，焊缝和焊接热影响区表面会发生颜色的变化，这种颜色的变化，其实就是表面氧化膜在不同温度下的颜色变化。而表面不同颜色下的钛及钛合金的力学性能也大不相同。例如，在350~400℃温度下，气体保护效果良好的焊缝及热影响区，其表面呈银白色，因为银白色为钛及钛合金本色，表明没有氧化现象。焊接接头的冷弯角可达110°；当出现黄色时，表明有轻微氧化；蓝色表示氧化程度稍微严重；灰色表示氧化程度甚为严重，焊接接头的力学性能会剧烈降低。

因此，焊接钛及钛合金时，要注意对保护气体的应用：①要控制好氩气的流量。如果氩气的流量过大，将对喷嘴的气流产生干扰，不能形成稳定的保护气流层，同时又增大了焊缝的冷却速度，这样不仅使焊接接头氧化，降低了力学性能，而且还容易引起微裂纹；如果拖罩内的氩气流量不足时，焊接接头的表面还会出现不同的氧化色彩，焊接接头的力学性能将有所降低。②要使用高纯度的氩气，氩气的纯度≥99.99%（体积分数）。不同纯度的氩气保护焊工业纯钛焊缝表面的颜色与接头冷弯角见表7-60。

表7-60　不同纯度的氩气保护焊工业纯钛焊缝表面的颜色与接头冷弯角

氩气纯度（体积分数,%）	99.99	98.7	97.8	97.5	97.0	96.5	96.0	94.0
接头表面氧化颜色	银白	浅黄	深黄	金紫	深蓝	灰蓝	灰红	灰白
接头冷弯角 α/(°)	158	145	115	114	93	44	39	0
焊缝质量	良好	合格			不合格			

（2）氩弧焊焊接参数的选用原则

1）保护气体流量不要过大，但也不要过小，以焊接接头表面颜色为银白色最好。

2）为防止焊接接头晶粒长大，要用较小的热输入施焊。

3）喷嘴与焊件的距离，在不影响观察焊缝及添加焊丝的情况下，应该尽量小一些，一般为6~10mm。

4）确定焊接速度的前提是保证焊接接头在350℃以上的高温区都能处于氩气的保护之下，焊接速度过快时，会使气体保护性能减弱，恶化焊缝表面成形。

5）在多层焊时，不能单凭盖面层焊缝的颜色来判定焊接接头的保护效果，盖面层焊缝以下各层焊缝被杂质污染及氧化后，尽管焊缝盖面层保护良好，也都会使焊接接头的塑性明显降低。钛及钛合金手工钨极氩弧焊的焊接参数见表7-61。

由于钛及钛合金的密度小，液态表面张力大，所以，钛及钛合金在焊接过程中被烧穿的可能性比钢小，因此，可以用较大的焊接热输入进行焊接。

8.焊后热处理

焊后热处理的目的是：消除焊接应力、稳定焊接接头组织和获得最佳的物理性能和力学性能。为保证某些高强度钛及钛合金的焊后力学性能，焊后应该进行必要的热处理。对于复杂的焊接结构，为防止产生延迟裂纹，需要进行消除应力处理，可以根据钛及钛合金成分、原始状态、焊接结构的使用要求等分别进行退火、时效或淬火-时效处理以及焊后酸洗。

（1）退火处理　适用于各类钛及钛合金，是α钛合金和β钛合金唯一的热处理方式。

退火的方式有两种：完全退火和不完全退火。完全退火的温度较高，需要在真空或氩气的保护下进行。否则，表面被空气污染严重。不完全退火是在较低的温度下进行的。

α钛和β钛对退火后的冷却速度不敏感，而α+β钛合金对冷却速度很敏感，在操作过程中，先以规定的速度冷到一定的温度，然后空冷或分阶段退火。钛及钛合金退火温度见表7-62。钛及钛合金退火时间由焊件厚度决定，具体退火时间与焊件厚度的关系见表7-63。

表 7-61　钛及钛合金手工钨极氩弧焊的焊接参数

板厚 /mm	坡口形式	焊接层数	钨极直径/mm	焊丝直径/mm	焊接电流/A	氩气流量/(L/min) 喷嘴	拖罩	背面	喷嘴孔径 /mm	备　注
0.5	I 形坡口对接	1	1.5	1.0	30~50	8~10	14~16	68	10	间隙 0.5~1mm 可以不加焊丝
1.0			2.0	1~2	40~60					
2.0			2~3		80~110	12~14	16~20	10~12	12~14	
3.0	V 形坡口对接	1~2	3.0	2~3	120~140	12~14	16~20	10~12	14~18	坡口间隙 1~2mm 坡口角度为 60°~65° 钝边 0.6mm
4.0		2	3~4		130~150	14~16	20~25	12~14	20~22	
5.0		2~3		3.0						
6.0			4.0							
8.0		3~4		3~4	140~180		25~38		20~33	
10.0	对称 X 形坡口	4~6		3~4	160~200	14~16	25~28	12~14	18~20	坡口角度 55°~60° 钝边 1~2mm 间隙 1.5~2.5
20.0		12	4.0	4.0	200~240					
22.0		6		4~5	230~250	15~18	18~20	18~20	22~24	
30.0		17~18		3~4	200~220	16~18	26~30	20~26		

表 7-62　钛及钛合金的退火温度

材料	TA1、TA2	TA6、TA7	TC1、TC2	TC3、TC4	TB2
完全退火温度 /℃	550~680	720~820	620~700	720~800	790~810
不完全退火温度 /℃	450~490	550~600	570~610	550~650	—

表 7-63　钛及钛合金退火时间与焊件厚度的关系

焊件厚度 /mm	<1.5	1.6~2	2.1~6	6~20	20~50
退火时间/min	15	20	25	60	120

（2）淬火-时效处理　这是一种强化热处理，这种热处理的困难是：大型结构件淬火困难，在固溶温度下无保护气体保温时，钛及钛合金氧化严重，淬火后变形难以矫正，一般很少应用。

（3）时效处理　焊接过程中的热循环，能够使某些钛合金起到局部淬火作用，为了保证焊接结构的基本金属强度，常采用焊前淬火、焊后时效处理。虽然有的钛合金焊前没有淬火，但经焊接热循环作用也相当于淬火，所以，焊后要进行时效热处理。

（4）焊后酸洗　钛及钛合金在高于540℃的大气介质中进行焊后热处理时，由于其活性很强，在钛合金焊件的表面上将生成较厚的氧化膜，使硬度增加、塑性降低。采用酸洗工艺以后，可以解决这个问题。酸洗液为：$\varphi_{HF}3\%+\varphi_{HNO_3}35\%$ 的水溶液。为了防止在酸洗时发生增氢，酸洗温度一般控制在40℃以下。

四、钛及钛合金氩弧焊示例

1. 1mm 厚钛合金板水平对接手工钨极氩弧焊

（1）焊前准备

1）焊机：选用 WSE5-160 交流方波/直流钨极氩弧焊机。

2）填充焊丝：采用不加焊丝的工艺方法。

3）焊件：TA2（工业纯钛），板厚为 1mm。试件及装配尺寸如图 7-10 所示。

4）氩气：要求一级纯度（氩气的体积分数为 99.99%），露点在-40℃以下。

5）钨极：WCe-13，直径为 1.5mm。

6）辅助工具和量具：不锈钢钢丝刷，不锈钢钢丝轮，锤子，钢直尺，划针，焊缝万能量规，带拖罩的焊枪（拖罩长 100mm），焊缝背面氩气保护装置。

（2）焊前装配定位

1）准备试件：用不锈钢钢丝轮打磨待焊处两边各 20mm 处的油、污、氧化皮。

2）装配定位：按图 7-10 进行焊件的定位焊，定位焊缝长度为 10~15mm，定位焊缝间距为 100mm。装配定位焊时，严禁用铁器敲击和划伤钛板表面。定位焊的焊接参数与正式焊接相同，见表 7-64。

（3）焊接操作　1mm 厚 TA2 钛合金板对接平焊手工钨极氩弧焊的焊接参数见表 7-64。

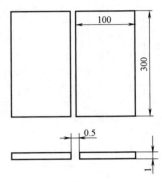

图 7-10　试件及装配尺寸

将待焊件平放在焊接接头背面的氩气保护装置上，接通氩气，焊接电源为直流正接（焊件接正极），这种接法焊接电流容易控制，不仅焊缝熔深大，而且焊缝及热影响区窄。按表 7-64 选择焊接参数，由焊缝的一端向另一端焊接。

焊接过程中随时观察焊缝及热影响区表面颜色的变化，及时提高氩气的保护效果。因为焊缝及热影响区表面颜色的不同，表明该焊接接头的冷弯角有变化，直至弯曲不合格（见表 7-60）。

焊枪倾斜 10°~20°，焊接过程中不作摆动。不添加焊丝，焊枪喷嘴距焊件的距离在不断弧、不影响操作的情况下尽量小。焊接结束后，视焊缝及热影响区表面颜色而定（与温度有关，表面温度要低于 400℃以下），在 20~30s 后再停氩气。

表 7-64　1mm 厚 TA2 钛合金板对接平焊手工钨极氩弧焊的焊接参数

坡口形式	钨极直径/mm	焊接层数	焊接电流/A	喷嘴孔径/mm	氩气流量/(L/min)			备注
					主喷嘴	拖罩	背面	
I 形	1.5	1	30~50	10	8~10	14~16	6~8	间隙为 0.5mm

（4）焊缝质量检验

1）焊缝表面不得有气孔、裂纹、焊漏等缺陷。

2）按表 7-60 工业纯钛焊缝表面颜色与冷弯角的要求，检查焊缝保护的情况。

2. 0.8mm 厚钛合金板水平对接钨极脉冲氩弧焊

（1）焊前准备

1）焊机：选用 WSM-160 低频脉冲钨极氩弧焊机。

2）填充焊丝：采用不加焊丝的工艺方法。

3）焊件：TA2（工业纯钛），板厚为 0.8mm。试件及装配尺寸如图 7-11 所示。

4）氩气：要求一级纯度（氩气的体积分数为 99.99%），露点在-40℃以下。

5）钨极：WCe-13，直径为 2mm。

6）辅助工具和量具：不锈钢钢丝刷，不锈钢钢丝轮，锤子，钢直尺，划针，焊缝万能量规，带拖罩的焊枪（拖罩长 100mm），焊缝背面氩气保护装置。

（2）焊前装配定位

1）准备试件：用不锈钢钢丝轮打磨待焊处两边各 20mm 处的油、污、氧化皮。

2）装配定位：按图 7-11 进行焊件定位焊，定位焊缝长度为 10～15mm，定位焊缝间距为 100mm。装配定位焊时，严禁用铁器敲击和划伤钛板表面。定位焊缝的焊接参数见表 7-65。

（3）焊接操作　采用低频脉冲氩弧焊机，电流频率为 0.1～15Hz，这是目前应用最广泛的一种脉冲 TIG 焊设备，电弧稳定性好，特别适用于薄板焊接。脉冲氩弧焊机对焊件加热集中，热效率高，焊透同样厚度的焊件所需要的平均电流比一般 TIG 焊低 20%。热影响区窄，焊接变形容易控制。此外，脉冲氩弧焊的焊缝质量好，因为，脉冲 TIG 焊焊缝是由焊点相互重叠而成，后焊的焊点热循环对前一个焊点具有退火作用，同时，脉冲电流对点状的熔池具有强烈的搅拌作用，使熔池的冷却速度加快，在高温停留的时间缩短，因此所得的焊缝组织细密，力学性能好。

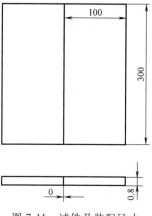

图 7-11　试件及装配尺寸

将待焊件平放在焊缝背面氩气保护装置上，接通氩气，焊接电源为直流正接（焊件接正极），这种接法焊接电流容易控制，按表 7-65 选择焊接参数，由焊缝的一端向另一端焊接。

焊接过程中随时观察焊缝及热影响区表面颜色的变化，及时提高氩气的保护效果。

焊枪倾斜 10°～20°，焊接过程中不作摆动。不添加焊丝，焊枪喷嘴距焊件的距离在不断弧、不影响操作的情况下尽量小。焊枪移动要均匀，在引弧板上引弧，尽量一次焊完焊缝。焊接结束后，视焊缝及热影响区表面颜色而定（与温度有关，表面温度要低于 400℃ 以下），在 20～30s 后再停送氩气。0.8mmTA2 板水平对接低频脉冲钨极氩弧焊的焊接参数见表 7-65。

表 7-65　0.8mmTA2 板水平对接低频脉冲钨极氩弧焊的焊接参数

板厚 /mm	钨极直径 /mm	焊接电流/A		持续时间/s		电弧电压 /V	弧长 /mm	焊接速度 /(cm/min)	氩气流量 /(L/min)
		脉冲	基值	脉冲电流	基值电流				
0.8	2	55～80	4～5	0.1～0.20	0.2～0.3	10～11	1.2	30～42	6～8

（4）焊缝质量检验

1）焊缝表面不得有气孔、裂纹、焊漏等缺陷。

2）按表 7-60 工业纯钛焊缝表面颜色与冷弯角的要求，检查焊缝保护情况。

3. 8mm 厚钛合金板水平对接熔化极氩弧焊

（1）焊前准备

1）焊机：NB-500 熔化极氩弧焊机。

2）填充焊丝：TA2 焊丝，ϕ1.6mm。

3）焊件：TA2（工业纯钛），板厚为 8mm。试件及装配尺寸如图 7-12 所示。

4）氩气：要求一级纯度（氩气的体积分数为 99.99%），露点在 -40℃ 以下。

5）辅助工具和量具：不锈钢钢丝刷，不锈钢钢丝轮，锤子，钢直尺，划针，焊缝万能量规，带拖罩的焊枪（拖罩长 180mm，焊接过程中用水循环冷却），焊缝背面要安装氩气保护装置。

（2）焊前装配定位

1）准备焊件：用不锈钢钢丝轮打磨并去除待焊处两侧各 20mm 范围内的油、污、氧化皮。

2）装配定位：按图 7-12 所示进行焊件的装配定位焊，定位焊缝长度为 10~15mm 定位焊缝间距为 100mm。装配定位焊时，严禁用铁器敲击和划伤钛板表面。定位焊缝的焊接参数与正式焊接相同。

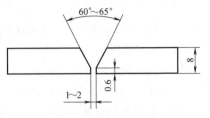

图 7-12 试件及装配尺寸

（3）焊接操作 采用左焊法焊接，焊枪平稳地运动，不作横向摆动，焊接过程中随时观察焊缝及热影响区表面颜色的变化，及时提高氩气的保护效果，焊接停止后，要在 20~30s 后再停送氩气。厚 8mm 的 TA2 钛板对接平焊熔化极氩弧焊的焊接参数见表 7-66。

表 7-66 厚 8mmTA2 钛板对接平焊熔化极氩弧焊的焊接参数

板厚 /mm	焊丝直径 /mm	焊接电流 /A	电弧电压 /V	送丝速度 /(m/h)	焊接速度 /(m/h)	氩气流量/(L/min)		
						主喷嘴	拖罩	背面
8	1.6	280~300	30~31	38~42	22~24	35~40	40~45	10~12

（4）焊接质量检验

1）焊缝表面不得有气孔、裂纹、焊漏等缺陷。

2）按表 7-60 工业纯钛焊缝表面颜色与接头冷弯角的要求，检查焊缝保护情况。

第九节 耐蚀合金的氩弧焊

一、耐蚀合金分类

根据耐蚀合金的基本成形方式，耐蚀合金可分为变形耐蚀合金和铸造耐蚀合金。

根据耐蚀合金的基本组成元素将耐蚀合金分为：

1）铁镍基合金：镍含量为 30%~50%（质量分数，下同），镍含量与铁含量之和不小于 60% 的合金。

2）镍基合金：镍含量不小于 50% 的合金。

3）纯镍：镍（可加钴）的最小含量为 99.0%。

4）镍铜合金：镍含量不小于 50%，镍含量与铜含量之和不小于 90% 的合金。

二、耐蚀合金牌号和统一代号表示方法

1. 变形耐蚀合金的牌号

1）采用汉语耐蚀的拼音字母符号"NS"作为前缀（"N""S"分别为"耐""蚀"汉语拼音的第一个字母），后接四位阿拉伯数字。

符号"NS"后第一位数字表示分类号，即：

NS1×××——表示主要为固溶强化的铁镍基合金；

NS2×××——表示主要为时效硬化的铁镍基合金；

NS3×××——表示主要为固溶强化的镍基合金；

NS4×××——表示主要为时效硬化的镍基合金；

NS5×××——表示纯镍；

NS6×××——表示镍铜合金。

2）铁镍基合金和镍基合金，符号"NS"后第二位数字表示不同的合金系列号，第三位和第四位数字表示不同的合金牌号顺序号。不足两位的合金编号用数字"0"补齐，"0"放在第二位表示分类号的数字与合金编号之间，第二位数字表示不同的合金系列号，即：

NS×1××——表示镍-铬系；

NS×2××——表示镍-钼系

NS×3××——表示镍-铬-钼系；

NS×4××——表示镍-铬-钼-铜系；

NS×5××——表示镍-铬-钼-氮系；

NS×6××——表示镍-铬-钼-铜-氮系。

3）纯镍和镍铜合金，符号"NS"后第二位、第三位和第四位数字表示不同合金牌号顺序号。如果与国际上惯用牌号表示方法有对应关系，应优先采用国际上惯用牌号表示方法编号的后三位。

2. 焊接用变形耐蚀合金的牌号

在前缀符号"NS"前加"H"符号（"H"为"焊"字汉语拼音的第一个字母），即采用"HNS"作前缀，后接四位阿拉伯数字。各位数字表示意义与变形耐蚀合金相同，并沿用变形耐蚀合金牌号的编号。

3. 铸造耐蚀合金的牌号

在前缀符号"NS"前加"Z"符号（"Z"为"铸"字汉语拼音的第一个字母），即采用"ZNS"作前缀，后接四位阿拉伯数字。各位数字表示意义与变形耐蚀合金相同，相同数字的变形耐蚀合金与铸造耐蚀合金没有对应关系。

4. 耐蚀合金复合板（或管）的牌号

耐蚀合金复合钢板或钢管产品，命名方式按"基层+复合层"，如 NS1402 和碳素钢 Q345 的复合钢板，牌号命名为：Q345+NS1402。

5. 统一数字代号

统一数字代号采用英文字母符号"H"或"C"或"W"作前缀，（"H""C""W"分别为"Heat resisting and corrosion resistant alloy""Cast iron、cast steel and cast alloy""Welding"的第一个字母），后接五位阿拉伯数字，其中第一位数字为"0""7"或"5"，分别表示"耐蚀合金"或"铸造耐蚀合金"或"焊接用耐蚀合金"，后四位数字表示意义如下：

1）如牌号与国际惯用牌号有对照关系，应优先采用国际惯用牌号表示方法的编号，例如：牌号 NS1102，统一数字代号为 H08810；如国际惯用牌号为五位时，则后五位全部采用国际上惯用牌号，如 NS3304，统一数字代号为 H10276。

2）如果牌号与国际惯用牌号没有对照关系，则采用牌号中的四位特征数字，例如：牌号 NS3101 统一数字代号为 H03101。

变形耐蚀合金牌号及化学成分见表 7-67。焊接用变形耐蚀合金牌号及化学成分见表 7-68。变形耐蚀合金的主要特性和用途见表 7-69。焊接用变形耐蚀合金的常用焊接方法、主要特性和用途见表 7-70。变形耐蚀合金牌号与国内外耐蚀合金牌号对照见表 7-71。焊接用变形耐蚀合金牌号与国内外牌号对照见表 7-72。

表 7-67　变形耐蚀合金牌号及化学成分

序号	统一数字代号	合金牌号	化学成分（质量分数，%）																	
			C	Cr	Ni	Fe	Mo	W	Co	Cu	Al	Ti	Nb	V	N	Si	Mn	P	S	其他
1	H08800	NS1101	≤0.10	19.0~23.0	30.0~35.0	≥39.5	—	—	—	≤0.75	0.15~0.60	0.15~0.60	—	—	—	≤1.00	≤1.50	≤0.030	≤0.015	—
2	H08810	NS1102	0.05~0.10	19.0~23.0	30.0~35.0	≥39.5	—	—	—	≤0.75	0.15~0.60	0.15~0.60	—	—	—	≤1.00	≤1.50	≤0.030	≤0.015	—
3	H01103	NS1103	≤0.030	24.0~26.5	34.0~37.0	余量	—	—	—	—	0.15~0.45	0.15~0.60	—	—	—	0.30~0.70	0.50~1.50	≤0.030	≤0.030	—
4	H08811	NS1104	0.06~0.10	19.0~23.0	30.0~35.0	≥39.5	—	—	—	≤0.75	0.15~0.60	0.15~0.60	—	—	—	≤1.00	≤1.50	≤0.030	≤0.015	Al+Ti: 0.85~1.20
5	H08330	NS1105	≤0.08	17.0~20.0	34.0~37.0	余量	—	—	—	≤1.0	—	—	—	—	—	0.75~1.50	≤2.00	≤0.030	≤0.030	Sn:≤0.025 Pb:≤0.005
6	H08332	NS1106	0.05~0.10	17.0~20.0	34.0~37.0	余量	—	—	—	≤1.0	—	—	—	—	—	0.75~1.50	≤2.00	≤0.030	≤0.030	Sn:≤0.025 Pb:≤0.005
7	H01301	NS1301	≤0.05	19.0~21.0	42.0~44.0	余量	12.5~13.5	—	—	3.0~4.0	—	—	—	—	—	≤0.70	≤1.00	≤0.030	≤0.030	—
8	H01401	NS1401	≤0.030	25.0~27.0	34.0~37.0	余量	2.0~3.0	—	—	3.0~4.0	—	0.40~0.90	—	—	—	≤0.70	≤1.00	≤0.030	≤0.030	—
9	H08825	NS1402	≤0.05	19.5~23.5	38.0~46.0	≥22.0	2.5~3.5	—	—	1.5~3.0	≤0.20	0.60~1.20	—	—	—	≤0.50	≤1.00	≤0.030	≤0.030	—
10	H08020	NS1403	≤0.07	19.0~21.0	32.0~38.0	余量	2.0~3.0	—	—	3.0~4.0	—	—	8×C~1.00	—	—	≤1.00	≤2.00	≤0.030	≤0.030	—
11	H08028	NS1404	≤0.030	26.0~28.0	30.0~34.0	余量	3.0~4.0	—	—	0.6~1.4	—	—	—	—	—	≤1.00	≤2.50	≤0.030	≤0.030	Nb 为 Nb+Ta
12	H08535	NS1405	≤0.030	24.0~27.0	29.0~36.5	余量	2.5~4.0	—	—	≤1.50	—	—	—	—	—	≤0.50	≤1.00	≤0.030	≤0.030	—

序号	牌号	统一数字代号																		
13	H01501	NS1501	≤0.030	≤0.010	22.0~24.0	34.0~36.0	余量	7.0~8.0	—	—	—	—	—	—	0.17~0.24	—	≤1.00	≤1.00	≤0.030	—
14	H08120	NS1502	0.02~0.10	23.0~27.0	35.0~39.0	余量	≤2.5	≤2.5	≤3.0	≤0.50	≤0.40	≤0.20	0.40~0.90	—	0.15~0.30	≤1.00	≤1.50	≤0.040	≤0.030	B:≤0.010
15	H01601	NS1601	≤0.015	26.0~28.0	30.0~32.0	余量	6.0~7.0	—	—	0.50~1.5	—	—	—	—	0.15~0.25	≤0.30	≤2.00	≤0.020	≤0.010	—
16	H01602	NS1602	≤0.015	31.0~35.0	余量	30.0~33.0	0.50~2.0	—	—	0.30~1.20	—	—	—	—	0.35~0.60	≤0.50	≤2.00	≤0.020	≤0.010	—
17	H09925	NS2401	≤0.030	19.5~22.5	42.0~46.0	≥22.0	2.5~3.5	—	—	1.5~3.0	0.1~0.5	1.9~2.4	≤0.5	—	—	≤0.50	≤1.00	≤0.030	≤0.030	—
18	H03101	NS3101	0.06	28.0~31.0	余量	≤1.0	—	—	—	—	≤0.30	—	—	—	—	≤0.50	≤1.20	≤0.020	≤0.020	—
19	H06600	NS3102	0.15	14.0~17.0	≥72.0	6.0~10.0	—	—	—	≤0.50	—	—	—	—	—	≤0.50	≤1.00	≤0.030	≤0.015	—
20	H06601	NS3103	0.10	21.0~25.0	58.0~63.0	余量	—	—	—	≤1.00	1.00~1.70	—	—	—	—	≤0.50	≤1.00	≤0.030	≤0.015	—
21	H03104	NS3104	≤0.030	35.0~38.0	35.0~38.0	≤1.0	—	—	—	—	0.20~0.50	—	—	—	—	≤0.50	≤1.00	≤0.030	≤0.020	—
22	H06690	NS3105	0.05	27.0~31.0	≥58.0	7.0~11.0	—	—	—	≤0.50	—	—	—	—	—	≤0.50	≤0.50	≤0.030	≤0.015	—
23	H10001	NS3201	0.05	≤1.00	余量	4.0~6.0	26.0~30.0	—	≤2.5	—	—	—	—	0.20~0.40	—	≤1.00	≤1.00	≤0.030	≤0.030	—
24	H10665	NS3202	0.020	≤1.00	余量	≤2.0	26.0~30.0	—	≤1.0	—	—	—	—	—	—	≤0.10	≤1.00	≤0.040	≤0.030	—

（续）

序号	统一数字代号	合金牌号	化学成分（质量分数，%）																	
			C	Cr	Ni	Fe	Mo	W	Co	Cu	Al	Ti	Nb	V	N	Si	Mn	P	S	其他
25	H10675	NS3203	≤0.01	1.0~3.0	≥65.0	1.0~3.0	27.0~32.0	≤3.0	≤3.00	≤0.20	≤0.50	≤0.20	≤0.20	≤0.20	—	≤0.10	≤3.00	≤0.030	≤0.010	Ta:≤0.20 Ni+Mo:94~98 Zr:≤0.10
26	H03204	NS3204	≤0.010	0.5~1.5	≥65.0	1.0~6.0	26.0~30.0	—	≤2.50	≤0.50	0.1~0.50	—	—	—	—	≤0.05	≤1.5	≤0.040	≤0.010	—
27	H03301	NS3301	≤0.030	14.0~17.0	余量	≤8.0	2.0~3.0	—	—	—	—	0.40~0.90	—	—	—	≤0.70	≤1.00	≤0.030	≤0.020	—
28	H03302	NS3302	≤0.030	17.0~19.0	余量	≤1.0	16.0~18.0	—	—	—	—	—	—	—	—	≤0.70	≤1.00	≤0.030	≤0.030	—
29	H03303	NS3303	≤0.08	14.5~16.5	余量	4.0~7.0	15.0~17.0	3.0~4.5	≤2.5	—	—	—	—	≤0.35	—	≤1.00	≤1.00	≤0.040	≤0.030	—
30	H10276	NS3304	≤0.010	14.5~16.5	余量	4.0~7.0	15.0~17.0	3.0~4.5	≤2.5	—	—	—	—	≤0.35	—	≤0.08	≤1.00	≤0.040	≤0.030	—
31	H06455	NS3305	≤0.015	14.0~18.0	余量	≤3.0	14.0~17.0	—	≤2.0	—	—	≤0.70	—	—	—	≤0.08	≤1.00	≤0.040	≤0.030	—
32	H06625	NS3306	≤0.10	20.0~23.0	余量	≤5.0	8.0~10.0	—	≤1.0	—	≤0.40	≤0.40	3.15~4.15	—	—	≤0.50	≤0.50	≤0.015	≤0.015	—
33	H03307	NS3307	≤0.030	19.0~21.0	余量	≤5.0	15.0~17.0	2.5~3.5	≤0.10	≤0.10	—	—	—	≤0.35	—	≤0.40	0.50~1.50	≤0.020	≤0.020	—
34	H06022	NS3308	≤0.015	20.0~22.5	余量	2.0~6.0	12.5~14.5	2.5~3.5	≤2.50	—	—	0.02~0.25	—	≤0.35	—	≤0.08	≤0.50	≤0.020	≤0.020	—
35	H06686	NS3309	≤0.010	19.0~23.0	余量	≤5.0	15.0~17.0	3.0~4.4	—	—	—	—	—	—	—	≤0.08	≤0.75	≤0.040	≤0.020	—
36	H06950	NS3310	≤0.015	19.0~21.0	余量	15.0~20.0	8.0~10.0	≤1.0	≤2.5	≤0.50	≤0.40	—	≤0.50	—	—	≤1.00	≤1.00	≤0.040	≤0.015	—

序号	牌号	代号	C	Cr	Ni	Fe	Mo	W	Co	Cu	Al	Ti	Nb			Si	Mn	P	S	其他
37	H06059	NS3311	≤0.010	22.0~24.0	余量	≤1.5	15.0~16.5	—	≤0.3	≤0.50	0.10~0.40	—	—	—	—	≤0.10	≤0.50	≤0.015	≤0.010	—
38	H06002	NS3312	0.05~0.15	20.5~23.0	余量	17.0~20.0	8.0~10.0	0.20~1.00	0.50~2.50	—	—	—	—	—	—	≤1.00	≤1.00	0.04	0.03	—
39	H06230	NS3313	0.05~0.15	20.0~24.0	余量	20.0~24.0	1.0~3.0	13.0~15.0	≤5.0	—	≤0.50	—	—	—	—	0.25~0.75	0.30~1.00	0.030	0.015	La:0.005~0.050 B:≤0.015
40	H03401	NS3401	≤0.030	19.0~21.0	余量	≤3.0	2.0~3.0	—	—	1.0~2.0	—	0.40~0.90	—	—	—	≤0.70	≤1.00	≤0.030	≤0.030	—
41	H06007	NS3402	≤0.05	21.0~23.5	余量	18.0~21.0	5.5~7.5	≤1.0	≤2.5	1.5~2.5	—	—	1.75~2.50	—	—	≤1.0	1.0~2.0	≤0.040	≤0.030	Nb 为 Nb+Ta
42	H06985	NS3403	≤0.015	21.0~23.5	余量	18.0~21.0	6.0~8.0	≤1.5	≤5.0	1.5~2.5	—	—	≤0.50	—	—	≤1.0	≤1.0	≤0.040	≤0.030	Nb 为 Nb+Ta
43	H06030	NS3404	≤0.030	28.0~31.5	余量	13.0~17.0	4.0~6.0	1.5~4.0	≤5.0	1.0~2.4	—	—	0.30~1.50	—	—	≤0.80	≤1.50	≤0.04	≤0.020	Nb 为 Nb+Ta
44	H06200	NS3405	≤0.010	22.0~24.0	余量	≤3.0	15.0~17.0	—	≤2.0	1.3~1.9	≤0.50	—	—	—	—	≤0.08	≤0.50	≤0.025	≤0.010	—
45	H04101	NS4101	≤0.05	19.0~21.0	余量	5.0~9.0	—	—	—	—	0.40~1.00	2.25~2.75	0.70~1.20	—	—	≤0.80	≤1.00	≤0.030	≤0.030	—
46	H07750	NS4102	≤0.08	14.0~17.0	≥70.0	5.0~9.0	—	—	≤1.0	≤0.50	0.40~1.00	2.25~2.75	0.70~1.20	—	—	≤0.50	≤1.00	—	≤0.010	Ni 为 Ni+Co; Nb 为 Nb+Ta
47	H07751	NS4103	≤0.10	14.0~17.0	≥70.0	5.0~9.0	—	—	—	≤0.50	0.90~1.50	2.0~2.60	0.70~1.20	—	—	≤0.50	≤1.00	—	≤0.010	Ni 为 Ni+Co; Nb 为 Nb+Ta

（续）

化学成分（质量分数,%）

序号	统一数字代号	合金牌号	C	Cr	Ni	Fe	Mo	W	Co	Cu	Al	Ti	Nb	V	N	Si	Mn	P	S	其他
48	H07718	NS4301	≤0.08	17.0~21.0	50.0~55.0	余量	2.8~3.3	—	≤1.0	≤0.30	0.20~0.80	0.65~1.15	4.75~5.50	—	—	≤0.35	≤0.35	≤0.015	≤0.015	Ni 为 Ni+Co; Nb 为 Nb+Ta; B: ≤0.006
49	H02200	NS5200	≤0.15	—	≥99.0	≤0.40	—	—	—	≤0.25	—	—	—	—	—	≤0.35	≤0.35	—	≤0.010	—
50	H02201	NS5201	≤0.020	—	≥99.0	≤0.40	—	—	—	≤0.25	—	—	—	—	—	≤0.35	≤0.35	—	≤0.010	—
51	H04400	NS6400	≤0.30	—	≥63.0	≤2.5	—	—	—	28.0~34.0	—	—	—	—	—	≤0.50	≤2.00	—	≤0.024	—
52	H05500	NS6500	≤0.25	—	≥63.0	≤2.0	—	—	—	27.0~33.0	2.30~3.15	0.35~0.85	—	—	—	≤0.50	≤1.50	—	≤0.010	—

表 7-68　焊接用变形耐蚀合金牌号及化学成分

化学成分（质量分数,%）

序号	统一数字代号	合金牌号	C	Cr	Ni	Fe	Mo	W	Co	Cu	Al	Ti	Nb①	V	Si	Mn	P	S	其他元素总量
1	W58825	HNS1402	≤0.05	19.5~23.5	38.0~46.0	≥22.0	2.5~3.5	—	—	1.5~3.0	≤0.20	0.6~1.2	—	—	≤0.50	≤1.0	≤0.020	≤0.015	—
2	W58020	HNS1403	≤0.07	—	32.0~38.0	余量	2.0~3.0	—	—	3.0~4.0	—	—	8×*C ~1.00	—	≤1.00	≤2.0	≤0.020	≤0.015	—
3	W53101	HNS3101	≤0.06	28.0~31.0	余量	≤1.0	—	—	—	—	≤0.30	—	—	—	≤0.50	≤1.2	≤0.020	≤0.015	—
4	W56601	HNS3103	≤0.10	21.0~25.0	58.0~63.0	余量	—	—	—	≤1.0	1.0~1.7	—	—	—	≤0.50	≤1.0	≤0.03	≤0.015	≤0.50

序号	型号																	
5	W56082 HNS3106	≤0.10	18.0~22.0	≥67.0	≤3.0	—	—	—	≤0.50	—	≤0.75	2.0~3.0	—	≤0.50	2.5~3.5	≤0.03	≤0.015	≤0.50
6	W56052 HNS3152	≤0.04	28.0~31.5	余量	7.0~11.0	≤0.50	—	—	≤0.30	≤1.10	≤1.0	≤0.10	—	≤0.50	≤1.0	≤0.02	≤0.015	≤0.50
7	W56054 HNS3154	≤0.04	28.0~31.5	余量	7.0~11.0	≤0.50	—	0.12	≤0.30	≤1.10	≤1.0	≤0.50	—	≤0.50	≤1.0	≤0.02	≤0.015	≤0.50
8	W10001 HNS3201	≤0.05	≤1.0	余量	4.0~6.0	26.0~30.0	—	≤2.5	≤0.50	—	—	—	0.20~0.40	≤1.0	≤1.0	≤0.00	≤0.015	—
9	W10665 HNS3202	≤0.02	≤1.0	余量	≤2.0	26.0~30.0	—	≤1.0	≤0.50	—	—	—	0.20~0.40	≤1.0	≤0.10	≤0.00	≤0.015	—
10	W50276 HNS3304	≤0.02	14.5~16.5	余量	4.0~7.0	15.0~17.0	3.0~4.5	≤2.5	≤0.50	—	—	—	≤0.35	≤0.08	≤1.0	≤0.04	≤0.03	≤0.50
11	W56625 HNS3306	≤0.10	20.0~23.0	≥58.0	≤5.0	8.0~10.0	—	—	≤0.50	≤0.40	≤0.40	3.15~4.15	—	≤0.50	≤0.50	≤0.02	≤0.015	≤0.50
12	W56600 HNS3312	0.05~0.15	20.5~23.0	余量	8.0~10.0	8.0~10.0	0.20~1.0	0.50~2.5	≤0.50	—	—	—	—	≤1.0	≤1.0	≤0.04	≤0.03	≤0.50
13	W55206 HNS5206	≤0.15	—	≥93.0	≤1.0	—	—	—	≤0.25	≤1.5	2.0~3.5	—	—	≤0.75	≤1.0	≤0.03	≤0.015	≤0.50
14	W56406 HNS6406	≤0.15	—	62.0~69.0	≤2.5	—	—	—	余量	≤1.25	1.5~3.0	—	—	≤1.25	≤4.0	≤0.02	≤0.015	≤0.50

注：如果标准指明其他元素的百分比，其他元素的总量应不超过表中"其他元素总量"。
① Nb 为 Nb+Ta。

表 7-69 变形耐蚀合金的主要特性和用途

序号	统一数字编号	合金牌号	主要特性	用途举例
1	H08800	NS1101	抗氧化性介质腐蚀,高温抗渗碳性良好	用于化工、石油化工和食品处理,核工程,用作热交换器及蒸汽发生器管、合成纤维的加热管以及电加热元件护套
2	H08810	NS1102	抗氧化性介质腐蚀,抗高温渗碳,热强度高	合成纤维工程中的加热管、炉管及耐热构件等多晶硅冷氢化反应器、加热器、换热器
3	H08813	NS1103	耐高温高压水的应力腐蚀及苛性介质应力腐蚀	核电站的蒸汽发生器管
4	H08811	NS1104	抗氧化性介质腐蚀,抗高温渗碳,热强度高	热交换器、加热管、炉管及耐热构件等
5	H08330	NS1105	抗氧化性介质腐蚀,抗高温渗碳,热强度高	加热管、炉管及耐热构件等
6	H08332	NS1106	抗氧化性介质腐蚀,抗高温渗碳,热强度高	加热管、炉管及耐热构件等
7	H01301	NS1301	在含卤素离子氧化-还原复合介质中耐点腐蚀	湿法冶金、制盐、造纸及合成纤维工业的含氯离子环境
8	H01401	NS1401	耐氧化-还原介质腐蚀及氯化物介质的应力腐蚀	硫酸及含有多种金属离子和卤族离子的硫酸装置
9	H08825	NS1402	耐氧化物应力腐蚀及氧化-还原性复合介质腐蚀	热交换器及冷凝器、含多种离子的硫酸环境;油气集输管道用复合管内衬;高压空冷器
10	H08020	NS1403	耐氧化-还原性复合介质腐蚀	硫酸环境及含有卤族离子及金属离子的硫酸溶液中应用,如湿法冶金及硫酸工业装置
11	H08028	NS1404	抗氧化物、磷酸、硫酸腐蚀	烟气脱硫系统、造纸工业、磷酸生产、有机酸和酯合成;油气田用油井管
12	H08535	NS1405	耐强氧化性酸、氯化物、氢氟酸腐蚀	硫酸设备、硝酸-氢氟酸酸洗设备、热交换器
13	H09925	NS2401	与 NS1402 合金耐腐蚀性能相当,但通过时效强化可以获得更好的强度,具有较好的抗 H_2S 应力腐蚀能力	油气田井下及地面工器具及海工装备泵、阀及高强度管道系统
14	H03101	NS3101	抗强氧化性及含氟离子高温硝酸腐蚀,无磁	高温硝酸环境及强腐蚀条件下的无磁构件
15	H06600	NS3102	耐高温氧化物介质腐蚀,耐应力腐蚀和碱腐蚀	热处理及化学加工工业装置、核电和汽车工程
16	H06601	NS3103	抗强氧化性介质腐蚀,高温强度高	强腐蚀性核工程废物烧结处理炉、热处理炉、辐射管、煤化工高温部件
17	H03104	NS3104	耐强氧化性介质及高温硝酸、氢氟酸混合介质腐蚀	核工业中靶件及元件的溶解器

（续）

序号	统一数字编号	合金牌号	主要特性	用途举例
18	H06690	NS3105	抗氯化物及高温高压水应力腐蚀,耐强氧化性介质及 HNO₃-HF 混合腐蚀	核电站热交换器、蒸发器管、隔板、核工程化工后处理耐蚀构件
19	H01001	NS3201	耐强还原性介质腐蚀	热浓盐酸及氯化氢气体装置及部件
20	H01665	NS3202	耐强还原性介质腐蚀,改善抗晶间腐蚀性	盐酸及中等浓度硫酸环境（特别是高温下）的装置
21	H01675	NS3203	耐强还原性介质腐蚀	盐酸及中等浓度硫酸环境（特别是高温下）的装置
22	H01629	NS3204	耐强还原性介质腐蚀	盐酸及中等浓度硫酸环境（特别是高温下）的装置
23	H03301	NS3301	耐高温氟化氢、氯化氢气体及氟气腐蚀	化工,核能及有色冶金中高温氟化氢炉管及容器
24	H03302	NS3302	耐含氯离子的氧化-还原介质腐蚀,耐点腐蚀	湿氯、亚硫酸、次氯酸、硫酸、盐酸及氯化物溶液装置
25	H03303	NS3303	耐卤族及其化合物腐蚀	强腐蚀性氧化-还原复合介质及高温海水中应用装置
26	H01276	NS3304	耐氧化性氯化物水溶液及湿氯、次氯酸盐腐蚀	用于强腐蚀性氧化-还原复合介质及高温海水中的焊接构件、核电主泵电机屏蔽套、烟气脱硫装备
27	H06455	NS3305	耐含氯离子的氧化-还原复合腐蚀,组织热稳定性好	湿氯、次氯酸、硫酸、盐酸、混合酸、氯化物装置,焊后直接应用
28	H06625	NS3306	耐氧化-还原复合介质,耐海水腐蚀、缝隙腐蚀,热强度高,耐高温氧化	用于航空航天工程,燃气轮机,化学加工,石油和天然气开采,污染控制,海洋和核工程
29	H03307	NS3307	焊接材料,焊接覆盖面大,耐苛刻环境腐蚀	用于多种高铬钼镍基合金的焊接及与不锈钢的焊接
30	H06022	NS3308	耐含氯离子的氧化性溶液腐蚀	用于醋酸、磷酸制造、核燃料回收、热交换器,堆焊阀门
31	H06686	NS3309	在酸性氯化物环境中具有最佳的抗局部腐蚀性和良好的耐氧化性、还原性和混合性	用于污染控制、废物处理和工业应用领域的腐蚀性环境
32	H06950	NS3310	耐酸性气体腐蚀,抗硫化物应力腐蚀	用于含有二氧化碳、氯离子和高硫化氢的酸性气体环境中的管件
33	H06059	NS3311	耐硝酸、磷酸、硫酸和盐酸腐蚀,抗氯离子应力腐蚀	用于含氯化物的有机化工工业、造纸工业、脱硫装置
34	H06002	NS3312	优秀的抗高温氧化,优良的高温持久蠕变性	用于航空、海洋和陆地基地燃气涡轮发动机燃烧室和其他制造组件,也用于热处理和核工程

（续）

序号	统一数字编号	合金牌号	主要特性	用途举例
35	H06230	NS3313	优秀的抗高温氧化,优良的高温持久蠕变性	用于航空、海洋和陆地基地燃气涡轮发动机燃烧室和其他制造组件
36	H03401	NS3401	耐含氟、氯离子的酸性介质的冲刷冷凝腐蚀	用于化工及湿法冶金凝器和炉管、容器
37	H06007	NS3402	具有优良的耐腐蚀性,耐所有浓度和温度的盐酸,耐氯化氢、硫酸、醋酸、磷酸、应力腐蚀开裂	用于含有硫酸和磷酸的化工设备
38	H06985	NS3403	优异的耐盐酸和其他强还原物质,较高的热稳定性和耐应力腐蚀开裂性能	用于含有硫酸和磷酸的化工设备
39	H06030	NS3404	耐强氧化性的复杂介质和磷酸腐蚀	用于磷酸、硫酸、硝酸及核燃料制造、后处理等设备中
40	H06200	NS3405	耐氧化性、还原性的硫酸、盐酸、氢氟酸的腐蚀	用于化工设备中的反应器、热交换器、阀门、泵等
41	H04101	NS4101	抗强氧化性介质腐蚀,可沉淀硬化,耐腐蚀冲击	用于硝酸等氧化性酸中工作的球阀及承载构件
42	H07750	NS4102	优良的高温拉伸、长期持久、蠕变性能	用于燃气轮机工程、模具、紧固件、弹簧和汽车零部件
43	H07751	NS4103	优良的高温拉伸、长期持久、蠕变性能	用于内燃机排气阀
44	H07718	NS4301	高温下具有高强度和高耐腐蚀性	用于航空航天、燃气轮机、石油和天然气的提取、核工程
45	H02200	NS5200	良好的力学性能和耐腐蚀性能	用于烧碱和合成纤维及食品处理
46	H02201	NS5201	良好力学性能和耐腐蚀性能	用于烧碱和合成纤维及食品处理
47	H04400	NS6400	具有高强度和优良的耐海水介质、稀氢氟酸和硫酸的性能	用于海洋和海洋工程、盐生产、给水加热器管、化工和油气加工
48	H05500	NS6500	具有更高强度和优良的耐海水介质、稀氢氟酸和硫酸的性能	用于泵轴、油井工具、刮刀、弹簧、紧固件和船舶螺旋桨轴

表 7-70　焊接用变形耐蚀合金的常用焊接方法、主要特性和用途

序号	统一数字编号	合金牌号	常用焊接方法	主要特性	用途
1	W58825	HNS1402	适用于钨极气体保护焊、金属极气体保护焊	焊缝金属具有高强度,在较宽的温度范围内,能抗局部腐蚀,如点蚀和缝隙腐蚀	可用于焊接 NS1402 镍基合金、奥氏体不锈钢,也可用于钢的表面堆焊和复合金属的焊接

（续）

序号	统一数字编号	合金牌号	常用焊接方法	主要特性	用　途
2	W56601	HNS3103	适用于钨极气体保护焊、金属极气体保护焊和埋弧焊	焊缝金属具有可在温度1150℃或较低温度下的暴露与硫化氢或二氧化硫等环境下应用	适用于 NS3103 镍基合金和钢的表面堆焊
3	W56082	HNS3106	适用于钨极气体保护焊、金属极气体保护焊、埋弧焊、电渣焊和等离子弧焊	焊缝金属具有耐高温氧化、持久、蠕变性能	可用于焊接 NS3102、NS3103、NS3105、NS1101、NS1102、NS1104、NS1105、NS1106 等合金，也可用于钢的表面堆焊和异种钢的焊接
4	W56052	HNS3152	适用于钨极气体保护焊、金属极气体保护焊和埋弧焊	焊缝金属可以在应用中使用耐氧化酸	适用于核电用 NS3105 合金，M4107-M4108-M4109、16MND5-18MND5、M1111 等合金的焊接。提供更大的抗应力腐蚀环境开裂，也可用在大多数的低合金钢和不锈钢表面覆层
5	W56054	HNS3154	适用于钨极气体保护焊、金属极气体保护焊、埋弧焊和电渣焊	焊缝金属耐酸腐蚀性好。这种成分的焊缝特别能抵抗塑性开裂（DDC）和氧化物夹杂	适用于核电用 NS3105 合金，M4107-M4108-M4109、16MND5-18MND5、M1111 等合金的焊接。提供更大的抗应力腐蚀环境开裂，也可用在大多数的低合金钢和不锈钢表面覆层
6	W50276	HNS3304	适用于钨极气体保护焊、金属极气体保护焊和埋弧焊	焊缝金属在许多腐蚀介质中具有优异的耐腐蚀性，特别是耐点蚀和缝隙腐蚀	可用于 NS3304 合金和镍-铬-钼合金，它应用于堆焊钢，异种钢焊接的应用包括焊接 C-276 合金与其他镍合金，不锈钢和低合金钢
7	W56625	HNS3306	适用于钨极气体保护焊、金属极气体保护焊、埋弧焊、电渣焊和等离子弧焊等方法	焊缝金属具有高强度，在较宽的温度范围内，具有抗局部腐蚀，如点蚀和缝隙腐蚀	可用于焊接 NS3306、NS1402、NS1403 等合金及奥氏体不锈钢，也可用于钢的表面堆焊和复合金属的焊接
8	W56600	HNS3312	适用于钨极气体保护焊、金属极气体保护焊和埋弧焊	焊缝金属具有优异的强度和抗氧化性	可用于焊接 NS3312 和类似的镍-铬-钼合金，也可用于钢的表面堆焊或异种钢焊接
9	W55206	HNS5206		焊缝金属具有良好的耐腐蚀性，特别是在碱性溶液中	可用于焊接 NS5200 和 NS5201 合金，也可用于钢材表面的堆焊
10	W56406	HNS6406		焊缝金属具有良好的强度和抗腐蚀，适用于很多环境，如海水、盐、还原酸	可用于焊接 NS6400 和 NS6550 合金，也可用于钢材表面的堆焊

表 7-71　变形耐蚀合金牌号与国内外耐蚀合金牌号对照

序号	统一数字代号	合金牌号	国内使用过的合金牌号	美　国	德　国
1	H08800	NS1101	0Cr20Ni32AlTi NS111	N08800（Incoloy 800）	1.4876

（续）

序号	统一数字代号	合金牌号	国内使用过的合金牌号	美　国	德　国
2	H08810	NS1102	1Cr20Ni32AlTi NS112	N08810 （Incoloy 800H）	—
3	H08813	NS1103	00Cr25Ni35AlTi NS113	—	—
4	H08811	NS1104	—	N08811 （Incoloy 800HT）	—
5	H08330	NS1105	—	N08330	1.4886
6	H08332	NS1106	—	N08332	—
7	H01301	NS1301	0Cr20Ni43Mo13 NS131	—	—
8	H01401	NS1401	00Cr25Ni35Mo3Cu4Ti NS141	—	—
9	H08825	NS1402	0Cr21Ni42Mo3Cu2Ti NS142	N08825 （Incoloy 825）	NiCr21Mo 2.4858
10	H08020	NS1403	0Cr20Ni35Mo3Cu4Nb NS143	N08020 （Alloy 20cb3）	2.466
11	H08028	NS1404	BG2830	N08028	1.4563
12	H08535	NS1405	—	N08535	—
13	H08120	NS1502	—	N08120 （HR120）	—
14	H09925	NS2401	—	N09925 （Incoloy 925）	—
15	H03101	NS3101	0Cr30Ni70 NS311	—	—
16	H06600	NS3102	1Cr15Ni75Fe8 NS312	N06600 （Inconel 600）	NiCr15Fe 2.4816
17	H06601	NS3103	1Cr23Ni60Fe13Al NS313	N06601 （Inconel 601）	NiCr23Fe 2.4851
18	H03104	NS3104	00Cr36Ni65Al NS314	—	
19	H06690	NS3105	0Cr30Ni60Fe10 NS315	N06690 （Inconel 690）	2.4642
20	H01001	NS3201	0Ni65Mo28Fe5V NS321	N10001 （Hastelloy B）	2.4810
21	H01665	NS3202	00Ni70Mo28 NS322	N10665 （Hastelloy B-2）	NiMo28 2.4617 Nimofer 6928

（续）

序号	统一数字代号	合金牌号	国内使用过的合金牌号	美　国	德　国
22	H01675	NS3203	—	N10675 （Hastelloy B-3）	2.4600
23	H01629	NS3204	—	N10629 （Hastelloy B-4）	Nimofer 6929 2.4600
24	H03301	NS3301	00Cr16Ni75Mo2Ti NS331	—	—
25	H03302	NS3302	00Cr18Ni60Mo17 NS332	—	—
26	H03303	NS3303	0Cr15Ni60Mo16W5Fe5 NS333	（Hastelloy C）	—
27	H01276	NS3304	00Cr15Ni60Mo16W5Fe5 NS334	N10276 （Inconel 276）	NiMo16Cr15W 2.4819
28	H06455	NS3305	00Cr16Ni65Mo16Ti NS335	N06455 （Hastelloy C-4）	NiMo16Cr16Ti 2.4610
29	H06625	NS3306	0Cr20Ni65Mo10Nb4 NS336	N06625 （Inconel 625）	NiCr22Mo9Nb 2.4856
30	H03307	NS3307	0Cr20Ni60Mo16 NS337	—	—
31	H06022	NS3308	—	N06022 （Hastelloy C-22） （Inconel 622）	NiCr21Mo14W 2.4602 Nicrofer 5621 hMoW
32	H06686	NS3309	—	N06686 （Inconel 686）	2.4606
33	H06950	NS3310	—	N06950 （Hastelloy G-50）	—
34	H06059	NS3311	—	N06059 （alloy 59）	Nicrofer 5923 hMo 2.4605
35	H06002	NS3312	GH3536	N06002 （Hastelloy X）	2.4665
36	H06230	NS3313	GH3230	HAYNES 230	—
37	H03401	NS3401	0Cr20Ni70Mo3Cu2Ti NS341	—	—
38	H06007	NS3402	—	N06007 （Hastelloy G）	Nicrofer 4520 hMo 2.4618
39	H06985	NS3403	BG2250	N06985 （Hastelloy G-3）	Nicrofer 4023 hMo 2.4619

（续）

序号	统一数字代号	合金牌号	国内使用过的合金牌号	美　国	德　国
40	H06030	NS3404	—	N06030 （Hastelloy G-30）	2.4603
41	H06200	NS3405	—	N06200 （Hastelloy C-2000）	2.4675
42	H04101	NS4101	0Cr20Ni65Ti2AlNbFe7 NS411	—	—
43	H07750	NS4102	GH4145	N07750 （Hastelloy X750）	2.4669
44	H07751	NS4103	—	N07751 （Hastelloy X751）	—
45	H07718	NS4301	GH4169	N07718	2.4668
46	H02200	NS5200	N5	N02200 （Nickel 200）	2.4060
47	H02201	NS5201	N7	N02201 （Nickel 201）	2.4061
48	H04400	NS6400	Ni68Cu28Fe	N04400 （Monel 400）	2.4360
49	H05500	NS6500	Ni68Cu28Al	N05500 （Monel K500）	2.4375

表 7-72　焊接用变形耐蚀合金牌号与国内外牌号对照

序号	统一数字代号	合金牌号	化学成分代号	AWS A5.14	ASTM	ISO
1	W58825	HNS1402	NiFe30Cr21Mo3	ERNiFeCr-1	N08825	SNi8065
2	W56601	HNS3103	NiCr23Fe15Al	ERNiCrFe-11	N06601	SNi6601
3	W56082	HNS3106	NiCr20Mn3Nb	ERNiCr-3	N06082	SNi6082
4	W56052	HNS3152	NiCr30Fe9	ERNiCrFe-7	N06052	SNi6052
5	W56054	HNS3154	NiCr30Fe9MnNb	ERNiCrFe-7A	N06054	—
6	W50276	HNS3304	NiCr15Mo16Fe6W4	ERNiCrMo-4	N10276	SNi6276
7	W56625	HNS3306	NiCr22Mo9Nb	ERNiCrMo-3	N06625	SNi6625
8	W56600	HNS3312	NiCr21Fe18Mo9	ERNiCrMo-2	N06002	SNi6002
9	W55206	HNS5206	NiTi3	ERNi-1	N02061	SNi2061
10	W56406	HNS6406	NiCu30Mn3Ti	ERNiCu-7	N04060	SNi4060

三、耐蚀合金的成分和性能

镍（Ni）具有较高的熔点（1453℃），具有面心立方结构，无同素异构转变，化学活泼性低。在大气中是耐蚀性最强的金属之一，在再结晶温度（200～600℃）以上退火可以消除加工硬化、提高塑性。镍在大气中不易生锈，能抵抗苛性酸的腐蚀，对水溶液、熔盐或热沸的氢氧化钠的耐腐蚀性也很强。几乎所有的有机化合物都不与镍发生作用。在空气中，镍在表面形成 NiO 薄膜能防止镍继续氧化。镍基耐蚀合金具有独特的物理、力学和耐腐蚀性能，镍基合金在 200～1090℃ 的范围内能耐各种腐蚀介质的腐蚀，具有良好的高温和低温力学性能。耐蚀合金常用的焊接方法主要有焊条电弧焊、钨极氩弧焊和熔化极氩弧焊等。

四、耐蚀合金的焊接性

耐蚀合金在焊接过程中，如果操作不当，会出现热裂纹、气孔和耐蚀性能降低等缺陷。

1. 焊接热裂纹

耐蚀合金在焊接过程中容易出现热裂纹，热裂纹又分为结晶裂纹、液化裂纹和高温失延裂纹三种。

（1）结晶裂纹 焊接熔池在凝固过程中，随着柱状晶的成长，使剩余液态金属中的溶质元素含量增加，凝固的最后阶段，在柱状晶间形成低熔点液态薄膜。由于液态薄膜强度低，在凝固过程中延性显著下降，变形能力差，所以，结晶裂纹最容易发生在焊道弧坑，形成弧坑裂纹。

（2）液化裂纹 引起晶界液化裂纹的因素有：合金中碳化物或金属间化合物与基体的共晶熔化，杂质元素在晶界的偏析，以及溶质元素从焊缝金属向热影响区晶界的扩散。液化裂纹多出现在紧靠熔合线的热影响区中，有的还出现在多层焊的前层焊缝中。

（3）高温失延裂纹 在厚截面进行多道焊接并且焊缝金属晶粒粗大，同时该焊缝还处在高的拘束条件下，就可能产生高温失延裂纹。高温失延裂纹是在固相线以下的高温区间形成的，是在固态开裂。

当焊缝金属在高温 650～1200℃ 区间时，就可能出现高温失延裂纹。

2. 气孔

由于耐蚀合金的固-液相温度区间很小，焊接熔池中的熔液流动性较差，在熔池结晶过程中，熔池中的气体来不及溢出，就留在焊缝中形成了气孔。

3. 耐蚀性能

对于大多数耐蚀合金，焊前选择填充金属材料的化学成分与被焊母材接近时，焊后对耐蚀性能影响不大。但是，Ni-Mo 合金焊后的热影响区的耐蚀性能会下降，要靠退火处理来恢复。

4. 焊接热输入

采用高热输入焊接耐蚀合金，在焊接接头热影响区产生一定程度的退火和晶粒长大，对耐蚀合金会产生过渡偏析、碳化物沉淀或其他的有害冶金现象。从而引起热裂纹或降低耐蚀性。

5. 焊接工艺性能

（1）熔池液态金属流动性差 耐蚀合金熔池液态金属流动性差，即使增大焊接电流也不能改进熔池液态金属的流动性，反而会因为过大的焊接电流而使焊接熔池过热，不仅增大热裂纹产生的敏感性，而且还会使熔池液态金属中的脱氧剂蒸发形成气孔。

（2）焊接过程中采用摆动工艺 由于熔池液态金属在焊接过程中流动性差，不容易流到坡口两侧，为了获得良好的焊缝成形，在焊接过程中要采用摆动操作方法，摆动距离以不超过焊丝直径 3 倍的小幅摆动为好。

（3）焊缝金属熔深浅　镍及镍合金在焊接过程中，固有的特性是焊缝金属熔深浅，不能用通过增大焊接电流来增加熔深。为此，在选择镍及镍合金接头坡口尺寸时，为了使焊件焊透，焊接接头钝边的厚度要薄一些。

（4）焊前预热和焊后热处理　镍及镍合金一般不需要焊前预热，但当被焊母材温度低于 15℃时，为了避免湿气冷凝，应将焊接接头两侧 250～300mm 宽的范围加热到 15～20℃。为了防止被焊母材过热，在大多数情况下，预热温度与多道焊缝的道间温度应较低。镍及镍合金焊后一般不需要热处理，但有时为保证重要焊接结构在使用过程中不发生晶间腐蚀或应力腐蚀也需要进行焊后热处理。

五、耐蚀合金的焊接操作要领

1. 焊件的焊前清理

焊件焊前按工艺文件要求，必须对焊件表面的润滑剂、灰尘、油漆、蜡等含硫和铅的杂质清除，因为镍及镍合金容易被硫和铅脆化，沿晶界开裂，所以必须严格控制焊接材料中硫和铅的含量，并用机械方法或化学方法清除焊件表面的氧化膜。

2. 焊接坡口

由于镍及镍合金熔液流动性差，焊缝熔深小，焊接过程中又不能采用大电流，所以，焊件的坡口角度及根部圆弧半径都要大些，钝边要小些。

3. 焊前退火处理

焊件材料是以铝、钛为主的沉淀硬化镍合金时，若在焊前经过强烈的成形加工，为了减少加工硬化和内应力，在焊前应对焊件先做退火处理。这类合金焊接时拘束度要小，尽量采用小的热输入，多道焊接要采用窄焊道焊接。焊后，焊缝在进行沉淀硬化处理前，应先进行固溶处理，加热时应尽快通过时效温度区。

4. 焊件的焊后处理

焊件焊后必须仔细清除焊缝处残余的焊渣，采用多层多道焊时，每道焊缝焊后都要进行仔细地清渣，因为，焊件表面的残余焊渣在高温（接近焊渣的熔点）条件下会产生腐蚀作用，在含硫的还原性气氛中，残渣还会使硫向残渣富集，可能引起焊接接头的脆化。

六、镍基耐蚀合金的钨极氩弧焊

1. 保护气体

镍基耐蚀合金钨极氩弧焊用的保护气体有 Ar、He 或 Ar+He 等。单道焊时，在 Ar 气中加入体积分数为 5%的 H_2，不仅在焊纯 Ni 时可以避免产生气孔缺陷，而且还可以增加焊接电弧的热量，从而获得符合要求的焊缝。

镍基耐蚀合金薄板不填充焊丝焊接时，选用氦气保护与选用氩气保护相比具有以下特点：

1）He 的热导率大，向焊接熔池输入的热输入也比较大。

2）用 He 气作保护气体，有助于清除或减少焊缝中的气孔。

3）焊接速度比用 Ar 气保护可提高 40%。

当采用焊接电流低于 60A 的氦气保护焊时，氦弧不稳定，因而影响对焊接熔池的保护效果，所以，小电流焊接薄板，应当采用 Ar 气保护或另附高频电源焊接。

2. 钨极

通常使用圆锥角为 30°~60° 的尖头钨极，使用前把钨极尖端磨平，它可以保证焊接电弧的稳定与足够的熔深。

3. 焊丝

镍基合金的焊丝化学成分大多数与母材相当，为了弥补某些元素在焊接过程中的烧损，以及控制焊接气孔和热裂纹，也有些焊丝多加入了一些合金元素。

七、镍基耐蚀合金的熔化极氩弧焊

1. 保护气体

镍基耐蚀合金熔化极氩弧焊的保护气体有：Ar 气或 Ar+He 混合气体，由于焊丝熔滴过渡形式不同，所适合的保护气体也不同。

当采用喷射过渡时，用 Ar 气保护可以获得很好的效果。加入 He 气后，随着 He 含量的增加，焊缝将变宽、变平，熔深变浅。只使用 He 气，将产生焊接电弧不稳定和过量的飞溅。熔化极氩弧焊的气体流量范围为 12~47L/min。

当采用短路过渡时，在 Ar 气中添加一定量的 He 气可以获得很好的效果。纯 Ar 气保护，由于明显的收缩效应，焊缝外形会过分凸起，同时还可能导致产生未完全熔化的缺陷。随着 He 气含量的增加，保护气体流量必须增加，以使熔池具有良好的润湿性，此时焊缝开始变平，同时减少了未完全熔化缺陷。短路过渡时，焊接保护气体流量大致为 12~21L/min。

2. 焊丝

镍基耐蚀合金熔化极氩弧焊使用的焊丝大多数与镍基耐蚀合金钨极氩弧焊使用的焊丝相同，通常采用 0.9mm、1.1mm 和 1.6mm 的焊丝，具体使用哪种尺寸的焊丝，取决于熔滴过渡形式和母材厚度。

3. 焊接工艺

镍基耐蚀合金熔化极氩弧焊推荐使用直流恒压电源，焊丝接正极，采用喷射过渡、脉冲喷射过渡及短路过渡的典型焊接参数见表 7-73。

表 7-73　镍基耐蚀合金熔化极气体保护焊喷射过渡、脉冲喷射过渡及短路过渡的焊接参数

母材牌号 （GB/T 15007—2017）	焊丝类型	过渡类型	焊丝直径/mm	送丝速度/mm/s	保护气体	焊接位置	电弧电压		焊接电流/A
							平均值	峰值	
NS5200 （美国 200）	ERNi-1	PS	1.1	68	Ar 或 Ar+He	垂直	21~22	46	150
NS6400 （美国 400）	ERNiCu-7	PS	1.1	59	Ar 或 Ar+He	垂直	21~22	40	110
NS3102 （美国 600）	ERNiCr3	PS	1.1	59	Ar 或 Ar+He	垂直	20~22	44	90~120
NS5200 （美国 200）	ERNi-1	S	1.6	87	Ar	平	29~31	—	375

（续）

母材牌号 （GB/T 15007—2017）	焊丝类型	过渡类型	焊丝直径/mm	送丝速度/mm/s	保护气体	焊接位置	电弧电压		焊接电流/A
							平均值	峰值	
NS6400 （美国 400）	ERNiCu-7	S	1.6	85	Ar	平	28~31	—	290
NS3102 （美国 600）	ERNiCr3	S	1.6	85	Ar	平	28~30	—	265
NS5200 （美国 200）	ERNi-1	SC	0.9	152	Ar+He	垂直	20~21	—	160
NS6400 （美国 400）	ERNiCu-7	SC	0.9	116~123	Ar+He	垂直	16~18	—	130~135
NS3102 （美国 600）	ERNiCr3	SC	0.9	114~123	Ar+He	垂直	16~18	—	120~130

注：SC—短路过渡；S—喷射过渡；PS—脉冲喷射过渡；括号内的数字为美国耐蚀合金牌号。

八、纯镍板材焊接示例

1. 纯镍板材的焊接特点

1）熔池液态金属流动性差，不容易润湿展开，不易流到坡口两边，即使增大焊接电流也不能改进焊缝金属的流动性，为此，要取得良好的焊缝成形，在焊接过程中，焊枪可以小幅度地摆动，摆动的距离不超过焊条或焊丝直径的3倍。

2）焊缝金属熔深浅，这是镍及镍合金的固有特性，同样也不能用增大焊接电流来增加熔深。过大的焊接电流会引起焊缝裂纹和产生气孔。因康镍600合金的焊缝熔深最浅，只有低碳钢的一半。由于镍及镍合金焊缝熔深浅，所以，接头钝边的厚度可以选择薄一些。

3）焊前预热和焊后热处理，镍及镍合金一般不进行焊前预热，但当母材温度低于15℃时，要把焊接接头两侧250~300mm宽的区域内加热到15~20℃，避免焊件上的湿气冷凝。焊件焊后原则上不推荐焊后热处理，但为了保证焊件在使用中不发生晶间腐蚀或应力腐蚀有时也需要热处理。

4）采用尖端钨极，这样可以保证电弧的稳定和足够的熔深，通常使用的圆锥角为30°~60°，焊前钨极尖端要磨平，直径约0.4mm。

2. 焊前准备

1）焊件材质：NS5200（统一数字代号H02200）。

2）焊件尺寸：300mm×150mm×4mm（长×宽×厚），两块。

3）坡口形式：V形坡口，如图7-13所示。

4）焊接材料：焊丝ERNi-1，φ1.6mm。常用耐蚀合金焊丝的选用见表7-74。

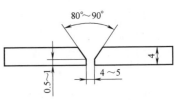

图 7-13 NS5200 板的坡口
形式及尺寸

5）焊接设备：NB-500，采用直流正接。采用高频引弧及电流衰减收弧。

6）氩气：纯氩（体积分数为 99.99%），露点为 -45℃。

7）辅助工具和量具：角向打磨机、钢丝刷、敲渣锤、焊缝万能量规等。

表 7-74　常用耐蚀合金焊丝的选用

母材牌号 （GB/T 15007—2017）	焊丝型号 GB/T 15620—2008	母材牌号 （GB/T 15007—2017）	焊丝型号 GB/T 15620—2008
NS5200	SNi2061	NS4301	SNi7718 SNi6625
NS6400	SNi4060	NS1101	SNi6082 SNi6625
NS3102	SNi6062		

3. 焊前装配定位

1）焊前打磨：先用丙酮将焊件坡口两侧 80mm 范围内的油、污、垢擦净，然后用不锈钢钢丝刷清理坡口及其两侧各 30mm 范围内的氧化皮，直至露出金属光泽。

2）焊件定位：按图 7-13 所示进行组装，在焊缝的背面进行两处定位焊，定位焊缝长度为 50mm，定位焊缝距焊件两端各 25mm，适当有些反变形。在焊件的两端焊上引弧板与引出板。

3）在装配定位完的焊件上安装带凹槽的铜垫板。

4. 焊接

1）焊接由引弧板上开始起弧，待焊接电弧稳定后开始正式施焊。NS5200 平焊对接的焊接参数见表 7-75。

表 7-75　NS5200 平焊对接的焊接参数

焊层	焊丝直径 /mm	焊接电流 /A	电弧电压 /V	焊接速度 /(cm/min)	送丝速度 /(mm/s)	氩气流量/(L/min)		
						焊枪喷嘴	拖罩	焊缝背面
1	1.6	360~380	29~31	59~61	86~88	19~21	20~30	30~40

2）采用短弧焊接，弧长以 5~8mm 为宜。注意控制焊接速度。为了获得良好的气体保护和焊缝成形，焊丝与焊接方向呈 90° 角。

3）焊接时，焊枪应作锯齿形小幅摆动。摆动速度要均匀，当焊枪摆动到坡口两侧时要稍作停留，避免出现咬边和焊瘤缺陷。

4）在焊接过程中焊丝的加热端必须处于保护气体的保护范围内，不能用焊丝加热端挑动熔池，在保证不接触钨极的条件下，应尽可能采用短电弧施焊。

5）按板材的厚度选用合适的焊接速度，以保证焊件熔透、焊缝宽度和焊缝的致密性。焊接速度过高或过低都容易产生气孔。

6）多层焊时，层间温度不宜过高，采用窄间隙焊道，并且逐道清理完后再进行下一焊道的焊接。

7）为加强焊接过程的保护效果，焊接时焊嘴后侧加拖罩保护或在铜垫板上开通保护气体保护。

第十节　锆及锆合金氩弧焊

一、锆及锆合金的化学成分和性能

锆（Zr）为银白色金属，室温下锆是具有六方晶格的金属，为 α-Zr 结构。当温度达到 862℃以上时，会转变为体心立方晶格金属，为 β-Zr 结构。锆是高温活泼金属之一，锆和锆合金对环境中的氧、氮、氢等气体都有很强的亲和力，从而使合金脆化。在 SO_2 气氛中加热到 500~600℃以上时，锆即成为粉末。锆耐硫酸腐蚀性仅次于钽，耐酸腐蚀性能优于钛；耐盐酸的腐蚀性优于其他金属；但锆不能抵御氢氟酸的浸蚀。锆及锆合金抵御强碱溶液和熔融碱腐蚀的能力比钛好得多，锆在潮湿氯气、王水、高价金属氯化物溶液中的耐腐蚀能力较差。如果在硫酸中存在极少量的氟化物离子，就会明显地加快锆的腐蚀速度，这种加快作用在热影响区和 950℃退火的锆及锆合金上表现得尤为突出。常用锆及锆合金牌号和化学成分见表 7-76。锆及锆合金牌号与原相关国家标准及 ASTM 和 ASME 标准中的牌号对照见表 7-77，锆及锆合金产品品种、供应状态及规格见表 7-78。锆及锆合金板材、带材的力学性能见表 7-79。常用锆及锆合金焊丝的化学成分（质量分数，%）见表 7-80。

表 7-76　锆及锆合金牌号和化学成分　　　　　　　　　（质量分数,%）

分类		一般工业			核工业		
牌号		Zr-1	Zr-3	Zr-5	Zr-0	Zr-2	Zr-4
化学成分	主元素 Zr	—	—	—	余量	余量	余量
	Zr+Hf[①]	≥99.2	≥99.2	≥95.5	—	—	—
	Hf	≤4.5	≤4.5	≤4.5	—	—	—
	Sn	—	—	—	—	1.20~1.70	1.20~1.70
	Fe	—	—	—	—	0.07~0.20	0.18~0.24
	Ni	—	—	—	—	0.03~0.08	—
	Nb	—	—	2.0~3.0	—	—	—
	Cr	—	—	—	—	0.05~0.15	0.07~0.13
	Fe+Ni+Cr	—	—	—	—	0.18~0.38	—
	Fe+Cr	≤0.2	≤0.2	≤0.2	—	—	0.28~0.37
	杂质元素,不大于 Al	—	—	—	0.0075	0.0075	0.0075
	B	—	—	—	0.00005	0.00005	0.00005
	Cd	—	—	—	0.00005	0.00005	0.00005
	Co	—	—	—	0.002	0.002	0.002
	Cu	—	—	—	0.005	0.005	0.005
	Cr	—	—	—	0.020	—	—
	Fe	—	—	—	0.15	—	—
	Hf	—	—	—	0.010	0.010	0.010
	Mg	—	—	—	0.002	0.002	0.002

（续）

分类		一般工业			核工业		
牌号		Zr-1	Zr-3	Zr-5	Zr-0	Zr-2	Zr-4
化学成分	杂质元素，不大于						
	Mn	—	—	—	0.005	0.005	0.005
	Mo	—	—	—	0.005	0.005	0.005
	Ni	—	—	—	0.007	—	0.007
	Pb	—	—	—	0.013	0.013	0.013
	Si	—	—	—	0.012	0.012	0.012
	Sn	—	—	—	0.005	—	—
	Ti	—	—	—	0.005	0.005	0.005
	U	—	—	—	0.00035	0.00035	0.00035
	V	—	—	—	0.005	0.005	0.005
	W	—	—	—	0.010	0.010	0.010
	Cl	—	—	—	0.010	0.010	0.010
	C	0.050	0.050	0.05	0.027	0.027	0.027
	N	0.025	0.025	0.025	0.008	0.008	0.008
	H	0.005	0.005	0.005	0.0025	0.0025	0.0025
	O	0.10	0.16	0.18	0.16	0.16	0.16

① Zr+Hf 含量为 100% 减去除 Hf 以外的其他元素分析值。

表 7-77 锆及锆合金牌号与原相关国家标准及 ASTM 和 ASME 标准中的牌号对照

分类	本标准中牌号	原相关国家标准中牌号	对应或相当于 ASTM 标准中的牌号	对应或相当于 ASME 标准中的牌号
一般工业	Zr-1	—	UNS R60700	UNS R60700
	Zr-3	—	UNS R60702	UNS R60702
	Zr-5	—	UNS R60705	UNS R60705
核工业	Zr-0	Zr01	UNS R60001	—
	Zr-2	ZrSn1.4-0.1	UNS R60802	—
	Zr-4	ZrSn1.4-0.2	UNS R60804	—

表 7-78 锆及锆合金产品品种、供应状态及规格

品种	供应状态	$\dfrac{厚度}{mm} \times \dfrac{宽度}{mm} \times \dfrac{长度}{mm}$
箔材	冷加工态（Y） 退火态（M）	$(0.01 \sim 0.15) \times (30 \sim 300) \times (\geqslant 500)$
带材	冷加工态（Y） 退火态（M）	$(>0.15 \sim 5) \times (30 \sim 300) \times (\geqslant 500)$
板材	冷加工态（Y） 退火态（M）	$(>0.15 \sim 6) \times (>300 \sim 1500) \times (\geqslant 500)$
	热加工态（R） 退火态（M）	$(4.5 \sim 60) \times (>300 \sim 3000) \times (\geqslant 500)$

注：1. 当需方在合同（或订货单）中注明时，可供应消除应力退火态（M）产品。

2. 产品标记：按产品名称、标准编号、牌号、供应状态、规格的顺序表示，标记示例如下：0.05mm，宽度为 100mm，长度为 L 的箔材，标记为：箔 GB/T 21183—2017 Zr-0 Y0.05×100×L。

表 7-79　锆及锆合金板材、带材的力学性能

编号	状态	试样方向	试验温度/℃	抗拉强度 R_m/MPa	规定塑性延伸强度 $R_{P0.2}$/MPa	断后伸长率（%）
Zr-0	M	纵向	室温	≥290	≥140	≥18
		横向	室温	≥290	≥205	≥18
Zr-2 Zr-4	M	纵向	室温	≥400	≥240	≥25
		横向	室温	≥385	≥300	≥25
		纵向	290	≥185	≥100	≥30
		横向	290	≥180	≥120	≥30
Zr-1	M	纵向	室温	≥380	≤305	≥20
Zr-3	M	纵向	室温	≥380	≥205	≥16
Zr-5	M	纵向	室温	≥550	≥380	≥16

表 7-80　常用锆及锆合金焊丝的化学成分　　　　（质量分数,%）

焊丝	C	Cr+Fe	Nb	Hf	H	N	Sn	Zr+Hf
ERZr-2	0.05	0.020	—	4.5	0.005	0.025	—	余量
ERZr-3	0.05	0.020~0.040	—	4.5	0.005	0.025	1.00~2.00	余量
ERZr-4	0.05	0.040	2.00~4.00	4.5	0.005	0.025	—	余量

二、锆及锆合金的焊接性

锆及锆合金的焊接性很好，但导热性差，由于焊接高温的作用，如工艺措施不当，往往会导致热影响区加宽，焊接组织粗大，焊接接头塑性降低。锆的焊接工艺要求接近钛，焊接熔池及热影响区的保护效果要高于钛，现场施焊措施比钛要求严。锆及锆合金可以用熔焊、钎焊、固态焊等方法进行焊接。锆及锆合金焊接的主要问题如下：

1）在焊接过程中，锆及锆合金与氧、氮等气体反应生成脆性化合物。

① 锆及锆合金在 200℃ 开始吸收氢，生成 ZrH、在 315℃氢气氛中，锆会吸收氢而导致氢脆，氢脆会引起力学性能的损失。

② 锆在 400℃ 时，与氮开始发生反应，温度越高反应越剧烈，在 600℃ 吸收氮气生成 ZrN。

③ 锆及锆合金与氧在 300℃ 生成 ZrO_3，在 500℃ 以上与空气中的氧气发生反应生成脆性氧化膜，在 700℃ 以上吸收氧而使材料严重脆化。

④ 锆在 400℃ 以上与碳或碳化物反应生成碳化物，使锆及锆合金焊缝疏松、变脆，并且易于产生晶间腐蚀。

⑤ 锆及锆合金在焊接热循环过程中，在接近焊接温度时，锆及锆合金焊件待焊处表面氧化物容易发生熔解，影响焊缝的焊接质量，使焊接接头的塑性和韧性明显变差。

焊接过程中保护较好的焊缝表面应呈光亮的银白色，若保护不好，受大气污染，则随污染程度的不同，保护效果从好到坏的顺序是：白亮→微黄色→褐色→蓝色→灰白色。

2）焊接过程中，锆及锆合金中含碳的质量分数 $w_C>0.1\%$ 时，便会形成锆的碳化物，降低焊接接头的耐蚀性。

3）锆及锆合金焊件在不平衡条件下结晶时，合金会存在复杂的金属间化合物 $ZrCr_2$、$ZrFe_2$、Zr_2Fe 及氧化物、氮化物等，会使热影响区的力学性能变差。在 870℃ 前加热急冷时，金属间化合物将分布在晶粒边界；在 870℃ 加热急冷时，焊缝组织中没有金属间化合物析出；在 950℃ 加热急冷时，焊缝组织为 α+β；在 980℃ 加热急冷时，焊缝具有 β 组织，此时焊接接头塑性最好。

4）锆及锆合金在焊接过程中没有形成裂纹的明显趋势，但是存在产生气孔的可能性，所以，焊接过程中必须严加防范氢和氮气侵入焊接熔池。

5）焊接时不仅要将大气与电弧隔绝，而且还要保护焊件的全部高温部位（>400℃）不受空气的侵袭。凡是焊缝的正面和背面超过 400℃ 的部位都要用焊接拖罩充保护气体保护起来。

三、锆及锆合金的焊接操作要领

1. 焊前准备及清理

焊件焊接前应按工艺文件要求，对焊件坡口和填充焊丝表面的润滑剂、灰尘、油漆、蜡等含硫和铅的杂质进行清理，并用机械方法或化学方法清除焊件表面的氧化膜。在室内焊接时，要求地面清洁，空气洁净无尘，环境相对湿度应小于 80%，环境温度不低于 5℃，风速应小于 0.5m/s。焊接过程中，不允许用风扇对焊接区送风排烟。常用锆及锆合金焊前化学处理配方及工艺见表 7-81。

表 7-81　常用锆及锆合金焊前化学处理配方及工艺

化学处理名称	配方(体积分数)	工艺说明
脱脂处理	NaOH10%	酸洗或浸渍后,焊接时再用丙酮或乙醇清洗
酸洗	HF 2%~4% HNO₃ 30%~40% H₂O 余量	温度 60℃,酸洗 1min,再用冷水冲洗,烘干待用。此种酸洗液能有效地防止酸洗过程中的吸氧现象
	HF 5%~7% HNO₃ 35%~45% H₂O 余量	温度 20~60℃,酸洗 3~10min,直至锆板、锆焊丝表面光亮为止

2. 焊接坡口

焊接坡口要采用机械加工方法准备，由于锆的热导率比其他金属低，所以，坡口钝边可以小些。管材的壁厚为 1mm 时，可以采用直边对接焊，用钨极氩弧焊完全能够一次焊透。

3. 焊后热处理

有的锆焊缝不要求焊后热处理，但焊接接头在焊后进行退火处理后（570℃），有利于改善焊接接头的耐腐蚀性能。有些焊件焊后按技术文件要求，需要在 675℃ 温度下进行 15~20min 的消除应力处理。

四、锆板材焊接示例

1. 纯锆板材的焊接特点

锆及其合金的氩弧焊工艺接近钛及钛合金的焊接工艺，焊接过程中的焊缝保护效果要高于钛及钛合金，焊接时的各种措施要严于钛及钛合金。锆材因导热性差，焊接熔池的直径较大，为了增大气体保护区域，焊枪的喷嘴要适当增大，一般选用喷嘴内径在 $\phi16mm$ 以上为宜。为了确保 400℃ 以上高温区的保护，在焊枪上还要加一个拖罩来实现。焊枪上的拖罩与焊件的距离应尽量小（≤6mm），主喷嘴与拖罩的氩气流量要配合好，既不要太大，也不要过小，不要在主喷嘴处形成气体涡流。

2. 焊前准备

1）焊件材质：纯锆（Zr-1）。

2）焊件尺寸：300mm×150mm×4mm（长×宽×厚），两块。

3）坡口形式：V 形坡口，Zr-1 板的坡口形式及尺寸如图 7-14 所示。

4）焊接材料：ERZr-2 焊丝，$\phi1.6mm$。常用锆及锆合金焊丝的选用参见表 7-82。

5）钨极：W_{Ce}-5 型，$\phi2mm$，采用尖端钨极，这样可以保证电弧的稳定与足够的熔深，通常使用的圆锥角为 30°~60°，尖端要磨平，直径约为 0.4mm。

6）焊接设备：ZX7-400，采用直流正接。

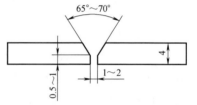

图 7-14　Zr-1 板的坡口形式及尺寸

7）氩气：纯氩（体积分数为 99.99%），露点为 -45℃。

8）辅助工具和量具：角向打磨机，不锈钢钢丝刷，敲渣锤，焊缝万能量规等。

3. 焊前装配定位

1）焊前打磨：待焊件先用丙酮将坡口两侧 80mm 范围内的油、污、垢擦净，然后用不锈钢钢丝刷打磨去除坡口及其两侧各 30mm 范围内的氧化皮，直至露出金属光泽。

2）焊件定位：焊件按图 7-14 所示进行组装，在接头的背面进行两处定位焊，定位焊缝长度为 50mm，定位焊缝距两端各 25mm，适当有些反变形。在待焊件的两端焊上引弧板与引出板。定位焊焊接参数与正式焊接相同，见表 7-82。

3）在定位焊完的待焊件上安装带凹槽的铜垫板。

4. 焊接操作

1）在焊接引弧前将氩气通往垫板、拖罩、焊枪喷嘴内，排除该处的空气，然后进行引弧。

2）按表 7-82 选择焊接参数。

3）向焊接熔池填送焊丝熔滴时，焊丝加热端要在氩气保护层内。

4）焊接时要集中热输入加热焊件，加快冷却速度，避免锆长时间在高温下氧化。

5）焊接场地相对湿度应小于 80%，环境温度不低于 5℃，风速小于 0.5m/s，焊接过程中不允许用风扇对焊接区送风排烟。

6）瓶装氩气的压力低于 0.5MPa 时不宜使用，输送保护气体的管道应采用塑料软管。

7）尽量用 7~35kJ/cm 之间的焊接热输入焊接，在焊接过程中用小焊接电流，慢焊接速度，为了加快焊缝的散热降温，可用 Ar 气使焊缝快速冷却。焊接接头表面颜色质量评判标准见表 7-83。

8）锆粉末可以自燃，砂轮磨削锆焊件产生的锆粉末不要随意堆放，应把锆粉末放入容器内用水淹没，然后水上放上油，防止水蒸发。

表 7-82　Zr1（纯锆）钨极氩弧焊的焊接参数

焊丝直径 /mm	钨极直径 /mm	焊接电流 /A	喷嘴孔径 /mm	氩气流量/(L/min)		
				焊枪喷嘴	拖罩	焊缝背面
1.6	2.0	50~60	10	8~10	14~16	9~10

表 7-83　Zr1 焊接接头表面颜色质量评判标准

锆及锆合金焊接接头颜色	质量评判	处理手段
银白色	合格	—
淡黄色	合格	用钢丝刷刷去
深黄色	不合格	用钢丝刷刷去
淡蓝色	不合格	用钢丝刷刷去
深蓝色	不合格	用机械方法或打磨清除
灰色	不合格	用机械方法或打磨清除
白色	不合格	用机械方法或打磨清除

第八章

常用材料手工钨极氩弧焊(TIG焊)单面焊双面成形技术

第一节　不锈钢板对接平焊 TIG 焊单面焊双面成形

操作难点：易产生根部未焊透、层间未熔合，背部焊缝保护不良易产生氧化。

技术要求：要求根部全部焊透，焊缝表面波纹均匀整齐，正、反焊缝表面均无过氧化现象。

1. 焊前准备

（1）母材

试件材质：1Cr18Ni9Ti[⊖]。

试件尺寸：300mm×125mm×5mm，两块。

坡口形式：V 形坡口，30°～35°。

根部间隙：3～3.5mm。

钝边尺寸：0.5～1mm。

不锈钢板对接平焊 TIG 焊试件及坡口尺寸如图 8-1 所示，充氩保护罩剖面及尺寸如图 8-2 所示。

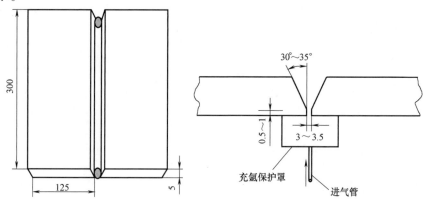

图 8-1　不锈钢板对接平焊 TIG 焊试件及坡口尺寸

⊖　GB/T 20878—2007 现行标准中无此牌号，此为旧牌号，下同。

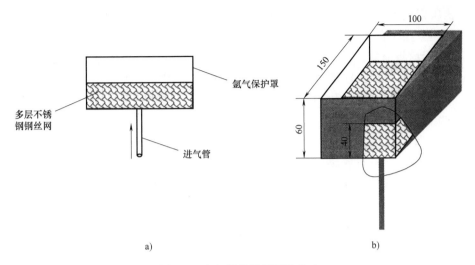

图 8-2　充氩保护罩剖面及尺寸

a）充氩保护罩剖面　b）充氩保护罩尺寸

（2）焊接材料

焊丝：ER347，$\phi 2.5$mm。

氩气：纯度 99.99%（体积分数）。

钨极：WCe-20，$\phi 2.5$mm。

（3）焊接设备　WS-400 氩弧焊机。

（4）工具　焊工面罩，氩弧焊枪，角向磨光机，内磨机，锤子，氩气流量计，扁铲，锉刀，钢丝刷，钢锯条，充氩保护罩，角度尺，合金旋转锉等。

其他材料：平面砂布轮，砂轮片，抛光蜡，切割片等。

（5）试件清理　试件组对前，将母材正反两面待焊处 15~20mm 范围内的油、水或其他污物，用角向磨光机打磨干净，直至露出金属光泽。

2. 焊接参数

5mm 厚不锈钢板对接平焊 TIG 焊单面焊双面成形的焊接参数见表 8-1。

表 8-1　5mm 厚不锈钢板对接平焊 TIG 焊单面焊双面成形的焊接参数

操作项目	电源极性	焊接电流 /A	焊丝直径 /mm	钨极直径 /mm	氩气流量 /（L/min）	充氩流量 /（L/min）
装配定位焊	直流正接	100~120	$\phi 2.5$	$\phi 2.5$	6~8（室内）8~10（室外）	5~7
打底焊	直流正接	100~130	$\phi 2.5$	$\phi 2.5$	6~8（室内）8~10（室外）	5~7
盖面焊	直流正接	100~120	$\phi 2.5$	$\phi 2.5$	6~8（室内）8~10（室外）	5~7

3. 焊接操作

（1）定位焊及反变形

定位焊前，将两块试件平放在槽钢或角铁上对齐，检测有无变形、错边。

1）试件坡口钝边为 0.5~1mm（工程上一般不打磨钝边），因不锈钢热膨胀性大，所以装配间隙比碳素钢稍大，一般间隙为 3.0~3.5mm，预留反变形量也应大一些，一般为 4°左右，错边量一般控制在 0.5mm 以下。

2）定位焊前将充氩保护罩放在需要定位焊的位置背部，并开气保护，提前充氩时间约为 1~2min。要求在坡口内正面进行定位。定位焊时，采用与正式焊接相同的焊丝进行，定位焊缝在坡口的两端，定位焊缝长度一般为 10~15mm，要求定位焊缝上无气孔、未熔合、未焊透等缺陷。

（2）打底层焊接

1）焊接操作方法：打底层焊接的焊接操作方法有左向焊法和右向焊法，应根据个人左右手熟练程度、焊接位置等确定。钨极氩弧焊一般采用左向焊法，即左手持焊丝，右手拿焊枪，从右向左焊接。板件间隙窄的一端放在右侧，宽间隙一端放在左侧，左向焊法如图 8-3 所示。焊枪角度为左右两侧为 90°，后倾角为 60°~80°，焊丝前倾角为 30°~50°。焊枪与焊丝的倾角如图 8-4 所示。

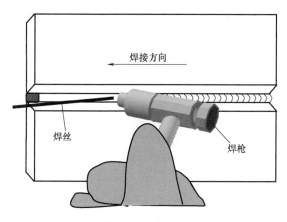

图 8-3　左向焊法

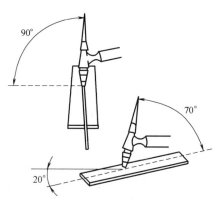

图 8-4　焊枪与焊丝的倾角

2）准备：焊前先将充氩保护罩对准要焊接的部位背面，打开氩气开关向保护罩内充氩气，使待焊部位形成氩气保护层。

注意：焊接过程中要让充氩保护罩始终对打底层进行保护。

3）停弧：当需要停弧时，应将电弧引向坡口面，向熔池给送少量焊丝，按下高频开关，让电弧逐渐熄灭，当电弧完全熄灭后约 1~2s 再移开焊枪。

4）接头：接头前，当条件允许时，可以用角向磨光机、锯条等工具将接头处的熔池打磨成一个约 45°~70°的斜坡。

① 首尾接头时，将焊枪移动到接头处后方约 10~20mm 处，引燃电弧后，以正常的焊接速度摆动焊枪前进至接头处，当看到接头处有熔化的金属液时再给送焊丝。焊缝首尾接头的操作示意图如图 8-5 所示。

② 尾尾接头时，当焊到距离接头处 2.5~5mm 处时，转动焊枪端部使电弧呈圆形旋转 1~2 圈，此时熔池边缘也开始熔化，然后再给送焊丝 1~3 次，等熔池填满后，继续添加少量焊丝并前进 5~10mm 再停弧。焊缝尾部与尾部接头的操作示意图如图 8-6 所示。固定端的接头可以参照尾尾接头法。

打底层焊接完成后，首先检查打底层焊缝有无缺陷，对焊接时产生的焊瘤、气孔、未熔合用扁铲、尖錾或角向磨光机清除干净，再用钢丝刷、钢丝轮等将焊缝表面的污物等清理干净。

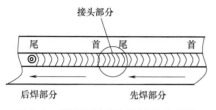

图 8-5　焊缝首尾接头的操作示意图

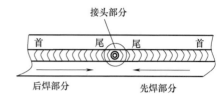

图 8-6　焊缝尾部与尾部接头的操作示意图

（3）盖面层的焊接

1）焊接操作方法：焊枪后倾角 70°～80°，焊枪左右倾角 90°，焊丝前倾角为 30°。钨极端部始终距离熔池表面 3～5mm。采用锯齿形或月牙形运弧方法。

2）焊接：焊接盖面层时，打底层不再需要氩气保护。继续采用左向焊法，将焊枪放在始焊端边缘，抬高焊枪约 3～10mm，按下高频开关，引燃电弧，迅速将电弧调到正常位置，一般钨极距离母材表面 3～5mm，沿着坡口棱边慢速摆动 2～3 次进行预热，然后给送焊丝。始焊端 0～5mm 处，焊接前进速度、摆动速度都要慢一些，5mm 以后以正常的焊接速度进行焊接。

焊接时，采用一点法送丝，即焊枪沿棱边摆动一次，左手向熔池中心送丝一次，送丝量约为 5mm，送丝量也可根据需要确定。

焊接时，摆动宽度以熔池覆盖每侧棱边 0.5～1mm 为准，焊接速度稍快，给送金属液量要少，防止不锈钢在 450～800℃ 容易产生晶间腐蚀的敏感温度区内停留时间过长。

3）收弧：准备要收弧时，再向熔池内送少量焊丝，不要摆动焊枪，按下高频开关，电弧逐渐熄灭后，焊枪再离开熔池上方，防止产生气孔和缩孔。

4）接头：接头时，焊枪在接头处后方 7～10mm 处引燃电弧，不用添加焊丝，以正常的焊接速度、摆动宽度前进，一般到达接头 1/3 处即可向熔池添加焊丝，然后以正常的焊接速度、摆动宽度、运弧方法进行焊接。

不锈钢焊接完成后，焊缝表面应该为银灰色或少量的金黄色，尽量防止母材表面为蓝色。若发现焊缝及热影响区为蓝色，应严格控制焊接热输入。

4. 不锈钢的焊后处理

为增加奥氏体不锈钢的耐腐蚀性，一般焊后应进行表面处理，处理的方法分为抛光、酸洗和钝化。

（1）表面抛光　用不锈钢钢丝刷对不锈钢焊缝表面及周围的飞溅、凹坑、錾痕、污点进行磨光，然后再用毛毡配抛光蜡进行抛光。

（2）表面酸洗　酸洗的方法有酸洗液酸洗和酸洗膏酸洗。

1）配方

① 浸洗液配方：密度为 $1.2g/cm^3$ 的硝酸体积分数为 20% 加氢氟酸体积分数为 5%，再加水配比而成。

② 酸洗液配方：盐酸体积分数为 50% 加水体积分数为 50%。

③ 酸洗膏配方：密度 $1.9g/cm^3$ 的盐酸 20mL，水 100mL，密度 $1.42g/cm^3$ 的硝酸

30mL，膨润土 150g。

2）酸洗方法

① 浸洗法：适用于较小的设备和零件。要求浸没时间为 25~45min，取出后用清水冲洗干净。

② 刷洗法：适用于大型设备。要求刷到表面为白亮色为止，然后再用清水冲洗干净。

③ 酸洗膏酸洗法：适用于大型设备。要求将酸洗膏涂在焊缝及热影响区表面，停留 5~10min，然后用清水冲洗干净。

（3）表面钝化

1）钝化液配方：硝酸 5mL，重铬酸钾 1g，水 95mL。钝化温度为室温。

2）钝化方法：将钝化液在焊缝及热影响区表面擦一遍，停留时间为 1h，然后用冷水冲洗，用干净布擦洗，再用热水冲洗干净，最后用电吹风机吹干净水渍。

经过钝化后的不锈钢要达到外表银白色的效果，这样才具有较高的耐腐蚀性。

5. 焊接质量检验

5mm 厚不锈钢板对接平焊 TIG 焊单面焊双面成形的焊接质量检验见表 8-2。

表 8-2　5mm 厚不锈钢板对接平焊 TIG 焊单面焊双面成形的焊接质量检验

序号	检查项目		标准要求
1	焊缝尺寸	余高	0~2mm
		高低差	0~2mm
		宽窄差	0~2mm
		咬边	深度≤0.5mm 长度≤30mm
		根部凸出	0~2mm
		根部内凹	深度≤0.5mm 长度≤10mm
		错边	≤1mm
		角变形	0~2°
		表面气孔	ϕ≤1.5mm 数量≤2个
2	表面成形	1. 成形较好，鱼鳞纹均匀，焊缝平整 2. 焊缝表面飞溅、氧化皮、污物等清理干净 3. 焊缝表面无裂纹、未熔合、未焊透、焊瘤等缺陷 4. 背部充氩效果良好，无氧化现象	
3	内部检验	参照标准《承压设备无损检测》NB/T 47013.2—2015	

第二节　不锈钢板对接立焊 TIG 焊单面焊双面成形

操作难点：根部背面易产生焊瘤、单边不透、接头不良等现象。焊缝背面若氩气保护不良，容易产生氧化。

技术要求：要求根部全部焊透，接头处尺寸基本一致，根部没有焊瘤，背部充氩效果良好，无氧化现象。层间无未熔合现象。焊缝正面波纹均匀、细密、一致，尺寸符合要求。

1．焊前准备

（1）母材

试件材质：1Cr18Ni9Ti。

试件尺寸：300mm×125mm×5mm，两块。

坡口形式：V 形坡口，30°～35°。

根部间隙：3～3.5mm。

钝边尺寸：0.5～1mm。

5mm 厚不锈钢板对接立焊 TIG 焊试件及坡口尺寸如图 8-7 所示。

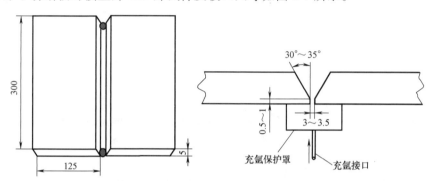

图 8-7　不锈钢板对接立焊 TIG 焊试件及坡口尺寸

（2）焊接材料

焊丝：ER347，ϕ2.5mm。

氩气：纯度 99.99%（体积分数）。

钨极：WCe-20，ϕ2.5mm。

（3）焊接设备　WS-400　（或其他类型的）氩弧焊机。

（4）工具　焊工面罩，氩弧焊枪，角向磨光机，内磨机，锤子，氩气流量计，扁铲，锉刀，钢丝刷，钢锯条，充氩保护罩，角度尺，合金旋转锉等。

其他材料：平面砂布轮，砂轮片，抛光蜡，切割片等。

（5）试件清理　试件组对前，将母材正反两面 15～20mm 范围内的油、水或其他污物，用角向磨光机打磨干净，直至露出金属光泽。打磨出 0.5～1mm 的钝边。

2．焊接参数

5mm 厚不锈钢板对接立焊单面焊双面成形焊接参数同表 8-1。

3．焊接操作

（1）定位焊及反变形

1）定位焊前，先检查板件有无变形，然后将两块试件平放在槽钢或角铁上对齐，接头根部间隙为 3～3.5mm。

2）定位焊前将充氩保护罩放在需要定位焊的位置，并开气保护，提前充氩时间约为 1～2min。

3）用 ER347 焊丝在坡口内正面进行定位焊，定位焊缝在坡口两端，定位焊缝长度一般为 10～15mm，要求定位焊缝上无气孔、未熔合、未焊透等缺陷。

4）做 5°~7°的反变形量。

5）将板件窄间隙的一端向下，宽间隙的一端向上，垂直固定在操作架上。

（2）打底层的焊接 焊接时，找一人配合，将氩气保护罩放在焊件背部，保护罩随着焊接部位的电弧移动，确保打底焊背部熔池始终在氩气的保护范围之内，且保护效果良好。

1）焊接操作方法：钨极氩弧焊焊接时，采用向上立焊焊法，即从下向上焊接，焊接时，可以站在焊缝左侧，左手拿焊丝，右手拿焊枪，也可以站在焊缝的左侧，右手拿焊丝，左手拿焊枪。

焊接时，为了保持焊枪的稳定性，拿焊枪的手应该用小手指或无名指或中指的端部支撑在母材表面。焊枪角度为左右两侧为90°，下倾角为60°~80°，焊丝前倾角为30°~50°。

2）准备：焊前先将充氩保护罩对准要焊接的部位，打开氩气开关向保护罩内充氩，充氩时间为 5~10s，使待焊部位形成氩气保护层。

注意：焊接过程中应让氩气保护罩始终对打底层进行保护。

3）焊接：焊前将钨极端部对准下侧始焊端固定点，按下高频开关，引燃电弧停顿 2~3s，对固定点进行预热，然后以正常的焊接速度摆动前进，到固定端接头部位时摆动钨极熔化接头部位，注意不要着急填丝，当看到接头部位有熔化的金属液时，再给送焊丝。

一般采用断续送丝，可以防止局部未焊透。送丝位置为熔池的前部边缘。

焊接打底层时，眼睛要盯住熔孔，看到钝边处每侧熔化 0.5~1mm，形成新的熔孔后，按此宽度，以此为基准摆动。每左右摆动一次后再送丝一次，送丝量为每次 5mm，送丝量可根据间隙大小决定。每次送丝位置要准确，送丝要及时，焊丝端部不可抬得过高，钨极高度为 3~5mm，一般送丝完成后焊丝后撤到距离熔池约 20mm 的位置。送丝位置在熔池前方边缘。打底层焊缝厚度一般为 2~3mm。焊接时，焊枪要稳，送丝位置要准，防止因钨极与焊丝或熔池接触而产生气孔。

焊接时以锯齿形摆动，注意，因不锈钢金属液黏稠，流动性差，所以焊枪摆动横向速度要慢，当钨极摆动到两个钝边时，要停顿，即摆动做到两慢一快，也就是运弧到中间时要快一些，运弧到两边时要慢一些，一定要将两个钝边处熔化。一般当钨极到达两侧时要停顿 1s 左右，等熔化的金属液到达两侧部位，而且熔化的金属液覆盖钝边处，填平夹沟部位再离开，使打底层正面焊缝平整，背面焊缝圆滑，两侧无沟槽。防止出现熔合不良。

一般送丝时，手要稳，送丝位置要准，送丝量要一致。立焊时焊枪与焊丝倾角如图 8-8 所示。

4）停弧：当需要停弧时，应向熔池给送少量焊丝，随后将电弧引向坡口的任意一侧（注意不能移出坡口外）按下高频开关，使电弧逐渐熄灭，当电弧完全熄灭后约 1~2s 再移开焊枪。

5）接头：接头前，当条件允许时，可以用角向磨光机、锯条等工具将接头处的熔池打磨成一个约 45°~70°的斜坡。若没有角向磨光机、锯条，焊接接头时，一定要看到收尾处的缩孔、甚至裂纹完全熔化后再添加焊丝。

首尾接头时，将焊枪移动到接头处后方约 10~20mm 处，引燃电弧后，以正常的焊接速度摆动焊枪前进至接头处，千万不要着急

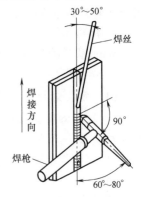

图 8-8 立焊时焊枪与
焊丝倾角

添加焊丝，当看到接头处有熔化的金属液后再给送焊丝，然后以正常速度前进。

尾尾接头时，当焊到距离接头处 2.5～5mm 处时，转动焊枪端部，使电弧呈圆形旋转 1～2 圈，使固定端的熔池边缘也开始熔化，然后再给送焊丝 1～3 次，焊丝量要逐步减少，等熔池填满后，继续添加少量焊丝并前进 5～10mm 再停弧。

打底层焊接完成后，首先检查打底层焊缝有无缺陷，对产生的焊瘤、气孔、未熔合用扁铲、尖錾或角向磨光机清除干净，再用钢丝刷、钢丝轮等将焊缝表面的污物等清理干净。

（3）盖面层的焊接

1）焊接操作方法：焊枪下倾角为 70°～80°，焊枪左右倾角为 90°，焊丝前倾角为 30°。钨极端部始终距离熔池表面 3～5mm。采用锯齿形或月牙形运弧焊接，锯齿形或月牙形运弧方法如图 8-9 所示。

2）焊接：当焊接盖面层时，打底层不再需要氩气保护。

盖面层继续采用由下向上焊法，将焊枪放在焊缝端边缘，抬高焊枪约 3～10mm，按下高频开关，引燃电弧，迅速将电弧调到正常高度，一般钨极距离母材表面 3～5mm，沿着坡口棱边缓慢摆动 2～3 次进行预热，然后给送焊丝。因起头温度低，金属液流动性差，所以焊枪左右摆动、向上上升的速度要比正常焊接速度稍慢。

在始焊端 0～5mm 处，焊接前进速度、摆动速度都要慢一些，5mm 以后以正常的焊接速度进行焊接。

焊接时，采用一点法送丝，即焊枪沿棱边摆动一次，左手向熔池中心送丝一次，送丝量约为 5mm，送丝量可根据需要确定。当焊缝较宽或为了减少咬边，可以采用两点送丝法，即当焊枪摆动到两个棱边附近时，就向熔池添加一次焊丝。两点送丝法焊接操作如图 8-10 所示。

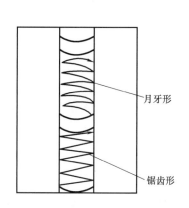

图 8-9　锯齿形、月牙形运弧方法

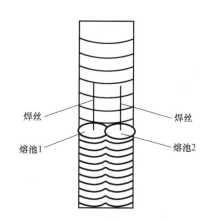

图 8-10　两点送丝法焊接操作

焊接时，摆动宽度以熔池覆盖每侧棱边 0.5～1mm 为准，焊接速度稍快，防止不锈钢在 450～800℃ 容易产生晶间腐蚀的敏感温度区内停留时间过长。

3）收弧：准备要收弧时，再向熔池内送少量焊丝，不要摆动焊枪，按下高频开关，电弧逐渐熄灭后，焊枪再离开熔池上方，防止产生气孔和缩孔。若不能采用电流衰减方法时，可以向熔池送 1/2 的金属液，不用摆动焊枪，带动金属液向上移动 5～10mm 再灭弧。

4）接头：接头时，焊枪在接头处后方 10～15mm 处引燃电弧。

焊接盖面层时，因为不锈钢导热性差，焊接 50~100mm 时应停弧，让焊缝的温度降到 50~60℃以下后再引弧焊接。焊缝温度的高低可以用测温枪进行测温，也可以用手背靠近母材表面，当感觉温度与体表温度相差不大时即可进行焊接。

焊缝表面的颜色能说明焊缝表面被氧化的程度，焊接热输入、保护气体的种类及流量、焊接操作等因素会影响焊缝的氧化程度，银白色最好，金黄和微蓝尚可，深蓝和黑色说明焊缝表面过氧化，不能接受，这时应采取降低焊接热输入的措施。

4. 不锈钢的焊后处理

为增加奥氏体不锈钢的耐腐蚀性，一般焊后应进行表面处理，处理的方法分为抛光、酸洗和钝化。详见本章第一节 4。

5. 焊接质量检验

5mm 厚不锈钢板对接立焊 TIG 焊单面焊双面成形的焊接质量检验参见表 8-2。

第三节　不锈钢板对接横焊 TIG 焊单面焊双面成形

操作难点： 根部背面易产生接头不良、上坡口焊趾处容易产生咬边等现象。焊缝背面若氩气保护不良，焊缝根部背面容易产生氧化。运条不当容易产生泪滴形焊缝。

技术要求： 要求根部全部焊透，接头处尺寸基本一致，根部没有焊瘤，背部充氩效果良好，无氧化现象。层间无未熔合现象。焊缝正面波纹均匀、细密、一致，尺寸符合要求。

1. 焊前准备

（1）母材

试件材质：1Cr18Ni9Ti。

试件尺寸：300mm×125mm×5mm，两块。

坡口形式：V 形坡口，30°~35°。

根部间隙：3~3.5mm。

钝边尺寸：0.5~1mm。

5mm 厚不锈钢板对接横焊 TIG 焊试件及坡口尺寸如图 8-11 所示。

（2）焊接材料

焊丝：ER347，ϕ2.5mm。

氩气：纯度 99.99%（体积分数）。

钨极：WCe-20，ϕ2.5mm。

（3）焊接设备　WS-400 或其他类型的氩弧焊机。

（4）工具　焊工面罩，氩弧焊枪，氩气流量计，角向磨光机，内磨机，锤子，扁铲，钢丝刷，充氩保护罩，锉刀，钢锯条，角度尺，合金旋转锉等。

其他材料：平面砂布轮，切割片，抛光蜡等。

（5）试件清理　试件组对前，将母材正反两面待焊处 15~20mm 范围内的油、水或其他污物，用角向磨光机打磨干净，直至露出金属光泽。打磨出 0.5~1mm 的钝边（打磨钝边可以根据具体情况决定）。

2. 焊接参数

5mm 厚不锈钢板对接横焊 TIG 焊单面焊双面成形的焊接参数参见表 8-1。

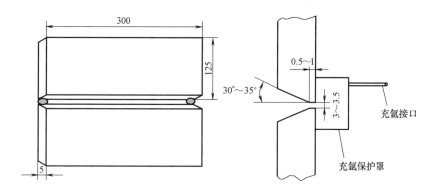

图 8-11　不锈钢板对接横焊 TIG 焊试件及坡口尺寸

3. 焊接操作

（1）定位焊及反变形

1）定位焊前，先检查板件有无变形，然后将两块试件平放在槽钢或角铁上对齐，根部间隙为 3～3.5mm。

2）定位焊前将充氩保护罩放在需要定位焊的位置，打开充氩保护气体瓶阀，提前充氩时间约为 1～2min。

3）用 ER347 焊丝在坡口内正面进行定位焊，定位焊缝在坡口两端，定位焊缝长度一般为 10～15mm，要求定位焊缝无气孔、未熔合、未焊透、保护不良等缺陷。

4）做好反变形。因为不锈钢的线膨胀系数大，而且横焊的变形量在所有板材中也是最大的，所以不锈钢横焊的反变形量比其他钢材应大一些，预留反变形量为 6°～8°。

5）一般采用左向焊法，故将板件窄间隙的一端放在右侧，板件固定在操作架上。反之亦然。

（2）打底层的焊接

1）焊接操作方法：钨极氩弧焊时，采用左向焊法，即从右向左焊接。焊接时，可以站或者蹲在一次所能焊接焊缝长度的中间，左手拿焊丝，右手拿焊枪。采用右向焊法时，右手持焊丝，左手拿焊枪，从左向右焊接。

2）焊前准备：焊前先将充氩保护罩对准要焊接的部位，打开氩气开关向保护罩内充氩，充氩时间为 1～2min，使待焊部位形成氩气保护层。

注意：焊接过程中氩气保护罩应始终能对打底层进行保护。焊接时，应有专人配合，随着焊接速度移动充氩保护罩，当没有配合人员时，焊工应将氩气保护区内的打底部分焊接完成后停止焊接，移动充氩保护罩到待焊部位后再充氩焊接。

3）焊接：焊前将钨极端部对准右侧始焊端固定点，按下高频开关，引燃电弧，停顿 1～2s，对固定点进行预热，然后以正常的焊接速度和月牙形或直线形摆动前进，到固定端接头部位时摆动钨极熔化接头部位，注意不要着急填丝，当看到接头部位有熔化的金属液时，再给送焊丝，因不锈钢金属液黏稠，流动性差，钨极从上向下摆动时，速度较碳素结构钢材料要慢，当钨极到达上下两个钝边处时，钨极一定要停顿，使钝边处充分熔化，以保证金属液覆盖熔化的钝边部分。

一般采用断续送丝，这样可以防止局部未焊透。送丝位置为熔池的前部边缘上部。若能保证焊透（钝边熔化），也可以采用连续送丝。

焊接时，为了保持焊枪的稳定性，拿焊枪的手应该用小手指或无名指或中指的端部支撑在母材表面，其他手指握紧焊枪。焊枪角度：下倾角为 80°~90°，后倾角为 60°~80°，焊丝前倾角为 30°~50°。打底焊道横焊时焊枪与焊丝的倾角如图 8-12 所示。

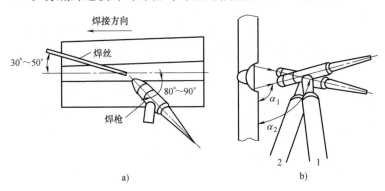

图 8-12　打底焊道横焊时焊枪与焊丝的倾角
a）主视图　b）左视图

焊接打底层时，眼睛要盯住熔孔，看到钝边处每侧熔化 0.5~1mm、形成新的熔孔后，再按此宽度摆动。每上下摆动一次再送丝一次，送丝量每次约为 5mm，不锈钢焊接送丝量不宜过多，送丝量可根据间隙大小、母材厚度决定，注意送丝时不可用力按压熔池，防止在熔池内部形成缺陷。送丝位置为熔池的前上边缘，要求每次送丝位置要准确，送丝要及时，焊丝端部不可抬得过高。钨极距离母材表面 3~5mm，一般送丝完成后焊丝后撤到距离熔池约 20mm 的位置。打底层厚度一般为 2~3mm。

4）停弧：当需要停弧时，先向熔池给送少量焊丝，将电弧引向下坡口面，如图 8-13 所示，注意电弧不能移出坡口外；然后按下高频开关，使电弧逐渐熄灭，当电弧完全熄灭后约 1~2s 再移开焊枪。

5）接头：首尾接头时，将焊枪移动到接头处后方约 10~15mm 处，引燃电弧后，以正常的焊接速度锯齿形摆动焊枪前进至接头处，当看到接头处有熔化的金属液时再给送焊丝。然后以正常速度前进。

接头前，当条件允许时，可以用切割片、合金旋转锉、锯条等工具将接头处打磨成一个约 45°~70°的斜坡。若没有角向磨光机、锯条，接头时，要等看到收尾处的缩孔，甚至裂纹完全熔化后再添加焊丝。

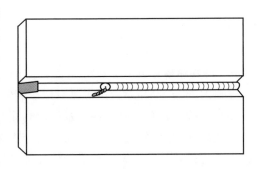

图 8-13　电弧引向下坡口面

当焊到距离尾端固定点约 2.5~5mm 处时，转动焊枪端部使电弧呈圆形旋转 1~2 圈，使固定端的熔池边缘也开始熔化，然后再给送焊丝 1~3 次，等熔池填满后，继续添加少量焊丝并前进 5~10mm 再停弧，防止产生缩孔。

打底层焊接完成后，首先检查打底层焊缝有无缺陷，对产生的焊瘤、气孔、未熔合用扁铲、尖錾或角向磨光机清除干净，再用钢丝刷、钢丝轮等将焊缝表面的污物等刷干净。

（3）盖面层的焊接

1）角度及方法：盖面焊时焊枪下倾角为70°～90°，焊枪后倾角为70°～80°，焊丝前倾角为30°。钨极端部始终距离熔池表面3～5mm。采用锯齿形或月牙形运弧方法。

2）焊接：当焊接盖面层时，打底层不再需要氩气保护。

采用左向焊法，将焊枪放在焊缝右侧边缘，抬高焊枪约3～10mm，按下高频开关，引燃电弧，迅速将电弧调到正常高度，一般是钨极距离母材表面3～5mm，沿着坡口原地缓慢摆动电弧2～3次进行预热，然后给送焊丝。因始焊端0～5mm处温度低，金属液流动性差，所以焊接端部速度要比正常焊接速度稍慢。5mm以后以正常的焊接速度进行焊接。

焊接时，采用一点法送丝，即每次当钨极到达下棱边处时，焊丝头部放在熔池的前上方，然后钨极上移，电弧将焊丝熔化，焊丝撤离熔池，钨极下移到棱边处，稍作停顿，等金属液下移，将下棱边覆盖后钨极上移，以后填丝及运弧方法与此一致。

焊枪沿棱边摆动一次，左手向熔池中心送丝一次，送丝位置位于熔池左前上方，送丝量可根据需要确定。

焊接时，摆动宽度以熔池覆盖每侧棱边0.5～1mm为准，焊接时，焊接前进速度和摆动的速度稍快，防止不锈钢在450～800℃容易产生晶间腐蚀的敏感温度区内停留时间过长。盖面焊接也可以采用摇摆焊接方法，整体效果会更好一些。

3）收弧：准备收弧时，再向熔池内送少量焊丝，不要摆动焊枪，按下高频开关，电弧逐渐熄灭后，焊枪再离开熔池上方，防止产生气孔和缩孔。若不能采用电流衰减方法时，可以向熔池送1/2金属液，不摆动焊枪，带动金属液向前移动5～10mm迅速抬高电弧而灭弧，然后喷嘴再返回收弧处对守护部分的熔池进行二次保护，时间约3～5s。

4）接头：首尾接头时，焊枪在接头处后方10～15mm处引燃电弧。以正常的焊接速度、摆动宽度、向前移动至接头处，然后给送焊丝进行焊接。

尾首（尾尾）接头，当焊到接头处，填满弧坑后，不要立即停弧，应该给送少量的金属液继续前行5～10mm。

4. 不锈钢焊后处理

为增加奥氏体不锈钢的耐腐蚀性，一般焊后应进行表面处理，处理的方法分为抛光、酸洗和钝化。详见本章第一节4。

5. 焊接质量检验

5mm厚不锈钢板对接横焊TIG焊单面焊双面成形的焊接质量检验参见表8-2。

第四节　不锈钢板对接仰焊TIG焊单面焊双面成形

操作难点：根部易产生未焊透，内凹，层间未熔合，咬边，如背部焊缝保护不良易产生氧化。焊缝表面易产生咬边、超高、焊缝纹路不整齐的情况。

技术要求：要求根部全部焊透，根部无氧化、焊缝没有过烧现象，焊缝表面波纹均匀整齐，无焊瘤、咬边等缺陷。

1. 焊前准备

（1）母材

试件材质：1Cr18Ni9Ti。

试件尺寸：300mm×125mm×5mm，两块。

坡口形式：V 形坡口，30°~35°。

根部间隙：3~3.5mm。

钝边尺寸：0.5~1mm。

不锈钢板对接仰焊 TIG 焊试件及坡口尺寸示意图如图 8-14 所示。

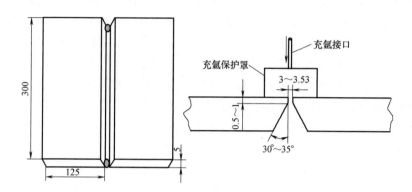

图 8-14　不锈钢板对接仰焊 TIG 焊试件及坡口尺寸示意图

试件组对前，将母材正反两面 15~20mm 范围内的油、水或其他污物，用装有平面砂布轮的角向磨光机打磨干净，直至露出金属光泽。

（2）焊接材料

焊丝：ER347，ϕ2.5mm。

氩气：纯度 99.99%（体积分数）。

钨极：WCe-20，ϕ2.5mm。

（3）焊接设备　WS-400 氩弧焊机。

（4）工具　焊工面罩，氩弧焊枪，角向磨光机，锤子，氩气流量计，扁铲，钢丝刷（钢丝轮），充氩保护罩，锉刀，钢锯条，合金旋转锉等。

其他材料：平面砂布轮，抛光蜡，切割片等。

（5）试件清理　试件组对前，将母材正反两面 15~20mm 范围内的油、水或其他污物，用角向磨光机打磨干净，直至露出金属光泽。打磨出 0.5~1mm 的钝边（打磨钝边可以根据具体情况决定）。

2. 焊接参数

5mm 厚不锈钢板对接仰焊 TIG 焊单面焊双面成形的焊接参数参见表 8-1。

因为不锈钢焊接时容易产生组织过烧现象，所以盖面层的焊接电流不宜过大。

3. 焊接操作

（1）定位焊及反变形

1）定位焊前　将两块试件平放在槽钢或角铁上对齐，检测有无变形、错口、重皮，调整好间隙。因不锈钢热膨胀性大，所以装配间隙比碳素钢稍大，预留反变形量也稍大些。一般间隙为 3.0~3.5mm，预留反变形量为 3°~5°，错边量一般控制在 0.5mm 以下（工作中要严格按照规程要求）。将试件坡口打磨出 0.5~1mm 的钝边（工程上一般不打磨钝边）。

2）定位焊前将充氩保护罩放在需要定位焊的位置，并打开氩气保护。要求在坡口内正面进行定位焊，定位焊时，采用与正式焊接相同的焊丝进行焊接，定位焊缝在坡口两端，定位焊缝长度一般为 10~15mm，要求固定点无气孔、未熔、未焊透等缺陷。

（2）打底层的焊接

1）焊接操作方法：焊接时蹲在板的下方，一手拿焊枪，一手拿焊丝。一般采用左向焊法，即：左手持焊丝，右手拿焊枪，从右向左焊接，板件间隙窄的一端放在右侧，间隙宽的一端放在左侧。板件的焊枪角度为左右两侧 90°，后倾角为 60°~80°，焊丝前倾角为 30°~50°

2）准备：焊前先将充氩保护罩对准要焊接的部位，打开氩气开关向保护罩内充氩，充氩时间一般为 1~3min，使待焊部位形成氩气保护层。

注意：焊接过程中应让氩气保护罩始终对打底层进行保护，找一人配合移动氩气保护罩。

3）焊接：焊前将钨极端部对准右侧始焊端定位焊缝，按下高频开关，引燃电弧停顿 2~3s，然后用正常的焊接速度以锯齿形或月牙形摆动前进，到与定位焊缝接头部位时摆动钨极熔化接头部位，注意不要着急填丝，当看到接头部位的钝边处熔化，熔池有熔化的金属液时，再给送焊丝，一般采用断续送丝，这样可以防止局部未焊透。焊接打底层时，眼睛要盯住熔孔，看到钝边处每侧熔化 0.5~1mm 后，再给送焊丝，宽度以坡口两侧钝边熔化为基准摆动。每左右摆动一次后再送丝一次，焊接不锈钢送丝要及时，不可过快，也不可过慢。送丝过快打底层焊缝容易产生未焊透，送丝过慢容易在打底层焊缝背面产生内凹、正面产生焊瘤，送丝量每次约为 5mm 左右，送丝量可根据间隙大小决定。送丝时，焊丝端部不可抬得过高，一般送丝完成后焊丝后撤到距离熔池约 20mm 位置。送丝位置在熔池前方边缘中心，为防止打底层出现内凹，送丝时，送丝的手要稳，送丝位置要准，焊丝到达熔池位置后手要稍稍用力。焊枪的摆动为锯齿形，因不锈钢金属液流动性较差，焊枪摆动速度较慢，摆动到坡口一侧时，一定要停顿，看到金属液到达坡口一侧方可再离开，以保证打底层焊缝正面平整无沟槽。打底层厚度一般为 2~3mm。

不锈钢焊接在打底过程中，背部充氩效果非常关键，若充氩效果良好，一般打底层质量没问题，若充氩效果不良，会出现金属液不向背部流动，背部焊缝氧化严重，内凹、焊瘤、焊缝成形差等情况。打底焊道仰焊时焊枪的倾角如图 8-15 所示。

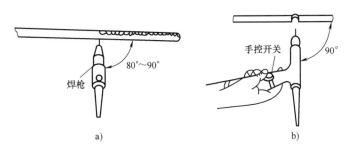

图 8-15　打底焊道仰焊时焊枪的倾角

4）停弧：当需要停弧时，应向熔池给送少量焊丝并将电弧引向坡口，按下高频开关，电弧逐渐熄灭，当电弧完全熄灭后约 1~2s 再移开焊枪。

5）接头：接头前，当条件允许时，可以用角向磨光机、锯条等工具将接头处的焊缝打磨成一个约 45°~70°的斜坡。

接头时，将焊枪移动到接头处后方约 10~20mm 处，引燃电弧后，以正常的焊接速度摆动焊枪前进至接头处，当看到接头处有熔化的金属液时再给送焊丝。当焊到距离定位焊缝接头处 2.5~5mm 处时，转动钨极使电弧呈圆形旋转 1~2 圈，使定位焊缝的熔池边缘也开始熔化，然后再给送焊丝 1~3 次，待熔池填满后，继续填加少量焊丝并前进 5~10mm 再停弧，以防止产生缩孔。

打底层焊接完成后，首先检查打底层焊缝有无缺陷，对产生的焊瘤、气孔、未熔合等用扁铲、尖錾或角向磨光机清除干净，再用钢丝刷、钢丝轮等将焊缝表面的污物等刷干净。

（3）盖面层的焊接　盖面层焊接方法有两种：一种是大家常用的断丝焊接方法；另一种是连丝摇摆焊接方法。因为不锈钢的导热性差，焊缝散热速度慢，所以焊接时，应该采用小电流、快速焊，也可以在焊接一定长度后，停止焊接，待温度降到 60℃ 以下时再进行焊接。盖面层焊接采用摇摆连丝焊效果更好。若不会摇摆焊，也可以采用常规的断丝焊接方法。

焊接时，焊枪后倾角为 70°~80°，焊枪左右倾角为 90°，焊丝前倾角为 30°。钨极端部始终距离熔池表面 3~5mm。采用锯齿形或月牙形运弧方法。

焊接盖面层时，打底层不再需要氩气保护。继续采用左向焊法，将焊枪放在始焊端边缘，抬高焊枪约 3~10mm，按下高频开关，引燃电弧，然后迅速将电弧调到正常位置，一般钨极端部距离母材表面 3~5mm，沿着坡口棱边慢速摆动 2~3 次，对起头部位进行预热，然后给送焊丝。在始焊端 0~5mm 处，焊接前进速度、摆动速度都要慢一些，5mm 以后可以正常的焊接速度进行焊接。

焊接时，采用一点法送丝，即焊枪沿棱边摆动一次，左手向熔池中心送丝一次，送丝量约为 5mm，送丝量可根据需要确定。焊接时拿枪的手要用小手指指尖或中指、无名指指尖支撑在母材表面，拿焊丝的手也可以倚靠在母材上，确保焊枪和送丝的手要稳，送丝要准。

焊接时，摆动宽度以熔池覆盖每侧棱边 0.5~1mm 为准，焊接电流稍小、焊接速度稍快，以防止不锈钢在 450~800℃ 之间停留时间过长。

准备收弧时，再向熔池内送少量焊丝，不要摆动焊枪，按下高频开关，电弧逐渐熄灭后焊枪再离开熔池上方，以防止产生气孔和缩孔。

接头时，焊枪在接头处后方 10~15mm 处引燃电弧，以锯齿形或月牙形摆动向前，到达接头处及时添加焊丝。

4. 不锈钢的焊后处理

为增加奥氏体不锈钢的耐腐蚀性，一般焊后应进行表面处理，处理的方法分为抛光、酸洗和钝化。详见本章第一节 4。

5. 焊接质量检验

5mm 厚不锈钢板对接仰焊 TIG 焊单面焊双面成形的焊接质量检验参见表 8-2。

第五节　低碳钢管对接水平固定 TIG 焊单面焊双面成形

操作难点：全氩水平固定焊管极易在打底焊时的仰焊部位出现内凹，平焊部位会产生焊缝超高，焊接接头部位会出现未熔合、焊瘤、缩孔、咬边等缺陷。

技术要求：选择合适的焊接参数及根部间隙，熟练掌握焊丝与氩弧焊枪的配合技巧，尽量少发生焊丝与钨极、熔池相碰的概率，掌握运弧方法。

1. 焊前准备

（1）母材

试件尺寸：$\phi51mm\times4mm\times100mm$，两节。

试件材质：20g。

试件坡口尺寸：V形坡口尺寸及定位焊缝如图 8-16 所示。

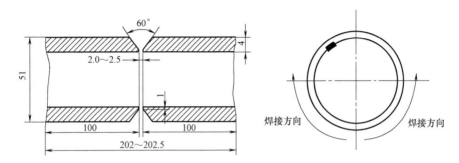

图 8-16　管对接水平固定焊试件 V 形坡口尺寸及定位焊缝

根部间隙：2.0~2.5mm。

钝边尺寸：1mm 左右，在工程上焊接时，一般不需要打磨钝边。

（2）焊接材料

焊丝：ER50-G。

氩气：纯度 99.99%（体积分数）。

钨极：WCe-20，$\phi2.5mm$。

（3）焊接设备　WS-400（或其他类型的氩弧焊机）。

（4）工具　面罩，氩弧焊枪，氩气流量计，小手电筒，角向磨光机，磨光片，切割片，内磨机，合金旋转锉，锤子，扁铲，钢丝刷（钢丝轮）等。

（5）试件清理　焊接前将焊丝和管子内外壁待焊处 10~15mm 范围内的铁锈、污物等清理干净，防止焊接过程中产生气孔等缺陷。

钨极一般有钍钨极、铈钨极、锆钨极等，目前一般采用铈钨极。钨极的伸出长度一般为8mm 左右，如图 8-17 所示。钨极太长氩气保护效果不好，钨极太短容易阻挡焊工视线，影响焊接操作。

焊接前应将钨极打磨成圆锥形，这样电弧稳定，焊缝成形良好，钨极形状及几何尺寸如图 8-18 所示。

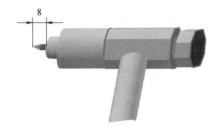

图 8-17　钨极伸出长度

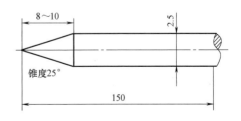

图 8-18　钨极形状及几何尺寸

2. 焊接参数

$\phi51\text{mm}\times4\text{mm}$ 低碳钢管对接水平固定 TIG 焊单面焊双面成形的焊接参数见表 8-3。

表 8-3　低碳钢管对接水平固定 TIG 焊单面焊双面成形的焊接参数

操作项目	电源极性	焊接电流 /A	电弧电压 /V	焊接速度 /(mm/min)	氩气流量 /(L/min)	焊丝直径 /mm
装配定位焊	直流正接	95~110	10~12	40~50	8~10	$\phi2.5$
打底层焊接	直流正接	95~110	10~12	40~50	8~10	$\phi2.5$
盖面层焊接	直流正接	90~100	10~12	45~55	8~10	$\phi2.5$

3. 焊接操作

（1）定位焊　水平固定是将管子轴向固定在水平方向的焊接位置。试件组装定位焊，焊缝长度为 10~15mm，焊接材料与正式焊接试件时相同。定位焊缝两端应预先打磨成斜坡。背面焊透成形好，定位焊缝不得有缺陷。定位焊缝在上方 11 点或 1 点位置，定位焊缝为一条或两条。

（2）打底层的焊接　打底层焊接从 5 点或 7 点位置引弧，引弧点如图 8-19 所示。

从 7 点处引弧，逆时针焊接。引弧的方法有钨极划擦引弧法（即，像划火柴一样，将钨极端部与母材接触，然后迅速抬高电弧，引燃电弧）；高频引弧法（即，采用高压击穿的引弧方式，在钨极和焊件之间加一高压脉冲，使两极间气体介质电离而引弧。是非接触引弧方法的一种，可以减少引弧时钨极的磨损）；焊丝划擦引弧法（即通过焊丝划动，让焊丝与母材连接的瞬间引燃电弧）。钨极划擦引弧法应用较多，但容易产生夹钨，划伤母材；焊丝划擦引弧法不易产生电弧划伤母材和夹钨的现象。

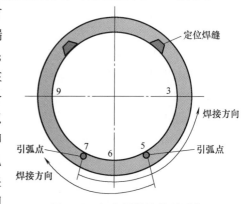

图 8-19　打底层焊接的引弧点

焊接时，食指和大拇指握住焊枪，中指或无名指或小拇指支撑管子进行焊接。焊枪与管子切线的角度为 80°~90°，焊丝送进方向与管子切线的角度为 10°~15°。

焊接收弧方法有高频收弧和非高频收弧，采用非高频收弧时，将电弧拉至坡口内侧收弧，不在弧坑处收弧，可以防止产生弧坑裂纹和缩孔。

焊接接头时，在距离待接头部位下方 10~15mm 处引弧，引燃电弧后焊枪左右摆动预热焊缝但不添加焊丝，待弧坑处温度合适后，再添加焊丝进行焊接。氩弧焊焊接运弧法一般有锯齿形和月牙形。

焊丝端部应始终处于氩气保护范围内，避免焊丝头氧化，且焊丝不能直接插入熔池，应位于熔池前方熔化边缘送丝，送丝动作要干净利落。焊接过程中，电弧给熔池和坡口根部的加热要均匀，应控制坡口两侧熔透一致，以保证背面焊缝的成形。各个位置焊接都要掌握控制好熔池温度、给送焊丝的时机和适当的焊接速度。水平固定管只有几个位置，即：仰、立、平位置转换焊接，只要控制好根部钝边熔化和熔池温度、给送焊丝时机和适当的焊接速度，打底层的焊接就会顺利进行。

因为打底焊下半部分容易产生未焊透、内凹等缺陷，所以一般焊完下半部分应该用手电光照射管道内部，检查有无缺陷，确定无缺陷后再焊接上半部分。

打底层焊接完成后，首先应检查打底层焊缝有无缺陷，对产生的焊瘤、气孔、未熔合用扁铲、尖錾或角向磨光机清除干净，再用钢丝刷、钢丝轮等将焊缝表面的污物等清理干净。

（3）盖面层的焊接

盖面层焊接时，焊枪、焊丝的给送角度与打底层焊接相同，电弧长度和摆动幅度稍大些，焊接速度略大于打底层焊道，焊缝宽度应以坡口两侧边缘各熔合 0.5~1.0mm 为宜，焊接时要注意坡口两个边缘的熔合。盖面焊时要求熔合好，防止层间黏合和焊瘤的产生。盖面层焊接的接头应与打底层的接头错开。

盖面层焊接接头时从待接头部位前方 10~15mm 处引弧，引导电弧至接头部位，在接头部位左右摆动 1~2s 预热接头部位，当接头部位形成熔池后，填丝焊接。

为了方便仰焊及平焊接头，焊接前一半时，在仰焊位置时钟 7 点位置起焊，逆时针经过 5 点、3 点、1 点到 11 点平焊位置收弧，收弧点超过中心线约 5~10mm。

盖面时电弧应稍抬高，以增加电弧的宽度，也便于观察焊缝余高、宽窄，熄弧时为了填满弧坑，焊枪不要立即移开，停留几秒左右再慢慢移开，以保护焊缝接头。应保证焊缝表面饱满且与母材圆滑过渡。

小管水平固定焊，三个焊位（仰、立、平焊）转换焊接，要注意焊枪角度、给送焊丝角度与位置和运弧方法，应随着焊接位置的变化而随时变化，力求焊缝成形一致。

4. 焊后清理

盖面层焊接完成后，先剔除焊缝表面的少量飞溅，再用钢丝轮或钢丝刷将焊缝表面的氧化皮等清理干净。

5. 焊接质量检验

$\phi51mm\times4mm$ 低碳钢管对接水平固定 TIG 焊单面焊双面成形的焊接质量检验见表 8-4。

表 8-4　低碳钢管对接水平固定 TIG 焊单面焊双面成形的焊接质量检验

序号	检查项目		标准要求
1	焊缝尺寸	余高	0~3mm
		高低差	0~3mm
		宽窄差	0~3mm
		咬边	深度≤0.5mm 长度≤30mm
		根部凸出	0~3mm
		根部内凹	深度≤0.5mm 长度≤10mm
		错边	≤1mm
		角变形	0~1mm
		表面气孔	ϕ≤1.5mm 数量≤2 个
2	表面成形		1. 成形较好，鱼鳞纹均匀，焊缝平整 2. 焊缝表面飞溅、氧化皮、污物等清理干净 3. 焊缝表面无裂纹、未熔合、未焊透、焊瘤等缺陷
3	内部检验		参照标准《承压设备无损检测》NB/T 47013.2—2015

第六节 低碳钢管对接垂直固定 TIG 焊单面焊双面成形

操作难点：盖面焊时易出现焊缝上部有咬边，下部焊肉下坠。

技术要求：选择合适的焊接参数，焊枪角度要随焊接管件外表圆弧位置的改变而改变。

1. 焊前准备

（1）母材

试件尺寸：φ51mm×4mm×100mm，两节。

试件材质：20g。

坡口形式：V 形坡口，60°。

钝边尺寸：1~1.5mm。

根部间隙：2.5mm 左右。留有适当反变形。

低碳钢管对接垂直固定 TIG 焊试件尺寸及坡口形状如图 8-20 所示。

（2）焊接材料

焊丝：ER50-G。

氩气：99.99%（体积分数）。

钨极：WCe-20，φ2.5mm。

（3）焊接设备 WS-400（或其他类型的氩弧焊机）。

（4）工具 焊工面罩，氩弧焊枪，氩气流量计，小手电筒，角向磨光机，锤子，扁铲，内磨机，合金旋转锉，钢丝刷（钢丝轮）等。

其他材料：氩气管，磨光片，切割片。

（5）试件清理 将已清理好的试件放在型钢上，对齐找正，调整好根部间隙，要求内壁平齐不错边。然后进行定位焊，定位焊缝长度一般为 5~10mm，焊接时注意反变形量，定位焊缝应焊透，背面成形良好，无缺陷，试件经检查符合要求后，按垂直固定的要求和适当的高度固定在操作架上。

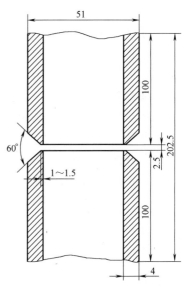

图 8-20 低碳钢管对接垂直固定 TIG 焊试件尺寸及坡口形状

2. 焊接参数

φ51mm×4mm 低碳钢管对接垂直固定 TIG 焊单面焊双面成形的焊接参数见表 8-5。

表 8-5 低碳钢管对接垂直固定 TIG 焊单面焊双面成形的焊接参数

操作项目	电源极性	焊接电流 /A	电弧电压 /V	焊接速度 /（mm/min）	氩气流量 /（L/min）	焊丝直径 /mm
定位焊	直流正接	95~110	10~12	45~55	8~10	φ2.5
打底层焊接	直流正接	95~110	10~12	45~55	8~10	φ2.5
盖面层焊接	直流正接	90~100	10~12	50~55	8~10	φ2.5

3. 焊接操作

（1）打底层的焊接　在焊接过程中，遇到定位焊时，第一滴金属液从坡口上侧牵引至下侧，同时用焊枪熔化两侧坡口边缘形成定位焊缝，定位焊缝长度为 5～10mm。管对接垂直固定焊的起焊位置如图 8-21 所示。

全氩小管垂直固定焊接时，定位焊焊缝只需一点，定位焊缝在时钟 10～11 点位置，从 3 点位置引弧，顺时针焊接。为防止间隙缩小，可以在焊前将一根焊丝端头塞进间隙，塞入长度约 3～5mm，待焊到此处时，停弧将焊丝取出。

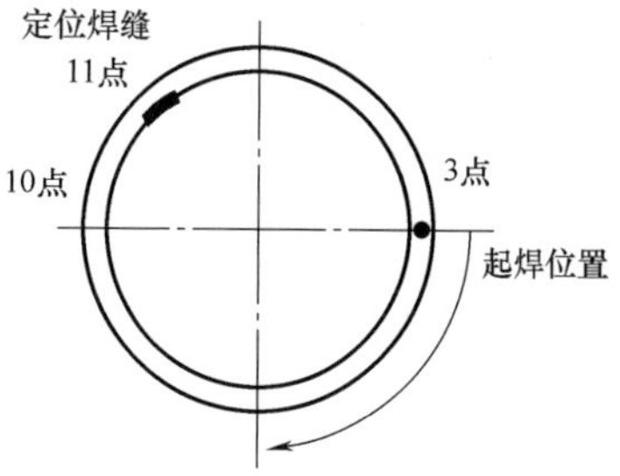

焊枪与焊缝两侧的母材均应保持垂直，焊接时，用小拇指支撑在管子上，以保证焊接过程中电弧稳定。焊接时要多锻炼左右手运枪和送丝手法。

图 8-21　管对接垂直
固定焊的起焊位置

焊接过程中，焊丝与管子切线的夹角为 10°～15°，焊枪与管子上焊接点切线的夹角为 80°～90°。电弧长度控制在 1～2mm 左右。焊丝与焊枪夹角为 90°～110°。

引弧方法主要为高频引弧，引燃电弧后焊枪上下摆动预热焊缝坡口内表面 2～3s，待两侧坡口边缘温度上升后，开始送丝，第一滴金属液的操作与定位焊相同。

焊接过程中采用锯齿形运弧法焊接。

焊接过程中接头时，从待焊部位后方 5mm 左右的地方引弧，将焊枪快速拉至接头位置，电弧在收弧弧坑处上下摆动预热焊缝，待弧坑熔化形成清晰的熔池后开始添加焊丝进行焊接。

焊接中途收弧和最终收弧时，为了防止出现弧坑裂纹和收弧缩孔，应将电弧收在坡口内侧，收弧时应注意，给一滴金属液向前运弧 2～5mm，再给送一滴金属液，然后再压低电弧向前移动 10～20mm 后迅速熄弧。

氩弧焊中途停弧和最终收弧时，若采用非高频焊接，应将电弧拉长，移动到坡口内表面收弧。

打底层焊接完成后，首先应检查打底层焊缝有无缺陷，对产生的焊瘤、气孔、未熔合用扁铲、尖錾或角向磨光机清除干净，再用钢丝刷、钢丝轮等将焊缝表面的污物等清理干净。

（2）盖面层的焊接　焊接盖面层时，引弧焊接的起点要与打底层焊接的接头在接头处错开 10mm 左右，焊枪角度与打底焊相同，但电弧的长度应长于打底焊。焊丝的给送位置在熔池前上方，熔池上方金属液多，可以防止因熔池温度和液体金属自重使金属液下滑而产生焊缝上部咬边的缺陷，焊后焊缝表面应平整圆滑。

焊接过程中应掌握好焊接速度、给送焊丝的位置和时机，焊道的成形应圆滑过渡，无超过检验要求的缺陷。

焊接过程中接头时，可以在待焊部位前方 5～10mm 左右处引燃电弧，然后快速移动到接头处，对接头位置进行预热，当接头位置熔化形成清晰的熔池后，开始填丝焊接。接头时也可以从接头处后方 5～10mm 处引燃电弧，然后以锯齿形或月牙形摆动前进。摆动宽度、前进速度与正式焊接相同。当电弧到达熔池的 1/3 地方时，即可添加焊丝，这时焊丝量要少，到达熔池中心后，送丝量和正常焊接相同。

无障碍的单管焊接时，焊接顺序一般为顺时针或逆时针。

焊接过程中为了保证焊缝高低一致。应时刻观察熔池大小，保证熔池大小一致，盖面以上下坡口棱边熔化 0.5~1mm 为宜。

盖面焊后可对焊缝表面的焊渣、氧化物等进行清理，若发现缺陷要及时处理，但焊接比赛时不能补焊和修磨，要保持焊缝的原始状态。

4. 焊后清理

盖面层焊接完成后，先剔除焊缝表面的少量飞溅，再用钢丝轮或钢丝刷将焊缝表面的氧化皮等清理干净。

5. 焊接质量检验

ϕ51mm×4mm 低碳钢管对接垂直固定 TIG 焊的焊接质量检验参见表 8-4。

第七节　低碳钢管对接水平固定加障碍管 TIG 焊单面焊双面成形

操作难点：打底焊时因金属液受重力作用，焊缝背部极易出现焊瘤、内凹，焊接接头部位会出现未熔合、焊瘤、缩孔等缺陷。焊缝表面容易产生咬边、接头不良等缺陷。

技术要求：选择合适的焊接参数及根部间隙，熟练掌握焊丝与焊枪的配合技巧及焊接方法，尽量少发生焊丝与钨极、熔池相碰的概率。

1. 焊前准备

（1）母材

试件尺寸：ϕ51mm×4mm×100mm，两节。

试件材质：20g。

坡口形式：V 形坡口，60°。

根部间隙：2.0~3.0mm。

钝边尺寸：0~0.5mm。

低碳钢管对接水平固定加障碍管 TIG 焊试件及坡口的形状和尺寸如图 8-22 所示。

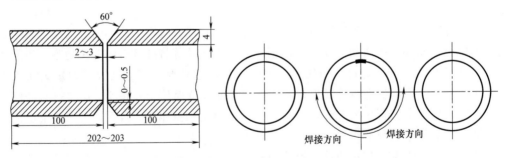

图 8-22　低碳钢管对接水平固定加障碍管 TIG 焊试件及坡口的形状和尺寸

（2）焊接材料

焊丝：ER50-G

氩气：纯度 99.99%（体积分数）。

钨极：WCe-20，ϕ2.5mm。

（3）焊接设备　WS-400（或其他类型的氩弧焊机）。

（4）工具　焊工面罩，氩弧焊枪，氩气流量计，小手电筒，角向磨光机，锤子，扁铲，内磨机，合金旋转锉，钢丝刷（钢丝轮）等。

其他材料：氩气管，磨光片，切割片。

（5）试件清理　试件组对前，将焊丝和管材坡口附近内外壁15~20mm范围内的油、水或其他污物，用角向磨光机、内磨机打磨干净，直至露出金属光泽，以防止焊接过程中产生气孔等缺陷。打磨出0~0.5mm的钝边（是否打磨钝边及打磨钝边的尺寸可以根据具体情况决定）。

2. 焊接参数

φ51mm×4mm低碳钢管对接水平固定加障碍管手工钨极氩弧焊单面焊双面成形的焊接参数见表8-6。

表8-6　低碳钢管对接水平固定加障碍管手工钨极氩弧焊单面焊双面成形的焊接参数

操作项目	电源极性	焊接电流/A	电弧电压/V	焊接速度/(mm/min)	氩气流量/(L/min)	焊丝直径/mm
装配定位焊	直流正接	100~120	11~13	30~40	8~10	φ2.5
打底层焊接	直流正接	95~110	11~13	50~60	8~10	φ2.5
盖面层焊接	直流正接	95~110	11~13	27~30	8~10	φ2.5

3. 焊接操作

（1）定位焊　定位焊前，首先检查焊接坡口及周围是否打磨干净，查看根部间隙是否合适，定位焊缝为一条，在时钟12点位置。定位焊的焊接材料与正式焊接相同。

（2）打底焊　条件允许时，打底焊采取两人对称焊，尽量选择先焊下半部分，这样可以减少或防止管道变形。

焊接时，应做到通过选择合理的焊接顺序来减少焊接变形量，并要尽量减少焊接接头，以确保焊缝的内在质量和外观工艺。焊接时分四部分焊接，焊接顺序如图8-23所示。

当仰焊部位根部间隙与焊丝直径接近时，可以将焊丝放到间隙正中央，如果间隙较大时，焊丝可以随电弧从一侧移向另一侧，或者在坡口两侧各给送一定量的金属液，使金属液将坡口左右两侧连接，形成起头焊缝。

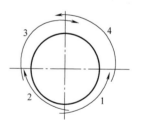

图8-23　打底焊的焊接顺序

焊接下半部分焊接坡口时，眼睛应正对坡口，在焊到立焊位置时，送丝难度加大，眼睛看不清熔池，为保证质量，头应侧转45°角，这样可以通过眼睛余光观察到立焊部位的熔池、送丝位置等，以保证焊丝能顺利送到位，送丝量要少，送丝及运弧的手要稳，以减少钨极与焊丝相碰而产生钨夹渣或气孔，或焊丝送不到位而产生焊瘤、未焊透等缺陷。焊到侧障碍管时，焊枪基本靠住侧障碍管，目的是防止因障碍管的影响使焊枪角度变小而影响氩气的保护效果。

当从仰焊部位焊到立焊部位收弧时，向熔池内再送1~2滴金属液，给送金属液量要少，并将电弧移到坡口边收弧，防止在高温时突然收弧，在熔池上出现裂纹或缩孔。

当遇到间隙较小时（小于2mm），不仅要保证焊透，而且还要保证仰焊部位不产生内凹，其难度较大，因此应采取以下措施：

1）应适当调大焊接电流采用断丝法焊接，焊接电流应比正常情况下大 5~20A。

2）焊接时，打开熔孔后再向熔池送丝。焊接操作时要注意，每次等电弧熔化钝边打开熔孔后，再送下一滴金属液，一般焊丝在钨极前方送进。

3）在仰焊位置焊丝在钨极后方直接送到熔池部位，并向上轻轻一顶，将金属液顶起，使仰焊部位的根部凸出。操作时，应把握送丝力度，均匀送丝，否则会在熔池背部产生生丝，熔池表面产生凹坑。若产生凹坑，运条时应采取划半圈形运弧法，使表面凹坑进一步熔化消失。

下半部分焊接完成后，用手电光照射管道根部，检查有无内凹、生丝、未熔合等缺陷，没有缺陷再焊上半部分。

焊上半部分时，为了保证氩气的保护效果，氩弧焊枪几乎要靠住侧面的管子，受侧方位管子的影响，焊枪角度应小一些，焊接时眼睛要紧盯着熔池，看到钝边熔化，焊丝要从侧方位 45°角送进，以防止焊丝影响视线。每次给送焊丝量要少一些，以防止产生焊瘤，甚至未熔合。

立焊接头时，焊枪在上方，引燃电弧后，钨极尖到达接头处，然后再往下 5~10mm，在焊缝正中间停顿 1s，然后摆动上移，摆动宽度、焊接速度与正式打底焊接相同，到达接头部位后，看到前一段焊缝收弧处的缩孔、未焊透熔合后，再给送焊丝，当间隙合适时，焊丝在熔池的前方边缘，当间隙较大时，可以采用两点法送丝，要求每次送丝要稳要准，运弧方式为锯齿形或月牙形。焊枪后倾角在无障碍管影响时为 70°~80°，在有障碍管影响焊接时，可以适当大一些，然后随着焊接的进行，不断调整焊枪的后倾角，直到符合要求。在平焊位置收弧时，无论有没有高频引弧，都应该填满熔池，然后将电弧引到坡口一侧，防止产生缩孔。

焊接上半圈的 1/2 焊缝时，接头、运弧、焊枪、焊丝角度都可以与前面的方法一致，在平焊位置接头即封口焊接时，在距离收弧点大约 5mm 左右，焊枪转圈运弧，预热接头部位 2~3s，形成熔池后，向熔池中添加焊丝接头。为防止接头部位产生内凹，待填满熔孔后，再将焊丝对准接头部位熔池轻轻顶 1~2 次，然后不填丝向前移动 10mm 收弧，使接头部位凸起、高低一致、熔合良好。

注意，一般焊到大约时钟 11-12-1 点钟位置时，焊接速度应稍快，防止金属液下坠形成焊瘤。

水平固定管钨极氩弧焊打底焊，当根部间隙较大时，可以采取单点法或两点法向熔池送丝，也可以采取连丝的方法送丝，同时，还应根据间隙大小的具体情况适当减小焊接电流，加快焊接速度。

此种管材打底层的厚度为 2~3mm。

打底层焊接完成后，首先检查打底层焊缝有无缺陷，对产生的焊瘤、气孔、未熔合用扁铲、尖錾或角向磨光机清除干净，再用钢丝刷、钢丝轮等将焊缝表面的污物等清理干净。

（3）盖面焊　盖面焊接时采用锯齿形或月牙形运弧方法。

盖面焊的焊接顺序如图 8-24 所示。

当坡口面宽度小于 10mm 时，采用一点法送丝，焊丝放在坡口中央，当电弧将坡口熔化后，钨极将熔化的金属液带至坡口两侧。

当坡口面宽度大于 10mm 时，采用两点法送丝，焊丝在坡口内左侧送一滴金属液，右侧

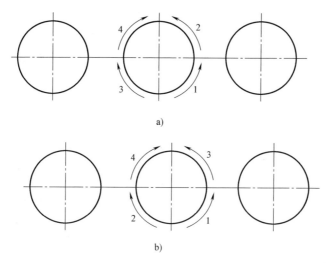

a)

b)

图 8-24　盖面焊的焊接顺序

a）盖面焊的焊接顺序 1　b）盖面焊的焊接顺序 2

送一滴金属液，这种方法焊缝饱满，且不易产生咬边。需要较多焊丝时，也可以采用连续送丝，或者分道焊接。

以图 8-24b 的焊接顺序为例，先焊第一部分。从时钟 6：30 位置向 3 点位置焊接。小径管焊接时，带有障碍的情况下，时钟 3 点和 9 点位置常会出现咬边、接头不良、未熔合、缺肉等现象。因此从时钟 6 点处焊到 3 点或 9 点位置时，氩弧焊枪、喷嘴要向其旁边的管子倾斜，努力增大氩弧焊枪的倾斜角度，确保氩气保护范围，焊接时，在保证焊接质量的前提下为了使时钟 3 点和 9 点位置的接头容易，一般立填收弧应尽可能向上多焊一点。

焊接第二部分时，引燃电弧后，焊枪到达大约 5：30 位置，焊枪按正常的焊接速度、摆动宽度，以月牙形或锯齿形摆动前进接近接头部位，因第一部分起头部位金属液少，焊缝宽度不够，这时先送少量金属液补充缺少金属液的部位，切记防止搭接过多而使接头部位超高，然后根据需要增加金属液量。最终使焊接接头达到高低一致、宽窄相等的目标。

焊接第三部分时，焊枪向侧方位的管子倾斜，引燃电弧后，钨极尖到达接头点后，应再向下延伸 5~10mm，在已焊接的焊缝表面不填丝按正常速度前进，相当于对该部分焊缝进行预热，到接头处放慢摆动及上移速度，看到接头和熔合良好后，再正常向上焊接，到达时钟 12：30 结束。

盖面焊时，摆动的宽度以坡口面宽度为基准，保持熔池覆盖坡口两侧棱边 0.5~1mm。

当焊到时钟 12 点位置时，接上头后，不能马上收弧，应继续前进并给送少量焊丝，前进 10mm 左右再熄弧。

焊接完成后，焊工要对焊缝进行自检（个人检查），发现缺陷及时清除。

当坡口面较宽时，坡口面可以采用两道焊。

不论是打底焊还是盖面焊，都要采取合理的焊接顺序，以防止出现管排变形而呈拱起状。

4. 焊后清理

盖面层焊接完成后，先剔除焊缝表面的少量飞溅，再用钢丝轮或钢丝刷将焊缝表面的氧化皮等清理干净。

5. 焊接质量检验

ϕ51mm×4mm 低碳管对接水平固定加障碍管 TIG 焊单面焊双面成形的焊接质量检验参见表 8-4。

第八节　低碳钢管对接垂直固定加障碍管 TIG 焊单面焊双面成形

操作难点： 根部背面易产生接头不良、轻微内凹。焊缝表面焊趾处易产生咬边等缺陷。

技术要求： 要求根部全部焊透，接头良好，根部内凹、焊瘤在允许范围之内，层间无未熔合现象。焊缝正面波纹均匀、细密、一致，尺寸、咬边符合要求。焊缝表面无气孔、裂纹、焊瘤等缺陷，杜绝泪滴形焊缝。

1. 焊前准备

（1）母材

试件尺寸：ϕ51mm×4mm×100mm，两节。

试件材质：20g。

坡口形式：V 形坡口，60°。

根部间隙：2.0~3.0mm。

钝边尺寸：0~0.5mm。

低碳钢管对接垂直固定加障碍管焊接的试件及坡口形状和尺寸如图 8-25 所示。

（2）焊接材料

焊丝：ER50-G。

氩气：99.99%（体积分数）。

钨极：WCe-20，ϕ2.5mm。

（3）焊接设备　WS-400（或其他类型的氩弧焊机）。

（4）工具　焊工面罩，氩弧焊枪，氩气流量计，小手电筒，角向磨光机，锤子，扁铲，内磨机，合金旋转锉，钢丝刷（钢丝轮）等。

其他材料：氩气管，磨光片，切割片。

（5）试件清理　试件组对前，将焊丝和管材坡口附近内外壁 15~20mm 范围内的油、水或其他污物，用角向磨光机、内磨机打磨干净，直至露出金属光泽，以防止焊接过程中产生气孔等缺陷。打磨出 0~0.5mm 的钝边（是否打磨钝边及打磨钝边的尺寸可以根据具体情况决定）。

2. 焊接参数

ϕ51mm×4mm 低碳钢管对接垂直固定加障碍管 TIG 焊单面焊双面成形的焊接参数见表 8-7。

3. 焊接操作

（1）定位焊　定位焊前，首先检查焊接坡口及周围是否打磨干净。定位焊的焊接材料与正式焊接相同。

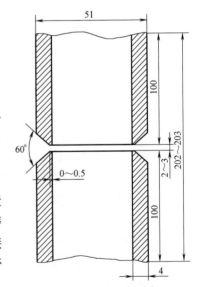

图 8-25　低碳钢管对接垂直固定加障碍管焊接的试件及坡口形状和尺寸

表 8-7　低碳钢管对接垂直固定加障碍管 TIG 焊单面焊接双面成形的焊接参数

操作项目	电源极性	焊接电流 /A	电弧电压 /V	焊接速度 /(mm/min)	氩气流量 /(L/min)	焊丝直径 /mm
装配定位焊	直流正接	100~110	11~13	50~60	8~10	ϕ2.5
打底层焊接	直流正接	90~105	11~13	50~60	8~10	ϕ2.5
盖面层焊接	直流正接	90~105	11~13	50~60	8~10	ϕ2.5

　　垂直固定时定位焊缝一般在时钟 6 点和 12 点位置对称定位焊较好（见图 8-26），定位焊缝长度约 10mm，在条件允许的情况下，定位焊缝两边可以用角向砂轮机或锉刀、小钢锯修磨成斜坡，以方便接头。

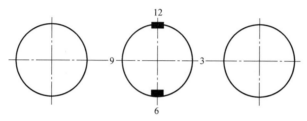

图 8-26　定位焊缝的位置

　　（2）打底层的焊接　打底焊的顺序一般有两种：第一种，分四段焊接，如图 8-27 所示。

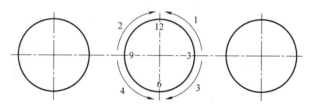

图 8-27　四段打底焊的顺序

　　图 8-24 所示的打底焊接头容易，打底焊缝根部不易产生内凹，产生气孔的概率小，操作难度小，应用广泛。缺点是若操作不熟练会在焊缝表面产生宽窄不齐的现象。

　　第二种，分两段焊接，如图 8-28 所示。

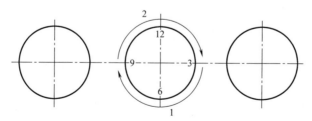

图 8-28　两段打底焊的顺序

　　图 8-25 所示的焊接是从 3 点直接焊到 9 点，再从 9 点焊到 3 点，这种方法只有两个接头，且在两个侧面，焊缝外观整体效果好。其缺点是在收弧部位打底焊缝易产生内凹，收弧处与起头处存在高度差，操作不熟练时，收弧处易产生气孔。

　　1）起头方法

① 当根部间隙为 2~3mm 时，可将焊丝放在间隙正中心偏上。

② 当根部间隙大于 3mm 时，可将焊丝放在上坡口边缘，将第一滴金属液从上坡口引至下坡口，也可以在上坡口送一滴金属液，然后在第一滴金属液和下坡口边缘再给送一滴金属液，使上下坡口边缘连接在一起，也就是采取两点法送丝。

③ 当根部间隙小于 2.5mm 时，可加大焊接电流，看到坡口两侧钝边熔化后，再送丝，送丝时直接将焊丝放到间隙正中央。也可以连丝焊，但焊接电流要比断丝情况下大约 10~20A。

④ 以 3 点位置起头为例：按顺时针方向焊接。起头时，在时钟 4~5 点位置引燃电弧，迅速到达时钟 2 点 50 的位置，停顿 1~2s，这时焊枪前倾角度为 110°~140°，焊丝提前到位准备送丝，焊枪摆动到上坡口，给送焊丝，钨极下移到下破口钝边处，使上下坡口连接，形成第一个熔池。每次焊丝放在靠近上坡口的钝边处，以锯齿形摆动钨极前进，焊枪角度随着管道弧度而不断变化，正常焊枪后倾角度约为 70°~80°，焊接时焊缝熔池超过时钟 6 点位置收弧。

2）收弧方法　打底焊收弧时，必须收在下坡口的坡口内。因为如果收在上坡口，会在上坡口打开熔孔，容易造成管壁内咬边。接头时，由于重力作用金属液下坠而使内咬部分无金属液而形成内凹或内咬边缺陷。如果收在下坡口，形成的内咬边缺陷就会被下坠金属液补充起来，正好消除缺陷。

3）接头方法

① 首首接头：如时钟 12 点到 3 点已经打完底，需要焊接时钟 3 点到 6 点的打底焊缝，接头时在保证不出气孔的条件下，钨极尽可能向对面多延伸一些，长度 5~8mm，摆动钨极前进（相当于一个预热过程），到达时钟 3 点位置接头处，看到接头处金属液熔化后，添加焊丝焊接。

② 尾尾接头：如时钟 3 点到 6 点已经焊接完成，当从时钟 9 点位置焊到距离时钟 6 点位置接头大约 5~8mm 时，钨极尖沿着熔池边转圈，使接头处预热熔化，然后添加焊丝，一滴金属液若填不满，可以分多次填满熔池，送丝时，焊丝可以稍用力顶熔化的金属液，使接头处熔合良好，焊缝高低一致。

在有障碍部位起头、接头时，电弧到达下部后一定要停顿，看到金属液到达下方后再离开。防止下方产生熔合不良及沟槽。

打底层焊接完成后，首先检查打底层焊缝有无缺陷，对产生的焊瘤、气孔、未熔合等用扁铲、尖錾或角向磨光机清除干净，再用钢丝刷、钢丝轮等将焊缝表面的污物等清理干净。

（3）盖面层的焊接　盖面层焊接时，焊接顺序可参照打底层焊接。

盖面层焊接操作时采取锯齿形或月牙形运弧。焊丝在熔池的上边缘处，通过钨极尖将熔化的液态金属从上往下带动。运弧中钨极摆动和焊丝送进要密切配合，互相之间不要碰撞，以防止产生气孔。钨极端部距离熔池 3~5mm 为宜。

盖面层焊接时，为确保氩气保护效果，喷嘴与坡口两侧的母材成 85°~90° 角，喷嘴的前倾角一般为 110°~120°。如果焊接侧障碍管时，喷嘴在有障碍部位的前倾角应适当减小；在无障碍部位，喷嘴前倾角恢复为正常角度。在有障碍的部位接头时，钨极尖要努力向接头部位对面延伸，钨极摆动幅度较正常焊接时要宽一些，每次钨极到达下坡口处时，要停顿，使液态金属将下坡口棱边覆盖，防止出现接头部位宽窄不齐、接头脱节、棱边未熔、下坡口咬边等现象。

在焊接过程中，应根据坡口面的宽度选择合适的盖面焊接方法。当坡口面小于 8mm 时，采用单道焊，当坡口面较宽（大于 8mm）时，为了保证焊接质量，采用多道焊，否则坡口上方易产生咬边，下方易产生下坠。

无论哪种接头，都要适当搭接一些，以达到接头部位与其他部位的高低宽窄一致。防止产生接头高低不平、宽窄不齐、成形不良等现象。

4. 焊后清理

盖面层焊接完成后，先剔除焊缝表面的少量飞溅，再用钢丝轮或钢丝刷将焊缝表面的氧化皮等清理干净。

5. 焊接质量检验

ϕ51mm×4mm 低碳钢管对接垂直固定加障碍管手工 TIG 焊单面焊双面成形焊接质量检验参见表 8-4。

第九节 低碳钢管对接 45°固定 TIG 焊单面焊双面成形

操作难点：斜焊焊接应重点控制焊缝成形与打底焊、盖面焊的接头质量。

技术要求：无障碍焊接时，每次应尽可能减少焊接接头数量，保证焊缝成形美观。

1. 焊前准备

（1）母材

试件尺寸：ϕ51mm×4mm×100mm，两节。

试件材质：20g。

坡口尺寸：V 形坡口，60°。

根部间隙：2.0~2.5mm。

钝边尺寸：1mm 左右。

低碳钢管对接 45°固定 TIG 焊的试件及坡口形状和尺寸如图 8-29 所示。

（2）焊接材料

焊丝：ER50-G。

氩气：99.99%（体积分数）。

钨极：WCe-20，ϕ2.5mm。

（3）焊接设备 WS-400（或其他类型的氩弧焊机），电源极性为直流正接。

（4）工具 面罩，氩弧焊枪，氩气流量计，小手电筒，角向磨光机，锤子，扁铲，内磨机，合金旋转锉，钢丝刷（钢丝轮）等。

2. 焊接参数

其他材料：氩气管，磨光片，切割片。

ϕ51mm×4mm 低碳钢管对接 45°固定 TIG 焊单面焊双面成形的焊接参数见表 8-8。

3. 焊接操作

（1）定位焊 焊前将试件管子坡口两侧 10~

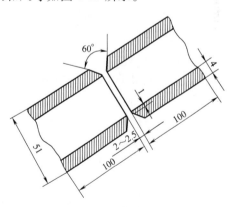

图 8-29 低碳钢管对接 45°
固定 TIG 焊的试件及坡口
形状和尺寸

15mm 范围内的油、锈、污垢等清理干净。用锉刀打磨 0.5~1mm 的钝边，在工程上焊接时，由于管道比较长，可以不用打磨钝边。

表 8-8　φ51mm×4mm 低碳钢管对接 45°固定 TIG 焊单面焊双面成形的焊接参数

焊层	焊接电流/A	电弧电压/V	氩气流量/(L/min)	钨极直径/mm	喷嘴直径/mm	焊丝直径/mm	钨极伸出长度/mm	喷嘴到焊件距离/mm
定位焊	80~95						5~7	
打底焊	75~85	10~12	10~12	2.5	8	2.5	5~7	≤8
盖面焊	75~90						5~7	

小管焊接根部间隙为 2.0~2.5mm，定位焊为管口时钟位置 11 点或 1 点的位置，如图 8-30 所示。定位焊缝长度为 10~15mm。定位焊的工艺要求与打底焊的正式焊接相同。

定位焊时用 φ2.5mm 的焊丝夹在坡口中间，待定位焊完毕冷却后，去掉焊丝。

（2）打底层的焊接　小管 45°固定焊时，从仰焊位置的时钟 5 点位置按顺时针或从时钟 7 点位置逆时针在坡口内侧引弧焊接，引燃电弧后焊枪对准根部间隙中心，预热两边坡口内侧，当坡口根部即将熔化时，填丝焊接。

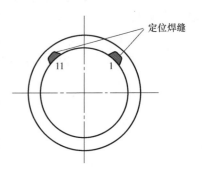

图 8-30　定位焊位置

氩弧焊时焊枪与试件管壁切线保持 80°~90°的倾角，焊丝与试件管壁切线保持在 10°~15°。可以用手支撑在管子上，以保证电弧稳定。

在施焊过程中，焊枪做作齿形摆动，焊丝始终在电弧保护范围内，焊枪注意在下坡口处停留，以保证下坡口钝边熔化及避免产生未熔合。

打底接头时，在待焊部位后方坡口内引弧，然后将电弧拉至弧坑处，以锯齿形摆动预热 2~3s，形成熔池后填丝焊接。

打底层焊接完成后，首先检查打底层焊缝有无缺陷，对产生的焊瘤、气孔、未熔合用扁铲、尖錾或角向磨光机清除干净，再用钢丝刷、钢丝轮等将焊缝表面的污物等清理干净。

（3）盖面层的焊接　盖面层焊接时，同样在仰焊位置引弧，但应与打底层焊接接头错开。引燃电弧后原地摆动预热 3~5s，开始填丝焊接。焊接过程中，起头部位焊接速度稍慢，随着温度的升高，摆动频率和焊接速度应适当加快。

盖面层焊接首尾接头时，在接头部位后方 10~15mm 处引弧，然后迅速拉至接头部位，焊枪左右摆动，等弧坑处表面温度升高且部分熔化后填丝焊接。

最终收弧时注意填满弧坑，抬高电弧熄弧，并将喷嘴对准收弧位置停留 3~4s，以保证焊缝表面质量。

4. 焊后清理

盖面层焊接完成后，先剔除焊缝表面的少量飞溅，再用钢丝轮或钢丝刷将焊缝表面的氧化皮等清理干净。

5. 焊接质量检验

φ51mm×4mm 低碳钢管对接 45°固定 TIG 焊单面焊双面成形的焊接质量检验参见表 8-4。

第十节　不锈钢管对接水平固定背面免充氩气药芯焊丝自保护 TIG 焊单面焊双面成形

药芯焊丝的特点：采用 TIG 焊接方法，使用不锈钢药芯焊丝，其特点可使被焊不锈钢管内免除充氩保护措施，并使焊缝背面受到充分保护，焊缝质量高，既降低了焊接成本，又大幅度提高了工作效率。但与实心焊丝相比，药芯焊丝的特性有所不同，况且焊件又处于水平固定，施焊操作有很大难度。

操作难点：焊接熔池比实心焊丝难控制，容易产生"打钨"、未熔合、凹陷、焊瘤、焊缝成形不良等焊接缺陷，背部焊缝保护不良易产生氧化。

技术要求：要求焊工具有更高的焊接操作水平，保证根部全部焊透，焊缝表面波纹均匀整齐，正、反焊缝表面均无过氧化现象。

1. 焊前准备

（1）母材

试件材质：1Cr18Ni9Ti。

试件尺寸：ϕ89mm×5mm×100mm，两节。

坡口形式：V 形坡口，65°。

根部间隙：3.0~3.5mm。

钝边尺寸：0.5~1.0mm。

不锈钢管对接水平固定药芯焊丝自保护 TIG 焊试件及坡口形状和尺寸如图 8-31 所示。

（2）焊接材料

焊丝：THY-A316（W），ϕ2.4mm。

氩气：纯度 99.99%（体积分数）。

钨极：WCe-5（铈钨极），ϕ2.5mm，钨极端头磨成 20°~25° 的圆锥形。

（3）焊接设备　WS4-300 型或 WS-250 型直流 TIG 焊机，直流正接。

焊前应分别对焊机的水路、气路、电路工作正常与否进行检查，然后再进行负载检查、试焊。

（4）工具　氩气流量表、清渣锤（不锈钢）、钢直尺、钢丝刷（不锈钢专用）、角向打磨机（配不锈钢专用砂轮片）、内磨机，焊缝检测尺等。

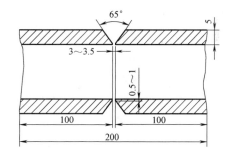

图 8-31　不锈钢管对接水平固定药芯焊丝自保护 TIG 焊试件及坡口形状和尺寸

（5）试件清理　试件组对前，将母材内外两面 15~20mm 范围内的油、水或其他污物，用角向磨光机、内磨机打磨干净，直至露出金属光泽。也可将管件待焊处表面用干净的棉白布蘸丙酮擦拭干净，去除油污、水分等。

焊前应用干净的棉纱或白布蘸丙酮擦拭焊丝，清除焊丝表面的油、污。

2. 焊接参数

ϕ89mm×5mm 不锈钢管对接水平固定背面免充氩药芯焊丝自保护 TIG 焊的焊接参数见表 8-9。

表 8-9　不锈钢管对接水平固定背面免充氩药芯焊丝自保护 TIG 焊的焊接参数

操作项目	电源极性	焊接电流 /A	焊丝直径 /mm	钨极直径 /mm	喷嘴直径 /mm	钨极伸出长度 /mm	氩气流量 /(L/min)
定位焊	直流正接	110~120	2.4	2.5	8	4~5	10~12
打底层焊接	直流正接	90~100	2.4	2.5	8	4~5	10~12
填充层焊接	直流正接	90~120	2.4	2.5	8	4~5	10~12
盖面层焊接	直流正接	100~130	2.4	2.5	8	4~5	10~12

3. 焊接操作

采用药芯焊丝 TIG 焊焊接水平固定管，分为打底焊、填充焊与盖面焊，并均匀分成两个半圈，从下往上进行焊接。

（1）焊前装配定位

1）试件装配：定位焊接时，采用内填丝法，为确保内填丝畅通无阻地穿入管内，必须保证组对间隙合适，不能过大，也不能过小。否则，打底焊间隙过大易形成焊瘤，过小时内填充焊接，焊丝又穿不进管内。一般直径为 2.5mm 的焊丝 6 点钟位置组对间隙以 3.0mm 为宜，12 点钟位置组对间隙以 3.5mm 为宜。定位焊选在"2 点半钟"与"9 点半钟"位置，定位焊缝长度≤10mm，焊缝高度≤3mm 为宜，并将焊缝的两端打磨成缓坡状。

2）试件的固定：将试件固定在焊接操作架上，要求试件的固定高度不得高于 1.3m（以试件中心线为准），试件的定位焊缝不得选在仰焊 5~7 点钟位置。

（2）打底层的焊接　打底焊是保证单面焊双面成形的关键，选择合适的焊接参数、焊丝与焊嘴的角度、焊接顺序及起弧点的位置，才能使打底焊焊接过程顺利进行，保证打底焊缝的质量。焊接顺序与起弧点示意图如图 8-28 所示。整个焊接过程按管的圆周分三个步骤完成，如图 8-32 所示，①从 5 点钟位置起焊，焊到 7 点钟往前 10mm 处熄弧；②从 5 点钟往后 10mm 起弧，焊到 12 点钟往前 10mm 位置处熄弧；③从 7 点钟往后 10mm 位置起弧焊到 12 点钟往前 10mm 熄弧，打底焊完成。这种焊接顺序能减少施焊中停弧、再起弧的接头数量，焊接起来也比较顺手。

1）5 点钟到 7 点钟位置的焊接。该位置处于仰焊位，操作十分不便，是水平固定管试件最难焊的位置。施焊时，操作者右手持焊枪，左手持焊丝，采用内填丝的方法进行焊接。从 5 点钟处起弧，电弧以小锯齿状摆动，匀速向前运动（将焊嘴靠到坡口边上，往前滚动，也称摇把焊法），电弧运动到坡口两侧钝边处稍停，待两侧熔化，并形成 5~6mm 的熔孔，填第一滴焊丝，焊丝的给送位置为坡口间隙中心的两个坡口钝边的边沿，高于管内平面 1~2mm 处，左右交替送丝，送丝的动作要准确、利落，以保证管内背面成形的高度（0.5~

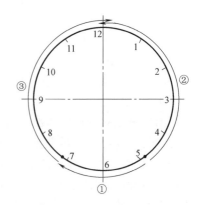

图 8-32　打底焊的焊接顺序与
起弧点示意图

（注：● 代表起弧点；→代表焊接方向；
①②③代表焊接顺序）

1mm）。控制熔孔的大小形状一致，使焊丝均匀熔化并形成一层薄渣均匀地渗透到管口内并均匀地覆盖在熔池上。焊枪（电弧）摆动和送丝的动作要协调好，焊丝的端头始终在氩气的保护氛围内，并防止"打钨"。一直焊到"7 点钟"往前 10mm 处熄弧。焊接过程中，始终要保证熔池清晰可见，熔渣正常浮出。

2）5点钟到12点钟位置的焊接。先将5点钟的接头位置用角向砂轮磨成缓坡状。5点钟到12点钟位置的焊接采用右手持焊枪，左手持焊丝，由于5点钟到2点钟位置变成立向上焊接，并变得越来越容易操作，送丝方式也由内填丝逐渐变成外填丝，焊丝应送到坡口间隙两钝边的根部，并有向熔池根部轻微下压的动作，使其充分熔合，促使管内背面焊缝成形良好，防止未焊透、未熔合、凹陷等焊接缺陷的产生。当焊到2点半钟时接近于平焊位置，焊丝的给送在坡口间隙两钝边位置稍高一些，焊接速度要稍快一点，以防焊肉下坠形成焊瘤。一直焊到12点钟往前10mm处熄弧。完成前半圈的焊接。

3）后半圈的焊接。后半圈焊接前要将7点钟与12点钟两处的接头位置用砂轮磨成缓坡状，以利接头。施焊时，操作者左手持焊枪，右手持焊丝，如图8-33所示，焊接方法与前半圈相同。

后半圈的焊接接好两个头是关键，第一个接头是7点钟处，操作要点是在7点钟处后方10mm处引弧，引燃电弧后，焊枪作锯齿形摆动并前进，焊接速度稍慢，待电弧运动到坡口内砂轮磨成的斜坡处后形成清晰的熔池，并形成熔孔后，才能填加焊丝，防止产生未熔合、凹陷等焊接缺陷。第二个接头是与12点钟处的"碰头"接头，操作要点是，打底焊最终收弧时，焊至距离收弧点约5~8mm时，焊枪电弧作划小圆圈运动，预热接头部位，待接头部位充分熔化形成清晰的熔池时，再填丝，熔孔逐渐缩小，并及时填充焊丝，

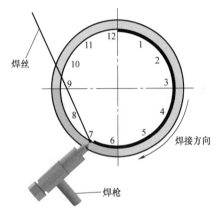

图8-33　后半圈的焊接示意图

连续焊超过12点钟10mm后熄弧，以防产生焊瘤与缩孔等焊接缺陷。

（3）填充层与盖面层焊缝的焊接　焊接填充层与盖面层时，应先清理干净焊缝，然后从焊件的时钟6点钟处起弧，在12点钟处熄弧，分两个半圈完成。采用摆动送丝法进行施焊，焊枪喷嘴与焊接点的切线位置应保持在85°~90°范围内，焊丝与施焊点的切线方向成15°~20°倾角。

施焊时，焊枪喷嘴应靠到焊件坡口两边均匀向上滚动（也称"摇把"焊）。引弧后，焊接速度稍慢些，电弧在坡口两侧稍作停留，待被焊处形成熔池后，再添加焊丝，同时，要密切观察焊丝的熔化状况，需要焊丝充分熔化，并将熔渣正常浮起，有了这种效果，才能继续进行正常焊接。具体做法是：电弧呈锯齿形运动，焊丝端头随电弧跟进，即：电弧在坡口侧停留，形成熔池后，及时送丝，待焊丝充分熔化，熔渣浮起，将电弧立即摆到坡口的另一侧，焊丝跟进，再填送一滴焊丝，电弧再摆回到另一侧坡口，焊丝继续跟进……就这样以此类

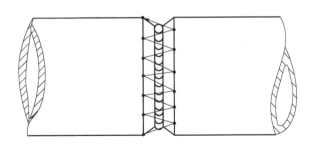

图8-34　填充焊、盖面焊焊枪（电弧）
与焊丝运动示意图

（注：图中●代表给丝位置；→代表电弧运动轨迹）

推，如图 8-34 所示，始终控制"熔池现状"为椭圆形，熔渣能均匀浮在焊缝的表面而不下淌，完成填充层与盖面层焊缝的焊接，需要注意的是：

1）在焊接填充层焊道时，要注意保护两个坡口的边沿线完好无损，同时，焊缝要低于母材表面 0.5~1mm 的高度，为盖面焊时打下良好的基础。

2）填充层与盖面层的焊接过程中，电弧的摆动要稳、要匀，在坡口两侧稍作停留，焊丝的跟进要及时，形成熔池后再添加焊丝，始终保持浮动的熔渣紧跟电弧，形成良好的气渣保护氛围，才能避免产生夹渣、气孔、未熔合、咬边等焊接缺陷，使熔渣能够与焊道顺利脱落，形成圆滑过渡、光洁的、鱼鳞纹清晰的美观焊缝。

4. 焊缝清理

焊缝焊完后，用不锈钢专用钢丝刷将焊接区域清理干净，焊缝处保持原始状况，在交付专职焊接检验前不得对各种焊接缺陷进行修补。

5. 焊缝质量检测

按 TGS 特种设备安全技术规范 TGS Z6002—2010《特种设备焊接操作人员考试细则》进行评定，见表 8-10。

表 8-10　不锈钢管对接水平固定背面免充氩药芯焊丝
自保护 TIG 焊单面焊双面成形焊接质量的检验

序号	检查项目		标　准
1	焊缝尺寸	余高	0~3mm
		高低差	≤2mm
		宽窄差	≤3mm
		咬边	≤0.5mm ≤焊缝长度的 10%
		根部凸出	0~2mm
		根部内凹	深度≤1mm 长度≤10mm
		错边	≤1mm
		角变形	≤3°
		表面气孔	ϕ≤1.5mm 数量≤2 个
2	表面成形		1. 成形较好，鱼鳞纹均匀，焊缝平整 2. 焊缝表面飞溅、氧化皮、污物等清理干净 3. 焊缝表面不得有裂纹、未熔合、夹渣、气孔、焊瘤和未焊透等缺陷
3	内部检验		焊缝经 JB/T4730《承压设备无损检测》标准进行射线检测，不低于 AB 级，焊缝质量等级不低于 Ⅱ 级

第十一节　不锈钢管对接垂直固定背面免充氩气药芯焊丝自保护 TIG 焊单面焊双面成形

操作难点：焊接过程中，熔化金属受重力作用，在管件坡口焊缝的上边缘易产生咬边，在坡口焊缝的下边缘易产生焊肉下坠的不良焊缝成形。如操作不当，还会产生未熔合、夹渣、气孔和焊瘤等焊接缺陷。

技术要求： 为避免缺陷的产生，在正确选择焊接参数的同时，还需要采用合适的焊枪（电弧）与焊丝的角度、送丝位置与焊接速度等进行焊接操作，因此对施焊人员的操作技能水平要求也高。

1. 焊前准备

（1）母材

试件材质：12Cr18Ni9。

试件尺寸：$\phi89mm \times 5mm \times 100mm$，两节。

坡口形式：V形坡口，60°。

根部间隙：3~3.5mm。

钝边尺寸：0.5~1.0mm。

不锈钢管对接垂直固定药芯焊丝自保护TIG焊试件及坡口形状和尺寸如图8-35所示。

（2）焊接材料

焊丝：THY-A316（W），$\phi2.4mm$。

氩气：纯度99.99%（体积分数）。

钨极：WCe-5（铈钨极）$\phi2.5mm$，钨极端头磨成20°~25°的圆锥形。

（3）焊接设备　WS4-300型或WS-250型直流TIG焊机，直流正接。

焊前应分别对焊机的水路、气路、电路工作正常与否进行检查，然后再进行负载检查、试焊。

（4）工具　氩气流量表，清渣锤（不锈钢），钢直尺，钢丝刷（不锈钢专用），角向打磨机（配不锈钢专用砂轮片），内磨机，焊缝检测尺等。

（5）试件清理　试件组对前，将母材内外两侧

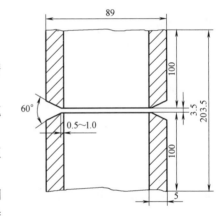

图 8-35　试件及坡口形状和尺寸

15~20mm范围内的油、水或其他污物，用角向磨光机、内磨机打磨干净，直至露出金属光泽。也可将管件待焊处表面用干净的棉白布蘸丙酮擦拭干净，去除油污、水分等。

焊前应用干净的棉纱或白布蘸丙酮擦拭焊丝，清除焊丝表面的油、污。

2. 焊接参数

$\phi89mm \times 5mm$不锈钢管对接垂直固定背面免充氩药芯焊丝自保护TIG焊焊接参数见表8-11。

表 8-11　不锈钢管对接垂直固定背面免充氩药芯焊丝自保护 TIG 焊焊接参数

操作项目	电源极性	焊接电流/A	焊丝直径/mm	钨极直径/mm	喷嘴直径/mm	钨极伸出长度/mm	氩气流量/(L/min)
定位焊	直流正接	100~110	$\phi2.4$	2.5	8	4~5	10~12
打底层焊接	直流正接	90~95	$\phi2.4$	2.5	8	4~5	10~12
填充层焊接	直流正接	100~120	$\phi2.4$	2.5	8	4~5	10~12
盖面层焊接	直流正接	110~130	$\phi2.4$	2.5	8	4~5	10~12

3. 焊接操作

（1）焊前装配定位

1）试件组对如图 8-35 所示。试件的装配尽量保持同心，错边量要小（≤1mm）。按管外径周长的 1/3 长度定位焊两处，有一处为起焊点。定位焊缝长度≤10mm，焊缝高度≤3mm 为宜，并将焊缝的两端打磨成缓坡状。

2）按要求将试件放在焊接操作架上，要求试件的固定高度不高于 600mm（以试件中心线为准）。

（2）打底层的焊接　引燃电弧后，先不添加焊丝，压低电弧对准坡口中心预热两侧坡口面，待坡口面出现熔化迹象，开始填丝，焊丝从上向下引金属液，使金属液与上下坡口钝边搭接上，并使金属液和熔渣分离，金属液清晰可见，然后开始正常的打底焊接。焊嘴的下倾角为 75°~85°，身体围绕试件转动，但操作姿势和焊枪喷嘴角度不能改变，始终在熔池和熔孔的前上方钝边处往里送焊丝，将金属液向下引，可防止根部下坠，促使管内焊缝成形凸出。焊丝填送方式为间断送丝法，即焊接时，焊丝在不离开氩气保护范围内一拉一送，一滴一滴地往坡口根部填送焊丝，焊枪稍作小锯齿形上下摆动，并迅速平稳地前移，电弧在下坡口停留的时间比上坡口稍长。

在施焊过程中，熔孔形状的控制与焊丝和焊枪喷嘴的前移运动要相互配合得当，才能熔透钝边，始终形成坡口上侧较小、下侧稍大的椭圆形小熔孔，焊丝、焊枪喷嘴与管弧面的倾角如图 8-36 所示。

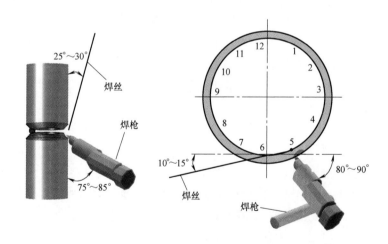

图 8-36　焊丝、焊枪喷嘴与管弧面的倾角示意图

焊丝给送早了，会造成"夹生"焊不透，晚了会引起焊肉下坠或熔透过多，形成焊瘤。焊接速度的快与慢对打底焊层的影响较大，快与慢都会出现未焊透、焊肉下坠、夹渣、气孔、未熔合等焊接缺陷，这一点，只能让施焊者在实际焊接工作中或练习中去体验实心焊丝与药芯焊丝的操作差异才能掌握。

收弧时，向收弧弧坑中再给送两滴金属液（再添加两滴焊丝），断弧后焊枪在原地停留 3~5s，避免被焊区域氧化。接头时，在接头部位后方 10mm 左右处引弧，引燃电弧，焊枪上下作小锯齿形摆动至接头部位，待接头部位形成熔池，并"打出熔孔"，再开始填丝焊接。

（3）填充层、盖面层的焊接　每层焊接前，应先清理干净焊渣。引弧焊接的起点要与前层焊缝的接头错开 15~20mm，焊枪角度、焊丝给送角度与位置和前层焊接相同，但电弧的长度应长于打底焊层，以"摇把"焊接方法为宜（将焊嘴依靠在坡口两侧，均匀地上下作小锯齿形摆动并向前滚动施焊）。具体做法是：电弧在坡口的上下两侧作锯齿形摆动，焊丝的给送位置仍在坡口的上侧方，由于熔池温度的逐步上升与液态金属的自重而下滑，随着焊接操作平稳地前移，形成的熔池金属与熔化的焊丝相互熔合，熔渣浮起，熔池金属液清晰可见，这时，电弧从下往上摆动的速度要稍快，在坡口上侧比坡口下侧停顿的时间要稍长些，以控制熔池金属液不下坠，从上往下摆动的速度要适中，只有掌握好焊接速度、给送焊丝的位置和时机，才能保持熔池形状一致，促成熔渣浮起，上下金属液平整圆滑，坡口上侧不欠焊肉，坡口下侧焊肉不下坠的良好焊缝成形。

还须注意的是：焊接填充层时应使焊缝低于管平面 0.5~1mm，并保持坡口上下轮廓线完好无损，为盖面层的焊接打下良好的基础。盖面焊时，要控制焊缝的高度一致，坡口的上下边沿线要各熔化 0.5~1mm，保持焊缝外观的宽窄一致，形成焊缝正、背面的成形良好，脱渣容易，背面焊缝无氧化，光洁的，鱼鳞纹清晰的美观焊缝。

4. 焊缝清理

焊缝焊完后，用不锈钢专用钢丝刷将焊接区域清理干净，焊缝处保持原始状况，在交付专职焊接检验前不得对各种焊接缺陷进行修补。

5. 焊缝质量检测

ϕ89mm×5mm 不锈钢管对接垂直固定背面免充氩药芯焊丝自保护 TIG 焊单面焊双面成形的焊接质量检测参见表 8-10。

第九章

熔化极惰性气体保护焊

第一节　熔化极惰性气体保护焊的特点及应用

熔化极惰性气体保护焊是使用熔化电极、使用惰性气体作为保护气体的气体保护焊，又称为 MIG 焊。这种熔焊方法通常是用氩气或氦气或它们的混合气体作为保护气体。连续送进的焊丝既作为电极又作为焊缝填充金属。用惰性气体 Ar 或 He 或 Ar+He 气体作为保护气体，也称为 MIG 焊；用氧化性气体 Ar+O_2 或 Ar+CO_2+O_2 或 Ar+CO_2 气体作为保护气体，则称为熔化极活性气体保护焊，又称为 MAG 焊。

一、熔化极惰性气体保护焊的特点

1. 熔化极惰性气体保护焊的优点

1）熔化极惰性气体保护焊使用的保护气体是惰性气体，没有氧化性。在焊接过程中，电弧空间没有氧化性气体，能避免焊缝熔池金属氧化。焊丝中不用加入脱氧剂，所以，焊接过程中，可以使用与母材成分相同的焊丝进行焊接。

2）与 TIG 焊相比，MIG 焊的电极是焊丝，焊丝的可用电流密度大，所以，焊丝熔化速度快，熔敷效率高，焊缝熔深大，焊接变形小，焊接生产率高。

3）与 CO_2 气体保护焊相比，MIG 焊电弧稳定，焊丝熔滴过渡平稳，焊接飞溅小，焊缝成形美观。

4）铝及铝合金采用 MIG 焊直流反接焊接时，对母材表面的氧化膜有良好的阴极破碎作用。

2. 熔化极惰性气体保护焊的缺点

1）惰性气体生产成本高，价格贵，所以，熔化极惰性气体保护焊成本比 CO_2 气体保护焊高。

2）熔化极惰性气体保护焊无脱氧去氢作用，因此，焊接过程中对母材和焊丝上的油、污、锈、垢很敏感，易形成焊接缺陷。所以，焊前对母材和焊丝表面的清理要求特别严格。

3）熔化极惰性气体保护焊抗风能力差，不适合野外焊接。

4）焊接设备较复杂。

5）厚板焊接时，打底层焊缝成形不如 TIG 焊质量好。

二、熔化极惰性气体保护焊的应用

熔化极惰性气体保护焊可以焊接所有的金属材料，但在焊接碳素结构钢、低合金高强度结构钢等金属材料时，多采用富氩混合气体保护的 MAG 焊，而很少采用纯惰性气体保护的 MIG 焊。因此，MIG 焊主要用于焊接铝、镁、钛及其合金，以及不锈钢等金属材料。

富氩混合气体保护的 MAG 焊，由于电弧气氛中具有一定的氧化性，所以，它不能焊接铝、镁、钛等容易氧化的金属及其合金。

三、熔化极惰性气体保护焊焊接极性的选择

熔化极惰性气体保护焊焊接时，一般选择直流电源反接（焊件接负），很少采用直流正接（焊件接正）和交流电源焊接。主要原因是：

1）直流反接可以得到稳定的焊接过程和稳定的焊丝熔滴过渡。如果采用直流正接，电弧的阴极斑点可上爬到焊丝的固态部分，焊丝端部的电流有一部分不流经液态金属，使促进熔滴过渡的电磁收缩力减弱，因而熔滴尺寸增大，影响熔滴过渡的稳定性。

2）铝及铝合金、镁及镁合金采用直流反接焊接时，焊接电弧对焊件及熔池表面的氧化膜具有阴极清理作用。

3）直流反接焊接过程中，增大焊接电流后，熔滴直径小于或等于焊丝直径，出现稳定的喷射过渡，焊缝成形良好。

第二节　熔化极惰性气体保护焊（MIG）设备

一、熔化极惰性气体保护焊设备的组成

熔化极惰性气体保护焊设备通常由弧焊电源、控制系统、水冷系统、供气系统、送丝系统、焊枪和行走小车（自动焊）等组成。半自动熔化极惰性气体保护焊设备不包括行走小车，焊枪的移动由人工操作进行。自动焊设备的焊枪固定在能自动行走的小车或悬臂梁上进行焊接。

1. 弧焊电源

熔化极惰性气体保护焊使用的电源有直流和脉冲两种，一般不使用交流电源。

低碳钢、低合金钢、不锈钢用细焊丝（<φ1.2mm）进行熔化极惰性气体保护焊焊接时，应采用平特性或缓降特性的电源，配以等速送丝式送丝机构。这种匹配的优点是：焊接过程中，电弧自动调节功能强，在弧长发生变化时，能够保证弧长稳定燃烧。同时，焊接参数调节方便。改变弧焊电源的外特性可调节电压；改变送丝速度可调节焊接电流。这种匹配方式的熔化极惰性气体保护焊设备，适用于薄板或中厚板的焊接。

利用亚射流过渡工艺进行铝及铝合金焊接时，采用恒流特性的电源，配以等速送丝式送丝机构，依靠电弧的固有自调节作用来保证弧长的稳定燃烧，可以获得非常均匀的焊缝成形及焊缝熔深。

低碳钢、低合金钢、不锈钢用粗焊丝（>φ1.2mm）进行熔化极惰性气体保护焊焊接时，一般采用均匀送丝（弧压反馈）式送丝机构，配以陡降式或垂直特性电源，当弧长发生变化时，依靠弧压反馈调节作用保证弧长稳定燃烧。均匀送丝熔化极氩弧焊设备的优点是：焊接效率高、焊接速度快、焊缝质量高，焊接成本低，适用于中厚板或大厚板的焊接。

2. 控制系统

控制系统主要包括：焊接过程程序控制电路、送丝驱动电路等。

控制系统的主要作用是：控制保护气体的自动送进、焊接引弧前保护气体要提前送气，焊接停止时保护气体要滞后停气；控制焊丝的自动送进，焊丝送丝控制和速度的调节包括焊丝的送进、回抽和停止。均匀调节送丝速度，控制主回路的开通与断开，焊接引弧时可以在送丝开始前或同时接通电源，焊接停止时，应能控制先停止送丝然后再断电，这样既保证了填满弧坑，又避免了粘丝现象。控制焊接电流的衰减、冷却水的通与停等。对于自动熔化极惰性气体保护焊机，还要控制小车的行走机构。上述焊接过程的程序控制是由焊接过程程序控制电路的两步控制方式或四步控制方式实现的。

两步控制方式或四步控制方式，是依据控制电缆焊接起动开关的动作次数来命名的。半自动焊时，起动开关安装在焊枪的手把上；自动焊时，起动开关安装在控制操作面板上。焊接开始时，ON 时刻合上起动开关，焊接过程开始，而且在焊接过程中要保持起动开关的闭合状态；OFF 时刻是断开起动开关，焊接将停止。焊接过程是由动开关的两个动作进行控制的：起动开关合上，开始焊接；起动开关断开，停止焊接。所以称为两步控制方式。

四步控制方式：第一次闭合起动开关 ON 时，焊接过程开始；当焊接电弧稳定燃烧后，就可以断开起动开关（第一个 OFF），保持焊接过程继续；当第二次按下起动开关 ON 时，送丝速度降低，电弧电压及焊接电流也降低，进行填满弧坑的操作；弧坑填满后，断开起动开关，（第二个 OFF），焊丝端回烧，焊接停止。在此焊接过程中，是由焊枪开关的四个动作来进行控制的，所以称为四步控制方式。

综上所述：两步控制方式没有填满弧坑的过程，四步控制方式有填满弧坑的过程。在实际焊接过程中应根据需要选择使用。

3. 水冷系统

水冷式焊枪的水冷系统主要由水箱、水泵、水管和水流开关等组成。焊接过程中，由水泵打压，实现循环水的流动，使焊接工作中的焊枪得到冷却。当水流开关合上，水管中有冷却水流过焊枪，在此条件下才可以引燃焊接电弧进行焊接；当水流开关断开时，水管中没有冷却水流过焊枪，此时不能引燃焊接电弧进行焊接，以起到保护焊枪的作用。

4. 供气系统

熔化极惰性气体保护焊设备的供气系统主要由高压气瓶、减压阀、流量计、软管和气阀等组成。如果使用 Ar 气与 CO_2 气混合的保护气体进行焊接时，供气系统还要安装气体配比器、CO_2 气体预热器、高压干燥器、低压干燥器等。混合气体供气系统如图 9-1 所示。

预热器的作用是，当打开 CO_2 气瓶时，液态 CO_2 要吸收大量的热量才能汽化成 CO_2 气体，另外，经减压后的 CO_2 气体因体积膨胀，也导致 CO_2 气体温度下降，为了防止 CO_2 气体中的水分在高压气瓶出口处及气体减压器中结冰，堵塞气路，所以，在减压之前要将 CO_2 气体由预热器预热。预热器的规格通常是：交流电压 36V，功率在 $100\sim150$W 之间。干燥器是装有干燥剂的吸潮装置，用来减少 CO_2 气体中的水分。

5. 送丝机构

MIG、MAG、CO_2 焊接所使用的送丝机构是相同的，一般由焊丝盘、送丝电动机、减速器、送丝滚轮、压紧装置和送丝软管等组成。根据送丝速度调节方式的不同，送丝机构可分为等速送丝和均匀（弧压反馈）送丝两种，根据送丝软管和送丝滚轮的相对位置，送丝机

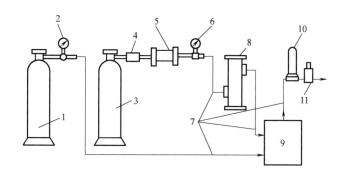

图 9-1　混合气体供气系统

1—惰性气体气瓶　2、6—气体减压器　3—CO₂ 气瓶　4—预热器　5—高压干燥器

7—送气软管　8—低压干燥器　9—气体配比器

10—气体流量计　11—电磁气阀

构可分为推丝式、拉丝式和推拉丝式三种。

1）推丝式：推丝式是应用最广泛的一种送丝方式，送丝滚轮位于送丝软管之后，其特点是结构简单、焊枪轻便。由于焊丝进入焊枪之前，要经过一段较长的导丝软管，焊丝在导管中前行的阻力较大，送丝的稳定性将变差，因此，主要适用于送丝距离小于 3m 的焊接场合。

2）拉丝式：拉丝式有两种形式：一种是将焊丝盘与焊枪手把分开，焊枪与焊丝盘之间用焊丝导管连接。另一种是焊枪与焊丝盘构成一体，这种焊枪较重，增加了焊工的劳动强度，但是，由于去掉了焊丝导管，从而减少了送丝阻力，提高了焊接过程中送丝的稳定性。

3）推拉丝式：推拉丝式送丝机构工作时，同时采用推丝电动机和拉丝电动机。推丝电动机提供主要动力，保证焊接过程中焊丝能稳定送进；拉丝电动机的作用是将焊丝软管中的焊丝拉直，并能克服焊丝通过送丝软管时产生的摩擦阻力。这种送丝机构送丝可达 15m 左右，扩大了半自动焊的操作距离。推拉丝式送丝机构在工作过程中，推丝和拉丝一定要配合好，尽量做到同步运行，保证焊丝在软管中始终处于拉直状态。

不锈钢、碳素结构钢、低合金高强度结构钢等焊接时，送丝软管由弹簧钢丝绕制。铝及铝合金等焊接时，用尼龙或四氟乙烯等制成。熔化极惰性气体保护焊时，为了使焊丝能在软管中稳定均匀地通过，减小送丝阻力，应合理选择送丝软管内径。

6. 焊枪

焊枪的作用是在焊接过程中送丝、导通电流、向焊接区输送保护气体等。主要由导电嘴、喷嘴、焊枪体及冷却水套等组成。焊枪按导通电流的大小分为重型焊枪和轻型焊枪，重型焊枪电流大、生产率高，轻型焊枪适用于小电流、全位置焊接。

焊枪按冷却方式的不同可分为气冷式和水冷式两种，额定焊接电流在 200A 以下的焊枪通常为气冷式焊枪；额定焊接电流在 200A 以上的，应采用水冷式焊枪。半自动焊枪按照外形通常分为鹅颈式和手枪式两种。鹅颈式焊枪适用于细焊丝，使用灵活方便，应用最广泛。典型鹅颈式气冷式焊枪结构如图 9-2 所示，典型手枪式焊枪结构如图 9-3 所示，几种手枪式熔化极气体保护焊焊枪的技术参数见表 9-1，带有拉丝盘的拉丝式焊枪结构如图 9-4 所示。

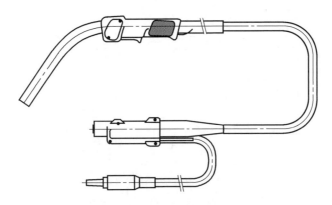

图 9-2　典型鹅颈式气冷式焊枪结构

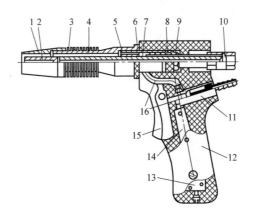

图 9-3　典型手枪式焊枪结构

1—喷嘴　2—导电嘴　3—套筒　4—导电杆　5—分流环　6—挡圈　7—气室　8—绝缘圈

9—紧固锁母　10—锁母　11—球型气阀　12—焊枪手把　13—退丝开关

14—送丝开关　15—扳机　16—气管

表 9-1　几种手枪式熔化极气体保护焊焊枪的技术参数

型　号	Q-1	Q-3	Q-11	Q-17	Q-19
送丝方式	推丝式	推丝式	推拉丝式	推丝式	推丝式
额定焊接电流/A	500	200	160	385	250
焊丝种类	铝焊丝	钢焊丝/铝焊丝	钢焊丝	钢焊丝/铝焊丝	钢焊丝
焊丝直径/mm	$\phi2\sim$ $\phi3$	$\phi0.8\sim\phi1.2$	$\phi0.6$ $\phi0.8$ $\phi1.0$	$\phi2.4$ $\phi2.8$ $\phi3.2$	$\phi1.0\sim$ $\phi1.2$
负载持续率(%)	60	100	60	100	60
电缆长度/m	3	3	3	3	10
质量/kg	0.6	1.2	3(包括焊丝盘)	0.66	0.6

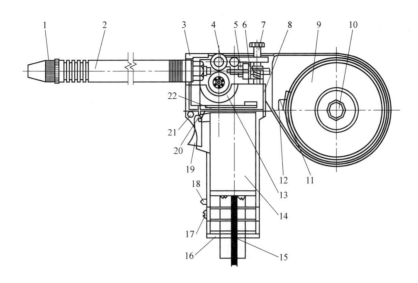

图 9-4　带有拉丝盘的拉丝式焊枪结构

1—喷嘴　2—外套　3—绝缘外套　4—送丝滚轮　5—螺母　6—导丝杆　7—调节螺杆

8—绝缘外壳　9—焊丝盘　10—压栓　11、15、17、21、22—螺钉　12—压片　13—减速箱

14—电动机　16—底板　18—退丝按钮　19—扳机　20—触点

二、国产熔化极惰性气体保护焊机的型号及技术数据

国产熔化极惰性气体保护焊机型号是根据 GB/T 10249—2010 标准来命名的。例如：焊机型号为 NB-500 焊机，字母 N 表示 MIG/MAG 焊机，B 表示半自动焊机，数字 500 表示焊机的额定电流为 500A。常用的自动、半自动熔化极惰性气体保护焊机见表 9-2。

表 9-2　常用的自动、半自动熔化极惰性气体保护焊机

焊机型号	NB-200	NB-500	NB5-500	NZ-1000
电源电压/V	380	380	380	380
频率/Hz	50	50	50	50
空载电压/V	55	65	65	—
工作电压/V	15~26	20~40	20~40	25~45
电流调节范围/A	40~200	60~500	60~500	—
额定焊接电流/A	200	500	500	1000
焊丝直径/mm	$\phi0.8,\phi1.0$	$\phi2,\phi3$	$\phi1.5,\phi2.5$	$\phi3,\phi6$
送丝速度/(m/min)	5~12	1~14	2~10	0.5~6
焊接速度/(m/min)	—	—	—	0.035~1.3
输入容量/kVA	—	34	—	79
负载持续率(%)	60	60	60	80
焊接电源与型号	配用平特性电源	ZPG2-500	ZPG-500	硅整流
焊机运行特点	拉丝式送丝 半自动	推丝式送丝 半自动	推拉丝式送丝 半自动	自动

第三节　Pulse MIG 系列焊机

一、焊机简介及技术数据

熔化极惰性气体保护焊机，顾名思义，是一种用惰性气体作为焊接保护气体，用熔化电极作为填充材料的焊机。具有焊接质量好、适用范围广、焊接效率高的优点。

熔化极惰性气体保护焊机根据其焊接电流特性，又分为直流熔化极惰性气体保护焊机和脉冲熔化极惰性气体保护焊机。脉冲熔化极惰性气体保护焊机可更有效地控制热输入量和熔滴过渡状态，对薄板和热敏感性材料可进行有效焊接。

山东奥太电气有限公司的熔化极惰性气体保护焊机又称为 Pulse MIG 系列焊机，其特性及操作方法介绍如下：

1. 焊机铭牌

Pulse MIG 系列焊机铭牌示意图如图 9-5 所示。所有系列焊机都可以根据焊机铭牌得知焊机的基本信息，该焊机铭牌说明如下：

（1）型号/名称　焊机的命名，不同厂家具有不同的命名规则，奥太 Pulse MIG 系列焊机命名说明如下所示：

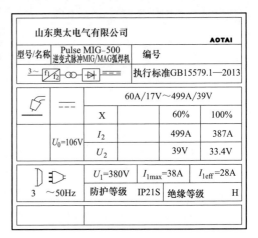

图 9-5　Pulse MIG 系列焊机铭牌示意图

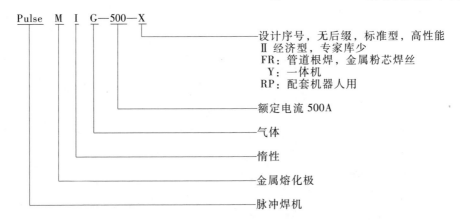

（2）编号　公司内部焊机的统一编号，供公司技术维护人员追溯焊机用，使用人员无须关注。

（3）执行标准　该焊机所执行的国家标准或行业标准文件名。

（4）60A/17V-499A/39V　该焊机进行焊接时输出的电流电压范围，电流范围是 60～499A，电压范围是 17～39V。

（5）X　负载持续率，即焊机在电流 499A、电压 39V 工作时，负载持续率为 60%，在电流 387A、电压 33.4V 以下工作时，负载持续率为 100%。

（6）U_0　焊机的空载电压为 106V。

（7）防护等级　IP21S。

（8）绝缘等级：H。

2. 技术特点

1）焊机控制采用数字化 32 位芯片核心处理器，实时控制电弧能量，保证焊接质量和效率。

2）软开关逆变技术，提高整机的可靠性，节能省电。

3）精准闭环弧长控制技术，焊接过程中无飞溅或飞溅很小。

4）精确双闭环速度电流送丝控制技术，控制送丝电动机的速度和电流，保证送丝稳定、可靠。

3. 技术亮点

该系列逆变式脉冲 MIG/MAG 弧焊接电源具有脉冲、恒压、焊条、氩弧、碳弧气刨五种焊接方式。可实现碳素结构钢、不锈钢，以及铝及其合金、铜及其合金等有色金属的焊接。技术亮点如下：

1）系统内置焊接专家数据库，自动智能化参数组合。

2）一元化调节方式，易于掌握。

3）焊接飞溅极小，焊缝成形美观。

4）可存储 100 套焊接程序，节省操作时间。

5）特殊四步功能适合焊接导热性很好的金属，起弧、收弧时焊接质量完美。

6）具有与焊接机器人和焊接专机连接的各种接口。

7）双脉冲功能可获得美观的鱼鳞纹状焊缝外观。

8）可配数字焊枪，调节更加快捷、方便。

4. 技术规格

（1）焊机的主要技术数据　Pulse MIG-350 和 Pulse MIG-500 的主要技术数据见表 9-3。

表 9-3　Pulse MIG-350 和 Pulse MIG-500 的主要技术数据

序号	名　　称	Pulse MIG-350/350Y	Pulse MIG-500
01	电源电压/频率	三相，380V±38V，50Hz	
02	额定输入容量/kV·A	13	24
03	额定输入电流/A	19	36
04	额定负载持续率（%）	60	
05	输出电流调节范围/A	25～350	25～500
06	输出电压调节范围/V	14～40	14～50
07	输出空载电压/V	101	106
08	使用焊丝直径/mm	$\phi 0.8$、$\phi 1.0$、$\phi 1.2$、$\phi 1.6$	
09	焊接电源重量/kg	45	50
10	焊接电源体积/cm³	60×30×55	66×32×56
11	气体流量/（L/min）	15～20	
12	绝缘等级	H	

（2）焊机对使用环境的要求　焊机的基本安装环境要求如下：

1）应放在无阳光直射、防雨、湿度小、灰尘少的室内，周围空气温度范围为-10~+40℃。

2）地面倾斜度应不超过10°。

3）确认焊机前后至少有20cm的空间，以保证焊机良好的风冷循环，焊机左右至少有10cm的空间。

4）采用水冷焊枪时，必须使用防冻液。

（3）焊机安装前主要考虑的事项　焊机在安装前首先应对安装现场进行多方面的考察，并对周围环境中潜在的电磁骚扰问题进行评估。主要考虑事项如下：

1）在弧焊设备上下和四周有无其他供电电缆、控制电缆、信号和电话线等。

2）有无广播和电视发射、接收设备。

3）有无计算机及其他控制设备。

4）有无高安全等级的设备，如工业防护设备等。

5）要考虑周围工作人员的健康，如有无戴助听器的人和用心脏起搏器的人。

6）有无用于校准或检测的设备。

7）要注意周围其他设备的抗扰度。用户应确保周围使用的其他设备是兼容的，这可能需要额外的保护措施。

8）进行焊接或其他活动的时间。

所考虑环境的范围依据建筑物结构和其他可能进行的活动而定，该范围可能会超出建筑物本身的边界。

（4）焊机对供电电压的要求

1）波形应为标准的正弦波，有效值为380V±38V，频率为50Hz。

2）三相电压的不平衡度≤5%。

3）Pulse MIG-350/500电源输入技术参数见表9-4。

表9-4　Pulse MIG-350/500的电源输入技术参数

焊接电源型号		Pulse MIG-350/350Y	Pulse MIG-500
输入电源		3相，AC 380V±38V，50Hz	
输入电源最小容量	电网/kVA	17	31
	发电机/kVA	26	48
输入保护	熔丝/A	30	50
	断路器/A	32	63
电缆	输入侧/mm²	≥4	≥6
	输出侧/mm²	50	70
	接地线/mm²	≥4	≥6

注：表中熔丝和断路器的容量仅供参考。

（5）焊机对焊接材料的选择　Pulse MIG-350/500焊机可根据焊接材料选择合适的焊接方法和保护气体，见表9-5。

（6）焊接电流电弧电压等参数与焊件的关系　选择完焊接方式和气体后，焊接人员还应根据焊件的厚度、焊接的位置等，选择不同的焊接电流和电弧电压。

表 9-5 Pulse MIG-350/500 焊机根据焊接材料选择的焊接方法和保护气体

焊接方法	焊丝类型	直径/mm	合金类型	保护气体(体积分数,%)
MIG/MAG 脉冲焊接	铝镁合金	$\phi 1.0$ $\phi 1.2$ $\phi 1.6$	3103A、3207A、5183、5356	Ar100%
	纯铝		1060、1035、1100、1200、1370	
	铝硅合金		4A11、4043、4047	
	不锈钢	$\phi 0.8$ $\phi 1.0$ $\phi 1.2$ $\phi 1.6$	304、308、309、316 等奥氏体不锈钢焊丝	Ar97.5%+$CO_2$2.5%
	碳素钢		E70	Ar82%+$CO_2$18%
	硅青铜	$\phi 1.2$ $\phi 1.6$	HS211	Ar100%
	铝青铜	$\phi 1.0$ $\phi 1.2$ $\phi 1.6$	HS214	Ar100%
MIG/MAG 直流焊接	碳素钢	$\phi 0.8$ $\phi 1.0$ $\phi 1.2$ $\phi 1.6$	E70 级	$CO_2$100% Ar82%+$CO_2$18%

一般来讲，随着焊件厚度的增加，焊接电流也需要增加，除此之外，还应控制好焊接速度和焊接距离等参数。为达到更好的焊接效果，焊工可根据具体情况，调节更合适的焊接参数。

二、焊机功能简介

在了解焊机和焊接工艺的基本参数后，就可以通过简便的操作，在焊机上将参数调节出来，焊机外部电气连接示意图如图 9-6 所示，焊机前后接线插座示意图如图 9-7 所示。

1. 焊机面板元件名称及功能

1）双丝通信控制插座 X3：在用双丝焊功能时使用。使用时通过通信线缆将两台焊接电源的双丝通信控制插座对接。

2）焊机输出插座（-）：通过焊接电缆接被焊工件。

3）焊机电源空气开关：此开关的作用主要是在焊机过载或发生故障时自动断电，以保护使用者人身安全和焊机重要部件。一般情况下，此开关向上扳至接通的位置。启停时应尽量使用配电板（柜）上的电源开关，不要把本开关当作电源开关使用。

4）熔丝管 2A。

5）输出插座（+）：接送丝机焊接电缆。

6）加热电源插座 X5：接 CO_2 气体调节器的加热电缆。

7）可复位过载保护器：当送丝机工作电流超过额定值时，保护器断电保护。过流原因排除后，可手动复位。

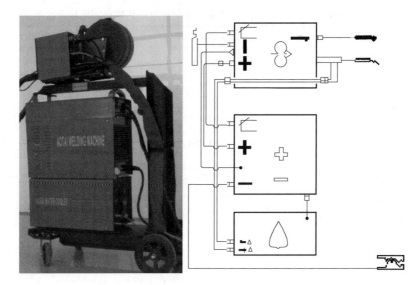

图 9-6　焊机外部电气连接示意图

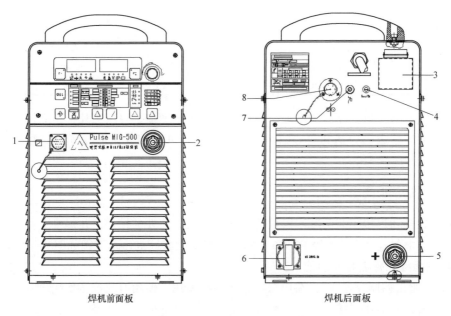

焊机前面板　　　　　　　　　　　焊机后面板

图 9-7　焊机前后接线插座示意图

1—双丝通信控制插座 X3　2—焊机输出插座 (-)　3—焊机电源空气开关
4—熔丝管 2A　5—输出插座 (+)　6—加热电源插座 X2
7—可复位过载保护器　8—送丝控制插座 X7

8) 送丝控制插座 X7：接送丝机控制电缆。

2. 焊机设备连接指南

1) 焊接电源后面板空气开关向上扳至接通位置。

2) 用焊接电缆连接焊接电源输出插座 (一) 与被焊工件。

3) 将焊丝通过送丝机与焊接电源连接。

4）用气管连接送丝机与气体调节器或配比器。

5）CO_2 气体调节器的加热电缆接焊接电源后面板的加热电源插座。

6）将输入三相电缆接在配电板上，黄绿线可靠接地。

7）合上配电盘上的自动空气开关。

完成上述工作后，装入焊丝；在焊接电源控制面板上选择对应的焊丝直径和焊丝材料，接入焊丝材料指定的保护气体。调节电压旋钮至标准位置，调节电流旋钮至所需电流，开始焊接工作。

3. 焊机控制面板与参数调节

Pulse MIG-500 焊机控制面板示意图如图 9-8 所示。

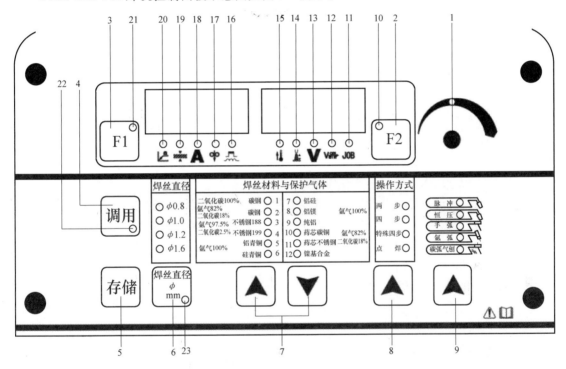

图 9-8　Pulse MIG-500 焊机控制面板示意图

1—调节旋钮　2—参数选择键 F2　3—参数选择键 F1　4—调用键　5—存储键　6—焊丝直径选择键

7—焊丝材料选择键　8—焊枪操作方式选择键　9—焊接模式选择键　10—F2 键选中指示灯

11—作业号 n^0 指示灯　12—焊接速度指示灯　13—焊接电压指示灯　14—弧长修正指示灯

15—机内温度指示灯　16—电弧力/电弧挺度指示灯　17—送丝速度指示灯

18—焊接电流指示灯　19—母材厚度指示灯　20—焊脚指示灯　21—F1 键选中指示灯

22—调用作业模式工作指示灯　23—隐含参数菜单指示灯

1）打开焊机电源就可以使用焊机控制面板来调节自己想要的焊接参数了。

2）控制面板用于功能选择和部分参数设定。焊接电源参数可以通过数字调节（隐含参数 P09 为 ON）和模拟调节（隐含参数 P09 为 OFF）两种调节方式。当 P09 为 ON 时，可通过焊机面板给定焊接电流和电压参数；当 P09 为 OFF 时，面板焊接电流和电压的参数不可由面板给定，而是由送丝机电位器给定或专机或机器人给定。

3）在数字调节模式下，可以通过控制面板、数显送丝机或数字焊枪进行功能选择、设定参数；在模拟调节模式下，可以通过常规送丝机面板的电位器调节焊接电流与电压值。

4）控制面板包括数字显示窗口、调节旋钮、按键、发光二极管指示灯，如图 9-8 所示。

4. 操作面板的具体功能说明

（1）调节旋钮　在数字调节模式下，该调节旋钮上方指示灯亮时，可以用此旋钮调节对应项目的参数。

（2）参数选择键 F2　可选择进行操作的参数项目：

1）弧长修正。

2）电弧电压。

3）作业号 n^0。

4）焊接速度。

（3）参数选择键 F1　可选择进行操作的参数项目：

1）送丝速度。

2）焊接电流。

3）电弧力/电弧挺度。

4）母材厚度。

5）焊脚尺寸。

（4）调用键　调用已存储的参数。

（5）存储键　进入设置菜单或存储参数。

（6）焊丝直径选择键　选择所用的焊丝直径。

（7）焊丝材料选择键　选择焊接所要采用的焊丝材料及保护气体。

（8）焊枪操作方式选择键

1）两步操作（常规操作方式）。

2）四步操作（自锁方式）。

3）特殊四步操作（起、收弧规范可调方式）。

4）点焊操作。

（9）焊接模式选择键

1）P-MIG 脉冲焊接。

2）MIG 一元化直流焊接。

3）STICK 焊条电弧焊。

4）TIG 钨极氩弧焊。

5）CAC-A 碳弧气刨。

（10）F2 键选中指示灯。

（11）作业号 n^0 指示灯　按作业号调取预先存储的作业参数。

（12）焊接速度指示灯　指示灯亮时，右显示屏显示预置焊接速度（cm/min）。

（13）焊接电压指示灯　指示灯亮时，右显示屏显示预置或实际电弧电压。

（14）弧长修正指示灯　指示灯亮时，右显示屏显示修正弧长值。

1）-弧长变短

2）+ 弧长变长

3）0 标准弧长

（15）机内温度指示灯　焊接电源过热时，该指示灯亮。

（16）电弧力/电弧挺度指示灯

1）MIG/MAG 脉冲焊时，调节电弧力。

① -电弧力减小。

② + 电弧力增大。

③ 0 标准电弧力。

2）MIG/MAG 一元化直流焊接时，改变短路过渡时的电弧挺度。

① -电弧硬而稳定

② + 电弧柔和，飞溅小

③ 0 中等电弧

（17）送丝速度指示灯　指示灯亮时，左显示屏显示送丝速度，单位为 m/min。

（18）焊接电流指示灯　指示灯亮时，左显示屏显示预置或实际焊接电流。

（19）母材厚度指示灯　指示灯亮时，左显示屏显示预置母材厚度。

（20）焊脚指示灯　指示灯亮时，左显示屏显示焊脚尺寸 a。

（21）F1 键选中指示灯。

（22）调用作业模式工作指示灯。

（23）隐含参数菜单指示灯　进入隐含参数菜单调节时指示灯亮。

5. 隐含参数调节

为了更精确地控制焊接过程，适应不同种类的焊接材料焊接，操作人员还可以进入隐含参数界面，调节焊机的隐含参数。隐含参数调节方法示意图如图 9-9 所示。

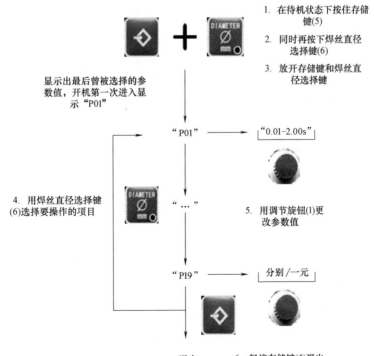

1. 在待机状态下按住存储键(5)
2. 同时再按下焊丝直径选择键(6)
3. 放开存储键和焊丝直径选择键

显示出最后曾被选择的参数值，开机第一次进入显示"P01"

"P01" —— "0.01-2.00s"

4. 用焊丝直径选择键(6)选择要操作的项目

"..."

5. 用调节旋钮(1)更改参数值

"P19" —— 分别/一元

退出

6. 轻按存储键(5)退出

图 9-9　隐含参数调节方法示意图

同时按下存储键 5 和焊丝直径选择键 6 并松开，隐含参数菜单指示灯 23 亮，表示已进入隐含参数菜单调节模式。再次按下存储键 5 退出隐含参数菜单调节模式，隐含参数菜单指示灯 23 灭。

用焊丝直径选择键 6 选择要修改的项目。用调节旋钮 1 调节要修改的参数值。其中 P05、P06 项需用 F2 键切换至显示电流百分数、弧长偏移量，并可用调节旋钮 1 修改参数值。

可修改项目及对应的设定范围见表 9-6。

表 9-6　焊机隐含参数表

项目	用途	设定范围	最小单位	出厂设置
P01	回烧时间/s	0.01~2.00	0.01	0.08
P02	慢送丝速度/(m/min)	1.0~22.0	0.1	3.0
P03	提前送气时间/s	0.1~10.0	0.1	0.2
P04	滞后停气时间/s	0.1~ON	0.1	1.0
P05	初期规范(%)	1~200	1	135
P06	收弧规范(%)	1~200	1	50
P07	过渡时间/s	0.1~10.0	0.1	1.0
P08	点焊时间/s	0.01~9.99	0.01	2.00
P09	近控有无	OFF/ON	—	OFF
P10	水冷选择	OFF/ON	—	ON
P11	双脉冲频率/Hz	0.5~5.0	0.1	OFF
P12	强脉冲群弧长修正(%)	-50~+50	1	00
P13	双脉冲速度偏移量/m	0~2.0	0.1	2.0
P14	强脉冲群占空比(%)	10~90	1	50
P15	脉冲模式	OFF/UI/UU/II	—	OFF
P16	风机控制时间/min	5~15	1	15
P17	特殊两步起弧时间/s	0~10	0.1	OFF
P18	特殊两步收弧时间/s	0~10	0.1	OFF
P19	电压调节方式选择	OFF/ON	—	OFF
P20	双丝相位(%)	0~100	1	0
P21	双丝主从控制	ON/ONL/ONT/OFF	—	ON

STICK 焊接方式的隐含参数如下：

项目	用途	设定范围	最小单位	出厂设置
H01	热引弧电流(%)	1~100	1	50
H02	热引弧时间/s	0.0~2.0	0.1	0.5
H03	防粘条功能有无	OFF/ON	—	ON

注：按下调节旋钮 5s，焊接电源参数将恢复出厂设置；P11-P14 仅在双脉冲功能有效；P20-P21 仅在双丝焊有效。

6. 作业模式

"作业"模式无论是在半自动和全自动焊接中都能提高焊接工艺质量。平常一些需要重复操作的作业（工序）往往需要手写记录工艺参数。而在作业模式下，可以存储和调取多达 100 个不同的作业记录。

（1）以下标志将出现在作业模式，在左显示屏中显示

1）---表示该位置无程序存储（仅在调用作业程序时出现）。

2）nPG 表示该位置没有作业程序。

3）PrG 表示该位置已存储作业程序。

4）Pro 表示该位置正在创立作业程序

（2）存储作业程序　焊接电源出厂时未存储作业程序。要调用作业程序前，必须先存储作业程序。按以下步骤操作：

1）设定好要存储的"作业"程序的各规范参数。

2）轻按存储键 5，进入存储状态。显示号码为可以存储的作业号。

3）用旋钮 1 选择存储位置或不改变当前显示的存储位置。

4）按住存储键 5，左显示屏显示 Pro，表示作业参数正在存入所选的作业号位置。

注意：如果所选作业号位置已经存有作业参数，则会被新存入的参数覆盖。该操作将无法恢复。

5）左显示屏出现 PrG 时，表示存储成功，此时即可松开存储键 5。

6）轻按存储键 5，退出存储状态。

（3）调用作业　存储以后，所有作业都可以在作业模式再次调用使用。要调用作业，按以下步骤进行：

1）轻按调用键 4，调用作业模式工作指示灯 22 亮。显示最后一次调用的作业号，可以用参数选择键 F2 和参数选择键 F1 查看该作业的程序参数。所存作业的操作模式和焊接方法也会同时显示。

2）用调节旋钮 1 选择调用作业号。

3）再次轻按调用键 4。

4）调用模式指示灯 22 灭，退出调用模式。

7. 送丝电动机

优秀的焊接系统，离不开精准的送丝控制系统，配套 PulseMIG-350/500 的送丝机是一款采用光栅反馈的全数字化封闭式送丝机，送丝机分为常规送丝机 ESS-500G（MⅢ）和数显送丝机 ESS-500（MⅢa）两种。ESS-500G（MⅢ）送丝机接口如图 9-10 所示。

接口功能介绍详细说明如下：

（1）电流调节旋钮　在模拟调节模式（P09 设置为 OFF 时）下，对给定电流值进行调节。

（2）电压调节旋钮　在模拟调节模式（P09 设置为 OFF 时）下，对给定电压值进行调节。

（3）欧式焊枪接口　接配套的欧式焊枪。

（4）焊枪进水接口　接水冷焊枪的蓝管。

（5）专机接口　当客户需要配套专机时使用。

（6）数字焊枪接口　配套数字焊枪时使用，连接数字焊枪。

（7）焊枪回水接口　接水冷焊枪的红管。

（8）送丝机控制插座　通过送丝机控制电缆与焊接电源建立通信。

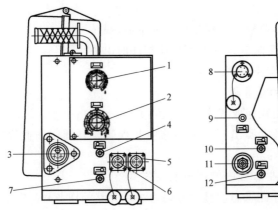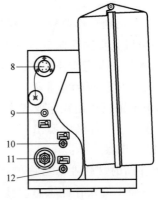

图 9-10 ESS-500G（MⅢ）送丝机接口
1—电流调节旋钮 2—电压调节旋钮 3—欧式焊枪接口 4—焊枪进水接口
5—专机接口 6—数字焊枪接口 7—焊枪回水接口 8—送丝机控制插座
9—气管接口 10—送丝机进水接口 11—焊接电缆插座
12—送丝机回水接口

（9）气管接口 连接气瓶或者配比器。

（10）送丝机进水接口 接水冷机的蓝色水管接头。

（11）焊接电缆插座 通过送丝机的焊接电缆与输出插座（+）连接。

（12）送丝机回水接口 接水冷机的红色水管接头。

ESS-500G（MⅢ）送丝机构为四轮双驱，如图 9-11 所示。

送丝压力刻度位于压力手柄上，对于不同材质及直径的焊丝有不同的压力关系，见表 9-7。

表中的数值仅供参考，实际的压力调节规范必须根据焊枪、电缆长度、焊枪类型、送丝条件和焊丝类型作相应的调整。

类型 1 适合硬质焊丝，如实芯碳钢焊丝、不锈钢焊丝、铜焊丝等。

类型 2 适合软质焊丝，如铝及其合金焊丝。

注意：参照表 9-7 调节压力手柄的压力大小，使焊丝均匀地送进导丝管；压力手柄压力过大时，会造成焊丝压扁，镀层破坏，送丝轮磨损过快；反之，则导致焊丝在送丝轮上打滑，送丝不稳。送丝压力调节对照图如图 9-12 所示。

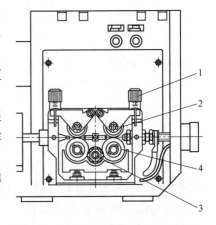

图 9-11 ESS-500G（MⅢ）送丝机构
1—压力手柄 2—压丝轮
3—送丝轮 4—主动齿轮

表 9-7 压力手柄上的压力参考表

送丝轮类型	压力刻度	焊丝直径/mm
V 形轮	1.5~2.5	0.8、1.0、1.2、1.6
U 形轮	0.5~1.5	0.8、1.0、1.2、1.6

送丝机气体检测按钮与手动送丝，如图9-13所示。数显送丝机示意图如图9-14所示。

这两个按钮的功能说明如下：

1）气体检测按钮：按气体检测按钮，送气30s，再次按下，送气停止。

2）手动送丝按钮：更换焊丝或者焊枪时，按下手动送丝按钮完成送丝过程，调节送丝机电流旋钮可改变手动送丝速度。

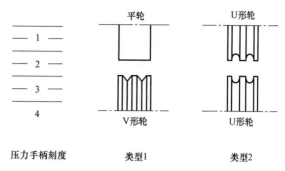

图9-12　送丝压力调节对照图

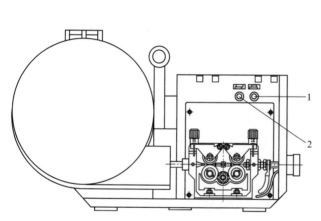

图9-13　送丝机构侧面示意图

1—气体检测按钮　2—手动送丝按钮

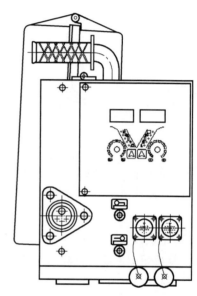

图9-14　数显送丝机示意图

配套数显送丝机时，送丝机显示板可显示给定焊脚的大小、板厚、焊接电流、送丝速度、电感、弧长、电弧电压、焊接速度，各项指示通过面板上的两个三角符号按键切换。除控制面板外，数显送丝机与常规送丝机完全相同。

8. 水冷机

水冷机作为焊枪的冷却装置，在大电流焊接时发挥着至关重要的作用，安装在焊机的底部。水箱内的冷却液必须使用防冻液。

防冻液的作用：①防冻；②防腐蚀；③防沸腾；④防水垢。其主要指标是防冻液的冰点。在选择防冻液时，其冰点应低于使用地区的最低温度，以确保防冻液不会冻结。推荐选用长城防冻液。

- 型号FD-1，防冻度数-25℃，适用地区：年最低气温高于-15℃；
- 型号FD-2b，防冻度数-35℃，适用地区：年最低气温高于-25℃；
- 型号FD-2a，防冻度数-45℃，适用地区：年最低气温高于-35℃。

规格有：4L/6L/10L/200L装。

水冷机前后面板示意图如图 9-15 所示。

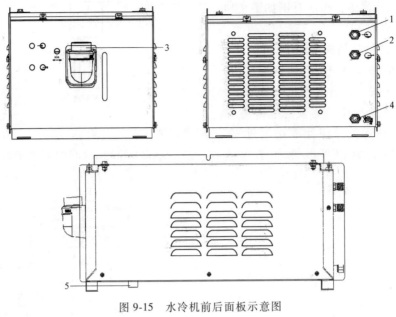

图 9-15　水冷机前后面板示意图

1—回水口　2—出水口　3—注水口　4—放气口　5—排水口

水冷机接口说明如下：

1）回水口。

2）出水口。

3）注水口。拧开注水口盖，加入防冻液到液位指示线。使用过程中，除需添加防冻液外，其他时间请不要打开注水口盖。

4）放气口。放出水泵内的空气。

5）排水口。当水箱内的防冻液需要更换时，拧开水箱下部的排水口盖，排出防冻液。装回排水口盖时，注意要旋紧，防止防冻液泄漏。

注意：焊接时要确保防冻液循环起来。焊机出厂时开启水冷保护功能（隐含参数 P10 设置为 ON），缺水时显示保护代码 E0A，焊机停止工作；使用气冷焊枪时，请将水冷保护设置为 OFF，设置方式参见隐含参数调节。

水冷机的操作和使用如下所示：

1）往水箱内注入防冻液到液位指示线，注意不要将液体倒在外壳上。

2）焊接电源空气开关向上扳至接通位置，按下焊枪开关，若排风口有风吹出或听到电动机运转的声音，说明电动机运转正常。

3）按下焊枪开关 20s 后，若焊接电源控制面板电流、电压显示正常，说明水泵工作正常；若显示 E0A，说明水循环不通畅，请检查水路是否畅通。

4）请不要在无防冻液或防冻液不足的状况下启动水冷机，否则会造成水泵或焊枪损坏。

9. 焊枪

配套 PulseMIG-350/500 的焊枪分为数字焊枪和普通焊枪两种。数字焊枪可以通过数字焊枪上的按键直接调节焊接电流、电弧电压数值，普通焊枪无此功能。

使用数字焊枪时，须将焊接电源前面板中的隐含参数 P09 调节为 ON，此时数字焊枪和前面板均可调节焊接电流和电弧、电压，送丝机无法调节，如图 9-16 所示。

数字焊枪按键说明如下：

（1）按键（SET−）/按键（SET+）　按键（SET−）/按键（SET+）调节电弧电压值变小/变大。

（2）按键（−）/按键（+）　按键（−）/按键（+）调节焊接电流值变小/变大。

在使用普通焊枪和数字焊枪工作时，为了确保焊接顺利进行，请确认送丝软管和导电嘴与焊枪的型号相符，并与所用的焊丝直径和焊丝类型相适应。钢丝软管适合硬质焊丝，如实芯碳素结构钢焊丝、不锈钢焊丝。特氟龙软管适合软质焊丝，如铝及其合金焊丝。送丝软管内径过大或过小，都会增大送丝阻力造成送丝不稳。拧紧焊枪的快速接头，以保证在接触面上没有电压降。松动的接触导致焊枪和送丝机受热，并且影响焊接稳定性。

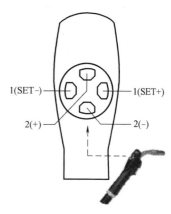

图 9-16　数字焊枪调节示意图
1—电弧电压调节按键
2—焊接电流调节按键

三、焊机常见的故障及维修

1. 焊接电源面板不显示

焊机在使用过程中难免会出现故障，一般地，可根据焊机提示自我排除故障，表 9-8 列出了几种常见面板显示异常的处理方式。

表 9-8　几种常见面板显示异常的处理方式

现　象	问题原因	处理方式
面板不显示	焊机输入端 380V 是否未接通	检查焊机三相电缆是否接好
	焊机后面板熔丝熔断	更换熔丝
	焊机电源开关损坏	更换电源开关
	焊机电源内部变压器损坏	更换电源变压器
	显示面板损坏	更换显示面板

2. 水冷机故障

当发生水冷机故障时，可按表 9-9 进行处理。

3. 故障代码报警

焊机在发生异常时会自动保护，显示的故障代码报警原因及消除方法见表 9-10。

4. 焊机非自我识别的故障

焊机还可能出现其他不易识别的异常，焊机非自我识别的故障处理表见表 9-11。

注意：经上述检查仍然不能确定故障原因及排除方法时，请与当地销售商联系。

表 9-9　水冷机故障的处理方式

现　象	问题原因	处理方式
电动机不能运转	连接线接头掉落或断线	确保接头良好或换线
	电动机或启动电容烧毁	更换电动机或启动电容
	水泵内有水垢卡死	断电,打开侧板,用手转动风扇叶,若能转动,再开机,按下焊枪开关,确定水冷机出水后,可以正常使用。若转不动,用扳手将水泵的 4 个固定螺栓松一点,再转动风扇叶,直到扇叶无卡住现象,再拧紧水泵固定螺栓,重新开机,按下焊枪开关,确定水冷机出水后,可以正常使用
漏水	水泵漏水	更换密封圈
	排水口盖漏水	更换密封胶垫或更换排水口盖
	水管连接处漏水	更换卡箍或连接水管
	散热器漏水	更换散热器(注意散热器损坏通常是结冰引起,请注意使用防冻液)
电动机运转但不出水	水泵内有空气	旋开后面板下方的放气口盖,放出空气直至见到防冻液流出
		如果按上述操作仍不出水,请把附带配件快接插头分别插入出水口与回水口,再用空压机分别向两个插头打入空气。然后再次开机观察是否出水

表 9-10　焊机故障代码报警原因及消除方法

序号	故障代码	报警原因	消除方法
01	E10	焊枪开关意外按下后未实施焊接	松开焊枪开关
02	E15	开机时焊枪开关处在闭合状态	关机,排除焊枪开关异常
03	E17	正负极输出短路或电流传感器故障	检修输出电缆或更换电流传感器
04	E18	电压反馈线断或主控板坏	检修电压反馈线或更换主控板
05	E19	机内过热或温度继电器故障	等待机内冷却或更换温度继电器
06	E30	送丝电动机过流	检修送丝系统
07	E40	主控板没有收到显示板的信号	检修主控板与显示板之间的连线
08	E42	焊接电源没有收到送丝机的给定信号	检查焊接电源与送丝机之间的控制线
09	E0A	水冷系统无水循环	检修水冷系统

表 9-11　焊机非自我识别的故障处理

异常原因		异常项目	不引弧	不出气	不送丝	引弧不好	电弧不稳	焊缝边缘不洁	焊丝与母材粘连	焊丝与导电嘴粘连	产生气孔
焊接电源	配电箱(输入保护装置)	1. 开关:未接通、跳闸 2. 熔丝:熔断 3. 连接部分(开关连接处)松动 4. 三相:缺相	○	○	○						
	输入电源电缆	1. 电缆:断线 2. 连接部分(输入端)松动	○	○	○						
	焊接电源操作	1. 电源开关:未接通、跳闸 2. 焊接电源后面板上 2A 熔丝:熔断	○	○	○						

（续）

异常原因		异常项目	不引弧	不出气	不送丝	引弧不好	电弧不稳	焊缝边缘不洁	焊丝与母材粘连	焊丝与导电嘴粘连	产生气孔
气体	气瓶与气体调节器	1. 主阀:未打开 2. 气体:剩余量不足 3. 压力、流量:设定错误或不合适 4. 连接处:松动		○			○				○
	输气软管	1. 连接处:松动 2. 气管:破损		○							○
送丝机		1. 送丝轮、送丝软管:与焊丝规格不匹配 2. 压杆:压紧度不足 3. 送丝软管的入口:焊丝粉末堆积 4. 慢送丝速度不合适			○	○	○	○		○	
焊枪		1. 导电嘴、喷嘴、枪管:安装松动 2. 与送丝机连接不牢固							○		○
		导电嘴、长送丝管:与焊丝规格不匹配,有磨损、堆积异物、变形				○	○			○	
焊枪电缆		1. 断线:焊接电缆、焊枪开关电缆 2. 与送丝机连接不牢固或损伤	○	○	○		○		○		
		电缆:卷叠、弯曲过度				○	○			○	
母材侧电缆		1. 电缆规格:截面积不足 2. 连接部位:松动 3. 母材导电不良				○	○				
母材表面		表面有油污、杂质或油漆涂层等				○	○	○	○		○
焊接条件		1. 不适当的焊接电流、电弧电压、焊枪角度、焊接速度或焊丝伸出长度 2. 不适当的焊接程序				○	○		○	○	

四、焊机的使用

为了更清楚地使用奥太熔化极惰性气体保护焊机，现以 Pulse MIG-500 焊机为例，列出使用该焊机的详细步骤。

1. 焊接前的准备

焊机的安装如下：

1）焊接电源后面板空气开关向上扳至接通位置。

2）用焊接电缆连接焊接电源输出插座负极与被焊工件。

3）用送丝机将焊丝通过送丝机与焊接电源连接，装入焊丝盘。

4）用气管连接送丝机与气体调节器或配比器。

5）将输入三相电缆接在配电板上，黄绿线可靠接地。

6）合上配电盘上的自动空气开关。

完成上述工作后，手动将焊丝送至焊枪接口处并装上焊枪，压上送丝轮，使用送丝机上的点动送丝按钮，将焊丝送出焊枪。

另外，不同的焊丝直径和焊丝材料，需要采用不同的送丝轮，在使用时应注意更换。

2. 焊接参数的调节

Pulse MIG-500 焊机调节面板示意图如图 9-17 所示。焊接参数调节前需要知道焊接使用的电流、电压范围，例如：需要焊接 2mm 厚的铝合金，板对接焊接方式，使用焊丝直径 1.2mm，查表 9-24 得知，此时焊接电流为 110~120A，电弧电压为 17~18V，则调节步骤如下：

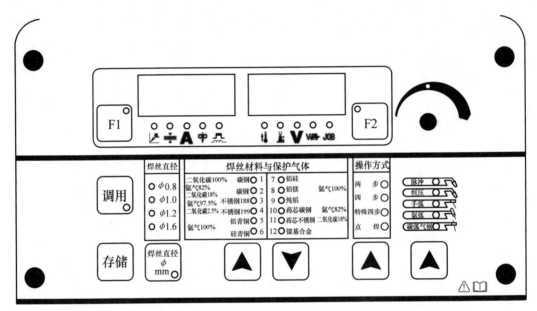

图 9-17　Pulse MIG-500 焊机调节面板示意图

1）调节面板上的焊丝直径按键至 ϕ1.2。

2）调节焊丝材料上下选择按键至铝镁。

3）调节操作方式按键至两步。

4）调节焊接模式按键至脉冲。

5）按下 F1 按键选择焊接电流调节指示，通过旋钮调节电流至 100A。

6）按下 F2 按键选择电弧电压调节指示，通过旋钮调节电压至 18V。

此时，基本的焊接参数即选择完毕，当然，若需要使用其他焊接参数，可自行调节。

3. 焊前检查

必要的焊前检查，不仅可以避免焊接的失败，也可以提高焊接的安全性，通常需要检查如下项目：

1）检查焊台接地线与焊接负极是否接触良好。

2）按下送丝机气检按键，检查气路是否畅通。

3）配备水冷机的焊机，须检查水箱内是否加装冷却液，冷却液是否充足。

4）检查焊枪是否安装相应焊丝直径的导电嘴。

5）检查送丝轮是否压紧焊丝。

完成上述检查后即可开始焊接了。在焊机工作过程中，若出现故障时，可先根据表 9-8、表 9-9 和表 9-10 进行自我排除；若出现焊机非自我排除故障时，请与当地销售商联系。

第四节　熔化极惰性气体保护焊的焊接工艺

一、熔化极惰性气体保护焊的熔滴过渡

熔化极惰性气体保护焊过程中熔滴的过渡形态主要有短路过渡、喷射过渡、旋转射流过渡、亚射流过渡等。但是在实际应用中，旋转射流过渡在焊接过程中稳定性不好，通常不被应用。熔化极惰性气体保护焊过程中广泛应用的熔滴过渡有短路过渡、喷射过渡和亚射流过渡。

短路过渡，当氩弧焊电流较小和电弧电压偏高时，在焊丝端头的熔滴底部总是出现氩弧焊电流的弧根，熔滴上的作用力主要是重力和表面张力，当熔滴的表面张力再也不能维持焊丝熔滴质量时，熔滴便脱离焊丝过渡到熔池中，此时熔滴的尺寸往往大于焊丝的直径。在这种过渡形式中，焊丝与熔池的短路频率为 $20 \sim 200$ 次/s，它产生体积小而快速凝固的焊接熔池，适合薄板焊接、全位置焊接和有较大间隙的搭桥焊。

喷射过渡，氩气或富氩气体保护焊时，能够产生稳定、无飞溅的轴向喷射过渡，根据不同的工艺条件，喷射过渡因熔滴尺寸和过渡形态又可以分为射滴过渡、射流过渡、旋转射流过渡以及亚射流过渡等喷射过渡形式。主要用于中等厚度和大厚度板的水平对接和水平角焊。

射滴过渡，熔化极惰性气体保护焊射滴过渡时，焊接电弧的弧根总是包围着焊丝熔滴的大部分或者全部表面，使焊接电弧呈钟罩形，出现射滴过渡。射滴过渡是一种稳定的熔滴过渡形式，具有很强的轴向性，焊丝熔滴尺寸往往小于焊丝直径，并且熔滴过渡频率随着焊接电流的增加而增加，此时焊丝熔滴的尺寸却越来越小。

射流过渡，当焊接电流增加到某一值时，焊丝熔滴过渡会发生明显的变化，使焊接过程变得十分稳定，这时的电流称为射流过渡临界电流。焊丝熔滴在射流过渡的情况下，电弧形态稳定，焊接飞溅极小。熔滴在斑点压力和等离子流力的作用下，熔滴总是沿着焊丝轴线方向过渡。熔滴的尺寸通常小于焊丝直径。

当然，熔化极惰性气体保护焊熔滴过渡形式的选择与焊接电流的大小、电弧电压、被焊材料的种类有着密切关系。

以铝及铝合金焊接为例：如果电弧电压较高时，焊接电流较小则呈现粗滴过渡；焊接电流较大时，则呈现喷射过渡。如果电弧电压较低时，熔滴则呈现亚射流过渡；电弧电压很低时，熔滴则会呈现短路过渡。

铝及铝合金如果采用射流过渡的形式，因为焊接电流大，电弧功率高，对焊缝熔池冲击力太大，会造成焊缝形状为"蘑菇形"，容易在焊缝根部呈现裂纹和气孔等缺陷。为此，铝及铝合金熔化极惰性气体保护焊的熔滴过渡常采用亚射流过渡。亚射流过渡是介于短路过渡与射滴过渡之间的一种过渡形式，电弧特征是弧长较短，带有短路过渡的特征。亚射流过渡的特点是：

1）熔滴与熔池的短路时间短，短路电流对焊接熔池的冲击力很小，焊接过程稳定，焊缝成形美观。

2）熔化极惰性气体保护焊焊接时，焊丝的熔化系数随电弧的缩短而增大，从而，焊接电弧的长短变化由熔化系数的变化而实现自身调节。

3）熔滴亚射流过渡时，焊接电流、电弧电压基本保持不变，焊缝熔宽和熔深成形均匀，电弧下潜熔池中，热利用率高，改善了焊缝根部熔化状态，有利于提高焊缝质量。

4）熔滴亚射流过渡时，焊接电弧较短，提高了焊接过程的保护效果，降低了焊缝产生气孔和裂纹的倾向。

二、熔化极惰性气体保护焊的保护气体

1. 熔化极惰性气体保护焊保护气体的选择

MIG 焊常用的保护气体主要有氩气、氦气和氩气与氦气的混合气；MAG 焊常用的保护气体主要有氩气与氧气、二氧化碳气按不同比例组成的混合气体。

氩气是熔化极气体保护焊主要采用的气体，在高温时不分解吸热，不与金属发生化学反应，也不溶于金属中。由于氩气的比热容和热导率比空气低，密度比空气大，所以不容易发生漂浮散失。由于氩气具有这些性能，因而在氩弧焊过程中，不仅电弧燃烧非常稳定，能很好地保护焊接熔池及热影响区，而且在熔化焊过程中，焊丝金属很容易呈现稳定的轴向射流过渡，焊接飞溅极小。但是，在焊接过程中采用纯氩气作为保护气体时会发生以下问题：

1）焊缝会形成指状熔深。

2）焊接低碳钢及低合金高强度结构钢时，由于焊接电弧不稳定，导致焊缝熔深及焊缝成形不均匀、不美观。

3）焊接低碳钢及低合金高强度结构钢时，由于液态金属的黏度高、表面张力大，容易出现气孔、咬边等缺陷。

由以上分析可知，熔化极氩弧焊一般不使用纯氩气体作为保护气体，通常根据所焊材料采用适当比例的混合气体进行焊接，常用富氩混合气体的工艺特点见表 9-12，短路过渡时所用保护气体的工艺特点见表 9-13。

表 9-12　常用富氩混合气体的工艺特点

被焊材料	富氩保护气体（体积分数）	化学性质	工艺特点
低碳钢	$Ar+O_2(3\%\sim5\%)$ 或 $Ar+O_2(10\%\sim20\%)$	氧化性	能改善焊接电弧的稳定性，用于射流过渡及脉冲射滴过渡，焊接过程中能较好地控制熔池，焊缝成形良好，焊接飞溅小，咬边缺陷较小，比用纯氩气保护焊接速度更高
	$Ar+CO_2(20\%\sim30\%)$		有一定的氧化性，克服了纯氩保护时阴极漂移及金属粘接现象，防止指状熔深的产生，焊接飞溅小，电弧燃烧稳定，焊缝成形好，焊缝力学性能好于纯氩作保护气体时的焊缝
	$Ar80\%+CO_215\%+O_25\%$		焊接飞溅小，电弧燃烧稳定，焊缝成形良好，焊缝熔深较大，焊接质量良好。可采用各种过渡形式，是焊接低碳钢及低合金高强度结构钢的最佳混合气体
低合金高强度结构钢	$Ar98\%+O_22\%$	氧化性	韧性良好和最小的咬边缺陷，可用于射流过渡及脉冲射滴过渡

（续）

被焊材料	富氩保护气体 （体积分数）	化学性质	工艺特点
不锈钢及 高强度钢	Ar99%+$O_2$1%	氧化性	用于射流过渡及脉冲射滴过渡，改善焊接电弧的稳定性，能较好地控制熔池，焊缝成形良好。厚板焊接时，产生咬边缺陷的可能性较小
	Ar98%+$O_2$2%		良好的电弧稳定性，焊缝成形较好，用于射流过渡、脉冲射滴过渡焊接。焊接较薄焊件时，比加 $O_2$1% 的混合保护气体有更高的焊接速度
铝及铝合金	Ar100%	惰性	焊接过程中，电弧稳定，温度高，焊接飞溅极小，适用于 25mm 以下铝板的焊接
	Ar35%+He65%	惰性	焊接热输入比纯氩气保护大，改善铝-镁合金的熔化特性，能减少气孔的形成
	Ar25%+He75%	惰性	焊接热输入高，能增加焊缝熔深，减少气孔，适于焊接 76mm 以下的厚铝板
铜及铜合金	Ar100%	惰性	良好的润湿性，能产生稳定的射流过渡
	Ar+He（50%~70%）		由于热输入比纯氩大，可以降低焊前预热温度
镍基合金	Ar100%	惰性	该混合气体可以形成稳定的射流过渡、脉冲射滴过渡及短路过渡
	Ar+He（15%~20%）	惰性	热输入高于纯氩，改善了焊缝熔池金属的润湿性，改善了焊缝成形
钛、锆及其合金	Ar100%	惰性	电弧稳定性良好，焊缝污染小，为防止空气危害，在焊缝区的背面要有惰性气体保护

表 9-13　短路过渡时所用保护气体的工艺特点

被焊材料	保护气体（体积分数）	焊件厚度/mm	工艺特点
低碳钢	Ar+$CO_2$25%	<3.2	无烧穿的高速焊，焊缝成形美观，冲击韧度高，焊接过程中烟尘和飞溅最小
	Ar+$CO_2$25%	>3.2	焊接飞溅小，在立焊和仰焊时容易控制熔池
	Ar+$CO_2$20%	—	与 CO_2 焊相比，焊接飞溅小，焊缝成形美观，冲击韧度高，焊缝熔深浅
低合金高强 度结构钢	Ar+$CO_2$25%	—	良好的电弧稳定性，焊缝冲击韧度好，良好的润湿性和焊缝成形，焊缝飞溅小
	He+Ar25%~35%+$CO_2$4.5%	—	良好的电弧稳定性、润湿性和焊缝成形，氧化性弱，焊缝冲击韧度高
不锈钢	Ar+$CO_2$5%+O_2%	—	电弧稳定，焊接飞溅小，焊缝成形良好
	He+Ar7.5%+$CO_2$2.5%	—	焊接热影响区小，不咬边，焊接烟尘小，对抗腐蚀性无影响
铝、铜、镁等 有色金属	Ar 或 Ar+He	>3.2	氩-氦为基本焊接保护气体，纯氩适合焊接薄金属

2. 喷嘴直径和保护气体流量

熔化极氩弧焊的喷嘴直径要比钨极氩弧焊的大，为 **20mm** 左右，气体流量也大，大电流熔化极氩弧焊时，应该采用更大直径的喷嘴，提供更大的保护气体流量。但是，在焊接过程中选择的保护气体流量过大或过小，都会造成紊流现象，反而使保护效果不好。常用的保护气体流量为 10~30L/min，必要时可以选择 30~60L/min。

3. 保护气体的保护效果

熔化极氩弧焊保护气体在焊接过程中的保护效果，可通过焊缝表面的颜色来判断和评价，气体保护效果与焊缝表面颜色之间的关系见表 9-14。

表 9-14　气体保护效果与焊缝表面颜色之间的关系

母　材	最　好	良　好	较　好	较　差	最　差
低碳钢	灰白色有光亮	灰色	—	—	灰黑色
不锈钢	金黄色或银色	蓝色	红灰色	灰色	黑色
铝及铝合金	银白色有光亮	白色（无光）	灰白色	灰色	黑色
纯铜	金黄色	黄色	—	灰黄色	灰黑色
钛及钛合金	亮银白色	橙黄色	蓝紫色	青灰色	白色（氧化钛）

三、焊丝种类及焊丝直径

熔化极氩弧焊一般选用与被焊母材成分相近的焊丝，有时为了改善焊接性、提高焊接接头强度，也可以选用与母材成分不同的焊丝。非合金钢及细晶粒钢焊接常用实心焊丝的简要说明和用途见表 5-40。奥氏体不锈钢焊接常用实心焊丝的主要用途与国外焊丝牌号对照见表 5-41。常用马氏体不锈钢焊接实心焊丝的主要用途及与国外焊丝牌号的对照见表 5-42。常用铁素体不锈钢焊接实心焊丝的主要用途及与国外焊丝牌号的对照见表 5-43。常用双相不锈钢焊接实心焊丝的主要用途及与国外焊丝牌号的对照见表 5-44。常用镍及镍合金焊接实心焊丝的简要说明及用途见表 5-45。常用铝及铝合金焊接实心焊丝的特点及用途见表 5-46。常用铝及铝合金焊接实心焊丝的选用见表 5-47。常用异种铝及铝合金焊接实心焊丝的选用见表 5-48。常用有特殊要求的铝及铝合金焊缝实心填充焊丝型号见表 5-49。常用铜及铜合金焊接实心焊丝型号与化学成分代号及简要说明见表 5-50。常用碳素结构钢焊接药芯焊丝的特点及应用见表 5-51。常用热强钢焊接药芯焊丝的简要说明及应用见表 5-52。常用不锈钢焊接药芯焊丝的简要说明及应用见表 5-54。

焊丝直径通常是根据焊件的厚度、施焊的位置来选择的。进行薄板或空间位置焊接时，通常采用直径小于或等于 $\phi1.2mm$ 的焊丝；选用脉冲过渡或短路过渡进行焊接。对于在平焊位置焊接的中厚板或大厚度板焊接时，通常采用 $\phi3.2~\phi5.6mm$ 的粗焊丝。焊接电流可以调节到 500~1000A，焊接过程中，通常采用喷射过渡，铝及铝合金采用亚射流过渡，粗丝大电流熔透能力强，焊道层数少，焊接变形小，焊接生产率高。直径为 $\phi0.5~\phi5.0mm$ 的焊丝适用范围见表 9-15。

四、焊接电流

在实际的熔化极氩弧焊过程中，焊接电流大小是根据焊件厚度、焊丝直径、焊接位置等来选择的。焊接电流是重要的焊接参数，通常采用直流反接（DCRP），这种接法的优点是：焊接熔滴过渡稳定、熔透能力大且阴极雾化效应强。

表 9-15　直径 ϕ0.5~ϕ5.0mm 焊丝适用范围

焊丝直径 /mm	熔滴 过渡形式	可焊接板厚 /mm	焊缝位置	焊丝直径 /mm	熔滴 过渡形式	可焊接板厚 /mm	焊缝位置
0.5~0.8	短路过渡	0.4~3.2	全位置	1.6	短路过渡（MAG 焊）	3~12	全位置
	射流过渡	2.5~4	水平				
1.0~1.4	短路过渡	2~8	全位置	2.0~5.0	射流过渡（MAG 焊）	>8	水平
	射流过渡（MAG 焊）	>6	水平		射流过渡（MAG 焊）	>10	水平

　　熔化极氩弧焊过程中，当所有其他焊接参数保持恒定不变时，焊接电流与送丝速度或熔化速度是以非线性关系变化的。当送丝速度增加时，焊接电流亦随之增大。但是，对每一种直径的焊丝，在小电流焊接时，焊接电流与送丝速度变化的曲线接近于线性；而在大电流焊接时，特别是使用细焊丝时，焊接电流与送丝速度变化的曲线是非线性的，而且，是随着焊接电流的增大，熔化速度将以更高的速度增加。焊丝在焊接过程中焊接电流与送丝速度的关系曲线如图 9-18 所示。

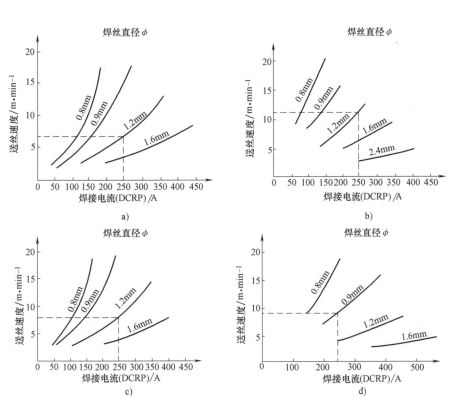

图 9-18　焊丝在焊接过程中焊接电流与送丝速度的关系曲线

a）碳素结构钢焊丝　b）铝焊丝　c）不锈钢焊丝　d）铜焊丝

五、电弧电压

电弧电压应根据熔化极氩弧焊焊接电流的大小、焊接过程中保护气体的成分、被焊材料的种类、熔滴过渡方式等进行选择。电弧电压主要影响熔滴的过渡形式及焊缝成形。电弧电压的大小主要影响焊缝的熔宽，对焊缝熔深影响很小。同时，电弧电压过高，则有可能产生气孔和飞溅；电弧电压过低，可能会发生短接现象。熔化极氩弧焊不同保护气体焊接时的电弧电压见表9-16。

表 9-16　熔化极氩弧焊不同保护气体焊接时的电弧电压

气体 金属	喷射过渡或细颗粒过渡					短路过渡			
	Ar	He	Ar+He75%	Ar+O$_2$（1%~5%）	CO$_2$	Ar	Ar+O$_2$（1%~5%）	Ar+O$_2$25%	CO$_2$
碳素钢	—	—	—	28	30	17	18	19	20
低合金结构钢	—	—	—	28	30	17	18	19	20
不锈钢	24	—	—	26	—	18	19	21	—
铝	25	30	29	—	—	19	—	—	—
镁	26		28	—	—	16	—	—	—
镍	26	30	28	—	—	22	—	—	—
镍—铜合金	26	30	28	—	—	22	—	—	—
镍—铬—铁合金	26		28	—	—	22	—	—	—
铜	30	36	33	—	—	24	22	—	—
铜—镍合金	28	32	30	—	—	23	—	—	—
硅青铜	28	32	30	28	—	23	—	—	—
铝青铜	28	32	30	—	—	23	—	—	—
磷青铜	28	32	30	23	—	23	—	—	—

注：焊丝直径为 ϕ1.6mm。

六、焊丝伸出长度

焊丝伸出长度是由焊枪高度和电弧电压决定的，焊丝伸出长度增加，焊丝产生的电阻热增加，焊丝的熔化速度就增加。焊接过程中焊丝伸出长度将影响焊丝的预热，预热后焊丝温度的高低对焊接过程及焊缝质量有显著的影响。过长的焊丝伸出长度会降低电弧热和熔敷过多的焊缝金属，使焊缝熔深减小，焊接电弧燃烧不稳定，焊缝成形不良。当焊接过程中的其他参数不变而焊丝伸出过短时，由于焊枪喷嘴距离焊缝熔池较近，焊接电弧容易烧坏导电嘴，焊枪喷嘴容易被金属飞溅物堵塞。所以，采用短路过渡焊接时，焊丝伸出长度应为6~13mm；采用其他形式熔滴过渡焊接时，焊丝伸出长度以13~25mm为好。

焊丝伸出长度，一般根据使用的焊接电流大小、焊丝直径及焊丝本身的电阻率来选择。焊丝伸出长度的选择见表9-17。

七、喷嘴与焊件的距离

在选择焊接参数时，应该根据焊件的厚度、坡口形状选择焊丝直径，然后再由熔滴过渡

表 9-17　焊丝伸出长度的选择

焊丝直径/mm	焊丝伸出长度/mm	
	H08Mn2SiA 焊丝	H06Cr19Ni9Ti 焊丝
0.8	6～12	5～9
1.0	7～13	6～11
1.2	8～15	7～12

形式选择焊接电流，与此同时，再确定合适的电弧电压。其他参数的选择，应以保证使焊接过程稳定进行及保证焊接质量为前提。

喷嘴距焊件表面的距离应根据焊接电流的大小选择，喷嘴与焊件距离过大，气体保护效果变差；喷嘴与焊件距离过小，焊接过程的飞溅容易堵塞喷嘴，同时也使施焊者观察熔池的视线受到影响。喷嘴与焊件的距离见表 9-18。

表 9-18　喷嘴与焊件的距离

焊接电流/A	<200	200～250	350～500
喷嘴高度/mm	10～15	15～20	20～25

八、焊丝位置

焊丝位置是指焊丝与焊件之间的夹角，而焊丝与焊件之间的夹角大小影响着焊接热输入，从而也就影响着焊缝的熔深与熔宽。

熔化极氩弧焊在焊接过程中，根据焊枪的移动方向，可分为左焊法和右焊法两种。

（1）左焊法　焊枪从右向左移动，焊接电弧指向待焊部位的操作方法称为左焊法。左焊法在焊接过程中，电弧的吹力作用将熔池金属向前推进，焊接电弧不直接作用于母材上，因此焊缝熔深较浅，焊缝平坦且变宽。焊接过程中，焊工视野不受阻碍，便于观察和控制熔池。由于焊接电弧指向未焊部位，起到了预热作用，焊接操作简单，对初学者容易掌握。

（2）右焊法　焊接过程中，焊枪从左向右移动，焊接电弧指向已焊完的部分，使熔池冷却缓慢，有利于改善焊缝组织，减少气孔、夹渣等缺陷。同时电弧指向已焊完的金属，提高了电弧热利用率，在相同的焊接热输入时，右焊法比左焊法熔深大，所以，特别适用于焊接大厚度的焊件。但是，焊工在焊接操作过程中，观察熔池不如左焊法清楚，控制焊缝熔池比较困难。

一般情况下，焊工都采用左焊法焊接操作。用左焊法进行平焊位置的焊接时，行走角一般保持在 5°～20°。

九、焊接速度

焊接过程中在焊件厚度、焊接电流和电弧电压等条件都确定的情况下，增加焊接速度，焊缝熔深及熔宽都减小，在焊缝单位长度上的焊丝熔敷量减小，焊缝余高将减小。同时，过高的焊接速度还可能产生咬边、未熔合、未焊透等缺陷。如果焊接速度过慢，不但导致焊缝烧穿、焊接变形过大等缺陷产生，还直接降低了焊接生产率。所以，要根据焊接电流及焊缝成形综合考虑确定合适的焊接速度。通常自动熔化极氩弧焊的焊接速度为 25～150m/h；半自动熔化极氩弧焊的焊接速度为 5~60m/h。

十、熔化极氩弧焊的注意事项

（1）焊接材料、板厚、坡口尺寸及间隙不同时，采用的焊接方法及措施也不相同

1）薄板小间隙单面焊时，应该设法增大焊接电弧的穿透能力，达到焊缝熔透。焊接过程中，焊丝应垂直对准焊缝熔池的前部，焊枪直线运行。而坡口间隙稍大时，焊丝应指向熔池中心，同时进行适当的摆动，避免焊缝烧穿如图 9-19 所示。

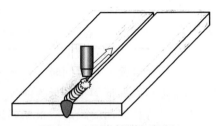

图 9-19　薄板小间隙单面焊

2）坡口间隙在 1.2~2.2mm 时，焊枪通常采用月牙形小幅摆动。焊枪在焊缝中心的移动速度要快些，而在两侧要稍停片刻，如发现有烧穿征兆，就应加大摆幅来调整熔池的加热，如图 9-20 所示。

3）坡口间隙>2.2mm 时，应在横向摆动的基础上增加前后摆动，这样可以避免电弧直接对准焊缝间隙，防止烧穿，如图 9-21 所示。

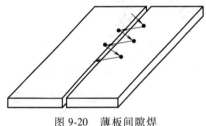

图 9-20　薄板间隙焊

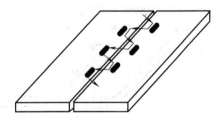

图 9-21　横向摆动加前后摆动工艺

4）在坡口角度和间隙都较小的情况下进行厚板坡口内的焊接，由于熔化金属极易流到焊接电弧前面去而引起未焊透缺陷，所以在焊接根部焊道时应采用右焊法，焊枪进行直线式移动，如图 9-22 所示。

5）坡口角度和间隙都较大时，应采用左焊法和小幅摆动法焊接根部焊道，一旦发现焊缝熔池下沉，说明有过熔倾向，此时应加大摆幅防止焊缝塌陷，如图 9-23 所示。

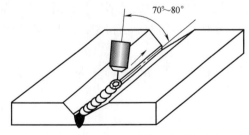

图 9-22　坡口角度和间隙较小的厚板右焊法

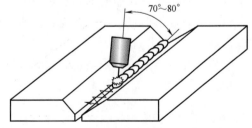

图 9-23　坡口角度和间隙较大的厚板的左焊法

（2）厚板多层焊道焊接时，焊缝中心焊道不要凸起　为了避免厚板焊接时产生未焊透和夹渣缺陷，多层焊接时要特别注意坡口两侧的熔合情况，多层焊道与坡口面不要形成沟槽，采用沿坡口进行月牙摆动焊接时，焊枪应在坡口两侧稍作停留，在焊缝中间处移动速度要较快，使焊缝中心处焊道表面趋于平坦。

采用直线运行焊接时，要注意焊道的次序和焊道的宽度，防止在焊缝中心出现凸起，在坡口两侧与坡口表面之间出现尖角和沟槽，如图 9-24 所示。

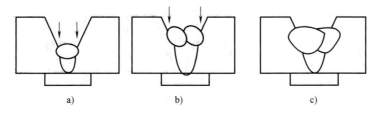

图 9-24　多层焊的中间焊道与坡口间的凸起和尖角与沟槽

a)、b) 出现沟槽、尖角和凸起　c) 焊缝平坦

（3）严格控制水平角焊缝的焊接电流　为了获得等焊脚焊缝，在水平角焊时，应该根据焊接板厚和焊脚大小适当调整焊枪角度、焊丝指向位置、电弧电压和焊接电流，采用单道或多道焊方式焊接。最重要的参数是严格控制焊接电流的大小。若焊接电流过大，熔池金属液体容易流淌，使得垂直板上的焊脚小和容易出现咬边，而水平板上的焊脚较大并出现焊瘤，从而影响焊缝质量。水平角焊的工艺要点如图 9-25 所示。

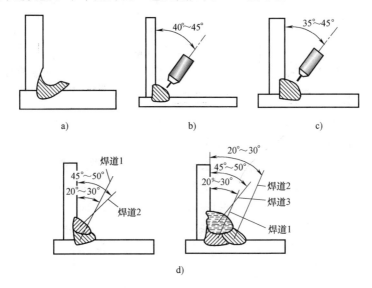

图 9-25　水平角焊的工艺要点

a) 焊接电流过大　b) 焊脚尺寸<5mm 时，I<250A

c) 焊脚尺寸>5mm 时，I>250A　d) 多层焊的焊道顺序与焊枪角度

（4）向上立焊焊枪不要直线运动　熔化极氩弧焊向上立焊时熔深大，焊接操作容易，特别适合于厚板焊件的焊接，由于在立焊焊接过程中，焊接熔池金属液容易下淌，使焊道金属凸起，造成焊缝成形不良和焊缝咬边等缺陷，为了使焊缝平整，焊接时不宜使用较大的焊接参数，焊枪也不宜进行直线形运动方式焊接。要根据板厚适当地调整摆动方式：焊枪在均匀摆动的情况下快速向上运动；焊枪在焊道中心线部分快速运动，而在焊缝两侧则稍作停留，避免焊接熔池金属液向下流淌和产生咬边缺陷。向上立焊焊枪位置与摆动示意图如图 9-26 所示。

（5）向下立焊焊枪不要进行横向摆动　熔化极氩弧焊向下立焊时，熔池处在焊接电弧下方的垂直位置，为了保持焊接熔池不流淌，向下立焊时，应该采用较小的焊接电流和较快的焊接速度，并使用细焊丝短路过渡，焊接电弧指向焊接熔池，不作横向摆动，如图9-27所示。整个焊接过程中，焊接电弧始终对准焊接熔池，利用电弧力把熔池液体金属推上去。如果熔池控制不好，使液态金属下淌，不仅焊缝成形不好，还容易产生咬边、未焊透和焊瘤、焊缝成形不均匀和焊道表面凹凸不平等缺陷。

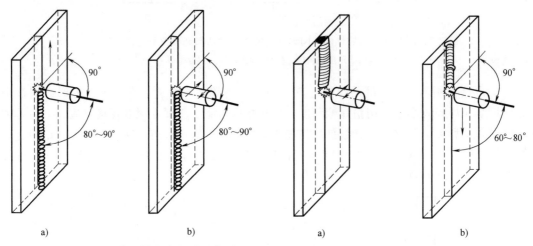

图 9-26　向上立焊焊枪位置与摆动示意图
a）错误　b）正确

图 9-27　向下立焊焊枪不横向摆动的示意图
a）错误　b）正确

（6）防止横向焊接时每道焊缝熔敷金属量过大　熔化极氩弧焊横向焊接时，焊接熔池液态金属受重力作用下淌，在焊道上方容易发生咬边，在焊道下方容易形成焊瘤，这是典型的泪滴形焊缝。为此应限制每道焊缝金属的熔敷量，施焊过程中，采取低电压、小电流的短路过渡。当焊缝的宽度较大时，应采取多层焊。此时，应调整焊枪角度，适当排布焊道，由里而外、由下而上，并逐层焊平，从而保证焊缝表面的平滑，如图9-28所示。

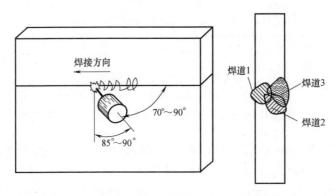

图 9-28　横向焊接时焊枪角度与焊道的焊接顺序

（7）焊接仰焊焊缝时焊枪摆动不宜过大　焊接仰焊焊缝时，焊接熔池的液态金属受重力作用下垂，容易形成凸形焊道并容易产生未焊透、咬边等缺陷。施焊时要选用细焊丝，以短路过渡方式焊接，焊枪对准焊件坡口中心，摆动幅度不宜过大，依靠焊件的电弧力和表面张力共同作用保持焊接熔池不下淌，焊接多层焊缝时要采用多道焊，仰焊时焊枪的角度与易产生的缺陷如图 9-29 所示。

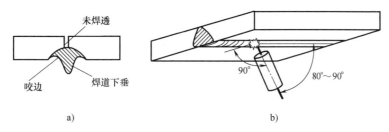

图 9-29　仰焊时焊枪的角度与易产生的缺陷
a）仰焊时易产生的缺陷　b）仰焊时正确的焊枪角度

（8）焊接速度选择要适当　熔化极惰性气体保护焊焊接过程中，焊接速度选择要适当，在一定条件下焊接速度过慢，会使焊缝熔池变大，焊道变宽，容易出现焊缝组织粗大、烧穿和在焊趾部出现焊瘤、焊接变形过大等缺陷。如果焊接速度过快，会使焊缝的熔深、熔宽和余高减小，成为凸形焊缝，或在脚趾部产生咬肉甚至产生未熔合、未焊透等焊缝缺陷。

（9）熔化极惰性气体保护焊焊接过程中严禁改变焊枪与焊件的距离　熔化极惰性气体保护焊焊接开始引弧时，需要先将焊枪与焊件保持在正常的焊接距离，然后送气、供电和送丝。如果此时，焊枪在起弧过程中被焊丝与焊件相碰的反作用力推开，脱离起弧点，必将导致引弧失败或使焊丝整段爆断。在收弧时焊枪也应与焊件保持正常焊接距离直至焊丝反烧熄弧。焊枪过早地从焊接熔池移开，会使焊接熔池失去气体保护，容易产生焊接缺陷。

（10）焊丝伸出长度要适当　熔化极惰性气体保护焊的焊丝伸出长度，通常是根据焊接电流的大小、焊丝直径及焊丝电阻率来选择的。焊丝伸出长度对焊丝的预热有影响，也影响焊接过程中焊缝的质量。在其他条件不变的情况下，如果焊丝伸出长度过长时，焊接电流将减小，导致焊缝产生未焊透、未熔合等缺陷。如果焊丝伸出长度过短时，将导致焊接喷嘴堵塞或喷嘴烧损。

（11）保护气体的流量及种类选择适当　熔化极惰性气体保护焊，一般不使用纯氩气气体进行焊接，通常根据所焊材料的性质采用适当比例的混合气体。对于一定直径的焊枪气体喷嘴，都有一个最佳的保护气体流量范围。如果保护气体流量过大，在焊接过程中容易产生气体紊流，使保护效果变坏；如果保护气体流量过小，在喷嘴和焊接熔池之间保护气流的挺度变差，容易混进空气，使保护效果变差。气体流量的最佳范围通常是用实验来确定的。

熔化极惰性气体保护焊采用纯氩气气体时会产生以下问题：

1）容易产生指状熔深。

2）焊接低碳钢及低合金高强度结构钢时，焊接电弧不稳定，容易导致焊缝成形及焊缝熔深不均匀。

3）焊接低碳钢及低合金高强度结构钢时，焊缝熔池液态金属的黏度高、表面张力大，容易导致气孔、咬边等缺陷的产生。

（12）熔化极惰性气体保护焊焊接过程中防止焊缝产生气孔　熔化极惰性气体保护焊，

焊接过程中焊缝产生气孔缺陷的原因主要有：

1）焊接现场有较大的风速通过，破坏了保护气体对焊接熔池的覆盖。

2）焊接过程中的飞溅使焊接喷嘴堵住不畅，破坏了保护气体的保护作用。

3）焊枪喷嘴内孔尺寸过小，使保护气体覆盖焊接熔池的能力减小。

4）焊接区内有油、污、锈、垢等杂物，在焊接高温下分解成气体，留在焊接熔池中形成气孔。

5）焊枪喷嘴距焊件太近，产生气体紊流，破坏了焊接区的保护效果。

（13）熔化极惰性气体保护焊焊接过程中应注意未焊透缺陷的产生。熔化极惰性气体保护焊焊接过程中未焊透缺陷产生的原因主要有：

1）焊件的坡口角度太小、钝边太大及坡口根部间隙太小等原因，使焊缝根部加热不足，产生未焊透缺陷。

2）焊缝坡口错边太大，使焊接过程中焊枪在加热过程中倾斜，造成坡口两侧中的一侧加热量不足，产生未焊透。

3）焊枪在操作过程中，喷嘴偏离焊缝中心或焊枪倾斜过大而指向坡口的一个侧面，造成坡口两侧受热不均匀。

4）焊接过程中，焊接熔池靠前，电弧不能达到焊件坡口焊层的宽度，不能很好地熔化坡口面。

第五节　常用材料熔化极惰性气体保护焊的焊接

一、低碳钢及低合金高强度结构钢熔化极惰性气体保护焊的焊接

低碳钢及低合金高强度结构钢熔化极惰性气体保护焊，如采用纯惰性气体保护的 MIG 焊，不仅焊接成本高，而且焊接质量也不理想，所以多采用 MAG 焊，即：在焊接过程中用活性气体：（Ar+$CO_2$5%～20%的混合气体）作为保护气体，有时还加入少量的 O_2。这不仅焊接成本降低，而且焊缝质量高。焊丝熔滴过渡形式可以是短路过渡、射滴过渡和脉冲过渡。

低碳钢及低合金高强度结构钢采用短路过渡 MAG 焊时，使用较细的焊丝和较小的焊接电流，焊缝熔深较浅，焊接速度较低，焊接电弧比 CO_2 焊更稳定，焊接飞溅也更少，主要用于薄板焊接。

低碳钢及低合金高强度结构钢采用射流过渡 MAG 焊时，焊接电流通常比射流过渡临界电流高 30～50A，当焊接 3.2mm 以上的板厚采用 MAG 焊时，焊接电弧十分稳定，焊缝表面平坦，焊缝成形良好，焊接飞溅少。

低碳钢及低合金高强度结构钢采用短路过渡 MAG 焊的焊接参数见表 9-19，低碳钢及低合金高强度结构钢采用射流过渡 MAG 焊的焊接参数见表 9-20。

二、不锈钢熔化极惰性气体保护焊的焊接

不锈钢熔化极惰性气体保护焊不适宜采用纯氩气进行保护，而是在 Ar 气中加入少量的 O_2、CO_2、CO_2+O_2 等气体，增加保护气体的氧化性，从而克服使用纯 Ar 气保护焊接时产生

表 9-19 低碳钢及低合金高强度结构钢采用短路过渡 MAG 焊的焊接参数

板厚 /mm	焊接位置	接头形式	间隙 /mm	焊丝直径 /mm	送丝速度 /(mm/s)	电弧电压 /V	焊接电流 /A	焊接速度 /(mm/s)	焊道数
0.64	平、立、横、仰	对接、T 形	0	0.76	47~51	13~14	45~50	8~11	1
0.94			0		43~57		55~60		
1.6	横	对接	0.79	0.89	72~76	16~17	105~110	11~13	1
		T 形	—		76~80		110~115	10~12	
	立、仰	对接	0.79		59~63	15~16	86~90	5~8	1
		T 形	—		61~66		90~95	10~12	

注：不留钝边；保护气体为 Ar+$CO_2$25%~50% 的混合气体，流量为 16~20L/min。

表 9-20 低碳钢及低合金高强度结构钢采用射流过渡 MAG 焊的焊接参数

板厚 /mm	接头形式	间隙 /mm	焊丝直径 /mm	送丝速度 /(mm/s)	电弧电压 /V	焊接电流 /A	焊接速度 /(mm/s)	焊道数
1.2	对接	1.6	0.89	148~159	26~27	190~200	8~11	1
	T 形	—		159~169		200~210	13~15	
6.4	对接	4.8	1.6	78~82		310~320	3~5	2
	V 形对接	2.4		72~76	25~26	290~300	5~7	
	V 形对接		1.1	169~180	29~31	320~330	7~9	
	T 形	—	1.6	99~104	27~28	360~370	6~8	1
	T 形	—	1.1	180~190	30~32	330~340		

注：保护气体为：Ar+$CO_2$8%~25% 的混合气体，流量为 20~25L/min。

的阴极漂移及焊缝成形不良等现象。在 Ar、CO_2、Ar+CO_2+O_2 三种保护气体中焊接的焊缝成形如图 9-30 所示。

实践证明，在 Ar 气中加入 1%（体积分数）的 O_2 不仅克服了阴极漂移现象，还有利于焊丝金属熔滴的细化，降低射流过渡的临界电流值。Ar+O_2 混合保护气体有两种类型：一种是含 O_2 量

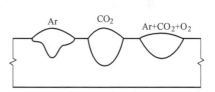

图 9-30 在 Ar、CO_2、Ar+CO_2+O_2 三种保护气体中焊接的焊缝成形

低，体积分数约为 1%~5%，用于不锈钢等高合金钢及强度级别较高的高强度钢的焊接；另一种含 O_2 量较高，体积分数在 20% 以上，用于低碳钢及低合金高强度结构钢的焊接。就气体的氧化性来说：在 Ar 气中加入体积分数为 10% 的 CO_2 气体，相当于加入体积分数为 1% 的 O_2，这种比例既可用于喷射过渡电弧焊，又可用于短路过渡电弧焊，在短路过渡电弧焊进行垂直焊和仰焊时，为了控制焊接熔池，Ar 与 CO_2 的比例最好是 1:1。不锈钢短路过渡熔化极惰性气体保护焊的焊接参数见表 9-21；不锈钢对接接头射流过渡熔化极惰性气体保护焊的焊接参数见表 9-22。不锈钢 T 形接头射流过渡熔化极惰性气体保护焊的焊接参数见表 9-23。焊接电流小于射流过渡临界电流，多用于板厚在 3mm 以下的薄板单层焊接；焊接电流大于射流过渡临界电流，多用于板厚在 3.2mm 以上的钢板焊接。

表 9-21　不锈钢短路过渡熔化极惰性气体保护焊的焊接参数

板厚/mm	接头形式	坡口形式	焊丝直径/mm	焊接电流/A	电弧电压/V	焊接速度/(mm/min)	送丝速度/(cm/min)	保护气体流量/(L/min)
1.6	对接接头	I形坡口	0.8	85	15	475~525	460	7.5~12.5
2.0				90		285~315	480	
1.6	T形接头			85		425~475	460	
2.0				90		325~375	480	

表 9-22　不锈钢对接接头射流过渡熔化极惰性气体保护焊的焊接参数

| 板厚/mm | 坡口形式及尺寸 | | | | 焊道层数 | 焊丝直径/mm | 焊接电流/A | 电弧电压/V | 焊接速度/(cm/min) | 保护气体流量/(L/min) |
	坡口形式	根部间隙/mm	坡口角度/(°)	钝边/mm						
3.2	I	0~1.2	—	—	1	1.2	150~170	18~19	3.0~4.0	15
							200~220	22~23	5.0~6.0	
4.5	I	0~1.2	—	—	1	1.2	160~180	20~21	3.0~3.5	20
							220~240	23~24	5.0~6.0	
6	I	0~1	—	—	1	1.6	280~300	28~30	4.0~5.0	20
	V	0	60	3	2		260~280	25~27	3.5~4.0	
8	I	0~1	—	0	2	1.6	300~350	30~34	4.0~4.5	20
	V		60	4~6	2 / 1	1.6	280~300	27~30	3.5~4.0	
					2		300~350	30~34		
10	I	0~1	—	—	2	1.6	350~400	34~38	3.5~4.0	20
	V		60	5	2 / 1	1.6	300~350	30~34	3.0~3.5	20
				4~6	2		350~400	34~40	3.5~4.0	
12	V	0~1	60	5~7	2 / 1	1.6	300~350	30~34	3.0~3.5	20
					2		350~400	34~38		
	双V			6	2 / 1	1.6	300~350	33~35	3.0~3.5	20
					2		350~400	34~38		

表 9-23　不锈钢 T 形接头射流过渡熔化极惰性气体保护焊的焊接参数

| 板厚/mm | 坡口形式及尺寸 | | | | 焊道层数 | 焊丝直径/mm | 焊接电流/A | 电弧电压/V | 焊接速度/(cm/min) | 保护气体流量/(L/min) |
	坡口形式	间隙/mm	坡口角度/(°)	钝边/mm						
1.6		0		3~4①		0.9	90~110	15~16	4.0~5.0	15
2.3		0~0.8					110~130			
3.2	I	0~1.2	—	4~5①	1	1.2	220~240	22~24	3.5~4.0	
4.5										
6				5~6①		1.6	250~300	25~30		20
8		0~1.6		6~7①			250~330	27~33		
10	V	0~1.2	45	—	2~3	1.6	250~300	25~30	3.0~4.0	20
12										

① 焊脚尺寸。

三、铝及铝合金熔化极惰性气体保护焊的焊接

1. 铝及铝合金熔化极惰性气体保护焊的焊接特点及焊接参数

铝及铝合金表面极易氧化，生成 Al_2O_3（熔点 2050℃）氧化膜。焊接过程中，氧化膜覆盖在熔池表面上，严重阻碍焊丝金属熔滴与熔池金属的相互熔合，使焊缝表面成形变差和焊缝质量降低。所以，熔化极氩弧焊必须利用阴极清理作用去除氧化膜。由于铝及铝合金的热导率大，焊接过程中需要有足够的电弧功率才能熔化母材金属形成焊缝。板厚 1~2mm 的薄板短路过渡焊接时，通常采用纯氩为保护气体，焊丝直径为 $\phi0.8mm$ 和 $\phi1.0mm$。焊接厚大件铝及铝合金时，采用 Ar+He 混合气体保护，He 的体积分数多为 25%。铝及铝合金熔化极惰性气体保护焊采用最多的是喷射过渡及亚射流过渡焊接。

铝及铝合金短路过渡熔化极惰性气体保护焊的焊接参数见表9-24，铝及铝合金喷射过渡及亚射流过渡熔化极惰性气体保护焊的焊接参数见表9-25。

表 9-24　铝及铝合金短路过渡熔化极惰性气体保护焊的焊接参数

板厚/mm	接头形式及根部间隙/mm	焊缝层数	焊接位置	焊丝直径/mm	焊接电流/A	电弧电压/V	送丝速度/(cm/min)	焊接速度/(cm/min)	气体流量/(L/min)
2	平板对接 I 形坡口 根部间隙：0~0.5	1	全	0.8	70~85	14~15	—	40~60	15
		1	平	1.2	110~120	17~18	590~620	120~140	15~18
1	T 形接头 根部间隙：0~2	1	全	0.8	40	14~15	—	50	14
2		1	全	0.8	70	14~15	—	30~40	10
					80~90	17~18	950~1050	80~90	14

表 9-25　铝及铝合金喷射过渡及亚射流过渡熔化极惰性气体保护焊的焊接参数

板厚/mm	接头形式/mm	焊缝层数	焊接位置	焊丝直径/mm	焊接电流/A	电弧电压/V	送丝速度/(cm/min)	焊接速度/(cm/min)	气体流量/(L/min)
6		1	平位	1.6	200~250	24~27 (22~26)	590~770 (640~790)	40~50	20~24 背面用垫板
		1 2(背)	横位、立位 仰位		170~190	23~26 (21~25)	500~560 (580~620)	60~70	
8		1 2	平位	1.6	240~290	25~28 (23~27)	730~890 (750~1000)	45~60	20~24 使用垫板仰焊时增加焊道数
		1 2 3-4	横位 立位 仰位		190~210	24~28 (22~23)	560~630 (620~650)	60~70	
12		1 2 3(背)	平位	1.6 或 2.4	200~300	25~28 (23~27)	700~930 (750~1000) 310~410	40~70	20~28 仰焊时增加焊道数
		1 2 3 1-8(背)	横位 立位 仰位	1.6	190~230	24~28 (22~24)	560~700 (620~750)	30~45	20~24 仰焊时增加焊道数

（续）

板厚/mm	接头形式/mm	焊缝层数	焊接位置	焊丝直径/mm	焊接电流/A	电弧电压/V	送丝速度/(cm/min)	焊接速度/(cm/min)	气体流量/(L/min)
16		4道	平位	2.4	310~350	26~30	430~480	30~40	
		4道	横位立位	1.6	220~250	25~28 (23~25)	660~770 (700~790)	15~30	24~30 焊道可适当增加或减少，正反两面交替焊接，以减少变形
		10~12道	仰位		230~250		700~770 (720~790)	40~50	
25		6~7道	平位	2.4	310~350	26~30	430~480	40~60	
		6道	横位立位	1.6	220~250	25~28 (23~25)	660~770 (700~790)	15~30	
		14~16道	仰位		240~270	25~28 (23~26)	730~830 (760~860)	40~50	

注：括号内数值适用于亚射流过渡焊接。

2. 铝及铝合金半自动熔化极氩弧焊焊接实例

（1）焊前准备

1）焊机：选用 WSE-315 手工交直流钨极氩弧焊机。

2）焊丝：选用焊丝为 HS331，直径为 ϕ1.6mm。

3）焊件：5A02 铝合金板，300mm×100mm×6mm（长×宽×厚）共两块，用剪床下料，开Ⅰ形坡口。

4）垫板：不锈钢垫板，340mm×40mm×6mm（长×宽×厚）。

5）氩气纯度：99.99%（体积分数）

6）辅助工具和量具：钢丝刷、焊缝万能量规、锤子、钢直尺、划针、样冲、三角刮刀、不锈钢钢丝轮。

（2）焊前装配定位　装配定位的目的是把两个试件装配成合乎焊接技术要求的Ⅰ形试件。铝合金板的装配如图 9-31 所示。

1）准备试件：采用不锈钢钢丝轮打磨或用三角刮刀刮削，清除焊件坡口面及两侧周围各 15mm 内的氧化膜，或用化学溶液进行清洗，用丙酮擦拭焊丝表面的油、污、垢等。

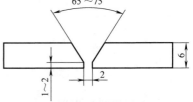

图 9-31　铝合金板的装配

2）试件装配：把打磨好的试件装配成Ⅰ形坡口的对接接头，根部间隙为 2mm。

3）调整焊接参数：5A02 铝合金熔化极氩弧焊的焊接参数见表 9-26。

表 9-26　5A02 铝合金熔化极氩弧焊的焊接参数

焊层	喷嘴直径/mm	气体流量/(L/min)	焊接速度/(cm/min)	焊丝直径/mm	焊接电流/A	电弧电压/V
1	20	18~22	4~5.2	1.6	230~250	22~26

（3）焊接操作　采用蹲位焊接，把焊件固定在适当的高度，调整好角度后，在焊缝的起点处，为了避免在开始焊接的 20~30mm 长的焊缝中出现始焊端裂纹，焊接速度要适当地

放慢些，使始焊端得到充分的热量，确保焊缝焊透和获得均匀的焊缝，然后，焊枪沿着焊缝作平稳的直线匀速移动焊接。

焊接过程中，应注意控制焊接速度，焊接速度过慢，容易造成背面下塌，焊接速度过快，容易造成焊缝边缘熔合不良。

焊接时，当其他焊接条件不变时，左焊法的熔深较小，焊道较宽较平，焊接熔池被电弧力推向前方，焊工容易在焊接过程中观察到焊接接头的位置，容易掌握焊接方向，焊缝成形好；而右焊法焊缝深而窄，焊道表面窄而凸起，焊缝成形不良，焊接熔池被电弧力推向后方。用左焊法进行平焊位置的焊接时，行走角一般保持在 5°～20°，所以，铝及铝合金的焊接，多采用左焊法及亚射流过渡的方式焊接。

焊接铝及铝合金时，应注意喷嘴下端与焊件间的距离保持在 8～22mm 之间。距离过低时容易与焊接熔池接触，影响焊缝表面成形；距离过高时，焊接电弧被拉长，气体保护效果变差。焊丝伸出长度以喷嘴内径的 1/2 左右为好。

该焊件是 6mm 厚的薄板。焊枪摆动以画圈摆动为宜，适用于焊接温度过高而需避免过热的焊接，用画圈法摆动可以将焊接热扩散，使焊缝熔深有所降低，从而避免焊接熔池中的铝液下坠和烧穿。

焊接终了需要熄弧时，应注意因熄弧方法不当，使焊缝过热而产生弧坑及弧坑裂纹。焊接快到焊缝终点时的熄弧有以下几种方法：

1）利用焊机的电流衰减，即平缓降低送丝速度使电流相应衰减，填满弧坑。

2）利用焊丝反烧，即先停止送丝，经过一定的时间后切断焊接电源。

3）加快焊接速度，在焊缝终点前方 30mm 处进行快速焊接，使焊接熔池逐渐变窄，并形成一定的坡度，熄弧处的焊缝应高出焊缝表面，焊缝余高过高时，应将其修平，熄弧时最好是在引出板上进行。

4）断弧后不能立即关闭氩气，为了防止钨极氧化和保证收弧质量，一般延时 5～10s 再关闭氩气。

（4）焊缝清理　焊后用不锈钢钢丝轮打磨焊缝，清理氧化膜和焊接飞溅。

（5）焊缝质量检验

1）焊缝不允许有夹渣、裂纹、未熔合、未焊透等缺陷。

2）焊缝余高：正面≤3.0mm，背面≤3.0mm。

3）表面凹陷≤0.15mm。

4）咬边：正面≤0.5mm，背面≤0.5mm。

5）错边量≤1.0mm。

四、铜及铜合金熔化极惰性气体保护焊的焊接

1. 铜及铜合金熔化极惰性气体保护焊的焊接特点

熔化极惰性气体保护焊的电弧功率大，焊接电弧穿透力强，焊缝熔深大，焊接变形小，接头质量高，可以进行全位置焊接，是焊接中、厚板铜及铜合金优选的工艺方法。与 TIG 焊相比，因为焊接电弧穿透力强，在相同板厚的情况下，坡口钝边可略大些而坡口角度则略小。宜采用平硬特性电源，直流反接，喷射过渡。短路过渡只适用于薄板焊接。纯铜焊接参数的特点是预热温度高、焊接电流大。纯氩气保护焊时，焊接电弧功率小。采用 Ar+He

50%+75%（体积分数）保护可以提高焊接电弧功率，从而降低预热温度。纯铜对接接头喷射过渡熔化极惰性气体保护焊的焊接参数见表9-27。

表9-27 纯铜对接接头喷射过渡熔化极惰性气体保护焊的焊接参数

板厚/mm	坡口形式	坡口尺寸			焊丝直径/mm	送丝速度/(m/min)	预热温度/℃	焊接电流/A	焊接速度/(mm/min)	焊缝层数
		根部间隙/mm	钝边/mm	坡口角度/(°)						
<4.8	I	0~0.8	—	—	1.2	4.5~7.87	38~93	180~250	350~500	1~2
6.4	V	0	1.6~2.4	80~90	1.6	3.73~5.25	93	250~325	240~450	1~2
12.5	双V	2.4~3.2	2.4~3.2	80~90	1.6	5.25~6.75	316	330~400	200~350	2~4
>16	双U	0	3.2	30	1.6	5.25~6.75	472	330~400	150~300	3~6
>16	双U	0	3.2	30	2.4	3.75~4.75	472	500~600	200~350	3~6

2. 铜及铜合金熔化极惰性气体保护焊的焊接实例

(1) 纯铜熔化极惰性气体保护焊的焊接实例

1) 纯铜熔化极氩弧焊的特点。纯铜熔化极氩弧焊（MIG焊）比TIG焊具有较强的穿透力，I形坡口焊件的极限厚度比钨极氩弧焊大、钝边的尺寸也比钨极氩弧焊大，坡口的角度比钨极氩弧焊小些，焊接过程中一般不留间隙，厚度大于20mm的焊件应该开U形坡口，钝边为5~7mm，焊接时采用较大的焊接电流和较高的电弧电压，焊件的背面垫上焊剂垫。半自动熔化极氩弧焊焊接操作采取左向焊法，电源采用直流反接，短路接触引弧。

2) 焊前设备、材料及工具的准备

① 焊机：NB-350半自动MIG焊机1台，直流反接。

② 焊丝：SCu1898（HSCu），ϕ1.6mm。

③ 焊件：T1，300mm×150mm×6mm（长×宽×厚），开V形坡口。坡口角度为75°~85°，钝边为2mm，不留间隙，试件及装配如图9-32所示。

④ 氩气：氩气纯度不低于99.99%（体积分数）。

⑤ 辅助工具和量具：角向打磨机、不锈钢钢丝刷、锤子。

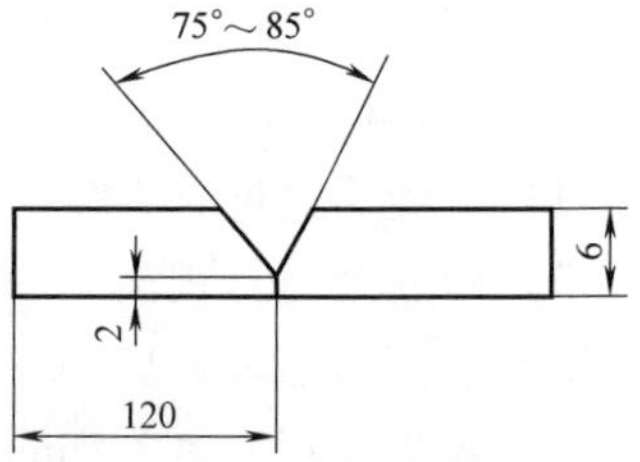

图9-32 纯铜板件熔化极氩弧焊试件及装配

3) 试件清理。视试件的具体情况对坡口两侧各30mm范围内进行机械打磨或化学清洗，直至露出金属光泽。

4) 焊前预热。将待焊件采用氧-乙炔火焰加热到200℃左右，并且在焊接过程中保持此温度直至焊完全部焊缝。

5) 定位焊。在试件背面距端头25mm处进行定位焊，定位焊缝长50mm。并在两端安装引弧板和引出板，为了抵消焊接变形，适当对试件进行反变形，安装不锈钢垫板。

6) 焊接操作。在刚开始焊接时，焊接速度要稍放慢些，使母材待焊处的温度升高，保证起始焊缝熔合良好，然后再逐渐加快焊接速度。在熔化极气体保护焊工艺方法中，最重要的焊接参数是电流密度，因为它决定焊丝熔滴的过渡形式。而熔滴的过渡形式，又是焊接电弧稳定、焊缝成形好坏的决定因素。在用氩气保护时，随着焊接电流密度的增加，熔滴的过渡形式将由短路过渡转变为喷射过渡。只有达到喷射过渡，才会获得稳定的电弧和优良的焊缝成形。纯铜板熔化极氩弧焊的焊接参数见表 9-28。

表 9-28　纯铜板熔化极氩弧焊的焊接参数

板厚 /mm	坡口形式及尺寸				焊层数	预热温度 /℃	焊丝直径 /mm	焊接电流 /A	电弧电压 /V	送丝速度/ (cm/min)	焊接速度/ (cm/min)	氩气流量 /(L/h)
	形式	间隙 /mm	钝边 /mm	角度 /(°)								
6	V	0	3	75~85	2	90~95	1.6	250~325	32~34	37.5~52.5	2.4~4.5	16~20

7）焊缝清理。焊缝焊完后，用不锈钢钢丝刷将焊接过程中的飞溅清除干净，在交专职焊接检验前，不得对各种焊接缺陷进行修补，保持焊缝处于原始状态。

8）焊缝质量检验。按国家 TSG Z6002—2010 特种设备安全技术规范《特种设备焊接操作人员考核细则》评定：

① 焊缝外形尺寸：焊缝余高为 0~3mm，焊缝余高差≤2mm，焊缝宽度比坡口每侧增宽 0.5~2.5mm，宽度差≤3mm。

② 焊缝表面缺陷：咬边深度≤0.5mm，焊缝两侧咬边总长度不得超过 30mm。背面凹坑深度≤2mm，总长度<30mm。焊缝表面不得有裂纹、未熔合、夹渣、气孔、焊瘤、未焊透缺陷。

③ 焊缝内部质量：焊缝经 JB/T 4730.2—2005《特种设备无损检测　第 2 部分　射线检测》标准检测，射线透照质量不低于 AB 级，焊缝缺陷等级不低于Ⅱ级为合格。

（2）黄铜熔化极氩弧焊

1）黄铜熔化极氩弧焊的特点。黄铜的热导性和熔点比纯铜低，由于 SCu4701、SCu6810、SCu6810A 等焊丝的含锌量较高，所以，在焊接过程中烟雾很大，这样不仅影响焊工的身体健康，而且还妨碍焊接操作的顺利进行。因此，一般多采用不含锌的焊丝 SCu6560（硅青铜焊丝）。

2）焊前设备、材料及工具的准备

① 焊机：NB-350 半自动 MIG 焊机 1 台，直流正接。

② 焊丝：SCu6560（CuSi3Mn），ϕ1.6mm。

③ 焊件：H68，300mm×150mm×3mm（长×宽×厚），Ⅰ形坡口，不留间隙，试件及装配如图 9-33 所示。

④ 氩气：氩气纯度不低于 99.99%。

⑤ 辅助工具和量具：角向打磨机、不锈钢钢丝刷、锤子。

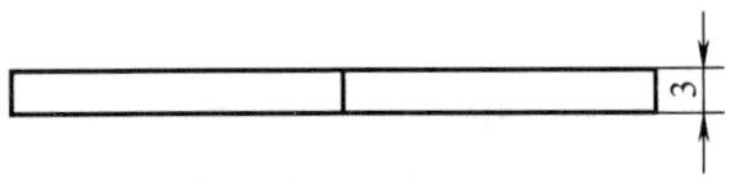

图 9-33　黄铜板件熔化极氩弧焊试件及装配

3）试件清理。视试件的具体情况对坡口两侧各 30mm 范围内进行机械打磨或化学清洗，直至焊件表面露出金属光泽。

4）定位焊。在试件的背面距端头 25mm 处进行定位焊，定位焊缝长度为 50mm。并在试件两端安装引弧板和引出板，为了抵消焊接变形，适当对试件进行反变形，安装不锈钢垫板。

5）焊接操作。在刚开始焊接时，焊接速度要稍放慢些，使母材待焊处的温度升高，保证起始焊缝熔合良好，然后再逐渐加快焊接速度。黄铜焊接易产生锌的蒸发，降低焊缝的力学性能，为解决焊缝锌蒸发的问题，常在焊接过程中选择无锌的铜焊丝和较大的焊枪喷嘴直径和氩气流量。黄铜板熔化极氩弧焊的焊接参数见表 9-29。

表 9-29　黄铜板熔化极氩弧焊的焊接参数

板厚/mm	接头形式	焊丝直径/mm	焊接电流/A	电弧电压/V	氩气流量/(L/min)
3	I 形	1.6	275~285	25~28	12~13

6）焊缝清理。焊缝焊完后，用不锈钢钢丝刷将焊接过程中的飞溅清除干净，在交专职焊接检验前，不得对各种焊接缺陷进行修补，保持焊缝处于原始状态。

7）焊缝质量检验。按国家 TSG Z6002—2010 特种设备安全技术规范《特种设备焊接操作人员考核细则》评定：

① 焊缝外形尺寸：焊缝余高为 0~3mm，焊缝余高差≤2mm，焊缝宽度比坡口每侧增宽 0.5~2.5mm，宽度差≤3mm。

② 焊缝表面缺陷：咬边深度≤0.5mm，焊缝两侧咬边总长度不得超过 30mm。背面凹坑深度≤2mm，总长度<30mm。焊缝表面不得有裂纹、未熔合、夹渣、气孔、焊瘤、未焊透等缺陷。

③ 焊缝内部质量：焊缝经 JB/T 4730.2—2005《特种设备无损检测　第 2 部分　射线检测》标准检测，射线透照质量不低于 AB 级，焊缝缺陷等级不低于 Ⅱ 级为合格。

五、钛及钛合金熔化极惰性气体保护焊的焊接

1. 钛及钛合金熔化极惰性气体保护焊的焊接特点

由于钛及钛合金对空气中的氧、氮、氢等气体有很强的亲和力，所以，在焊接过程中需要用特殊的保护装置，确保焊缝熔池、温度超过 350℃ 的热影响区的正、反面都要与空气隔绝。具体做法有：为了改善焊缝金属组织，提高焊缝及热影响区的性能，通常采用提高焊缝及热影响区冷却速度的方法，即在焊缝两侧或焊缝背面使用空冷或水冷铜块压板，使焊缝及热影响区冷却速度加快。角接接头提高冷却速度的装置如图 9-34 所示。其他焊缝正面、背面管子对接环缝焊的拖罩保护如图 9-35 所示。板对接焊缝背面通氩气保护用的垫板如图 9-36 所示。钛板对接熔化极氩弧焊的焊接参数见表 9-30。

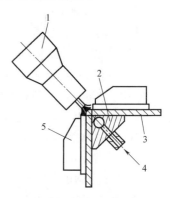

图 9-34　角接接头提高
冷却速度的装置
1—焊枪　2—带背面保护气垫板
3—焊件　4—保护气体　5—铜压块

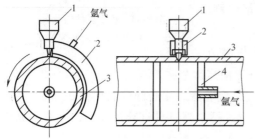

图 9-35　焊缝正面、背面管子对接环缝焊的拖罩保护
1—焊枪　2—环形拖罩　3—篦子　4—金属或纸质挡板

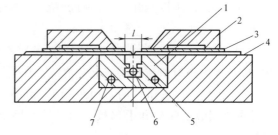

图 9-36　板对接焊缝背面通氩气保护用的垫板
1—铜垫板　2—压板　3—纯铜冷却板　4—焊件
5—出水管　6—进气管　7—进水管

表 9-30　钛板对接熔化极氩弧焊的焊接参数

板厚/mm	坡口形式	焊接电流/A	电弧电压/V	送丝速度/(m/h)	焊丝直径/mm	焊接速度/(m/h)	焊道层数	氩气流量/(L/min)		
								主喷嘴	拖罩	背面
3	V 形	220~250	20~25	33~39	1.6	22	1	35~40	35~40	10
5	V 形	280~300	31~34	42~46	1.6		1			
6	V 形	300~320	22~27	44~49	2		1		40~45	
12	U 形	340~360	20~25	56~61	2.5		2			

2. 8mm 厚钛合金板水平对接熔化极氩弧焊的焊接实例

（1）焊前设备、材料及工具的准备

1）焊机：NB-500 熔化极氩弧焊机。

2）填充焊丝：TA2 焊丝，ϕ2mm。

3）焊件：TA2（工业纯钛），板厚为 6mm。试件的坡口及尺寸如图 9-37 所示。

4）氩气：要求一级纯度（体积分数为 99.99%），露点在 -40℃ 以下。

5）辅助工具和量具：不锈钢钢丝刷、不锈钢钢丝轮、锤子、钢直尺、划针、焊缝万能量规、带拖罩的焊枪（拖罩长 180mm，焊接过程中要用水循环冷却），焊缝背面氩气保护装置。

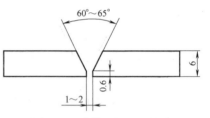

图 9-37　试件的坡口及尺寸

（2）焊前装配定位

1）准备试件：用不锈钢钢丝轮打磨待焊处两边各 20mm 处的油、污、氧化皮。

2）装配定位：按图 9-37 进行焊件的装配定位焊，定位焊缝长度为 10~15mm，定位焊缝间距为 100mm。装配定位焊时，严禁用铁器敲击和划伤钛板表面。定位焊缝的焊接参数与正式焊接相同。

（3）焊接操作　按表 9-31 选择焊接参数，采用左向焊法，由焊缝的右端向左焊接。焊枪平稳运动，不作横向摆动，焊接过程中随时观察焊缝及热影响区表面颜色的变化，及时提高氩气的保护效果。焊接停止后，要在 20~30s 后再停送氩气。钛板水平对接熔化极氩弧焊的焊接参数见表 9-31。

表 9-31　钛板水平对接熔化极氩弧焊的焊接参数

焊丝直径/mm	焊接电流/A	电弧电压/V	送丝速度/(m/h)	焊接速度/(m/h)	氩气流量/(L/min)		
					主喷嘴	拖罩	背面
2	280~300	30~31	38~42	22~24	35~40	40~45	10~12

第六节　不锈钢板对接平焊 MIG 焊单面焊双面成形

操作难点：若焊接时操作不熟练、焊接方法不当易产生穿丝，接头操作方法不当、接头处坡度小易产生接头熔合不良、未熔合、焊瘤，焊接速度慢会产生焊瘤甚至烧穿。

技术要求：焊接过程中应根据装配间隙和熔池温度变化情况，及时调整焊枪角度、摆动宽度，控制熔池和熔孔的尺寸。

1. 焊前准备

（1）母材

试件材质：1Cr18Ni9Ti。

试件尺寸：300mm×125mm×10mm，两块。

坡口形式：60°V形坡口，坡口采用机加工的方法加工。

钝边尺寸：0.5~1.0mm。

根部间隙：始焊端3mm，终焊端4mm。

反变形角度：3°~4°。

试件尺寸及安装尺寸如图9-38所示。

（2）焊接材料

焊丝：ER347，ϕ1.2mm。

保护气体：氩气，纯度99.99%（体积分数）。

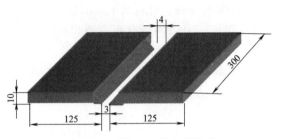

图9-38　试件尺寸及安装尺寸

（3）焊接设备　Pulse MIG-500型焊机，电源极性采用直流反接，送丝机。

（4）工具　焊工面罩，角向磨光机，锤子，扁铲，钢丝刷。

辅助材料：平面布砂轮，抛光蜡，毛毡抛光轮。

（5）劳保用品：皮质防护手套，白色棉质（皮质）工作服，帽子，护脚，皮围裙，绝缘防护鞋等。

（6）试件清理　试件组对前，将母材正反两面15~20mm范围内的油污、水分、泥沙或其他污物用装有平面布砂轮的角向磨光机打磨干净，直至露出金属光泽。打磨出0.5~1mm的钝边。

2. 焊接参数

10mm厚不锈钢板对接平焊MIG焊单面焊双面成形的焊接参数见表9-32。

表9-32　10mm厚不锈钢板对接平焊MIG焊单面焊双面成形的焊接参数

操作项目	焊丝直径 /mm	焊丝伸出长度 /mm	焊接电流 /A	电弧电压 /V	气体流量 /(L/min)
定位焊	ϕ1.2		90~110	18~22	20~25
打底层焊接	ϕ1.2	8~15	110~130	18~22	20~25
填充层、盖面层焊接	ϕ1.2		110~130	18~22	20~25

3. 焊接操作

（1）装配与定位焊　焊接前，除了需要调试好合适的焊接电流、电弧电压外，还应该在焊机面板上的功能区调节衰减时间、去球时间、提前送气时间、滞后停气时间、脉冲峰值时间、根焊燃烧脉冲峰值高度等。一般衰减时间为：0.1~1.0s；提前送气时间：0.1~1.0s；滞后停气时间1.0~2.0s；根焊脉冲峰值时间25ms；根焊燃烧脉冲峰值高度100~150mm，可以根据使用情况自行调节。

焊接参数调整完成后，在电流调试板上试验焊接参数，看是否满足使用要求。

定位焊前及以后的焊接中，要经常检查清理焊枪的导电嘴、喷嘴及气路，防止焊缝产生气孔。

将清理好的试件放在平台或型钢上，对齐找正，确定间隙，不要错边，然后用 MIG 焊在试件坡口内进行定位焊，定位焊缝要薄且短，定位焊缝长度为 10～15mm，厚度为 4mm，正式焊接的定位焊缝不得有超标缺陷。

试件装配和定位焊完成并经检查合格后，按平焊位置和合适的高度将试件固定在操作架上待焊。采用左向焊法，间隙小的一端放在右侧。焊接前为防止飞溅不好清理而堵塞喷嘴，应在试件表面涂一层防粘剂，在喷嘴内外涂上防堵剂。

（2）打底层的焊接　打底焊时采用二步工作方式，断弧焊接。

板材对接平焊的焊接操作姿势与焊条电弧焊基本相同，但焊接方向相反，MIG 焊是从右向左焊接，即左向焊法。

采用两层两道焊接，焊枪左右倾角如图 9-39 所示。焊枪后倾角度如图 9-40 所示。

图 9-39　焊枪左右倾角

图 9-40　焊枪后倾角度

打底焊时，先对准坡口内的引弧位置，在试件右侧距端头 20mm 左右的坡口内引弧，然后快速移至右端头起焊位置，待坡口根部钝边熔化形成熔孔后，开始向左焊，焊枪作锯齿形或月牙形摆动，并在坡口内两侧稍作停留，中间过渡稍快，断续向前移动运弧焊接。

焊接过程中要用焊接速度、熔化、停弧、摆动宽度来控制熔孔的大小，采用后倾焊，焊枪托着金属液走，根据焊接速度，熔池温度和熔孔大小，判断反面成形，焊接过程中应始终控制熔孔比接头间隙大 2mm 左右。若熔孔太小，根部熔合不好或熔透不均匀；若熔孔太大，背面焊道变宽、变高，容易烧穿和产生焊瘤等缺陷。打底焊时要注意焊丝不能穿过间隙，焊丝应该在熔池的边缘作正月牙形运弧，否则会穿丝，造成未焊透。

打底层焊时要注意坡口两侧的熔合，依靠焊枪的摆动，电弧在坡口两侧稍作停留并托（带）着熔池走，保证电弧燃烧正常，才能使熔池边缘很充分地熔合在一起。

要控制喷嘴的高度，焊接过程中应始终保持电弧在距离坡口根部 2～3mm 处燃烧，并控制打底层焊道厚度不超过 4mm，如图 9-41 所示。

当需要中断施焊时，焊枪不能马上离开熔池，

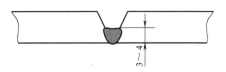

图 9-41　打底层的厚度

应先稍作停留，如可能应将电弧移向坡口侧再停弧，以防止产生缩孔和气孔，然后用砂轮机把弧坑焊道打磨成斜坡形。每次接头起弧前焊丝端头要用尖嘴钳剪成斜尖形，以便于引弧。

接头时，焊丝的顶端应对准斜坡的最高点，然后引弧并以锯齿形摆动焊丝，将焊道斜坡覆盖。当电弧达到斜坡最低处时即可转入正常施焊。MIG焊和焊条电弧焊接头方法不同，当电弧燃烧到收弧弧坑处时，不需要压低电弧，形成新的熔孔，而只要有足够的熔深就可把接头接好。

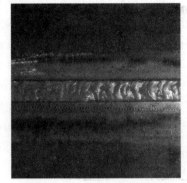

图 9-42　打底层的焊接效果

打底层焊接完成后，首先应检查打底层焊缝有无缺陷，对产生的焊瘤、气孔、未熔合用扁铲、尖錾或角向磨光机清除干净，凸起部分铲掉修平。再用钢丝刷、钢丝轮等将焊缝表面的飞溅和污物等清理干净。打底层的焊接效果图如图 9-42 所示。

（3）填充层和盖面层的焊接　打底、填充两层后，焊层厚度应低于母材表面 1.5～2mm，如图 9-43 所示，且不能击伤和熔化坡口的边缘。这是盖面焊的基准线，便于掌握焊道的宽度和高度，为盖面焊接打好基础。

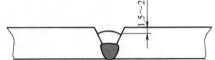

图 9-43　打底层、填充层距母材表面的高度

盖面焊接时焊枪的摆动运弧幅度比打底、填充时要稍大些，采用断弧焊。运弧的幅度要均匀一致，注意坡口两侧边缘熔合 0.5～1mm 为宜。焊接运弧以锯齿形、反月牙形为多，运弧至坡口两侧要稍停留，中间要快，可避免咬边。

焊接过程中要保持电弧高度一致，特别要注意电弧运至焊缝中间不能高，用运弧方法调整熔池温度，控制熔池所需要的形状，达到理想的焊缝成形，才能得到均匀、平整、美观的焊缝。

熄灭电弧后，待熔池金属凝固后方能移开焊枪，以保护熔池金属免受氧化产生缺陷等。

4. 不锈钢的焊后处理

为增加奥氏体不锈钢的耐腐蚀性，一般不锈钢焊后应进行表面处理，处理的方法分为抛光、酸洗和钝化。

（1）表面抛光　用不锈钢钢丝刷对不锈钢焊缝表面及周围的飞溅、凹坑、錾痕、污点进行磨光，然后再用毛毡配抛光蜡进行抛光。

（2）表面酸洗　酸洗的方法有酸洗液酸洗和酸洗膏酸洗。

1）配方

① 浸洗液配方：密度为 $1.2g/cm^3$ 的硝酸体积分数为 20% 加氢氟酸体积分数为 5%，再加水配比而成。

② 酸洗液配方：盐酸体积分数为 50% 加水体积分数为 50%。

③ 酸洗膏配方：密度 $1.9g/cm^3$ 的盐酸 20mL，水 100mL，密度 $1.42g/cm^3$ 的硝酸 30mL，膨润土 150g。

2）酸洗方法

① 浸洗法：适用于较小的设备和零件。要求浸没时间为 25～45min，取出后用清水冲洗

干净。

②刷洗法：适用于大型设备。要求刷到表面为白亮色为止，然后再用清水冲洗干净。

③酸洗膏酸洗法：适用于大型设备。要求将酸洗膏涂在焊缝及热影响区表面，停留5～10min，然后用清水冲洗。

（3）表面钝化

1）钝化液配方：硝酸5mL，重铬酸钾1g，水95mL。钝化温度为室温。

2）钝化方法：将钝化液在焊缝及热影响区表面擦一遍，停留时间为1h，然后用冷水冲洗，用干净布擦洗，再用热水冲洗干净，最后用电吹风机吹干净水渍。

经过钝化后的不锈钢要达到外表银白色的效果，这样才具有较高的耐腐蚀性。

5. 焊接质量检验

10mm厚不锈钢板对接平焊MIG焊单面焊双面成形的焊接质量检验见表9-33。

表9-33　不锈钢板对接平焊MIG焊单面焊双面成形的焊接质量检验

序　号	检查项目		标　准
1	焊缝尺寸	余高	0～3mm
		高低差	0～2mm
		宽窄差	0～2mm
		咬边	深度≤0.5mm 长度≤30mm
		根部凸出	0～2mm
		根部内凹	深度≤0.5mm 长度≤30mm
		错边	≤1mm
		角变形	0～3°
		表面气孔	≤φ1.5mm 数量≤2个
2	表面成形		1. 成形较好，焊纹均匀，焊缝平整 2. 焊缝表面飞溅、污物等清理干净 3. 焊缝表面无裂纹、未熔合、未焊透、焊瘤等缺陷
3	内部检验		参照标准《承压设备无损检测》NB/T 47013.2—2015

第七节　不锈钢板对接立焊MIG焊单面焊双面成形

操作难点：板对接立焊时，由于重力的作用，熔池中的液态金属易下坠，使焊缝出现焊瘤，咬边等缺陷。

技术要求：焊接时要采用较小的焊接电流和短路过渡形式，焊接速度、焊枪摆动频率要快。

1. 焊前准备

（1）母材

试件尺寸：300mm×125mm×10mm，两块。

试件材质：1Cr18Ni9Ti。

坡口形式：V 形坡口，60°。

钝边尺寸：1～1.5mm。

根部间隙：始焊端 3mm，终焊端 4mm。

反变形角度：3°～4°。

（2）焊接材料

焊丝：ER347，ϕ1.2mm。

保护气体：氩气　纯度 99.99%

（3）焊接设备　Pulse MIG-500 型焊机，电源极性：采用直流反接。

（4）试件清理　装配前用角向磨光机、锉刀和钢丝刷等工具将焊件焊缝区域正反面近 20mm 内的油污、锈蚀、水分和泥沙等清理干净，直至露出金属光泽。

2．焊接参数

10mm 厚不锈钢板对接立焊 MIG 焊单面焊双面成形的焊接参数见表 9-34。

表 9-34　10mm 厚不锈钢板对接立焊 MIG 焊单面焊双面成形的焊接参数

操作项目	焊丝直径 /mm	焊丝伸出长度 mm	焊接电流 /A	电弧电压 /V	气体流量 /（L/min）
定位焊	ϕ1.2		100～120	19～23	20～25
打底层焊接	ϕ1.2	8～15	110～140	19～23	20～25
盖面层焊接	ϕ1.2		110～140	19～23	20～25

3．焊接操作

（1）装配定位焊　首先将清理好的焊件放在平台或型钢上，对齐找正，确定间隙，不要错边，然后用 MIG 焊在试件坡口内进行定位焊，定位焊缝要薄、小，不得有缺陷，其各部尺寸如图 9-44 所示。

焊前调试好焊接参数，采用立向上焊法，焊两层两道。立焊操作的难度稍大，熔池金属容易下坠出现焊瘤和咬边，焊接时宜采用小电流、断弧焊，并随时调整焊枪角度、运弧方法和焊接速度，控制熔池温度和形状，以获得良好的焊缝成形。

（2）打底层的焊接　焊前选择合适的空间位置，用焊枪自下向上运动一次，防止因焊线不够长而中途停焊。第一层打底焊，先在定位焊缝下部引弧，然后将电弧快速移至定位焊缝的接头处，接头部位熔化时间稍长些，运弧方法以一字形或正月牙形摆动为最佳，如图 9-45 所示。

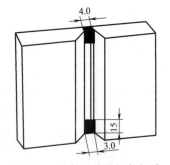

图 9-44　试件尺寸及根部间隙

焊接方向由下往上，电弧时刻指向熔池前端，带（托）着熔池上升，可观察到坡口根部钝边熔化宽度，防止焊丝从根部间隙穿过出现穿丝现象。

焊接过程中为了防止熔池金属在重力的作用下下淌，除了采用较小的焊接电流外，焊枪角度、运弧方法、摆动的幅度和焊接速度都是焊缝成形的关键。焊接过程中要始终保持焊枪角度与试件表面下倾角为 70°～80°，如图 9-46 所示。焊接时根部间隙会有一定的收缩，熔孔直径也会稍有缩小，试件温度也有变化，要及时调整焊枪角度、焊接速度和摆动幅度，尽可能控制熔孔直径不变，特别是不能变大。焊接时一手托住焊枪端头部位，以不烫手、省力为标准，如图 9-46 所示。

图 9-45　一字形或正月牙形运弧方法

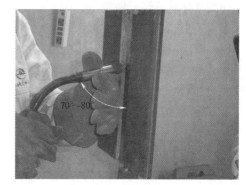

图 9-46　焊枪角度

打底层焊接完成后，首先检查打底层焊缝有无缺陷，对产生的焊瘤、气孔、未熔合用扁铲、尖錾或角向磨光机清除干净，再用钢丝刷、钢丝轮等将焊缝表面的污物等清理干净。

（3）盖面层的焊接　盖面层焊接时运弧的幅度要均匀一致，注意坡口两侧边缘熔合1mm 左右，焊接运弧以横向摆动，反月牙和锯齿形为多，运弧时焊接速度要均匀上升，对盖面焊运弧的要求是：电弧在坡口两侧要稍作停留，电弧在坡口两侧来回过渡要快而且电弧长度要短，通过运弧方法调整好熔池温度，控制好所需要的熔池形状，以椭圆形为理想的焊缝成形。避免咬边和焊瘤的产生，收弧方法与前面介绍的相同。

4．不锈钢的焊后处理

为增加奥氏体不锈钢的耐腐蚀性，一般焊后应进行表面处理，处理的方法分为抛光、酸洗和钝化。详见本章第六节 4。

5．焊接质量检验

10mm 厚不锈钢板对接立焊 MIG 焊单面焊双面成形的焊接质量检验参见表 9-33。

第八节　不锈钢板对接横焊 MIG 焊单面焊双面成形

操作难点：横焊位置容易出现焊缝表面金属下坠、咬边、焊道不平直的现象。

技术要求：掌握板对接横焊的技术及操作要领，焊接时应保持较小的熔池和较小的熔孔，适当的焊接速度，采用较小的焊接电流和短弧焊接。

1．焊前准备

（1）母材

试件材质：1Cr18Ni9Ti。

试件尺寸：300mm×125mm×10mm，两块。

坡口形式：V 形坡口 60°，坡口采用机加工的方法加工。

钝边尺寸：0.5~1.0mm。

根部间隙：始焊端 3mm，终焊端 4mm。

反变形角度：4°~5°（在平、立、横、仰四种位置中，横焊的变形量最大）

（2）焊接材料

焊丝：ER347，直径 φ2.5mm。

保护气体：氩气，纯度 99.99%（体积分数）

（3）焊接设备 Pulse MIG-500 型焊机，电源极性：采用直流反接。

（4）试件清理 试件组对前，将母材正反两面距坡口 15~20mm 范围内的油污、水分、泥沙或其他污物用装有平面布砂轮的角向磨光机打磨干净，直至露出金属光泽。打磨出 0.5~1mm 的钝边。

2. 焊接参数

10mm 厚不锈钢板对接横焊 MIG 焊单面焊双面成形的焊接参数见表 9-35。

表 9-35 不锈钢板对接横焊 MIG 焊单面焊双面成形的焊接参数

操作项目	焊丝直径/mm	焊丝伸出长度/mm	焊接电流/A	电弧电压/V	气体流量/（L/min）
定位焊	φ1.2	8~15	100~125	19~22	10~15
打底焊	φ1.2		120~160	20~24	10~15
盖面焊	φ1.2		120~160	20~24	10~15

3. 焊接操作

（1）定位焊 焊接前，先调试好合适的焊接电流、电弧电压、衰减时间、去球时间、提前送气时间、滞后停气时间、脉冲峰值时间、根焊燃烧脉冲峰值高度等。一般衰减时间为 0.1~1s；去球时间为 0.1s；提前送气时间为 0.1~1s；滞后停气时间为 1~2s；根焊脉冲峰值时间为 25ms；根焊燃烧脉冲峰值高度为 100~150mm，可以根据使用情况自行调节。

焊接参数调整完成后，在电流调试板上试验焊接参数，焊接参数合适后进行定位焊，总之，在打底焊或盖面焊过程中，若发现焊接参数不合适，都应进行及时调整。

定位焊前及以后的焊接中，要经常检查、清理焊枪的导电嘴、喷嘴及气路，保持畅通，防止焊缝产生气孔。

将清理好的焊件先放在平台或型钢上，对齐找正，确定间隙，不要有错边，然后用 MIG 焊在试件坡口内进行定位焊，定位焊缝要薄且短，定位焊缝的长度为 10~15mm，厚度为 4mm，定位焊缝不得有超标缺陷，不锈钢板对接横焊 MIG 焊试件尺寸及根部间隙尺寸如图 9-47 所示。

对焊件进行装配和定位焊完成并经检查合格后，按横焊位置和合适的高度固定在操作架上待焊。采用左向焊法，间隙小的一端放在右侧。焊接前为防止飞溅不好清理且堵塞喷嘴，在试件表面涂一层防粘剂，在喷嘴内外涂防堵剂。

板材对接横焊缝的操作姿势与焊条电弧焊的操作姿势相同，但焊接方向不同，MIG 横焊采用左焊法。

（2）打底层的焊接 焊前首先调试好焊接参数，然后在试件右侧定位焊缝右端引弧，引燃电弧后压低电弧，快速将电弧移至定位焊缝左端接头处，待接头处焊透形成熔孔后，开始向左进行焊接，采用断弧焊。打底焊焊枪角度如图 9-48 所示。焊枪前进方向的后倾角为 80°~90°，焊枪的下倾角为 70°~85°。

运弧方法如图 9-49 所示，以斜锯齿形或椭圆划圈形较多，也可以采用断续的斜直线或断续的半月牙运弧方式，电弧在上钝边不停，下钝边稍慢，运弧时作小幅度摆动，由上带下连续向左焊接。

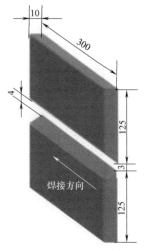

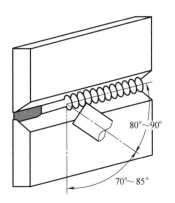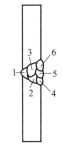

图 9-47　不锈钢板对接横焊 MIG
焊试件尺寸及根部间隙尺寸

图 9-48　打底焊焊枪角度

焊接过程中，要注意观察熔孔的大小，熔孔大时说明焊接速度慢，温度高，这时应该稍加快焊接速度，熔化时间要短、停弧时间稍长，尽可能保持电弧在熔池前端带着熔池金属液走，使熔孔直径不变，以保证背面焊缝宽度和余高不超标。打底焊还要注意让坡口根部钝边熔合良好，依靠焊枪的角度和摆动运弧的方法，电弧在坡口两侧钝边

断续的斜直线　　**断续的半月牙形线**

图 9-49　运弧方法

处要有适当的停留时间。坡口下侧停留时间稍长就会产生焊肉下坠或焊瘤，而坡口上侧停留时间稍长会产生咬边。控制好熔池温度和两侧钝边的熔合，调整好焊接速度，可以防止产生焊肉下坠和焊瘤。焊接过程中要注意使上下坡口熔合良好，上坡口无夹沟，下坡口没有焊瘤、未熔合。要随时检查焊缝正面和背面焊缝，若发现问题及时查找原因并改正。

打底层焊接完成后，首先检查打底层焊缝有无缺陷，对产生的焊瘤、气孔、未熔合用扁铲、尖錾或角向磨光机清除干净，再用钢丝刷、钢丝轮等将焊缝表面的污物等清理干净。

（3）盖面层的焊接　盖面层焊接时焊枪下倾角 90°左右（见图 9-50），前进方向的后倾角 80°~90°（见图 9-51）。

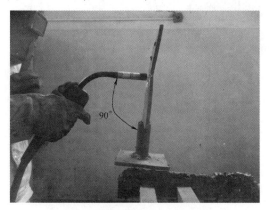

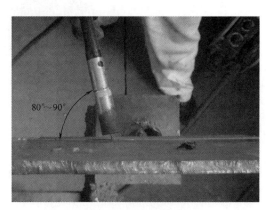

图 9-50　焊枪下倾角度

图 9-51　焊枪后倾角度

断弧焊时，焊丝放在上坡口边缘，按下焊枪开关，引燃电弧，从上坡口边缘向下坡口边缘运弧，以月牙形或直线形从上往下运弧焊接，焊接时要注意电弧在坡口上边缘、下边缘要停顿 0.5～1s，焊道中间过渡要快，防止产生咬边或焊道中心超高。

焊接接头时，可以先在接头前方大约 15mm 处引燃电弧，然后按照断弧焊的焊接运弧方法进行焊接。

连弧焊时，一般采用左向焊法，分两道焊接，以直线形或小斜锯齿形的小幅摆动向前运弧焊接。摆动运弧的幅度要小而一致，焊接速度要均匀，保证坡口上、下边缘各熔合 0.5～1mm，避免咬边、未熔合、焊肉下坠等缺陷。

接头时，先在熔池前方引弧，然后后退至接头处，接头后以正常的焊接速度、运弧方式进行焊接。

4. 不锈钢的焊后处理

为增加奥氏体不锈钢的耐腐蚀性，一般焊后应进行表面处理，处理的方法分为抛光、酸洗和钝化。详见本章第六节 4。

5. 焊接质量检验

10mm 厚不锈钢板对接横焊 MIG 焊的焊接质量检验参见表 9-33。

第九节　不锈钢板对接仰焊 MIG 焊单面焊双面成形

操作难点：仰焊是各种焊接位置中最难操作的一种，由于受重力作用，易产生气孔、焊瘤、夹沟、未熔合、未焊透、内凹、焊缝成形不良等缺陷。

技术要求：掌握板对接仰焊的焊接参数、焊接角度和操作要领。

1. 焊前准备

（1）母材

试件材质：1Cr18Ni9Ti。

试件尺寸：300mm×125mm×10mm，两块（见图 9-52）。

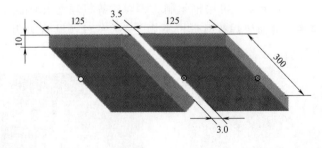

图 9-52　试件尺寸

坡口形式：V 形坡口，60°。

钝边尺寸：0.5～1.0mm。

根部间隙：始焊端 3.0mm，终焊端 3.5mm。

反变形角度：3°～4°。

（2）焊接材料

焊丝：ER347，$\phi1.2mm$。

保护气体：氩气，纯度 99.99%（体积分数）

（3）焊接设备　Pulse MIG-500 型焊机，电源极性：采用直流反接。

（4）试件清理　装配前用角向磨光机、锉刀和钢丝刷等将试件焊缝区域正反两面距坡口 20mm 范围内的油污、锈蚀、水分和氧化皮等清理干净，直至露出金属光泽。

2. 焊接参数

10mm 厚不锈钢板对接仰焊 MIG 焊单面焊双面成形的焊接参数见表 9-36。

表 9-36　不锈钢板对接仰焊 MIG 焊单面焊双面成形的焊接参数

操作项目	焊丝直径/mm	焊丝伸出长度/mm	焊接电流/A	电弧电压/V	气体流量/(L/min)
定位焊	$\phi1.2$		100~120	19~23	20~25
打底层焊接	$\phi1.2$	8~15	110~140	19~23	20~25
盖面层焊接	$\phi1.2$		110~140	19~23	20~25

3. 焊接操作

（1）装配定位焊　首先将清理好的焊件放在平台或型钢上，对齐找正，确定间隙，不要错边，然后用 MIG 焊在试件坡口内进行定位焊，定位焊缝长度一般为 10~15mm，定位焊缝厚度为 7mm 左右，定位焊不得有缺陷。定位焊完成后，将定位焊缝需要接头的部位打磨成斜坡状，以方便接头。

焊前调试好焊接参数，采用二层二道焊接，如图 9-53 所示。

（2）打底层的焊接　首先将喷嘴内外涂一层防粘剂和防堵剂，调试好焊接参数；然后在试件端头定位焊缝上引弧，快速将电弧移至定位焊缝接头处，当坡口根部熔化形成熔孔后，断续向

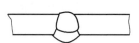

图 9-53　焊道分布图

前焊接，打底焊焊枪作正月牙形或一字形小幅度运弧，如图 9-54 所示。熔合两钝边时，焊接速度慢金属液因自重而下坠，焊接速度快了容易穿丝甚至形成未熔合、未焊透。焊接过程中，要始终控制有熔孔，但熔孔不可过大，焊丝顶着金属液走，打底焊的关键是保证背面焊透、成形良好，不下坠，要求背面平整或稍微凸起，正面平整、两侧无夹沟。因此，要求焊枪摆动运弧的幅度要小，注意在坡口两边要有停留时间，防止两边出现夹角，随时调整焊接速度和焊枪角度，控制好熔池温度，确保坡口根部钝边熔合良好，利用电弧的吹力托着熔池金属往前走，可防止熔池金属下坠。打底层焊道高度应距母材平面 1~2mm。

为保持焊枪行走的稳定性，可以一手抓住焊枪开关处，另一只手握住喷嘴，手倚靠母材或周围的操作架，以保证送丝均匀、给送位置准确，如图 9-55 所示。

打底层焊接完成后，首先检查打底层焊缝有无缺陷，对产生的焊瘤、气孔、未熔用扁铲、尖錾或角向磨光机清除干净，再用钢丝刷、钢丝轮等将焊缝表面的污染物等刷干净。

图 9-54　打底层焊接焊枪运弧方法

（3）盖面层的焊接　焊接盖面层前，先调试好焊接参数，铲平接头部位的凸起，引弧和运弧及焊枪角度与前面的相同，焊接时运弧以坡口棱边为基准，运弧的幅度要均匀一致，注意坡口两侧边缘熔合1mm左右，焊接运弧以横向摆动，反月牙和一字形为多，如图9-56所示，运弧焊接速度要均匀，断弧前进，对盖面焊运弧的要求是：电弧在坡口两侧要稍停留，电弧在焊缝中间过渡要快，采用断弧焊，用运弧方法调整好熔池温度，控制好所需要的熔池形状，以椭圆形为理想的焊缝成形。

图9-55　焊工操作姿势

图9-56　盖面焊的运弧方法

4. 不锈钢焊后处理

为增加奥氏体不锈钢的耐腐蚀性，一般焊后应进行表面处理，处理的方法分为抛光、酸洗和钝化。详见本章第六节4。

5. 焊接质量检验

10mm厚不锈钢板对接仰焊MIG焊接质量的检验参见表9-33。

第十节　不锈钢管对接水平固定MIG焊单面焊双面成形

操作难点：根部易出现穿丝、焊瘤、内凹，盖面层易产生宽窄不齐，接头不良，咬边等缺陷。

技术要求：熟练掌握MIG焊水平固定管的操作要领，盖面焊采用断弧焊方法。

1. 焊前准备

（1）母材

试件材质：1Cr18Ni9Ti。

试件尺寸：$\phi 133mm \times 10mm \times 100mm$，两节。

坡口形式：V形坡口，$60°±5°$。

钝边尺寸：$0.5 \sim 1mm$。

根部间隙：$2 \sim 3mm$。

错边量：$\leqslant 1mm$

不锈钢管对接水平固定MIG焊试件的尺寸如图9-57所示。

（2）焊接材料

焊丝：ER347，ϕ1.2mm。

保护气体：氩气，纯度 99.99%（体积分数）。

（3）焊接设备　Pulse MIG-500 型，逆变式脉冲 MIG 弧焊机，直流反接。

（4）试件清理　装配前用角向磨光机、锉刀和钢丝刷等将试件坡口处正反面 20mm 范围内的油污、锈蚀、水分和氧化皮等清理干净，直至露出金属光泽。

2. 焊接参数

ϕ133mm×10mm 不锈钢管对接水平固定 MIG 焊单面焊双面成形的焊接参数见表 9-37。

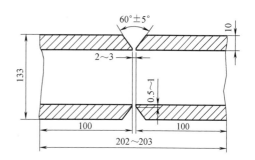

图 9-57　不锈钢管对接水平
固定 MIG 焊试件的尺寸

表 9-37　不锈钢管对接水平固定 MIG 焊单面焊双面成形的焊接参数

操作项目	焊丝直径 /mm	焊丝伸出长度 /mm	焊接电流 /A	电弧电压 /V	氩气流量 /(L/min)
打底焊	ϕ1.2	8~15	70~100	17~20	15~20
盖面焊			110~140	18~22	

3. 焊接操作

（1）装配及定位焊　定位焊位置为时钟 10~11 点和 1~2 点之间，如图 9-58 所示，定位焊缝长度为 10~15mm。定位焊后，检查定位焊缝有无裂纹、气孔、未熔合等缺陷，符合要求后，适当作反变形。试件装配时在时钟 6 点位置留根部间隙 4mm，时钟 12 点位置留根部间隙 3mm。

（2）打底层的焊接　焊接前为防止飞溅不好清理而堵塞喷嘴，在喷嘴内外涂上防堵剂。

管对接水平固定焊，包含仰焊、立焊和平焊位置，属于全位置焊接，难度较大。打底焊分两个半圈焊接，其焊接位置相同，焊接操作方法一样。第一个半圈仰焊部位即 6 点钟位置和上部平焊 12 点钟位置，起弧和收弧均应超过中心线 10mm。

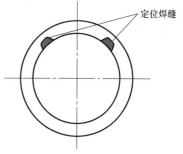

图 9-58　定位焊缝位置

采用两个半圈焊接，即第一个半圈由 6 点钟位置（超过中心线 10mm）起头，如图 8-19 所示。由仰焊位置经立焊位置转平焊位置 12 点钟位置（超过中心线）结束，另一个半圈也是由 6 点钟位置起（接）头，由仰焊位置经立焊位置转平焊位置接头结束。焊接方向如图 9-59 所示。

打底焊在 6 点钟位置超过中心线 10mm 处引弧焊接，采用月牙形或锯齿形横摆运弧法断弧焊接，如图 9-60 所示。摆动幅度要小，两边慢中间快，要特别注意坡口两边的温度和熔合，防止焊缝两边出现夹角，随时调整焊枪角度，防止产生气孔，提高焊缝成形和焊缝内部质量。断弧焊接时，焊接时间、停弧时间、前进距离要基本一致，以控制焊接熔池温度和熔孔的大小，使熔孔始终保持大于根部间隙 2mm 左右。

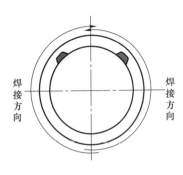

图 9-59　焊接方向示意图

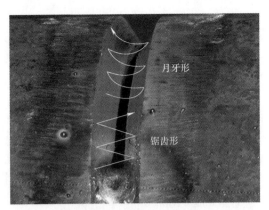

图 9-60　焊接运弧方法

第一个半圈的起点和终点在接头前应处理成斜坡，这样便于交叉接头和焊缝成形，焊接时，焊枪与管子中心线夹角为 90°，后倾角为 60°~80°。

打底层焊接不可能一次完成，停弧接头是难免的，但接头引弧应该在停弧的后面焊道上引弧，然后迅速前移接头继续焊接。

应特别注意打底焊道与定位焊缝的接头，必须熔化好。当焊到距离接头处约 5mm 处时应该连弧焊接，接上头后再前行 10mm 左右采用断弧向前焊接。操作时送丝位置要准确。

打底层焊接完成后，首先检查打底层焊缝有无缺陷，对产生的焊瘤、气孔、未熔合等用扁铲、尖錾或角向磨光机清除干净，再用钢丝刷、钢丝轮等将焊缝表面的污物等清理干净。

（3）盖面层的焊接　焊接盖面层时，首先应调试好焊接参数。

焊接时要采用蹲姿或站姿，可以倚靠管或操作架，确保身体稳固，手腕要灵活，可以双手拿枪把或者用右手握枪把，左手握喷嘴，以喷嘴为支点左右摆动焊枪。

焊接盖面层时，焊枪角度与打底焊相同。采用向上焊法，断弧焊接或连弧焊接，建议采用断弧焊接。分两个半圈从时钟 6 点位置向 12 点位置焊接。在时钟 6 点位置焊接时，可在前方约 3~5mm 处点焊 1~2 次，然后到达时钟 6 点位置时焊枪左右摆动，让熔化的金属液覆盖每侧坡口棱边 0.5~1mm。因起头部分温度最低，故在起头部分 5~8mm 处焊枪摆动速度和前进速度应稍慢，摆动幅度稍宽为 2~3mm，当焊接长度超过 5~8mm 后，摆动宽度和前进速度达到正常。运弧方法为月牙形或锯齿形连弧焊接，也可以断弧焊接。每次焊接距离不可过长，大约焊接 100mm 左右就应停弧冷却焊缝，避免或减少焊缝在 400~850℃ 温度范围内停留时间过长。

每个接头是在接头位置前方 20mm 左右处引弧，然后迅速移至弧坑处接头再继续前行焊接，底部 6 点钟位置接头前应先打磨成斜坡再接头进行焊接，上面 12 点钟位置收弧时，可采用断弧焊的方法填满弧坑，但焊枪不动，使氩气继续保护红热的焊缝金属，避免氧化产生缺陷，待熔池金属完全凝固后再移开焊枪，如图 9-61 所示。

图 9-61　接头引弧及运弧方法

4. 不锈钢的焊后处理

为增加奥氏体不锈钢的耐腐蚀性，一般焊后应进行表面处理，处理的方法分为抛光、酸洗和钝化。详见本章第六节 4。

5. 焊接质量检验

$\phi133mm×10mm$ 不锈钢管对接水平固定 MIG 焊单面焊双面成形的焊接质量参见表 9-38。

表 9-38　不锈钢管对接水平固定 MIG 焊单面焊双面成形焊接质量

序　　号	检查项目		标　　准
1	焊缝尺寸	余高	0～3mm
		高低差	0～3mm
		宽窄差	0～3mm
		咬边	深度≤0.5mm 长度≤30mm
		根部凸出	0～3mm
		根部内凹	深度≤0.5mm 长度≤10mm
		错边	≤1mm
		角变形	0～3°
		表面气孔	≤ϕ1.5mm 数量≤2 个
2	表面成形		1. 成形较好，鱼鳞纹均匀，焊缝平整 2. 焊缝表面飞溅、污物等清理干净 3. 焊缝表面无裂纹、未熔合、未焊透、焊瘤等缺陷
3	内部检验		参照标准《承压设备无损检测》NB/T 47013.2—2015

第十一节　不锈钢管对接垂直固定 MIG 焊单面焊双面成形

操作难点：易出现穿丝、焊瘤、咬边、未熔合等缺陷。

技术要求：掌握 MIG 焊中管垂直固定焊的各项要求。

1. 焊前准备

（1）母材

试件材质：1Cr18Ni9Ti。

试件尺寸：$\phi133mm×10mm×100mm$，两节。

坡口形式：V 形坡口，60°±5°。

钝边尺寸：0.5～1mm。

根部间隙：2～3mm。

错边量：≤1mm

不锈钢管对接垂直固定 MIG 焊试件及坡口的尺寸如图 9-62 所示。

（2）焊接材料

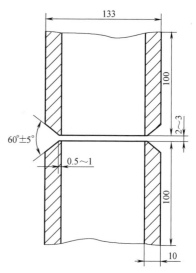

图 9-62　不锈钢管对接垂直固定 MIG 焊试件及坡口的尺寸

焊丝：ER347，ϕ1.2mm。

保护气体：氩气，纯度99.99%（体积分数）。

（3）焊接设备　Pulse MIG-500型，逆变式脉冲MIG弧焊机，直流反接。

（4）试件清理　装配前用角向磨光机、锉刀和钢丝刷等将试件坡口处正反面20mm范围内的油污、锈蚀、水分和氧化皮等清理干净，直至露出金属光泽。

2. 焊接参数

ϕ133mm×10mm不锈钢管对接垂直固定MIG焊单面焊双面成形的焊接参数见表9-39。

表9-39　不锈钢管对接垂直固定MIG焊单面焊双面成形的焊接参数

操作项目	焊丝直径 /mm	焊丝伸出长度 /mm	焊接电流 /A	电弧电压 /V	氩气流量 /（L/min）
打底焊	ϕ1.2	8~15	90~140	18~22	15~20
盖面焊			90~140	18~22	

3. 焊接操作

（1）装配及定位焊　首先将清理好的试件放在型钢上，找平对正，调整好间隙，检查有无错边，然后用MIG焊在试件坡口内进行定位焊，定位焊缝长度大约为10~15mm，定位焊缝厚度为7~8mm，定位焊缝要焊透且无缺陷。定位焊缝共有两点，在时钟2点和10点位置（见图9-63）。焊完的定位焊缝两端应打磨成斜坡，经检查合格后，按管对接垂直固定的要求和适当的高度固定在操作架上。焊接比赛时焊缝距离地面有高度要求，焊接练习时焊缝高度以操作姿势舒服为好。

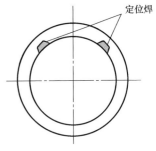

图9-63　定位焊缝位置

（2）打底层的焊接　调试好焊接参数，采用断弧焊接。从时钟6点位置开始焊接，从右向左顺时针进行焊接。

打底焊道采用左向焊法或右向焊法，左向焊的特点是焊道薄，熔合良好。右向焊的特点是焊道厚，掌握不好容易产生未熔合缺陷。焊接层次为二层二道或三道。

施焊前及施焊过程中，要经常检查、清理附着在喷嘴内壁上的颗粒飞溅物。

在试件时钟6点位置处的上坡口进行引弧，从上往下带金属液到下坡口，然后断弧。焊接时眼睛要盯着坡口，每次应该看到钝边处熔化，防止出现未熔合。焊接时作小幅度上下摆动，待左侧形成熔孔后，再断弧。每次焊接时间约1~2s，然后停弧1~2s。焊接时让焊丝端部放在熔池的前边缘，焊接中要防止焊丝穿过间隙形成穿丝，在焊缝背部产生生丝头。第一层焊枪角度如图9-64所示。

每次灭弧后，焊枪不可立即离开焊缝，用氩气保护熔池到完全凝固，并在熄弧处引弧焊接，直至打底层焊接完成。

打底焊道主要是保证焊缝的背面成形。

图9-64　打底层焊接的焊枪角度

焊接过程中，应保证熔孔直径比间隙大 0.5～1.0mm，且两边需对称，才能保证根部背面熔合良好，如图 9-65 所示。月牙形运条幅度应大些，焊丝绕过间隙，防止穿丝现象发生。

应特别注意打底焊道与定位焊缝的接头，必须熔化好。当焊到距离接头处约 5mm 时应该连弧焊接，接上头后前行 10mm 左右再断弧向前焊接。操作时送丝位置要准确、迅速，同时手腕和焊枪角度要随着管子弧度的变化而变化。

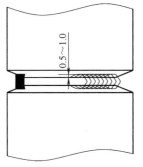

图 9-65　根部熔宽

每次接头前要将打底焊缝接头处打磨成大约 45°左右的斜坡，以便于接头，这样能有效地防止产生未焊透、未熔合等缺陷。

焊接时摆动宽度要一致，每次前进的距离要相等，焊接和停留时间要相同，使焊道正面均匀、背部成形一致。

施焊过程中，要经常检查喷嘴、导电嘴是否松动，导电嘴上的出气口有没有飞溅物阻碍出气，防止产生气孔。

打底层焊接完成后，首先应检查打底层焊缝有无缺陷，对产生的焊瘤、气孔、未熔合用扁铲、尖錾或角向磨光机清除干净，再用钢丝刷、钢丝轮等将焊缝表面的污物等清理干净。

应特别注意打底焊道与定位焊缝的接头，必须熔化好。当焊到距离接头处约 5mm 时应该连弧焊接，接上头后前行 10mm 左右再断弧向前焊接。操作时送丝位置要准确。

（3）盖面层的焊接　盖面层焊接有连弧焊和断弧焊。焊接方向分为逆时针或顺时针方向。

当采用连弧焊时，可以分两道或三道焊接。从下往上焊，分焊道进行，运弧采用直线形或小幅度斜锯齿形。

焊接时，每一道的起头与收弧位置应与打底层焊道的接头错开。第一道焊枪略向上倾斜，焊枪上倾角度为 5°～10°，第二道焊枪略向下倾斜，焊枪下倾角度为 5°～10°，焊枪后倾角为 70°～80°。

焊接过程中，应保证焊缝两侧熔合良好，故熔池边缘需超过棱边 0.5～1mm。

当采用断弧焊接时，焊枪角度与连弧焊相同。从时钟 6 点位置起弧，当电弧从上坡口向下坡口移动，运弧到坡口下边缘时应稍向前，形状如"亅"。摆动宽度以熔池边缘覆盖坡口上下棱边 0.5～2mm 为宜。焊接时一般以八字步站稳，右手拿焊枪，靠或者不靠在操作架或管道上，左手抓住焊枪的喷嘴，以左手虎口为支点，从上往下运弧，焊丝给送位置根据焊缝高度来决定，当焊缝过高，需要降低高度时，焊丝给送位置在熔池的前边缘，当焊缝较薄需要增厚时，焊丝位置靠近熔池中心。尽量保证摆动宽度、前进距离、焊接及停弧时间相等，这样可以保证焊缝高度、宽度、成形一致。

4. 不锈钢的焊后处理

为增加奥氏体不锈钢的耐腐蚀性，一般焊后应进行表面处理，处理的方法分为抛光、酸洗和钝化。详见本章第六节 4。

5. 焊接质量检验

ϕ133mm×10mm 不锈钢管对接垂直固定 MIG 焊单面焊双面成形的焊接质量检验参见表 9-38。

第十二节　不锈钢管对接45°固定MIG焊单面焊双面成形

操作难点：根部易出现穿丝、焊瘤，时钟5~7点位置处背部易内凹、表面易凸出、产生夹沟。盖面焊易产生宽窄不齐、接头不良、咬边等缺陷。层间易产生未熔合缺陷。

技术要求：熟练掌握不锈钢管对接45°固定MIG焊单面焊双面成形的操作要领，盖面层采用断弧焊方法。

1. 焊前准备

（1）母材

试件材质：1Cr18Ni9Ti。

试件尺寸：ϕ133mm × 10mm × 100mm，两节。

坡口形式：V形坡口，60°±5°。

钝边尺寸：0.5~1mm。

根部间隙：3~4mm。

错边量：≤1mm。

试件及装配尺寸如图9-66所示。

（2）焊接材料

焊丝：ER347，ϕ1.2mm。

保护气体：氩气，纯度99.99%（体积分数）。

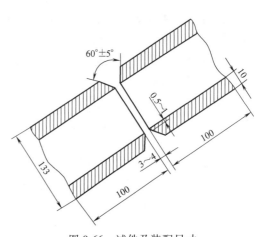

图9-66　试件及装配尺寸

（3）焊接设备：Pulse MIG-500型，逆变式脉冲MIG弧焊机，直流反接。

（4）试件清理　装配前用角向磨光机、锉刀和钢丝刷等将试件坡口处正反面20mm范围内的油污、锈蚀、水分和氧化皮等清理干净，直至露出金属光泽。

2. 焊接参数

ϕ133mm×10mm不锈钢管对接45°固定MIG焊单面焊双面成形的焊接参数见表9-40。

表9-40　不锈钢管对接45°固定MIG焊单面焊双面成形的焊接参数

操作项目	焊丝直径/mm	焊丝伸出长度/mm	焊接电流/A	电弧电压/V	氩气流量/(L/min)
打底焊	ϕ1.2	8~15	70~100	17~20	15~20
盖面焊			110~140	18~22	

3. 焊接操作

（1）装配及定位焊　定位焊位置为时钟10~11点和1~2点之间，如图9-67所示，定位焊缝长度为10~15mm。定位焊后，检查定位焊缝有无裂纹、气孔、未熔合等缺陷，符合要求后，适当作反变形。试件装配在时钟6点位置根部间隙为4mm，在时钟12点位置根部间隙为3mm。

（2）打底层的焊接　焊接前为防止飞溅、喷嘴堵塞不好清理，在喷嘴内外应涂上防堵剂。

打底焊可以分两个半圈焊接，即时钟 6—3—12 半圈和时钟 6—9—12 半圈。先焊哪一部分应根据个人习惯。

第一个半圈从时钟 6—3—12 开始。从上坡口引燃电弧后，即从上坡口向下坡口运弧，上下坡口一次连接成功，因起头部位温度低，起头部位前三次焊接燃弧时间稍长，摆动稍宽，使根层焊缝高低宽窄一致。

焊接打底层时的焊枪后倾角为 70°~80°，如图 9-68 所示；焊枪下倾角为 60°~80°，如图 9-69 所示。

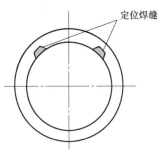

图 9-67　定位焊缝位置

图 9-68　焊枪后倾角

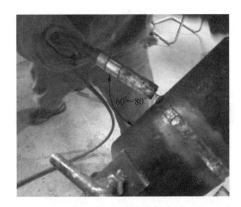

图 9-69　焊枪下倾角

运弧时，每次都是从上坡口引弧，向下坡口运弧，焊丝始终沿着熔池边缘运送，焊接时，手要稳，防止穿丝。

当焊到距离定位焊缝接头部位大约 4mm 左右时，要连弧焊接并前行 5~10mm 再断弧。然后调整焊接姿势，再开始引弧焊接，引弧位置位于收弧处后方 5~10mm 处，采用点焊，快速引弧、收弧 2~3 次，目的是快速找到接头部位然后燃弧、断弧焊接，要注意每一个接头的质量。

第一个半圈的收弧点应超过时钟 12 点位置处 5mm 左右，第一个半圈焊接完成后，应当用角磨机或錾子将起头、收头部位打磨成斜坡，以便于接头。

第二个半圈的焊接，起弧点位于接头位置前方 5~10mm 处，快速点焊 1~2 次，到达接头部位时，即从上坡口处向下坡口处运弧，燃弧时间要长，摆动要比正常摆动宽 2~4mm，运弧方式为斜直线形，在上下坡口处要停顿。运弧要稳，摆动宽度要一致，前进距离相同，一般焊接到时钟 9 点位置时停弧，并将收弧处打磨成斜坡状。焊前采用站立姿势，找准位置，可以扶靠，确保身体稳固。焊到距离接头部位大约 5mm 时采用连弧焊接前进 15~20mm。因时钟 11 点到 1 点位置金属液容易下坠，这时熔池搭接量要稍多，前进距离要小。

打底焊后要及时清理焊缝正面及背部的飞溅、疤点及污物，并将坡口两侧较深的沟槽打磨平整、干净，无死角夹沟，防止产生层间未熔合。

应特别注意打底焊道与定位焊缝的接头，必须熔化好。当焊到距离接头处约 5mm 时应该连弧焊接，接上头再前行 10mm 左右后再断弧向前焊接。操作时送丝位置要准确。

（3）填充层、盖面层的焊接　焊接填充层、盖面层时，应先调试好焊接参数。

当打底层厚度较薄，为 4~5mm 时，需要进行填充焊。当打底层厚度较厚，为 7~8mm 时，可以直接进行盖面焊。

采用向上焊法，断弧焊接或连弧焊接，建议采用断弧焊接。分两半圈从时钟 6 点位置向 12 点位置焊接。

焊接时要采用蹲姿或站姿，可以倚靠管或操作架，确保身体稳固。手腕要灵活，可以双手拿枪把或者用右手握枪把，左手握喷嘴，以喷嘴为支点左右摆动焊枪。

填充层、盖面层焊接时的焊枪角度和停弧方法与打底焊相同。接头引弧时应在停弧处前方 20mm 左右引燃电弧后，迅速移到时钟 6 点的位置，焊枪从上坡口向下坡口运弧，第一次焊坡口面宽度的 1/3，第二次焊 2/3，第三次焊 3/3，即将接头处焊接成斜坡状，如图 9-70 所示，运弧为斜直线形，每次焊接时焊丝的送丝位置在熔池的前边缘。焊接过程中焊枪角度要随着管子的曲线变化而变化。为保证焊缝宽度、高度、成形一致，焊接过程中的焊枪角度、摆动宽度、前进速度、熔池搭接要一致。

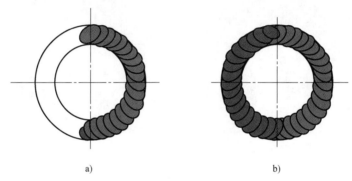

图 9-70　焊缝接头及收头形状

a）前半圈起头、收头形状　b）后半圈接头、收头形状

需要接头时，焊枪在接头位置前方 15~20mm 处引弧，然后快速到达接头处，从上坡口向下坡口运弧，同样的操作方法继续前行焊接。

打底焊、填充焊、盖面焊的运弧幅度应一层比一层大，盖面层以坡口两侧各熔合 0.5~1mm 为运弧宽度，运弧时用两边慢中间快的操作要领，以运弧的方法调整熔池的温度，控制熔池在各种焊接位置的转变焊接中，始终成水平或接近水平形状，沿着焊缝 45° 的方向前进焊接，这样焊缝就成为理想的平滑过渡、无缺陷的焊道成形。

焊接完成半圈后，立即将时钟 6 点和 12 点位置打磨成斜坡，以方便接头。在时钟 12 点位置收弧时，填满弧坑灭弧后，但焊枪不动，使氩气继续保护红热的焊缝金属，避免焊缝氧化产生缺陷。待熔池金属完全凝固后再移开焊枪。

连弧焊接时，运弧方法为月牙形或锯齿形连弧焊接。焊枪摆动，让熔化的金属液覆盖每侧坡口棱边 0.5~1mm。因起头部分温度最低，故在起头部分 5~8mm 范围内摆动速度、前进速度稍慢，摆动幅度稍宽 2~3mm，当焊接长度超过 5~8mm 后，摆动宽度、前进速度正常。每次连弧焊接距离不可过长，大约焊接 100mm 左右就停弧冷却焊缝，避免或减少焊缝在 400~850℃ 温度范围内停留时间过长。

每个接头都是在接头位置前方 20mm 左右处引弧，然后迅速移至弧坑处接头后再继续前行焊接。在底部时钟 6 点钟位置接头前，应将焊缝打磨成斜坡再接头前行焊接，在上面 12

点钟位置收弧时，可采用断弧焊的方法填满弧坑，但焊枪不动，使氩气继续保护红热的焊缝金属，避免焊缝氧化产生缺陷，待熔池金属完全凝固后再移开焊枪。

4. 不锈钢的焊后处理

为增加奥氏体不锈钢的耐腐蚀性，一般焊后应进行表面处理，处理的方法分为抛光、酸洗和钝化。详见本章第六节4。

5. 焊接质量检验

ϕ133mm×10mm 不锈钢管对接 45°固定 MIG 焊单面焊双面成形的焊接质量检验参见表9-38。

第十章

脉冲氩弧焊

第一节　钨极脉冲氩弧焊

一、钨极脉冲氩弧焊的工艺特点

脉冲氩弧焊是利用基值电流保持主电弧的电离通道，并周期性地加一同极性高峰值脉冲电流产生脉冲电弧，以熔化金属并控制熔滴过渡的氩弧焊。钨极脉冲氩弧焊是使用钨极的脉冲氩弧焊。

钨极脉冲氩弧焊与一般钨极氩弧焊的区别在于，采用了可控的脉冲电流来加热焊件，焊接过程中以较小的基值电流来维持焊接电弧的稳定燃烧，即当每一次脉冲电流（或称为峰值电流）通过钨极时，焊件上就产生一个点状熔池，当脉冲电流停歇时，点状熔池就立即冷却凝固结晶。所以，焊前只要合理地调节脉冲与间歇时间，保证焊点间有一定的重叠量，符合焊件的质量要求，就可以获得一条连续气密的焊缝。

低频钨极脉冲氩弧焊是目前应用最广泛的钨极脉冲氩弧焊方法。

钨极脉冲氩弧焊电流有交流、直流两种，而脉冲电流根据波形的不同，又有矩形波、正弦波、三角波三种基本波形，低频脉冲焊缝成形示意图如图 10-1 所示。脉冲焊接电流波形示意图如图 10-2 所示。无论哪种波形，钨极脉冲氩弧焊都具有以下基本特点：

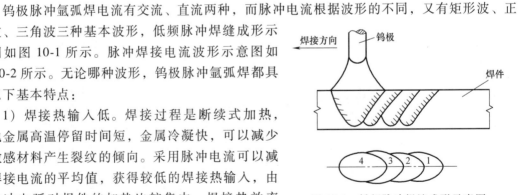

图 10-1　低频脉冲焊缝成形示意图
1、2、3、4 为焊点

1）焊接热输入低。焊接过程是断续式加热，熔池金属高温停留时间短，金属冷凝快，可以减少热敏感材料产生裂纹的倾向。采用脉冲电流可以减小焊接电流的平均值，获得较低的焊接热输入，由于脉冲电弧对焊件的加热比较集中，焊接热效率高，所以，焊透同样厚度的焊件所用的平均电流比一般钨极氩弧焊要低 20% 左右。使焊接过程中的热输入减小了，不仅有利于减小焊接热影响区，还减小了焊接变形。因此，钨极脉冲氩弧焊特别适于焊接 0.1mm 以上的薄板。

2）焊接电弧压力大。焊接电弧能量集中且电弧挺度高，有利于薄板、超薄板的焊接。

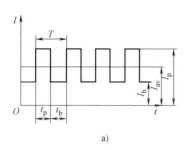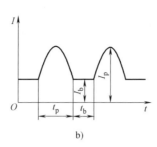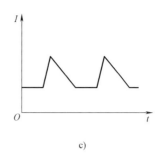

图 10-2　脉冲焊接电流波形示意图

a）矩形波　b）正弦波　c）三角波

焊接接头热影响区小，钨极脉冲氩弧焊可以精确地控制焊接热输入和熔池尺寸，得到均匀的熔深。在一定范围内，脉冲频率越高，焊接电弧指向性及稳定性也就越好。当脉冲电流频率超过 10kHz 后，焊接电弧具有强烈的电磁收缩作用，电弧变细，指向性强，因此可以进行高速焊，其焊接速度可达 30m/min。在通常的焊接过程中，当焊接电流较小时，钨极氩弧焊容易出现飘弧现象，使焊接质量变差；焊接电流密度高时，电弧压力就大，电弧挺度就好，焊接电弧的稳定性也好。

钨极脉冲氩弧焊焊接薄板时，在脉冲电流 I_p 期间，焊接电弧稳定，电弧压力大，焊接电弧指向性好，使母材熔化多，并在较低的基值电流 I_b 期间可以维持焊接电弧不灭，使焊接熔池凝固结晶。在薄板的焊接过程中，就是大、小电流不断地交替变化，使被焊件的焊接接头相应地熔化、凝固，再熔化、再凝固的过程。这样，既可避免大电流烧穿焊件的现象发生，又能克服焊接电流较小而焊接电弧不稳的问题，从而保证了焊件焊接质量和焊接过程顺利进行。

3）容易控制焊缝成形。钨极脉冲氩弧焊时，焊接熔池在高温停留时间短，焊缝熔池凝固速度快，这样既能保证一定的熔深，又不会产生过热、熔池金属液体流淌或烧穿现象，可以实现单面焊双面成形及全位置焊接。

4）脉冲焊接的焊缝质量好。由于钨极脉冲氩弧焊时，熔池的冷却速度快、高温停留时间短，同时，焊接熔池在脉冲电流的强烈搅拌作用下，焊缝金属组织细密，树枝状晶不明显，脉冲电流的强烈搅拌作用也有利于消除气孔、咬边等缺陷，改善了脉冲焊缝的性能和提高了焊缝质量。

5）裂纹倾向小。由于钨极脉冲氩弧焊熔池在高温停留时间短，焊接过程中熔池金属冷却快，可以减少热敏感材料焊接过程中产生裂纹的倾向。

二、钨极脉冲氩弧焊的分类

根据焊接电流种类的不同，钨极脉冲氩弧焊可分为直流钨极脉冲氩弧焊及交流钨极脉冲氩弧焊两种。直流钨极脉冲氩弧焊主要用于焊接不锈钢类材料；交流钨极脉冲氩弧焊主要用于焊接铝、镁及其合金。

根据焊接电流脉冲频率范围分类，钨极脉冲氩弧焊可分为：低频钨极脉冲氩弧焊、中频钨极脉冲氩弧焊和高频钨极脉冲氩弧焊三种。

1. 低频钨极脉冲氩弧焊

目前应用最广泛的钨极脉冲氩弧焊的频率范围是 0.1～15Hz。在脉冲电流存续期间，焊件上形成点状熔池；在脉冲电流停歇期间，基值电流维持焊接电弧稳定燃烧，从而降低了焊接热输入，并使焊接熔池金属快速凝固。钨极脉冲氩弧焊的焊缝实际上是由一系列的焊点组成的。为了获得连续、气密性焊缝，两个脉冲焊点之间必须要有一定的相互重叠（见图 10-1），为此，要求脉冲电流频率 f 与焊接速度 v 之间必须满足下式：

$$f = \frac{v}{60 L_d}$$

式中　　L_d——相邻两焊点的最大允许间距（mm）；

f——脉冲频率（Hz）；

v——焊接速度（mm/min）。

2. 中频钨极脉冲氩弧焊

中频钨极脉冲氩弧焊的特点是：采用较小的焊接电流施焊时，焊接电弧非常稳定，而且电弧力不像高频钨极脉冲氩弧焊那样高，是手工焊接 0.5mm 以下薄板的理想焊接设备。中频钨极脉冲氩弧焊的频率范围为 10～500Hz。

3. 高频钨极脉冲氩弧焊

高频钨极脉冲氩弧焊，是薄板高速自动焊接的理想工艺，其焊接工艺特点是：

1）电磁收缩效应增加，使焊接电弧的刚性增大，在高速焊接时，可以避免因阴极斑点的黏着作用而造成焊道弯曲或焊道出现不连续现象。

2）电弧压力大，电弧熔透能力增加，焊缝熔深大。

3）焊接熔池在高频钨极脉冲氩弧焊过程中，受到超声波振动，熔池中的液体流动性增加，改善了焊缝中的物理冶金性能，有利于提高焊缝质量。

4）在高速焊接过程中，能保证焊道连续不中断、不产生咬边，焊缝背面成形良好。

高频钨极脉冲氩弧焊电流的频率范围为 10～20kHz。

高频钨极脉冲氩弧焊的工艺性能与钨极氩弧焊的工艺性能比较见表 10-1。

表 10-1　高频钨极脉冲氩弧焊的工艺性能与钨极氩弧焊的工艺性能比较

电弧参数	钨极氩弧焊	高频钨极脉冲氩弧焊
电弧刚性	不好	好
电弧压力	低	中
电弧电流密度	小	中
焊枪尺寸	小	小

三、钨极脉冲氩弧焊的焊接参数选择

钨极脉冲氩弧焊的焊接参数主要有：基值电流 I_b、基值时间 t_b，脉冲电流 I_p、脉冲持续时间 t_p、脉冲间歇时间 t_b、脉冲周期 $T = t_p + t_b$、脉冲频率 $f = 1/T$、脉幅比 $R_A = I_p/I_b$、脉宽比 $R_w = t_p/(t_p + t_b)$，焊接速度 v 等。

选择钨极脉冲氩弧焊的焊接参数，应该根据被焊材料的厚度、种类和焊接位置等条件综合考虑。其基本出发点就是在脉冲时间内完成加热和熔化焊件形成熔池，在基值时间完成焊接熔池的冷却和凝固。

1. 脉冲电流 I_p 及脉冲持续时间 t_p 的选择

脉冲电流 I_p 及脉冲持续时间 t_p，是决定焊缝成形尺寸的主要参数之一，对于一定的板厚，总有一个合适的通电量（I_p、t_p），最佳的 I_p 值取决于材料的种类，与焊件的厚度无关。随着脉冲电流 I_p 及脉冲持续时间 t_p 的增大，焊缝的熔深和熔宽都会增大。选择参数时，首先应根据被焊材料的种类选择合适的脉冲电流 I_p，然后由焊件的厚度决定脉冲电流持续时间 t_p，当焊件厚度低于 0.25mm 时，要适当降低脉冲电流值并相应地延长脉冲持续时间，当焊件厚度大于 4mm 时，应该增大脉冲电流值 I_p，并相应地缩短脉冲持续时间 t_p。如果焊件的材料导热性好，脉冲电流就应该选择较大的（适当地大），但如果采用过大的脉冲电流 I_p，焊缝容易产生咬边缺陷。

钨极脉冲氩弧焊过程中，如果保持电弧电压恒定不变，采用不同的脉冲电流 I_p 和脉冲持续时间 t_p 相互匹配组合，可以获得不同熔深和熔宽的焊缝。因此，可以在一定的范围内调节焊缝成形尺寸。

2. 基值电流 I_b 与基值时间 t_b 的选择

基值电流 I_b 的作用是维持电弧的燃烧，一般选择的数值都较小，约为脉冲电流 I_p 的 $10\%\sim20\%$。但是，调节基值电流 I_b，可以改变对焊件的热输入，从而也调节了对焊件的预热和熔池的冷却速度。基值时间 t_b 的作用是在这个时间里使焊缝熔池凝固 1/2 以上，基值电流 I_b 也不可选择得过小，过小的基值电流 I_b 会影响焊接电弧的稳定性，基值电流 I_b 和基值时间 t_b 对焊缝成形影响不大，通常基值时间 t_b 为脉冲持续时间 t_p 的 $1\sim3$ 倍。

3. 脉幅比（R_A）和脉宽比（R_w）的选择

脉幅比 $R_A=I_p/I_b$ 和脉宽比 $R_w=t_p/(t_p+t_b)$，是决定焊缝熔透深度和焊缝熔池成形的重要参数。

脉幅比越大，脉冲焊特征越明显，但是选择过大时，在焊接过程中，焊缝两侧容易出现咬边，因此，脉幅比一般选取 $5\sim10$。空间位置焊接或焊接热裂倾向较大的材料时，脉幅比应该选择大一些，平焊位置焊接时可以选择小一些。

脉宽比 $R_w=t_p/(t_p+t_b)$ 越小，脉冲焊特征越明显，但是比值太小，熔透能力降低，焊接电弧稳定性变差，容易产生咬边缺陷。因此，脉宽比一般选取 $20\%\sim80\%$。空间位置焊接或焊接热裂倾向较大的材料时，脉宽比应该选择小一点，平焊位置焊接时可选择大一些。

4. 焊接速度（v）和脉冲频率（$f=1/T$）的选择

为了满足焊点间距离的要求，焊接速度（v）和脉冲频率（$f=1/T$）应该保持严格的匹配关系。

在脉冲焊时，为了保证焊缝不间断的连续成形，焊接速度（v）应与脉冲电流 I_p、脉冲电流持续时间 t_p 及脉冲频率 f 相适应，脉冲电流 I_p、脉冲电流持续时间 t_p 确定后，焊接速度太快，会出现前后脉冲焊所形成的焊点搭接区处熔深不足，严重的还可能不搭接。

由于脉冲频率 f 是保证焊接质量的重要参数。所以，不同场合要求选择不同的脉冲频率范围。钨极脉冲氩弧焊使用的脉冲频率范围当前主要有两个区域：用得最广泛的区域是 $0.5\sim10Hz$，被称为低频钨极脉冲氩弧焊。低频钨极脉冲氩弧焊常用的脉冲频率见表 10-2。

还有一个是高频钨极脉冲氩弧焊，脉冲频率范围是 1～30kHz。

$$L_w = v/2.16f$$

式中　　L_w——焊点间距（mm）；

　　　　v——焊接速度（cm/min）；

　　　　f——脉冲频率（Hz）。

一般钨极脉冲氩弧焊的脉冲频率是比较低的，在脉冲电流期间，每次脉冲电流通过时，都会在焊件上产生一个点状熔池，在基值电流期间，点状熔池不会继续扩大，而是进行冷却结晶，脉冲电流与基值电流多次重复进行，就能获得一条由许多焊点连续搭接而成的脉冲焊缝。

表 10-2　低频钨极脉冲氩弧焊常用的脉冲频率

焊接方法	手工焊	自动焊焊接速度/（mm/min）			
		200	283	366	500
脉冲频率/Hz	1～2	3	4	5	6

5. 选择电弧电压确定弧长

在确定电弧电压时，通常是被焊焊件越厚，电弧电压应该越低，焊接电弧弧长也应越短。当焊接薄板焊件时，可以选取较大的弧长，但脉冲电流 I_p 和基值电流 I_b 都要相应减小。薄板焊接时最大的弧长不应超过 3mm，否则不能保证焊缝的焊接质量。所以，脉冲焊时，弧长范围在 0.5～3mm。而脉冲电弧电压的选择范围在 8～14.5V 之间。

钨极脉冲氩弧焊的焊接参数，应综合考虑焊件的焊接工艺因素，先初步确定各个焊接参数试焊，然后对试焊件进行焊接质量评定，对不太理想的焊接参数进行修正，最后确定正式焊接的焊接参数。直流正接不锈钢钨极脉冲氩弧焊的焊接参数见表 10-3。铝及铝合金交流钨极脉冲氩弧焊的焊接参数见表 10-4。

表 10-3　不锈钢钨极脉冲氩弧焊的焊接参数

焊件厚度 /mm	电流/A		时间/s		弧长 /mm	焊接速度 /（cm/min）	脉冲频率 /Hz	氩气消耗量 /（L/min）
	脉冲电流	基值电流	脉冲持续时间	基值间歇时间				
0.3	20～22	5～8	0.06～0.08	0.06	0.6～0.8	50～60	8	3
0.5	55～60	10	0.08	0.06	0.8～1.0	55～60	7	4
0.8	85	10	0.12	0.08	0.8～1.0	80～100	5	5

表 10-4　铝及铝合金交流钨极脉冲氩弧焊的焊接参数

材料	板厚/mm	焊丝直径 /mm	脉冲电流 /A	基值电流 /A	脉宽比 （%）	脉冲频率 /Hz	气体流量 /（L/min）	电弧电压 /V
5A03	1.5	2.5	80	45	33	1.7	5	14
5A06	2.0	2.0	83	44	33	2.5	5	10
2A12	2.5	2.0	140	52	36	2.6	8	13

第二节　熔化极脉冲氩弧焊

一、熔化极脉冲氩弧焊的工艺特点

熔化极脉冲氩弧焊是利用脉冲氩弧焊电源产生的脉冲电流进行焊接的工艺，由于采用可控的脉冲电流取代了恒定的直流电流，可以方便地调节电弧能量，控制焊丝熔滴的过渡，从而扩大了应用范围，极大地提高了焊接质量，特别适于热敏金属材料的焊接，以及薄板、超薄板焊件及薄壁管件的全位置焊接。熔化极脉冲氩弧焊的主要工艺特点如下：

1）具有较宽的焊接参数调节范围。熔化极脉冲氩弧焊的焊接电流，是由较大的脉冲电流 I_p 和较小的基值电流 I_b 组成的，在平均电流 I_a 小于连续射流过渡的熔化极惰性气体保护焊临界电流值 I_c 时，也可以实现稳定的射流过渡焊接，焊接电流从几十安培到几百安培范围内调节，都能获得稳定的射流过渡，所以焊接电流调节范围较宽。因此，利用射流过渡工艺，熔化极脉冲氩弧焊既可以焊接薄板，又可以焊接厚板。

2）焊接过程中，可以精确地控制焊接电弧能量。熔化极脉冲氩弧焊焊接过程中，焊接电流大小可以由以下四个参数进行调节。即：脉冲电流 I_p、基值电流 I_b、脉冲电流持续时间 t_p 和基值电流持续时间 t_b。选取焊接参数时，在保证焊缝成形、焊接质量的前提下，尽量降低焊接电流的平均值，以减少焊接电弧的热输入，这样不仅减少了焊接热影响区及焊件变形，还改善了焊接热影响区的力学性能。因此，熔化极脉冲氩弧焊特别适于焊接热敏感性较大的金属材料。

3）适于焊接薄板和全位置焊接。熔化极脉冲氩弧焊焊接过程中，在较小的焊接热输入下就能实现喷射过渡，无论采取仰焊位或者立焊位焊接，熔滴都呈轴向过渡，焊接飞溅小。由于焊接热输入小，所以焊接熔池体积小，冷却速度快，熔池在基值电流持续期间内，因熔池温度下降而冷却结晶，不发生液态金属流淌。所以，能精准地控制焊接热输入，焊接过程稳定，在焊接过程中熔池内的液态金属不易流失，焊缝成形好，因而，可以焊接 1.6 ~ 2.0mm 的铝合金薄板及实现全位置焊接。

4）焊缝质量好。熔化极脉冲氩弧焊焊接过程中，脉冲电弧对熔池有强烈的搅拌作用，从而改善了熔池的结晶条件及冶金性能，有助于消除气孔等焊接缺陷，提高焊缝质量。

二、熔化极脉冲氩弧焊的熔滴过渡

熔化极脉冲氩弧焊的熔滴有三种过渡形式：一个脉冲过渡一滴（简称一脉一滴）、一个脉冲过渡多滴（简称一脉多滴）、多个脉冲过渡一滴（简称多脉一滴）。熔化极脉冲氩弧焊焊接过程中，熔滴到底采用哪种过渡形式，主要取决于脉冲电流 I_p 的大小及脉冲持续时间 t_p。熔滴过渡形式与脉冲电流及脉冲持续时间的关系如图 10-3 所示。

在三种熔滴过渡形式中，一个脉冲过渡一滴（简称一脉一滴）的工艺性能最好，多个脉冲过渡一滴（简称多脉一滴）的工艺性能最差。目前主要采用的是一脉一滴的过渡方式。其主要特点如下：

1）熔化极脉冲氩弧焊焊丝熔滴过渡，采用一个脉冲过渡一个焊丝熔滴，实现了脉冲电流对焊丝熔滴过渡的控制，有效地提高了焊缝质量。

2）焊丝熔滴直径大致等于焊丝直径，熔滴从电弧获取的能量小，所以焊丝熔滴的温度低，由于焊丝的熔化系数高，因此提高了焊丝熔化效率。

3）熔化极脉冲氩弧焊焊接过程中，由于焊丝熔滴的温度低，不仅降低了合金元素的烧损，产生的焊接烟雾还少，改善了焊接现场的施工环境。

4）焊丝熔滴温度低，焊接过程中飞溅小，甚至没有飞溅。

5）焊缝熔宽大、熔深较大、余高小，减弱了指状熔深的特点，焊缝成形良好。

6）熔化极脉冲氩弧焊弧长短，焊接电弧指向性好，适合于全位置焊接。

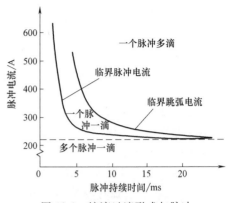

图 10-3　熔滴过渡形式与脉冲电流及脉冲持续时间的关系

7）扩大了 MIG/MAG 焊接射流过渡的使用电流范围，从射流过渡临界电流往下一直到几十安均能实现稳定的射流过渡。

脉冲射流过渡仅产生在熔化极脉冲氩弧焊中。熔滴以与脉冲电流频率一致的频率，有节奏地向焊接熔池过渡，可以在较小的平均电流下实现。熔化极脉冲氩弧焊可以用于薄板焊接、热敏感金属材料及全位置焊接。

三、熔化极脉冲氩弧焊焊接参数的选择

熔化极脉冲氩弧焊的焊接参数主要有：脉冲电流 I_p、基值电流 I_b、脉冲电流持续时间 t_p、基值电流时间 t_b、脉冲频率 f、焊丝直径 ϕ、焊接速度 v 等。

1. 脉冲电流 I_p

脉冲电流 I_p 是决定熔池形状及熔滴过渡形式的主要参数，为了保证熔滴呈射流过渡，必须使脉冲电流高于连续射流过渡的临界电流值。同时，通过调节脉冲电流的大小来调节焊缝熔深的大小，因为，在平均电流和送丝速度不变的情况下，随着脉冲电流的增大，焊缝熔深也相应地增大。反之，焊缝熔深将减小。当焊件厚度增加时，为了保证焊缝根部焊透，此时脉冲电流也应该增大。

脉冲电流与脉冲电流持续时间，两个参数要适当配合，使（I_p，t_p）点位在图 10-3 中的一脉一滴临界曲线之上。从图 10-3 可见，脉冲电流 I_p 与脉冲电流持续时间 t_p 呈双曲线关系，当脉冲电流持续时间 t_p 较小时，脉冲电流 I_p 应该大一些；反过来脉冲电流持续时间 t_p 较大时，脉冲电流 I_p 应该小一些，保证每个脉冲能量能熔化和过渡一个熔滴。

选择熔化极脉冲氩弧焊焊接参数时，要综合考虑母材的类型、板材厚度、焊接位置，以及对熔滴过渡的要求，首先选择平均电流、脉冲电流和脉冲持续时间等。

2. 基值电流 I_b

基值电流的主要作用是在脉冲电流休止期间，维持电弧稳定燃烧。同时还有预热焊丝和焊件待焊处的作用，为脉冲电流期间的熔滴过渡作准备。在保证焊接电弧稳定燃烧的条件下，应尽量选择较低的基值电流，突出熔化极脉冲氩弧焊的特点。调节基值电流也可调节母材的焊接热输入，基值电流增大，母材的焊接热输入增大；基值电流减小，母材的焊接热输入减小。

基值电流选择要合适：基值电流过大会导致脉冲焊接的特点不明显，甚至于在间歇期间也可能有熔滴过渡现象发生；基值电流过小，焊接电弧不稳定，不仅影响焊接质量，有时还会使熔化极脉冲氩弧焊无法进行。板对接水平位置焊接时，常采用基值电流来调节焊接热输入，此时应选择较大的基值电流。

焊接空间位置焊缝时，为了使熔滴能从焊丝端部过渡到焊接熔池中，而且在过渡过程中，熔池液体金属没有溢流现象，能够形成良好的焊缝成形，故需要较低的焊接热输入，采用较小的平均电流，即应该选择低基值电流和高脉冲电流的焊接参数，以便在焊接过程中产生强有力的喷射过渡，有效地抑制和减小焊接熔池中液体金属的溢流现象。

3. 脉冲电流持续时间 t_p

脉冲电流持续时间与脉冲电流一样，是控制母材焊接热输入的主要参数，脉冲电流持续时间长，母材的焊接热输入就大；脉冲电流持续时间短，母材的焊接热输入就小。熔化极脉冲氩弧焊焊接过程中，在其他参数不变的情况下只改变脉冲电流和脉冲电流持续时间，就可以获得不同的焊缝熔深、焊缝熔宽。但是，所选择的脉冲电流应大于临界脉冲电流，以保证得到焊丝熔滴的喷射过渡。

4. 脉冲频率 f

熔化极脉冲氩弧焊脉冲频率的大小，主要由焊接电流来决定，焊接过程中，应该保证熔滴的过渡形式呈射流过渡，力求一个脉冲至少过渡一个熔滴。熔化极脉冲氩弧焊脉冲频率的选择有一定的范围：熔化极脉冲氩弧焊的频率范围一般为 30~120Hz。脉冲频率过高，会失去脉冲焊接的特点；脉冲频率过低，焊丝在焊接过程中易插入熔池中，使脉冲焊接过程不稳定。脉冲频率的选择，通常是根据焊接电流的大小来选择的。焊接电流较大时，脉冲频率应选择大一些；焊接电流较小时，脉冲频率应选择较小一些。焊接时，如果送丝速度一定时，脉冲频率越大，焊缝熔深也越大。因此，焊件的板厚不同时，脉冲频率也不同：焊接厚板时，应选择较大的脉冲频率；焊接薄板时，应该选择较小的脉冲频率。

5. 脉宽比

脉冲电流持续时间 t_p 与脉冲周期 $T=(t_p+t_b)$ 之比，称为脉宽比 $[R_w=t_p/(t_p+t_b)]$，它反映脉冲焊接特点的强弱。脉宽比越小，脉冲氩弧焊的特征越明显。脉宽比是控制熔滴过渡及调整脉冲能量输入的重要参数，当其他参数不变时，如果脉冲持续时间增大，则脉宽比增加，在此情况下如果要维持总的平均电流不变，将使脉冲电流峰值下降。如果脉宽比过大，脉冲电流峰值可能降到射流过渡临界电流值之下，则不能实现可控的射流过渡。但是，脉宽比过小则易导致焊接电弧不稳定。因此，脉宽比一般选取 25%~50%。在进行全位置焊接、薄板焊接及焊接要求较高的高强度钢时，要求选用较小的平均电流来实现可控射流过渡，此时脉宽比可以小一些，通常选取 30%~40%。

选择脉宽比等焊接参数时，必须充分考虑母材的性能、种类及焊缝的空间位置。对于全位置空间焊缝要求选择较小的脉宽比，这样在焊接过程中，可以保证焊接电弧具有一定的挺直度；焊接裂纹倾向比较大的铝合金时，脉宽比的选择也要小些。

四、熔化极脉冲氩弧焊的应用

熔化极脉冲氩弧焊的主要应用范围是：厚 1~4mm 的薄板焊接及全位置焊接；中厚板、较厚板的立焊位及仰焊位焊接；焊接单面焊双面成形的对接焊缝；焊接要求 100%熔透的封

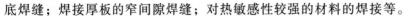

底焊缝；焊接厚板的窄间隙焊缝；对热敏感性较强的材料的焊接等。

1. 薄板焊接

熔化极脉冲氩弧焊可以将同一直径焊丝的平均焊接电流使用范围扩大。其焊接电流下限比熔化极氩弧焊的临界电流还小 1/3，所以熔化极脉冲氩弧焊在较小的平均电流时，仍能稳定地工作，有利于焊接薄板。

普通熔化极氩弧焊，在焊接铝及铝合金薄板时，必须使用细焊丝、小电流焊接。例如：焊接厚 2.4mm 的铝板，只能使用 φ0.8mm 的铝焊丝，采用推丝法送丝时，由于细焊丝很软，焊丝刚度很低，送进过程不稳定，所以很难保证焊缝的焊接质量。如果用熔化极脉冲氩弧焊焊接厚 2.4mm 的铝板，可以使用 φ1.6mm 的铝焊丝，推丝法送丝在焊接过程中可以稳定工作。粗焊丝加工容易、价格便宜，采用粗焊丝比细焊丝还可以减小焊丝的比表面积（单位质量的焊丝所具有的表面积），这样在焊接过程中，减少了由铝焊丝表面带入焊接熔池的氧化皮数量，从而显著地降低了焊缝中气孔的数量和尺寸。

2. 全位置焊接

熔化极氩弧焊利用射流过渡进行仰焊或横焊时，由于焊接电流较大，液态金属持续不断地下淌，使焊缝很难保证焊接质量。熔化极脉冲氩弧焊可以成功地进行全位置焊接，不锈钢熔化极脉冲氩弧焊全位置焊接参数见表 10-5。铝及铝合金熔化极脉冲氩弧焊全位置焊接参数见表 10-6。

表 10-5　不锈钢熔化极脉冲氩弧焊全位置焊接参数

板厚 /mm	焊接位置	焊丝直径 /mm	坡口形式	总电流 /A	脉冲平均电流/A	电弧电压 /V	焊接速度 /(cm/min)	Ar+1%O₂(体积分数) 气体流量/(L/min)
1.6	平	1.2	I形坡口	120	65	22	60	
	横	1.2	I形坡口	120	65	22	60	
	立	0.8	90°V形坡口	80	30	20	60	
	仰	1.2	I形坡口	120	65	20	70	20
3.0	平	1.6	I形坡口	200	70	25	60	
	横	1.2	I形坡口	200	70	24	60	
	立	1.2	90°V形坡口	120	50	21	60	
	仰	1.6	I形坡口	200	70	24	65	

3. 焊接高强度及热敏感材料

由于熔化极脉冲氩弧焊焊丝熔滴过渡能够实现可控的射流过渡，所以，在焊接过程中，可以控制焊缝成形和焊接热输入，减小焊缝热影响区，使焊接接头综合性能良好，得到无缺陷的焊缝。目前，已广泛应用在高强度钢、高合金钢、铝合金、镁合金、钛合金等焊接结构的焊接。

4. 用于窄间隙焊接

窄间隙焊接是一种新型的焊接工艺，是高效率的焊接方法，可以控制厚壁焊接结构的焊接热输入。比一般焊接方法提高效率 3~5 倍。因焊接热输入低，焊缝热影响区窄，焊接接头的性能比普通焊接方法有所提高。如果用普通焊接方法焊接 30~50mm 的厚壁高强度钢焊

表 10-6　铝及铝合金熔化极脉冲氩弧焊全位置焊接参数

母材	板厚/mm	焊接位置	焊丝直径/mm	总平均电流/A	脉冲平均电流/A	电弧电压/V	焊接速度/(cm/min)	Ar气流量/(L/min)
1035	1.6	平	1.2	70	30	21	65	20
		横				21	65	
		立				20	70	
		仰				20	65	
	3.0	平	1.6	120	50	21	60	
		横					60	
		立					60	
		仰					70	
5A02	1.6	平	1.6	70	40	19	65	
		横				19	65	
		立				18	70	
		仰				18	65	
	3.0	平	1.6	120	60	20	60	
		横				20	60	
		立				19	70	
		仰				19	70	

接结构时，焊前要预热 150~250℃，焊后还要进行退火热处理。而用熔化极脉冲氩弧焊焊接该结构时，焊前不必预热，焊后不用热处理，既改善了焊工的劳动条件，又提高了焊接生产效率。

第三节　脉冲氩弧焊设备

脉冲氩弧焊常用的设备主要有：钨极脉冲氩弧焊设备和熔化极脉冲氩弧焊设备。

一、钨极脉冲氩弧焊的分类及工艺特点

钨极脉冲氩弧焊按照电流类型分为直流钨极脉冲氩弧焊和交流钨极脉冲氩弧焊两种。直流钨极脉冲氩弧焊主要用于焊接不锈钢类金属材料，交流钨极脉冲氩弧焊主要用于焊接铝及铝合金、镁及镁合金等。根据脉冲频率范围，又可分为低频钨极脉冲氩弧焊（电流频率范围为 0.1~15Hz），是目前应用最广泛的一种钨极脉冲氩弧焊方法；中频钨极脉冲氩弧焊（电流频率范围为 10~500Hz），是手工焊接 0.5mm 以下薄板的理想焊接设备；高频钨极脉冲氩弧焊（电流频率范围为 10~20kHz），特别适宜薄板的高速自动焊。

下面主要以奥太 WSM（直流钨极脉冲氩弧焊机）与 WSME（交直流钨极脉冲氩弧焊机）两类焊机中典型的焊机型号 WSM-400 与 WSME-500 进行简述。

1. 直流钨极脉冲氩弧焊

（1）中低频直流脉冲氩弧焊　脉冲氩弧焊输出可控的脉冲电流来加热焊件进行焊接，

在脉冲电流期间，焊件被加热熔化形成一个熔池，基值电流期间熔池冷凝结晶，焊缝是由一个个熔池叠加而成的，脉冲电流和基值电流交替工作，电弧有明显的闪烁现象，直流脉冲氩弧焊的频率为 0.3~10Hz，从引弧到焊接的电流波形如图 10-4 所示，引弧时脉冲电流较小，焊缝是由一个个鱼鳞片状焊波构成，成形美观。

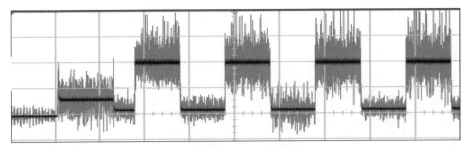

图 10-4　中低频直流脉冲氩弧焊的电流波形（从引弧到焊接）

脉冲氩弧焊的焊接参数主要有脉冲电流 I_p、脉冲时间 t_p、基值电流 I_b、频率等，正常焊接时基值电流一般较低，决定焊缝宽度的是脉冲电流和脉冲持续时间，决定焊缝成形中波纹密度的是脉冲电流的频率，脉冲氩弧焊的焊接电流参数如图 10-5 所示。

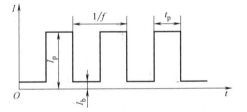

图 10-5　脉冲氩弧焊的焊接电流参数

（2）高频直流脉冲氩弧焊　高频直流脉冲氩弧焊的脉冲频率为 10KHz 以上，随着脉冲频率的增加，电弧收缩明显，挺度较高，小电流时电弧稳定，高频脉冲氩弧焊的电流波形如图 10-6 所示，高频电弧形态及电弧压力与电弧频率的关系如图 10-7 所示。

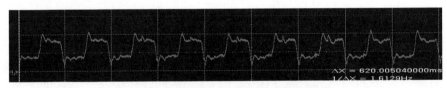

图 10-6　高频脉冲氩弧焊的电流波形

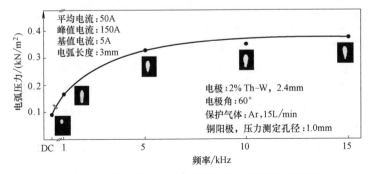

图 10-7　高频电弧形态及电弧压力与电弧频率的关系

由图 10-7 可以看出，随着电流频率的增加，电弧收缩程度增强，电弧压力增加。

（3）高频脉冲钨极氩弧焊电弧的特点

1）电弧挺度好，在电弧快速移动时，指向性依然很强，因而相比直流钨极氩弧焊焊接，焊接速度可提高1倍以上。

2）小电流稳定性强，在电流10A以下仍然很稳定，因而可焊接很薄的焊件。

3）由于高频脉冲电流产生的电磁力对熔池金属的搅拌作用明显，有细化熔池金属颗粒的作用。市场上现有产品主要是加拿大黎波迪（Liburdi）公司的产品，工作频率是150kHz，输出直流脉冲频率是20kHz，主要用于航天、核电领域的高速焊接。

（4）直流脉冲氩弧焊的优点

1）脉冲氩弧焊的焊接过程是断续式加热，熔池金属高温停留时间短，金属冷却快，既可减少热敏感材料产生裂纹的倾向，同时又可以获得大熔宽比的焊缝。

2）对焊件热输入少，电弧能量集中且挺度高，接头热影响区小，有利于薄板的焊接。

3）可以精确地控制焊接热输入和熔池尺寸，得到均匀的熔深，适用于单面焊双面成形和全位置焊接以及打底焊。

4）由于焊接过程中，脉冲电流和基值电流交替产生脉动的电磁力，增加了熔池的搅拌作用，有利于将熔池中的气体挤出，减少气孔和未熔合现象。

在脉冲氩弧焊中，为获得清晰明显的鱼鳞纹焊道，在基值阶段对熔池有较充分的冷却，在峰值阶段形成熔池，需尽量降低基值电流。当基值电流较小时会发生断弧现象，断弧发生在脉冲电流向基值电流的切换处，原因是氩弧焊电流小于一定值时，电弧电压随着电流的降低会升高，当脉冲电流值切换到基值电流时会引起向下超调，导致断弧，为了稳定电弧，在脉冲电流下降过程中，一般采用变斜率下降的方法，在接近基值电流阶段焊接电流的下降率变缓，以防止电流波形下冲超调，引起断弧。

2. 交流钨极脉冲氩弧焊

交流钨极脉冲氩弧焊就是在直流脉冲氩弧焊的基础上发展起来的，交流钨极脉冲氩弧焊焊接过程中，不但在负极性半周时具有良好的阴极清理作用，而且电弧稳定性较好。通过在焊接过程中对脉冲参数的控制，可有效地调节焊接热输入，有利于焊缝背面成形的改善。对改善铝及铝合金接头强度、提高塑性和改善抗热裂倾向等都具有显著作用，从而可进一步改善焊接接头的质量。为此，交流钨极脉冲氩弧焊特别适于铝及铝合金、镁及镁合金等有色金属及其合金的焊接。在焊接铝及铝合金时，由于脉冲电流的冲击作用可消除气孔，可以容易得到熔池相叠加的美观焊道。交流钨极脉冲氩弧焊的电流波形如图10-8所示。

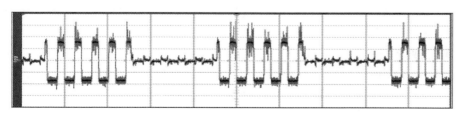

图10-8　交流钨极脉冲氩弧焊的电流波形

（1）交流钨极脉冲氩弧焊的工艺特点

1）交流钨极脉冲氩弧焊，由于采用脉冲电流焊接，可以减小焊接电流的平均值，尽管采用较低的焊接热输入，也能获得足够的焊缝熔深。这样可以减小焊接热影响区和焊接变形，特别有利于薄板或超薄板的焊接。

2）交流钨极脉冲氩弧焊，由于可调的焊接参数多，能够精确地控制焊接电弧的能量大小及其分布，容易获得合适的熔池形状和尺寸。从而提高了焊缝抗烧穿和熔池保持的能力，保证焊缝的均匀熔深和焊缝根部熔透，特别适用于全位置焊接和单面焊双面成形的焊接工艺。

3）由于在交流钨极脉冲氩弧焊焊接过程中，每个焊点都能迅速加热和冷却，很适合焊接导热性强或厚度差别大的焊件。

4）交流钨极脉冲氩弧焊焊接过程中，脉冲电流对点状熔池有较强的搅拌作用，由于焊接熔池在高温停留时间短，熔池金属冷凝快，焊缝金属组织细密，可以减少热敏感金属材料的裂纹倾向。

在焊接过程中，交流钨极脉冲氩弧焊特别适用于焊件表面易形成高熔点氧化膜的金属，如铝及铝合金、镁及镁合金等。因为焊件上的氧化膜不仅难于清理，而且还影响焊缝的各项力学性能。采用交流钨极脉冲氩弧焊，可以利用负半周"阴极破碎"效应，清除待焊处的氧化膜而进行焊接。直流钨极脉冲氩弧焊则适用于焊接其他金属材料。

（2）交流钨极脉冲氩弧焊选择焊接参数的原则和步骤　交流钨极脉冲氩弧焊的焊接参数主要有：脉冲电流 I_p、基值电流 I_b、脉冲电流持续时间 t_p、基值电流时间 t_b、脉冲频率 f、焊丝直径 ϕ、焊接速度 v 等。

交流钨极脉冲氩弧焊要选择的焊接参数较多，选择步骤如下：

1）首先要从焊件材料的厚度初步选择脉冲电流和脉冲持续时间。

2）再根据焊件材料的性质，确定脉幅比和脉宽比。

3）还要确定基值电流和基值电流持续时间及电弧长度、保护气体流量等。

4）当确定完焊接参数后要按此确定的参数进行试焊，通过试焊观察：焊缝成形尺寸和焊点间距是否满足焊接接头设计要求、焊缝中部是否存在下凹深度过大、焊缝两边是否出现咬边缺陷等。

5）如果焊缝出现不符合焊接接头设计要求的缺陷，应该有针对性地调整某些焊接参数再继续进行试焊，直到获得符合焊接接头设计要求的焊缝为止，此时的焊接参数即为正式产品焊接的焊接参数。

二、直流脉冲氩弧焊焊机简介

以 WSM-400 焊机为例介绍，焊机分为前面板和后面板，焊机前面板如图 10-9 所示，焊机后面板如图 10-10 所示。

1. 焊机前面板各数字点用途

1）焊机控制面板。焊机的控制面板用于焊机的功能选择和参数设定。

2）焊接电缆快速插座（+）。焊条电弧焊时，此插座接焊钳电缆；氩弧焊时，此插座接被焊工件。

3）氩弧焊焊枪开关控制插座。氩弧焊时，把氩弧焊枪上的控制电缆直接插在该插座上，可对焊机进行控制。

4）焊接电缆快速插座（-）。焊条电弧焊时，此插座接被焊工件；氩弧焊时，此插座接氩弧焊枪。

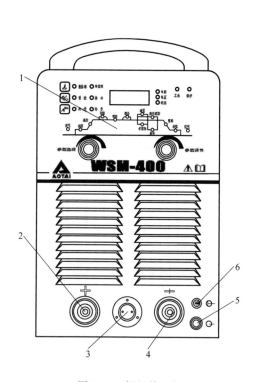

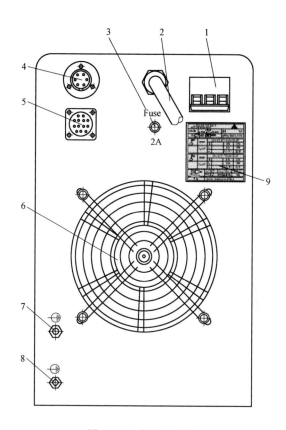

图 10-9 焊机前面板

1—焊机控制面板 2—焊接电缆快速插座（+）
3—氩弧焊焊枪开关控制插座 4—焊接电缆快
速插座（-） 5—出水嘴 6—出气嘴

图 10-10 焊机后面板

1—空气开关 2—电源输入电缆 3—熔丝管 4—数
字信号通信插座 5—模拟信号控制插座 6—风机
7—进气嘴 8—进水嘴 9—铭牌

5）出水嘴。与氩弧焊枪水管相连。

6）出气嘴。与氩弧焊枪气管相连。

2. 焊机后面板各数字点用途

1）空气开关。三相电源通过此开关为焊机供电，其作用主要是在焊机过载或发生故障时自动断电，以保护焊机。一般情况下，此开关向上扳至接通的位置，启停焊机应使用用户配电盘（柜）上的电源开关，不要把本开关当作电源开关使用。

2）电源输入电缆。四芯电缆，花色线用于接地，其余三根线接三相 380V/50Hz 电源。

3）熔丝管（2A）。

4）数字信号通信插座。485 数字通信方式，可接数字遥控盒或供群控、机器人及专机使用。数字信号通信插座如图 10-11 所示。

5）模拟信号控制插座如图 10-12 所示。

6）风机。对机内发热器件进行冷却。

7）进气嘴。通过气管与气源相连。

8）进水嘴。通过水管与水冷机的出水管相连。

9）铭牌。焊机的焊接控制面板如图 10-13 所示。

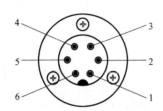

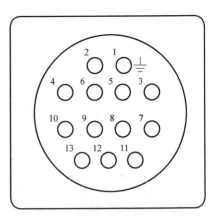

图 10-11　数字信号通信插座

1、2—交流 38V　3—A（同相输入）

4—B（反相输入）　5—Y（同
相输出）　6—Z（反相输出）

图 10-12　模拟信号控制插座

模拟信号控制插座序号的意义见表 10-7。

表 10-7　模拟信号控制插座序号的意义

序号	引 脚 意 义
1	机壳地,接控制电缆的屏蔽层
2	预留
3	电源信号 10V,外接模拟电位器的高电位端
4	遥控电流输入给定信号(0~10V)
5	遥控电流信号地
6	焊机起动信号,通过控制 6、8 引脚,可对焊机进行控制
7	气检信号,与 8 脚短路,气阀接通
8	信号地
9	实际电压输出信号。0~10V(1V 等于输出焊接电压 10V)
10	实际电流输出信号。0~10V(10V 等于最大额定输出电流)
11	信号地
12	继电器触点,有电流触点接通,无电流断开
13	

3. 焊机控制面板各数字点的用途

1）数字显示窗口。

2）氩弧焊和手弧焊状态切换。

3）直流恒流氩弧焊和直流脉冲氩弧焊状态切换。

4）氩弧焊两步控制和四步控制状态切换。

① 两步控制方式：是指焊枪启动焊接程序时，处于 ON 状态，此时供气系统气阀打开，保护气体开始输出；经延时 t_1 时间间隔后，开始慢送丝，电源输出电压（空载电压）；经 t_2

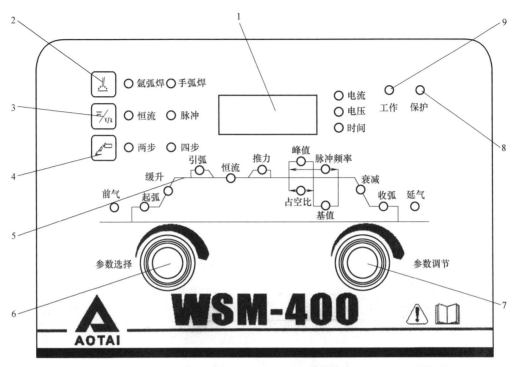

图 10-13　焊机的焊接控制面板

1—数字显示窗口　2—氩弧焊和手弧焊状态切换　3—直流恒流氩弧焊和直流脉冲氩弧焊状态切换　4—氩弧焊两步
控制和四步控制状态切换　5—状态指示　6—参数选择旋钮　7—参数调节旋钮　8—保护显示灯　9—工作显示灯

时间间隔后，焊丝与焊件短路，接触引弧，电源开始输出电流，电弧被引燃（电源输出电压下降为焊件的电弧电压），送丝速度上升到正常焊接的送丝速度；t_3 时间为正常的焊接过程，焊接电流处于正常焊接电流值；当要停止焊接时，自动开关转换为 OFF 状态，立即停止送丝，在此时之后、熄弧之前较短的 t_4 时间间隔内，电源输出电压降低，焊接电流衰减，从焊枪导电嘴送出的焊丝被回烧，直至电弧熄灭；焊接电弧熄灭后，保护气体仍要保持输出，延时 t_5 时间间隔后，供气系统气阀关闭，此时保护气体停止输出。

从上述过程可以看到：启动开关 ON，开始焊接；启动开关 OFF，系统停止焊接。焊机的焊接过程是由启动开关的两个动作进行控制的，所以称之为两步控制方式。送保护气体时间区间为 $t_1 \sim t_5$，t_1 被称为提前送保护气体时间，t_5 被称为保护气体滞后停气时间。

② 四步控制方式：是指焊枪启动焊接程序时，处于第一个 ON 状态，此时供气系统气阀打开，保护气体开始输出；经延时 t_1 时间间隔后，开始慢送丝，电源输出电压（空载电压）；经 t_2 时间间隔后，焊丝与焊件短路，接触引弧后，进入正常的焊接过程，启动开关可回到 OFF 状态；准备停止焊接时，再次按下启动开关，使之处于第二个 ON 状态，降低送丝速度，降低电弧电压及焊接电流，进行填弧坑焊接，此时的电弧电压、焊接电流称为填弧坑电压、填弧坑电流；其时间区间 t_4 称为填弧坑时间；当弧坑填满之后，使启动开关处于第二个 OFF 状态，停止焊接。

在上述的焊接过程中，由焊枪启动开关的四个动作来进行控制，所以称为四步控制方式，保护气体送气时间区间为（$t_1 \sim t_6$），t_1 为提前送保护气体时间，t_6 为保护气体滞后停气时间。

比较以上两种控制方式，两步控制方式没有填弧坑的过程；四步控制方式有填弧坑的过程，这两种控制方式的使用还需要根据实际需要来选择。

氩弧焊的两步控制方式如图 10-14 所示。两步焊接线方式工作过程如图 10-15 所示。

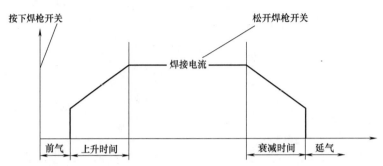

图 10-14　氩弧焊的两步控制方式

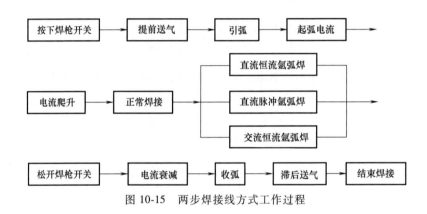

图 10-15　两步焊接线方式工作过程

5）状态指示

① 前气——预送气时间。调节范围：0.01~9.99s。

② 起弧——起弧电流。调节范围：10~160A。

③ 缓升——起弧电流到焊接电流的爬升时间。调节范围：0.1~10.0s。

④ 引弧——在焊条电弧焊时，为提高引弧成功率增加的电流值。调节范围：10~200A。

⑤ 恒流——恒流焊接时的焊接电流。调节范围：4~410A。

⑥ 推力——在焊条电弧焊时，为防止粘条增加的电流值。调节范围：10~200A。

⑦ 峰值——脉冲 TIG 焊时的峰值电流。调节范围：WSM-400 为 4~410A。

⑧ 占空比——脉冲 TIG 焊时峰值电流所占的时间比例。调节范围：15%~85%。

⑨ 脉冲频率——直流脉冲 TIG 焊时的工作频率。调节范围：0.2~20.0Hz。

为了保证电弧的稳定、控制熔池的形状、控制输入容量等，使焊接电流周期性的变化即所谓脉冲。利用脉冲可以在大电流时保持电弧的坚挺、提高电弧的稳定性，大电流与小电流混合时可以控制熔池的形状及输入的热量。

⑩ 基值——脉冲 TIG 焊时的维弧电流。调节范围：4~410A。

⑪ 衰减——焊接电流到收弧电流的下降时间。调节范围：0.1~15.0s。

⑫ 收弧——焊接熄弧前的电流值。调节范围：4～400A。

⑬ 延气——焊接结束后继续送气的时间。调节范围：0.1～60.0s。

6）参数选择旋钮：用于各被控量的选定。顺时针旋转依次向右选定，逆时针旋转依次向左选定，选中时相应的指示灯亮。

7）参数调节旋钮：用于调节各被控量的大小。顺时针旋转数值增加，逆时针旋转数值减小。按下该旋钮左旋或者右旋，可实现快速调节。

8）保护显示灯。该灯为黄色灯，正常工作时灯不亮。当焊机出现过热保护、缺水保护时灯亮，焊机自动停机。

9）工作显示灯。该灯为红色灯，合上电源开关后灯亮。

焊机具有自动保存数据的功能，下次开机时可直接使用。

四步控制方式指第一次按下焊枪开关时焊机输出起弧电流，松开焊枪开关时电流开始爬升至正常焊接电流。焊接完成后，再次按下焊枪开关，焊接电流开始下降至收弧电流并保持，松开焊枪开关时，焊机停止输出电流，氩弧焊的四步控制方式如图10-16所示。四步焊接线方式工作过程如图10-17所示。

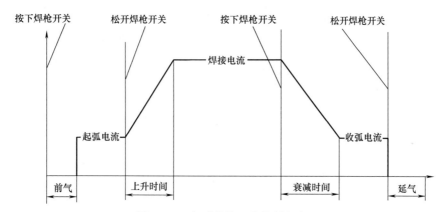

图 10-16　氩弧焊的四步控制方式

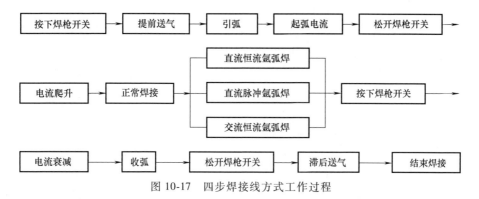

图 10-17　四步焊接线方式工作过程

三、交直流钨极脉冲氩弧焊焊机简介

1. 焊机前面板各数字点的用途

以 WSME-500 焊机前面板为例进行介绍。

1）控制面板。面板上所有功能及参数的调节通过此面板控制。焊机前面板如图 10-18 所示。

2）焊机输出快速插座（∽）。交流氩弧焊和交流脉冲氩弧焊时，此插座接被焊焊件。

3）焊机输出快速插座（+）。直流氩弧焊和直流脉冲氩弧焊时，此插座接被焊焊件；焊条电弧焊时，此插座接焊钳电缆。

4）遥控/TIG 焊枪插座。远距离进行焊接作业时，遥控盒通过遥控电缆与该插座相接，可以从遥控盒上调节焊接电流。近距离进行氩弧焊时，可把氩弧焊枪上的控制电缆插在该插座上。遥控/TIG 焊枪插座如图 10-19 所示。遥控/TIG 焊枪的引脚定义见表 10-8。

5）焊机输出快速插座（-）。焊条电弧焊时，此插座接被焊工件；氩弧焊时，此插座接氩弧焊枪。

6）出气嘴。氩弧焊时与氩弧焊枪气管相连。

7）出气嘴。氩弧焊时与氩弧焊枪水管相连。

2. 焊机后面板各数字点的用途

WSME-500 焊机后面板如图 10-20 所示。

1）空气开关。三相电源通过此开关为焊机供电，其作用主要是在焊机过载或发生故障时自动断电，以保护焊机。一般情况下，此开关向上扳至接通的位置，启停焊机应使用用户配电盘（柜）上的电源开关，不要把本开关当作电源开关使用。

2）输入电源接线盒。

3）输入电缆。四芯电缆，花色线用于接地，其余三根线接三相 380V/50Hz 电源。

4）熔丝管（2A）。

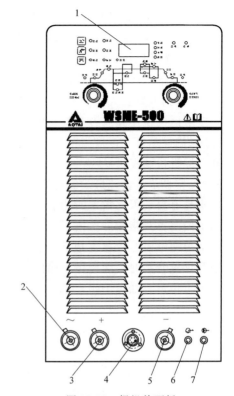

图 10-18　焊机前面板
1—控制面板　2—焊机输出快速插座（∽）
3—焊机输出快速插座（+）　4—遥控/TIG 焊枪插座
5—焊机输出快速插座（-）　6、7—出气嘴

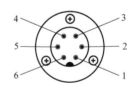

图 10-19　遥控/TIG 焊枪插座
1、2—焊枪开关信号　3—电流遥控判定信号，
与 6 脚短路即可设定模拟遥控状态　4—10V 电
源信号，外接模拟电位器的高电位端　5—遥
控电流输入信号　6—遥控电流信号地

表 10-8　遥控/TIG 焊枪的引脚定义

序号	引脚定义
1	焊枪开关信号
2	焊枪开关信号
3	电流遥控判定信号,与 6 脚短路即可判定为模拟遥控状态(c 型机无)
4	10V 电源信号,外接模拟电位器的高电位端(c 型机无)
5	遥控电流输入信号(c 型机无)
6	遥控电流信号地(c 型机无)

5）数字信号通信插座（c 型机有）。485 数字通信方式，可接数字遥控盒或供群控、机器人及专机使用。

6）输入电缆接地标志。

7）风机。对机内发热器件进行冷却。

8）进气嘴。用气管与氩气流量计相连。

9）进水嘴。用水管与水冷机出水口相连。

10）铭牌。

3. 焊机控制面板各数字点的用途

WSME-500 焊机控制面板如图 10-21 所示。

1）数字显示窗口。

2）交流氩弧焊和直流氩弧焊状态选择按键。

3）两步控制和四步控制状态选择按键。

两步控制方式指当焊枪开关按下时开始焊接，当焊枪开关松开时停止焊接。

四步控制方式指第一次按下焊枪开关时焊机输出起弧电流，松开焊枪开关时电流开始爬升至正常焊接电流。当焊接完成后，再次按下焊枪开关，焊接电流开始下降至收弧电流并保持，松开焊枪开关时，焊机停止输出电流。

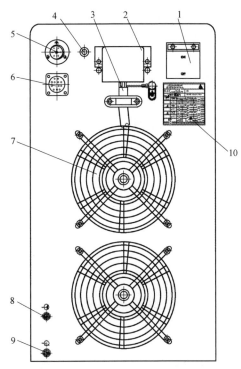

图 10-20　WSME-500 焊机的后面板

1—空气开关　2—输入电源接线盒　3—输入电缆 4—熔丝管（2A）　5—数字信号通信插座　6—输入电缆接地标志　7—风机　8—进气嘴　9—进水嘴　10—铭牌

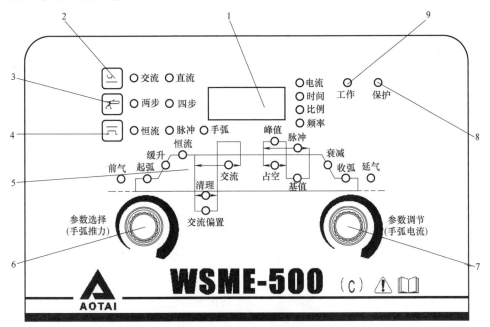

图 10-21　WSME-500 焊机控制面板

1—数字显示窗口　2—交流氩弧焊和直流氩弧焊状态选择按键　3—两步控制和四步控制状态选择按键
4—恒流氩弧焊、脉冲氩弧焊、焊条电弧焊状态选择按键　5—状态指示灯
6—参数选择旋钮　7—参数调节旋钮　8—保护显示灯　9—工作显示灯

4）恒流氩弧焊、脉冲氩弧焊、焊条电弧焊状态选择按键。

5）状态指示灯：

前气——预送气时间。调节范围：0.01~9.99s。

起弧——起弧电流。调节范围：WSME-500 为 10~500A。

缓升——起弧电流到焊接电流的爬升时间。调节范围：0~10.0s。

恒流——恒流焊接时的焊接电流。调节范围：WSME-500 为 10~510A。

清理——交流 TIG 焊时清理电流的时间比例。调节范围：-40%~+40%。通过调节清理比例的范围改变焊缝清理宽度及熔深的大小，以获得最优良的焊接效果。熔深、钨极损耗、清理宽度对照表见表 10-9。

表 10-9 熔深、钨极损耗、清理宽度对照表

参数调节旋钮		
熔深	窄深	宽浅
钨极损耗	少	多
清理宽度	窄	宽

交流偏置——清理电流相对于焊接电流的比例。调节范围：-40%~+40%。调节此参数，可以调节清理电流的大小，从而达到合理的焊接清理效果。

交流——交流 TIG 焊时的工作频率。调节范围：20~100Hz。

峰值——脉冲 TIG 焊时的峰值电流。调节范围：10~510A。

占空——脉冲 TIG 焊时峰值电流所占的时间比例。调节范围：15%~85%。

脉冲——直流脉冲 TIG 焊时的工作频率。调节范围：0.2~20Hz。为了保证电弧的稳定性、控制熔池的形状、控制热输入等，使焊接电流周期性地变化即所谓脉冲。利用脉冲可以在大电流时保持电弧的坚挺、提高电弧的稳定性，大电流与小电流混合时可以控制熔池的形状及输入的热量。

基值——脉冲 TIG 焊时的维弧电流。调节范围：10~510A。

衰减——焊接电流到收弧电流的下降时间。调节范围：0~15s。

收弧——焊接熄弧前的电流值。调节范围：10~500A。

延气——焊接结束后继续送气的时间。调节范围：0.1~60.0s。

6）参数选择旋钮。氩弧焊时，用于上述各被控量的选定。顺时针旋转依次向右选定，逆时针旋转依次向左选定，选中时相应的指示灯亮。焊条电弧焊时，为防止粘焊条而增加的电流值（出厂设置：50A）。调节范围：10~200A。

7）参数调节旋钮。参数调节：调节被选定参数的大小。顺时针旋转数值增加，逆时针旋转数值减小。按下该旋钮左旋或右旋，可实现快速调节。

8）保护显示灯。该灯为黄色，正常工作时不亮。当焊机过热保护、过流保护、过压保护时灯亮，同时自动停机。

9）工作显示灯。该灯为红色，合上电源开关即亮。

四、钨极脉冲氩弧焊焊机的使用

1. 钨极脉冲氩弧焊机的安装与注意事项

（1）安装环境

1）应放在无阳光直射、防雨、湿度小、灰尘少的室内，周围空气温度范围为-10℃~+40℃。

2）地面倾斜度应不超过10°。

3）焊接工位不应有风，如应有遮挡。

4）焊机距墙壁20cm以上，焊机间距离10cm以上。

5）采用水冷焊枪时，要注意防冻。

（2）供电电压品质

1）供电电压波形应为标准的正弦波，有效值为380V±38V，频率为50Hz。

2）三相电压的不平衡度≤5%。

（3）电源输入　焊机电源输入参数见表10-10。

表 10-10　焊机电源输入参数

焊机型号	输入电源	电网最小容量/V	输入保护电流/A		最小电缆截面积/mm²		
			熔丝	断路器	输入侧	输出侧	接地线
WSM-315/c	三相 AC380V	18	40	63	≥2.5	35	≥2.5
WSM-400/c		23	50	63	≥2.5	50	≥2.5
WSM-500/c		33	63	100	≥4	70	≥4

注：表中熔丝和断路器的容量仅供参考。

（4）设备安装　本焊机为便携式设备，可随操作者移动，不需要固定安装，但应放置在平坦及干燥的通风处。

1）可靠接入接地电缆、氩弧焊枪。

2）可靠接好气管、气源；采用水冷焊枪时，接好水管、水源。

3）根据需要设定面板状态和参数。

4）合上弧焊电源上的空气开关。

5）将输入三相电缆接在配电盘上，并可靠地连接地线。

注意：连接焊接电缆时应先切断焊机输入电源。一定要保证焊接电缆快速插头与焊机快速插座之间接触良好，否则易产生高热，烧坏焊接电缆快速插头与插座（接地电缆与焊钳电缆统称为焊接电缆）。

2. 钨极脉冲氩弧焊机的常见故障产生原因及消除方法

钨极脉冲氩弧焊机的常见故障产生原因及消除方法见表10-11。

表 10-11　钨极脉冲氩弧焊机的常见故障产生原因及消除方法

序号	现　象	产　生　原　因	消　除　方　法
1	开机后,焊机电源不工作	①电源缺相 ②机内熔丝管断 ③断线	①检查电源 ②检查风机、电源变压器、控制板是否完好 ③检查连线
2	在正常工作时,后面板上的空气开关跳闸	①下列器件可能损坏:IGBT 模块、三相整流模块、其他器件 ②驱动板损坏 ③线间短路	①检查更换 ②IGBT 损坏时,驱动板输出部分各元件一般也可能损坏,需检查更换 ③检查解除短路
3	焊接电流不稳	①缺相 ②主控板损坏 ③传感器损坏或接触不良	①检查电源 ②检查更换 ③检查更换
4	焊接电流不可调	①机内断线 ②主控板损坏 ③旋转编码器坏	检查更换
5	保护,显示 E19（或804）	①工作电流过大 ②环境温度过高 ③温度继电器坏	①②空载等待冷却 ③更换温度继电器
6	保护,显示 E10（或805）	①焊枪损坏 ②空载时,长时间按下焊枪开关	检修焊枪并更换焊枪开关

第十一章

氩弧焊焊接安全生产

第一节　焊接安全生产技术

一、化工燃料容器、管道补焊安全技术

在化工燃料容器、管道中存放的物质多是化学性物质，由于自身或外界原因，这些物质极易产生火灾和爆炸事故，但是，化学性物质发生火灾、爆炸事故，需要同时具备三个条件才能发生：

1）在化工燃料容器、管道中存在着可燃性物质。

2）存在的可燃物质与空气形成爆炸性混合物，并且达到爆炸范围。

3）在达到爆炸范围内的混合物中有火源存在。

目前，化工燃料容器、管道的补焊，在上述防爆炸理论的指导下，主要有两种方法，即：置换动火补焊法和带压不置换动火补焊法。

1. 置换动火补焊法

在进行补焊动火前，将燃料容器、管道内的物质，严格地用惰性气体置换出来。置换操作时，一般采用蒸汽蒸煮，接着用置换介质（常用的置换介质有氮气、二氧化碳气、水蒸气和水等）将容器或管道中的可燃物或有毒物质吹净排出。置换后的燃料容器、管道内是否符合安全要求，不能用置换的次数来衡量，必须以化验分析的结果为依据，没经过化验分析单位（具有国家认可的资质）检测的燃料容器、管道不准进行补焊。经过置换过的燃料容器、管道内的可燃物质含量要低于该物质爆炸下限的1/3、有毒物质含量要符合"工业企业设计卫生标准"的有关规定。

置换动火补焊法是人们在长期的生产实践中总结出来的经验，它将爆炸的条件减到最小，在燃料容器、管道补焊工作中一直被广泛应用。

置换动火补焊法的不足之处：采用置换动火补焊法时，燃料容器和管道要暂停使用，并且要使用大量的惰性气体或其他介质进行置换，在置换过程中，还要不断地进行取样分析，直至完全合格后才能动火补焊。动火补焊后还要进行再置换，所以，置换动火补焊法耗费的时间较长，置换程序较为复杂。特别值得一提的是，如果管道中的弯头死角多，那么此处就不易置换干净，容易留下安全隐患。

为了确保补焊作业的安全，置换补焊必须采取如下安全措施：

（1）安全隔离　在检修前，使燃料容器、管道停止工作，并且与整个生产系统的前后环节彻底隔离。但是，这种隔离不能只采取关闭阀门的隔离，而是在补焊部位的前、后处，必须各拆除一段管道，然后用盲板封死管口。盲板的密封要严、不渗漏，而且盲板还要有足够的强度，在整个补焊过程中不被破坏。

（2）严格控制补焊系统内可燃物质或有毒物质的含量　置换补焊防火、防爆和防毒的关键是控制被补焊的燃料容器、管道内的可燃物质或有毒物质的含量，使容器、管道内的可燃物质含量低于该物质爆炸下限的1/3，有毒物质含量要符合"工业企业设计卫生标准"的有关规定。

在进行置换时，应该注意置换介质与被置换物之间的［质量］密度关系，当置换介质的［质量］密度大于被置换物质的［质量］密度时，应将置换介质从容器或管道底部充入，使被置换物质从容器或管道的最高点处向外排出。考虑到被置换物质随着温度的升高而容易挥发的特点，可以采用蒸汽加温的方法，将残存在容器内的被置换物质升温挥发排出。未经置换处理或虽经置换处理，但没有经过专职人员检测的容器或管道，绝对禁止进行补焊作业。

（3）化学清洗容器或管道　容器、管道的积垢或外表面的保温层材料中，都有可能吸附或残存可燃气体，它们很难用置换的方法彻底置换干净，因此，在补焊过程中，残存的可燃气体，会受热挥发，遇火引起燃烧或爆炸。为此，化工及燃料容器在置换后，还要对容器、管道的内外表面用氢氧化钠（火碱）水溶液进行彻底的清洗。

（4）随时进行检测　被补焊的容器或管道，虽然焊前经过安全检测，但是，在补焊过程中，容器或管道内还会有残留的可燃气体或有毒物质受热而挥发逸出，为了避免出现燃烧、爆炸和中毒事故，在焊接进行的过程中，要随时进行检测，做到及时发现问题及时排除，确保补焊工作安全进行。

2. 带压不置换动火补焊法

目前主要用在可燃气体容器、管道的补焊。具体做法是：动火补焊前，通过对燃料容器、管道内含氧量的严格控制，使可燃性气体含量大大超过爆炸上限，从而不能形成爆炸性的混合物，同时使被焊容器或管道内保持一定的正压运行。使可燃气体以稳定的流速从容器或管道的裂纹处向外逸出扩散，并且与周围的空气形成一个燃烧系统。此时点燃可燃气体，控制可燃气体在燃烧过程中不至于发生爆炸。带压不置换动火补焊法的关键是在补焊的过程中，一定要保证系统的正压运行，而且压力要稳定。

为了确保带压不置换动火补焊作业的安全进行，补焊作业时要采取如下安全措施：

（1）严格控制容器、管道内的含氧量　首先确定氧含量的安全值为1%。1%值的确定过程如下：

如：氢气与空气混合的爆炸极限为4%～75%（体积分数，下同），氢气爆炸的上限是75%时，空气为25%，因为氧气占空气的21%，所以氧气为：

$$25\% \times 21\% = 5.25\%$$

此时确定氧的安全系数为1/5时，则氧含量的安全值为1%。

（2）正压操作　在带压不置换动火补焊过程中，一旦系统出现负压运行，空气就会通过燃料容器或管道的裂纹、缝隙进入系统内而发生爆炸，因此，系统正压力的大小要适当，压力过大，焊条熔滴容易被大气流吹走，给焊接操作带来困难。同时，裂纹处喷火过长，也不利于焊工的焊接操作；如果压力过小，容易造成压力波动，会使介质的流速小于燃烧速度而产生回火，火焰缩近系统内部燃烧，从而造成系统燃烧、爆炸，所以，系统外的喷火以不猛烈为原则，一般控制在 $2 \times 10^4 \sim 6 \times 10^4$ Pa 之间。

（3）严格控制动火点周围可燃气体的含量 进行带压不置换动火补焊时，动火作业点周围空间滞留的可燃物含量必须低于该可燃物爆炸下限的 1/3~1/4，动火点周围的可燃气体含量应小于 0.5%。

（4）焊接操作注意事项

1）焊工操作时，不可正对着动火点，应避开裂缝处喷燃的火焰，以防烧伤。

2）应该事先调好焊接电流，防止容器或管道补焊时，因焊接电流过大，在介质压力的作用下，形成更大的熔孔而造成事故。

3）当容器或管道内的压力急剧下降到无法保证正压运行或含氧量超过安全数值时，要立即熄灭裂纹处的火焰停止补焊作业，待查明原因，采取相应措施后再行补焊。

4）当动火补焊作业点出现猛烈喷火时，要立即采取灭火措施，但在火焰熄灭前，不得切断燃气气源，要继续保持系统内足够稳定的压力，防止容器或管道内，因吸入空气形成爆炸混合物而发生爆炸事故。

带压不置换动火补焊法，是近年来化工系统检修燃料容器、管道的一项较大的技术革新，目前应用还不很广泛。实践表明，带压不置换动火补焊法在理论上和技术上都是可行的，只要严格遵守安全操作规程，同样也是安全可靠的。

二、高处焊接与切割安全技术

焊工在离地面 2m 或 2m 以上的地点进行焊接与切割作业时，即为高处焊、割作业。

在高处焊、割作业时，由于作业的活动范围比较窄、出现安全事故前兆很难紧急回避，所以，发生安全事故的可能性比较大。高处焊接与切割作业时，容易发生的事故主要有：触电、火灾、高空坠落和物体打击等。

1. 预防高处触电

1）在距离高压线 3m 或距离低压线 1.5m 范围内进行焊、割作业时，必须停电作业，当高压线或低压线电源切断后，还要在开关闸盒上挂上"有人作业，严禁合闸"的标示牌，然后再开始焊、割作业。

2）要配备安全监护人，密切注视焊工的安全动态，随时准备拉开电闸。

3）不得将焊钳、电缆线、氧-乙炔胶管搭在焊工的身上带到高处，要用绳索吊运。焊、割时，将电缆线、氧-乙炔胶管在高处固定牢固，严禁将电缆线、氧-乙炔胶管缠绕在焊工的身上或踩在脚下。

4）在高处焊、割作业时，严禁使用带有高频振荡器的焊机焊接，以防焊工在高频电的作用下发生麻电后失足坠落。

5）手提灯的电源为 12V。

2. 预防高处坠落

1）焊工必须使用符合国家标准要求的安全带、穿胶底防滑鞋。不要使用耐热性能差的尼龙安全带，安全带要高挂低用，切忌低挂高用。

2）登高梯子要符合安全要求，梯子脚要包防滑橡胶。单梯与地面夹角应大于60°，上下端均应放置牢靠；人字梯要有限跨钩，夹角不能大于40°，不得两人同时用一个梯子工作，也不能在人字梯的顶档上工作。

3）防坠落的安全网的架设，应该外高里低，不留缝隙，而且铺设平整。随时清理网上的杂物，安全网应该随作业点的升高而提高，发现安全网破损要及时进行更换。

4）高处焊割的脚手架要结实牢靠，单人行道的宽度不得小于0.6m，双人行道的宽度不得小于1.2m，上下的坡度不得大于1∶3，板面要钉有防滑条，脚手架的外部按规定应加装围栏防护。

3. 预防火灾

1）高处焊、割作业坠落点的地面上，至少在10m以内不得存有可燃或易燃、易爆物品，并要设有栏杆。

2）高处焊、割作业的现场要设专人观察火情，及时通知有关部门采取措施。

3）高处焊、割作业的现场要配备有效的消防器材。

4）不要随便乱扔刚焊完的焊条头，以免引起火灾。

4. 预防高处坠落物伤人

1）进入高处作业区，必须头戴安全帽。

2）严禁乱扔焊条头，以免高空坠落伤人。

3）焊条及随身携带的工具、小零件，必须装在牢固而无破洞的工具袋内，工作过程及工作结束后，及时清理好工具和作业点上的一切物品，以防高空坠落伤人。

5. 其他注意事项

1）高处焊、割作业的人员，必须经过身体健康检查合格后方准上岗，凡是患有高血压、心脏病、精神病和癫痫等病的人员，一律不准从事高处焊、割作业。

2）六级及六级以上的大风或雨天、雪天、大雾天等恶劣天气，禁止从事高处焊、割作业。

3）酒后禁止从事高处焊割作业。

三、触电急救

人体触电后，虽然出现麻痹、心跳停止、呼吸停止等症状，都不应视作死亡，应该认定为假死。要迅速而持久地进行抢救。据统计资料显示：在触电1min以内开始救助的，90%会有好的效果。从触电后6min开始救助的，10%会有好的效果。触电12min以后开始救助的，救活的可能性很小。由此可见触电后及时救助的重要性。

在现场发现有人触电时，首先是尽快地使触电者脱离电源，为触电者实施抢救赢得宝贵时间。

1. 脱离电源

（1）切断低压电源（1000V以下）

1）电源开关在附近时，迅速断开电源开关。

2）如电源开关一时无法断开，可用带绝缘柄的电工钳剪断电源线，或用绝缘板（干木板）插入触电者的身下隔离电源。

3）如果电源线搭在触电者的身上，可以用干燥的绳索、木棒等物排除电源线。

4）如果电源线压在触电者的身下，触电者的衣服是干燥的，可用一只手抓住触电者的衣服，将其拖开。

（2）切断高压电源（1000V以上）

1）立即通知有关部门停电。

2）戴绝缘手套，穿绝缘鞋，用专用绝缘工具断开电源开关。

3）用安全方法使线路短路，迫使保护装置动作，断开电源。

（3）切断电源时的注意事项

1）选择切断电源方法时，其原则是：安全、迅速、可靠。

2）救助人最好单手操作，使用适当的绝缘工具，防止自身触电，扩大伤亡事故。

3）断电前，作好对触电者的保护措施，特别是保护好头部，防止断电后触电者摔伤。

4）在夜间，为了下一步抢救工作的顺利进行，断电后要迅速恢复照明。

2. 现场救治措施

（1）对症救治

1）触电者神志清醒、未失去知觉，只是四肢无力，心慌，此时，触电者不要活动，安静休息，严密观察并及时与医院联系。

2）触电者已经失去知觉，但呼吸和心跳尚存，应当使触电者平卧并注意身体保温，周围不要围人，保持空气流通，同时，迅速请医生救治，切不可随意打强心针。

3）触电者无知觉、无呼吸，但心脏有跳动，要采用人工呼吸法救治。

4）触电者心脏停止跳动，但呼吸没停，应当进行胸外挤压法救治。

5）触电者的心跳和呼吸都停止了，应当采用人工呼吸法和胸外挤压法交替进行。即：每进行口对口的吹气2~3次后，马上进行心脏按压法10~15次。依次反复循环进行。

（2）人工呼吸　实施人工呼吸救治的目的是人为地使空气有节奏地进入和排出触电者的肺部，使已经停止呼吸的触电者能够吸入氧气和排出二氧化碳气，维持生命。

实施人工呼吸前，迅速将触电者身上妨碍呼吸的上衣扣子解开，清除口腔内妨碍呼吸的食物、脱落的假牙、异物、血块、黏液等物，避免堵塞呼吸道。人工呼吸法常用口对口（鼻）的呼吸法。口对口（鼻）人工呼吸法的操作要领如下：

1）触电者仰卧，头部尽量向后仰，鼻孔朝天，下颌尖部与前胸大致保持在一条水平线上，如图11-1所示。救护人在触电者头部一侧，捏住触电者的鼻子，掰开嘴，准备嘴对嘴的向触电者吹气。

2）救护人做深呼吸后，紧贴着触电者的口向内吹气，为时约2s，同时，观察触电者的胸部是否膨胀，确定吹气的效果和深度。

3）救护人吹完气后，嘴应该立即离开触电者的嘴，并放松捏紧的鼻子，让其自行呼吸，为时3s。如此反复进行。

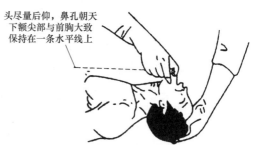

图 11-1　触电者头部后仰

（3）胸外挤压法　施行心脏按压法是救治触电者心脏停止跳动后的急救方法，救治时，使触电者仰卧在比较坚实的地面上，其姿势与口对口人工呼吸法相同。具体操作如下：

1）救护人跪在触电者的一侧或骑跪在他的身上，两手相叠，手掌的根部放在触电者心窝稍高一点的地方，即两乳头间稍下一点，胸骨下 1/3 处，如图 11-2 所示。

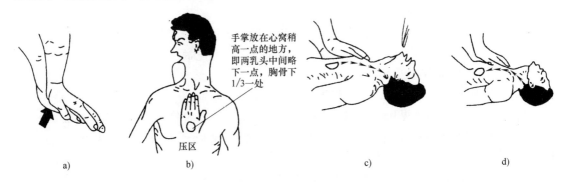

图 11-2　胸外挤压法救治

a）叠手姿势　b）正确压点　c）向下挤压　d）放松挤压

2）手掌根部用力向下挤压，压出心脏的血液。对成年人，压陷 3~4cm，每秒钟挤压一次，每分钟挤压 60 次为宜。触电者为儿童时，可用一只手挤压，用力要轻一些，以免损伤胸骨，频率为每分钟 100 次左右为宜。

3）手掌根部向下挤压后，掌根立即全部松开，使触电者的胸廓自动复原，让血液重新充满心脏，如图 11-2 所示。

值得提出的是：呼吸和心脏跳动是相互联系的，当触电者的呼吸停止了，心脏跳动也维持不了多久；而心脏跳动一旦停止了，呼吸也就会很快停止。如果触电者呼吸和心脏跳动都停止了，应当迅速对其同时进行口对口（鼻）人工呼吸和胸外挤压救治。当事故现场只有一个人进行抢救时，则口对口（鼻）的人工呼吸和胸外挤压应当交替进行，即：口对口（鼻）的吹气 2~3 次后，再进行胸外挤压 10~15 次。如此反复交替进行，直到触电者恢复自主呼吸和心脏跳动为止，中间不要停止救治。

第二节　氩弧焊的安全操作要求

一、钨极氩弧焊的安全操作要求

1）为了防止焊机内的电子器件损坏，在移动焊机时，应取出电子器件单独搬运。

2）气体保护焊焊机内的接触器、断电器的工作组件，焊枪夹头的夹紧力以及喷嘴的绝缘性能等，都要定期进行检验。

3）用高频引弧的焊机或装有高频引弧装置的焊机，所用的焊接电缆都应有铜网编织的屏蔽套，并且可靠接地。

4）焊机在使用前应该检查供气系统、供水系统是否完好，不得在漏水漏气的情况下使用。

5）气体保护焊焊机焊接作业结束后，禁止立即用手触摸焊枪的导电嘴，避免烫伤。

6）焊工打磨钨极应在专用的、有良好通风装置的砂轮上进行或在抽气式砂轮上进行，并且要穿戴好个人劳动保护用品，打磨工作结束后，应立即洗手和洗脸。

7）钍钨极在焊接过程中有放射性危害，虽然放射剂量很小，危害不大，但是，当放射性气体或微粒进入人体作为内放射源时，则会严重影响身体健康。

8）钨极氩弧焊时，如果采用高频引弧，产生高频电磁场的强度是 $60\sim110V/m$ 之间，超过卫生标准（$20V/m$）数倍，如果频繁起弧或把高频振荡器作为稳弧装置在焊接过程中持续使用时，会引起焊工头昏、疲乏无力、心悸等症状，对焊工的危害较大。

9）盛装保护气体的高压气瓶，应小心轻放、直立固定，防止倾倒。气瓶与热源的距离应大于3m，不得暴晒。瓶内气体不可全部用尽，要留有余气。开启瓶阀时，应缓慢开启，不要操作过快。

10）氩弧焊用的钨极，应有专用的保管地点并放在铝盒内保存，且由专人负责发放，焊工随用随取，报废的钨极要收回集中处理。

11）在钨极氩弧焊过程中，会产生对人体有害的臭氧（O_3）和氮氧化物，尤其是臭氧的浓度，远远超出卫生标准，所以，焊接现场要采取有效的通风措施。

12）为了防备和削弱高频电磁场的影响，钨极氩弧焊时，在保证焊接质量的前提下，可适当降低频率。

13）由于在钨极氩弧焊时，臭氧和紫外线的作用较强烈，对焊工的工作服破坏较大，所以，氩弧焊焊工适宜穿戴非棉布的工作服（如：耐酸呢、柞丝绸等）。

14）在容器内进行钨极氩弧焊而又不能进行通风时，可以采用送风式头盔、送风式口罩或防毒口罩等防护措施。

二、熔化极气体保护焊的安全操作要求

1）熔化极气体保护焊焊机内的接触器、断电器的工作组件，焊枪夹头的夹紧力以及喷嘴的绝缘性能等，应该定期进行检查。

2）由于熔化极气体保护焊时，臭氧和紫外线的作用较强烈，对焊工的工作服破坏较大，所以，熔化极氩弧焊焊工适宜穿戴非棉布的工作服（如：耐酸呢、柞丝绸等）。

3）熔化极气体保护焊时，电弧的温度为 $6000\sim10000℃$，电弧的光辐射比焊条电弧焊强，因此要加强防护。

4）熔化极气体保护焊时，工作现场要有良好的通风装置，排出有害气体及烟尘。

5）焊机在使用前，应检查供气系统、供水系统，不得在漏气漏水的情况下运行，以免发生触电事故。

6）盛装保护气体的高压气瓶，应小心轻放、直立固定，防止倾倒。气瓶与热源的距离应大于3m，不得暴晒。瓶内气体不可全部用尽，要留有余气。开启瓶阀时，应缓慢开启，不要操作过快。

7）移动焊机时，应取出机内的易损电子器件，单独搬运。

8）大电流熔化极氩弧焊焊接时，应防止焊枪水冷系统漏水破坏绝缘，并在焊把前加防护板以免发生触电事故。

9）氩弧焊的电弧温度约为 $6000\sim10000℃$，氩弧焊的弧光辐射强度高于焊条电弧焊，如：波长为 $233\sim290mm$ 的紫外线相对强度，焊条电弧焊为0.06，而氩弧焊则为1.0，强烈的紫外线辐射会损害焊工的皮肤、眼睛和工作服等。

第三节 氩弧焊的焊接劳动保护

一、氩弧焊焊工操作的安全

1）氩弧焊焊接工人应经过安全教育，并接受过专业安全理论和实际操作训练，经考试合格后持有证书并体格健壮的人。

2）从事氩弧焊的工作人员，应了解所操作焊机的结构和性能，能严格执行安全操作规程，正确使用防护用品，并能掌握触电急救的方法。

3）焊接或切割盛装过易燃易爆物料（油、漆料、有机溶剂、脂等）、强氧化物或有毒物料的各种容器（桶、罐、箱等）、管段、设备，必须遵守相关标准专业部分《化工企业焊接与切割中的安全》相应章节的规定，采取安全措施，并获得本企业和消防管理部门的动火证明后，才能进行焊接与切割工作。

4）氩弧焊焊接操作地点应有良好的天然采光和局部照明，并应符合 TJ34《企业照明设计标准》的有关规定，保证工作面上的照明度达到 50～100Ix。

5）焊接工作地点的防暑降温及冬季采暖应符合 TJ36《工业设计与卫生标准》的有关要求。

6）定期检查钨极氩弧焊焊枪钨极夹头的夹紧状况，喷嘴的绝缘性能是否良好。

7）在狭窄和通风不良的地沟、坑道、检查井、管段、容器、半封闭地段等处进行氩弧焊作业时，要有专人进行监护。工作完毕或工作暂停时，氩弧焊枪和胶管等都应随人进出工作现场，禁止放在工作地点。

8）禁止在带压力或带电压以及同时带有压力、电压的容器、罐、柜、管道、设备上进行焊接工作。在特殊情况下，需要在不可能泄压、切断气源工作时，向上级主管安全部门申请，获得批准后方可动火。

9）防止由于焊接热能传到结构和设备中，使结构和设备中的易燃保温材料，或滞留在结构和设备上的易燃易爆气体发生着火、爆炸。

10）氩弧焊登高焊接，应根据作业高度和环境条件，确定出危险区的范围，禁止在作业下方及危险区内存放可燃、易爆物品和停留人员。

11）氩弧焊焊工在高处作业，应备有梯子、带有栏杆的工作平台、标准安全带、安全绳、工具袋及完好的工具和防护用品。

12）氩弧焊焊接工作现场，禁止把焊接电缆、气体胶管、钢绳混绞在一起。

13）焊工在多层结构或高空构架上进行交叉作业时，应戴有符合有关安全标准规定的安全帽，并挂有"修理施工，禁止转动"的安全标志或由专人负责看守。

14）氩弧焊焊接用的气体胶管和电缆应妥善固定，禁止缠在焊工身上使用。

15）在已停车的机器内焊接和切割时，必须彻底切断机器（包括主机、辅机、运转机构）的电源和气源，锁住启动开关。

16）氩弧焊焊接用的气瓶或已换下来用完的气瓶，应避免被现场杂物遮盖掩埋。

17）露天作业遇到六级大风或下雨时，应该停止焊接与切割工作。

18）焊工应有足够的作业面积，一般不小于 $4m^2$。

19）国家标准规定企业工作噪声不应超过 85dB。

二、眼睛和头部的防护用品

1）为防止焊接弧光和火花烫伤的危害，应根据 GB3609.1《焊接护目镜和面罩》的要求，按表 11-1 选用合乎作业条件的护目镜。

2）焊工用的面罩有手持式和头戴式两种，其面罩的壳体应该由难燃或不燃的、无刺激皮肤的绝缘材料制成，罩体应能够遮住脸面和耳部，结构牢靠并且不漏光。

3）头戴式面罩用于各类电弧焊或登高焊接作业，重量不应超过 500g。

4）辅助焊工应根据工作条件选戴遮光性能适应的面罩和防护眼镜。

5）氩弧焊焊接时应根据焊件的厚度选用相应型号的防护眼镜片。

6）焊接准备和清理工作，如打磨焊接接头、清除焊渣等，应该使用不容易破碎的防渣眼镜。

表 11-1　焊工防护镜的选用

焊接切割种类	镜片遮光号			
	焊接电流			
	≤30A	>30~75A	>75~200A	>200~400A
电弧焊	5~6	7~8	8~10	11~12
碳弧气刨	—	—	10~11	12~14
焊接辅助工	3~4			

三、工作服

1）焊工的工作服应根据焊接的工作特点来选用。

2）棉帆布的工作服，广泛用于一般的焊接工作，工作服的颜色为白色。

3）气体保护焊在电弧紫外线的作用下，能产生臭氧等气体，所以，应该穿用粗毛呢或皮革等面料制成的工作服，以防焊工在操作中被烫伤或体温增高。

4）从事全位置焊接工作的焊工，应该配备用皮革制成的工作服。

5）在仰焊时，为防止火星、熔渣从高处溅落到头部和肩上，焊工应在颈部围毛巾，穿着用防燃材料制成的护肩、长袖套、围裙和鞋盖等。

6）焊工穿用的工作服不应潮湿，工作服的口袋应有袋盖，上身应遮住腰部，裤长应罩住鞋面，工作服不应有破损、孔洞和缝隙，不允许沾有油脂。

7）焊接与切割作业用的工作服，不能用一般合成纤维织物制作。

四、手套

1）焊工的手套应选用耐磨、耐辐射的皮革或棉帆布和皮革合制材料制成，其长度不应小于 300mm，要缝制结实。焊工不应戴有破损和潮湿的手套。

2）焊工在可能导电的焊接场所工作时，所用的手套，应由具有绝缘性能的材料（或附加绝缘层）制成，并经耐电压 5000V 试验合格后方能使用。

3）焊工手套不应沾有油脂。

五、防护鞋

1）焊工的防护鞋应具有绝缘、抗热、不易燃、耐磨损和防滑的性能。

2）氩弧焊工穿用的防护鞋橡胶鞋底，应经过耐电压5000V的试验合格，如果在易燃易爆场合焊接时，鞋底不应有鞋钉，以免摩擦产生火星。

3）在有积水的地面焊接时，焊工应穿用经过耐电压6000V试验合格的防水橡胶鞋。

六、其他防护用品

1）氩弧焊工作场所，由于弧光辐射，熔渣飞溅，影响周围视线，应设置弧光防护室或护屏。护屏应选用不燃材料制成，其表面应涂上黑色或深灰色油漆，高度不应低于1.8m，下部应留有25cm流通空气的空隙。

2）焊工在登高或在可能发生坠落的场合进行焊接时，所用的安全带应符合GB 720和GB 721《安全带》的要求，安全带上安全绳的挂钩应挂牢。

3）焊工用的安全帽应符合GB2811《安全帽》的要求。

4）焊工使用的工具袋、桶应完好无孔洞，焊工常用的锤子、渣铲、钢丝刷等工具应连接牢固。

5）焊工所用的移动式照明灯具的电源线，应采用YQ或YQW型橡胶套绝缘电缆，导线完好无破损，灯具开关无漏电。电压应根据现场的情况确定，或用12V的安全电压，灯具的灯泡应有金属网罩防护。

第四节 焊接作业场所的通风和防火

一、焊接作业场所的通风

1）应根据焊接作业环境、焊接工作量、焊条（剂）种类、作业分散程度等情况，采取不同的通风排烟尘措施（如：全面通风换气、局部通风、小型电焊排烟机组等）或采用各种送气面罩。以保证焊工作业点的空气质量符合TJ36中的有关规定。要避免焊接烟尘气流经过焊工的呼吸道。

2）当焊工作业室内高度（净）低于3.5~4m，或每个焊工工作空间小于200m³时，当工作间（室、舱、柜等）内部结构影响空气流通而使焊接工作点的烟尘、有害气体浓度超过表11-2的规定时，应采用全面通风换气。

表11-2 车间空气中有害物质的最高允许浓度

有害物质名称	最高允许浓度/(mg/m³)	有害物质名称	最高允许浓度/(mg/m³)
金属汞	0.01	臭氧	0.3
氟化氢及氟化物(换算成氟)	1	锰及其化合物(换算成MnO₂)	0.2
氧化氮(换算成NO₂)	5	含10%以上二氧化硅粉尘	2.0
铅金属、含铅漆料铅尘	0.05	含10%以下二氧化硅粉尘	10

（续）

有害物质名称	最高允许浓度/（mg/m³）	有害物质名称	最高允许浓度/（mg/m³）
钼（可溶性、不溶性）	4.6	氧化铁	10
铬酸盐（Cr_2O_3）	0.1	一氧化碳	30
氧化锌	5	硫化铅	0,5
氧化镉	0.1	铍及其化合物	0.001
砷化氢	0.3	锆及其化合物	5
铅烟	0.03	其他粉尘	10

3）全面通风换气量保持每个焊工 57m³/min 的通风量。

4）采用局部通风或小型通风机组等换气方式，其罩口风量、风速，应根据罩口至焊接作业点的控制距离及控制风速来计算。罩口的风速应大于 0.5m/s，并使罩口尽可能接近作业点，使用固定罩口时的控制风速不少于 1~2m/s。罩口的形式应结合焊接作业点的特点。

5）采用抽风式工作台，其工作台上网络筛板的抽风量应均匀分布，并保持工作台面积抽风量每平方米大于 3600m³/h。

6）焊炬上装的烟气吸收器，应能连续抽出焊接烟气。

7）在狭窄、局部空间内焊接时，应采取局部通风换气措施，防止工作空间内集聚有害或窒息气体伤人，同时，还要设专人负责监护焊工的人身安全。

8）焊接作业时，如遇到粉尘和有害烟气又无法采用局部通风措施时，要选用送风呼吸器。

9）采用通风除尘设施时应保证工作地点环境的机械噪声值不超过声压 85dB。

二、焊接作业场所的防火

1）在企业规定的禁火区内不准焊接，需要焊接时，必须把工件移到指定的动火区内或在安全区内进行。

2）焊接作业点的可燃、易燃物料，与焊接作业点的火源距离不小于 10m。

3）焊接作业点堆存大量易燃物料（如：漆料、棉花、硫酸、干草等），而又不可能采取有效防护措施时，禁止焊接作业。

4）焊接作业时，可能形成易燃易爆蒸气或聚集爆炸性粉尘时，禁止焊接作业。

5）在易燃易爆环境中焊接作业时，应该按化工企业焊接作业安全专业标准的有关规定执行。

6）焊接作业车间或工作现场必须配有：足够的水源、干砂、灭火工具和灭火器材。存放的灭火器材应该是有效的、合格的。

7）焊接作业完毕后，应及时清理现场，彻底消除火种，经专人检查确认完全消除危险后，方可离开现场。

8）应该根据扑救的物料燃烧性能，选用灭火器材。灭火器性能及使用方法见表 11-3。

表 11-3 灭火器性能及使用方法

种类	药剂	用量	注意事项
泡沫灭火器	装碳酸氢钠发沫剂和硫酸铝溶液	扑灭油类火灾	冬季防冻结,定期更换
二氧化碳灭火器	装液态二氧化碳	扑救贵重仪器设备,不能用于扑救钾、钠、镁、铝等物质的火灾	防喷嘴堵塞
1211 灭火器	装二氟氯一溴甲烷	扑救各种油类、精密仪器高压电器设备	防受潮日晒,半年检查一次,充装药剂
干粉灭火器	装小苏打或钾盐干粉	扑救石油产品、有机溶剂、电气设备、液化石油器、乙炔气瓶等火灾	干燥通风防潮,半年称重一次
红卫九一二灭火器	装二氟二溴液体	扑救天然气石油产品和其他易燃易爆化工产品等火灾	在高温下分解产生毒气,注意现场通风和呼吸道防护

参 考 文 献

[1]　刘云龙. 焊工技师手册［M］. 北京：机械工业出版社，1998.

[2]　刘云龙. 袖珍焊工手册［M］. 北京：机械工业出版社，1999.

[3]　王宗杰. 熔焊方法及设备［M］. 北京：机械工业出版社，2006.

[4]　殷树言. 气体保护焊工艺基础及应用［M］. 北京：机械工业出版社，2012.

[5]　韩国明. 焊接工艺理论与技术［M］. 北京：机械工业出版社，2018.

[6]　张其枢. 不锈钢焊接技术［M］. 北京：机械工业出版社，2015.

[7]　周万盛，姚君山. 铝及铝合金的焊接［M］. 北京：机械工业出版社，2006.

[8]　刘云龙. 焊工（初级）［M］. 2 版. 北京：机械工业出版社，2014.

[9]　刘云龙. 焊工（中级）［M］. 2 版. 北京：机械工业出版社，2013.

[10]　刘云龙. 焊工（高级）［M］. 2 版. 北京：机械工业出版社，2014.

[11]　刘云龙. 焊工（技师、高级技师）［M］. 2 版. 北京：机械工业出版社，2015.

[12]　雷世明. 焊接方法与设备［M］. 3 版. 北京：机械工业出版社，2016.

[13]　杜则裕. 材料焊接科学基础［M］. 北京：机械工业出版社，2012.

[14]　杜国华. 焊工简明手册［M］. 北京：机械工业出版社，2013.

[15]　刘云龙. 焊工岗位手册［M］. 北京：机械工业出版社，2020.